气象涉氢业务安全工作文件汇编

中国气象局气象探测中心　编

气象出版社
China Meteorological Press

内容简介

本书包括中国气象局涉氢业务文件(3份)、气象涉氢行业标准(2个)、相关国家标准和行业规范(13部,摘录)、国家有关安全生产法规(7部)和附录(1篇),共五部分。其中第一部分"中国气象局涉氢业务文件"中,《高空气象观测业务涉氢文件修订合编》由6个文件的修订版组成,每个文件首页页脚均标注了原文件号和"修订"字样;《高空气象观测站制氢用氢设施建设要求》为2016年底首次发布。其他部分主要是中国气象局涉氢文件中引用或作为依据的标准、法规、技术指标等,以便读者查阅和参考。

本书内容全面、实用,可指导涉氢业务单位依法依规开展工作,为气象制氢用氢规划设计、建设验收、使用维护、业务检查、安全应急等提供政策依据和技术支持,同时可用于涉氢业务人员开展法规和业务技能学习培训,提高安全意识、法律意识和技术能力。

图书在版编目(CIP)数据

气象涉氢业务安全工作文件汇编 / 中国气象局气象探测中心编. —北京:气象出版社,2017.12
 ISBN 978-7-5029-6495-5

Ⅰ.①气… Ⅱ.①中… Ⅲ.①气象服务-制氢-安全工作-文件-汇编-中国 Ⅳ.①P451

中国版本图书馆 CIP 数据核字(2017)第 324397 号

气象涉氢业务安全工作文件汇编

出版发行:气象出版社

地　　址:北京市海淀区中关村南大街 46 号		**邮政编码**:100081
电　　话:010-68407112(总编室)　010-68408042(发行部)		
网　　址:http://www.qxcbs.com		**E-mail**:qxcbs@cma.gov.cn
责任编辑:孔思瑶　张锐锐		**终　　审**:吴晓鹏
责任校对:王丽梅		**责任技编**:赵相宁
封面设计:博雅思企划		
印　　刷:北京中石油彩色印刷有限责任公司		
开　　本:880 mm×1230 mm　1/16		**印　　张**:26.5
字　　数:840 千字		
版　　次:2017 年 12 月第 1 版		**印　　次**:2017 年 12 月第 1 次印刷
定　　价:98.00 元		

本书如存在文字不清、漏印以及缺页、倒页、脱页等,请与本社发行部联系调换。

序

"安全重于泰山，防患必于未然"，近年来发生的一系列安全生产事故，以血淋淋的事实警醒我们，要牢固树立安全发展理念，坚持人民利益至上，始终把安全生产放在首要位置。

中国气象局高度重视安全工作，安全生产总体保持了持续稳定的良好态势，为经济社会发展和防灾减灾提供了有效的气象服务，也为全面推进气象事业改革发展和现代化建设提供了有力保障。但是必须清醒认识到，面对当前我国新型工业化、信息化、城镇化深入发展，经济发展进入新常态，气象事业转变观念，快速发展的新形势，安全意识必须进一步加强，安全工作必须进一步落实。

气象观测工作中涉氢业务是安全工作的重点，如生产或使用不当，极易造成人员和财产损失。气象涉氢业务不仅是气象部门的业务，还涉及质量技术监督、规划设计、储运、消防等方面；储氢罐和储氢瓶属于特种设备，化学制氢涉及环保问题；可见气象涉氢业务安全环节多，领域广，容易引起社会关注。根据国家全面依法治国的要求，气象涉氢业务开展首先要符合国家相关法规、标准和规范，还要符合氢气生产、储存、压力控制、安全监控等专业技术要求。为保证气象涉氢业务安全有序开展，使涉氢业务人员系统掌握相关法规、标准规范和技术，在中国气象局领导下，中国气象局气象探测中心以依法治国思想为指导，对中国气象局多年来发布的气象涉氢工作文件进行了梳理、修订和完善，并根据气象涉氢工作实际需要，把国家有关安全生产的法规、标准和行业规范等进行汇编，包括中国气象局涉氢业务文件、气象涉氢行业标准、相关国家标准和行业规范、国家有关安全生产法规和附录五部分，内容全面、实用，可指导涉氢业务单位依法依规开展工作，为气象制氢用氢规划设计、建设验收、使用维护、业务检查、安全应急等提供政策依据和技术支持，同时可用于涉氢业务人员开展法规和业务技能学习培训，提高安全意识、法律意识和技术能力。

希望《气象涉氢业务安全工作文件汇编》，作为一本内容全面、篇幅精练、便于查询的工具型手册，成为气象涉氢相关业务管理、制氢用氢、维修保障和培训人员的朋友，为气象涉氢业务安全工作做出贡献。

李良序*

2017 年 12 月

＊李良序，中国气象局气象探测中心主任

编写说明

　　气象业务氢气作业是高空气象探测主要工作之一。氢气是易燃易爆气体，着火、爆炸范围宽，下限低，操作和防护不当极易导致生命财产损失。

　　中国气象局高度重视安全工作，历来把涉氢安全作为重中之重。根据国家全面推进依法治国的要求，中国气象局不断加强和完善涉氢安全管理，2014年开展了"高空气象观测涉氢业务安全生产专项检查"，要求进一步加强气象涉氢工作制度建设和安全生产教育，加大业务培训力度，建立健全安全防范体系，落实整改，把涉氢业务安全工作推向新高度。

　　为此，中国气象局气象探测中心（以下简称"探测中心"）以依法治国思想为指导，在中国气象局领导下，组织出版了《气象涉氢业务安全工作文件汇编》（以下简称《汇编》）。

　　《汇编》包括中国气象局涉氢业务文件（3份）、气象涉氢行业标准（2个）、相关国家标准和行业规范（13部，摘录）、国家有关安全生产法规（7部）和附录（1篇），共五部分。

　　汇编过程中，探测中心首先对中国气象局发布的涉氢工作文件和作为文件依据的主要国家标准、行业规范、安全生产法规共40余件进行了梳理。经中国气象局同意，在总结多年工作经验和专项检查情况的基础上，对拟收入的中国气象局文件进行了必要的修订。一是进一步完善了有关购氢工作的内容；二是针对技术进步和新的管理要求，对相关内容进行了修订和完善；三是依据国家和行业新版法规、标准，对相关内容进行了修订；四是根据中国气象局制氢设备列装规定，保留列装制氢设备的内容，删除了非列装制氢设备的内容。如在《高空气象观测站制氢用氢管理办法（试行）》中进一步完善了对购氢站的要求；根据中国气象局新发布《高空气象观测站制氢用氢设施建设要求》，同时废止《高空气象台站水电解制氢建设要求》(气测函〔2004〕79 号附件 1)的情况和专家意见,在《QDQ2-1 型水电解制氢设备操作规程》中删除了原"1.1 水电解制氢房的技术要求"等内容,并作了相应的修订和编排。经过修订的文件均在页脚备注了原文件号和"修订"字样。

《汇编》第一部分"中国气象局涉氢业务文件"中,《高空气象观测业务涉氢文件修订合编》包括 6 个经修订的文件(页脚标注了原文件号和"修订"字样),和新编制的《高空气象观测站制氢用氢设施建设要求》均征求了各地意见,通过了专家评审,并由中国气象局正式发布。第一部分总体上保留了原文件的精神,可以从中了解当时文件出台的背景,和中国气象局气象涉氢业务安全工作管理和技术上的发展历程。

《汇编》其他部分主要是中国气象局涉氢文件中引用或作为依据的标准、法规、技术指标等,以便读者深化对文件的理解,也可作为进一步学习研究的参考资料。为方便使用和查阅,精简篇幅,在保持原貌和完整性的前提下,对第三部分"相关国家标准和行业规范"进行了摘录。

编者在《汇编》出版编辑过程中,对个别条款、附录、文字、标点再次进行了校对修改,但没有原则性改动。

《汇编》得到了中国气象局综合观测司、河北省气象技术装备中心、中国船舶重工集团公司第七一八研究所的帮助和支持,在此一并表示感谢。

参加编写的主要有邢毅、曹云昌、吴宝平、范行东、邵楠、涂满红、侯玉平、张景云。

《汇编》是中国气象局气象探测中心首次对气象涉氢业务安全工作文件进行系统性的梳理、修订和汇编,如有疏漏或不完善之处,敬请提出宝贵意见。

编者

2017 年 12 月

目　录

序

编写说明

第一部分　中国气象局涉氢业务文件

第二部分　气象涉氢行业标准

第三部分　相关国家标准和行业规范（摘录）

第四部分　国家有关安全生产法规

附　录

第一部分
中国气象局涉氢业务文件

综合观测司关于印发高空气象观测业务
使用氢气相关文件修订合编的通知

气测函〔2017〕21 号

各省、自治区、直辖市气象局：

　　高空气象观测业务使用氢气涉及制氢、用氢和储运氢气多个环节，为加强涉氢业务安全生产，根据新发布的《固定式压力容器安全技术监察规程》（TSG 21—2016）和《气象业务氢气作业安全技术规范》（QX/T 357—2016），我司组织对涉氢相关文件、管理办法、技术规程等进行了修订，现予以印发，请遵照执行。

　　附件：高空气象观测业务涉氢文件修订合编

观测司

2017 年 3 月 9 日

高空气象观测业务涉氢文件修订合编

中国气象局综合观测司

2017 年 3 月

高空气象观测站制氢用氢管理办法(试行)*

一、总　　则

第一条　为加强高空气象观测站制氢用氢管理,规范制氢用氢工作流程,特制定本办法。

第二条　本办法适用于高空气象观测站水电解制氢、氢气储存、氢气瓶充装、购买氢气、充灌气球等。

二、人员要求

第三条　从事水电解制氢操作人员,须进行水电解制氢相关知识和操作技能的培训,了解水电解制氢设备的基本原理、结构和性能,掌握制氢用氢安全操作技术。上岗前须按《压力容器使用管理规则》(TSG R5002—2013)的要求取得国家认可的特种设备作业人员证书。

第四条　各级气象部门应组织水电解制氢操作人员参加质监部门举办的特种设备安全教育和培训,取得上岗操作证后,方可从事水电解制氢业务。水电解制氢操作人员在作业中应当严格执行特种设备的操作规程和安全规章制度。

第五条　高空气象观测站制氢用氢人员应当按照《常规高空气象观测业务规范》的要求,持有高空气象观测岗位证书上岗。

第六条　制氢用氢人员、设备保障维修人员上岗时必须配备防静电服装、防静电鞋、防碱手套等安全防护用品。

第七条　高空气象观测站制氢人员必须严格按照《气象业务氢气作业安全技术规范》(QX/T 357—2016)和相关操作规程要求,操作、运行和维护制氢设备。

三、场地与设施

第八条　新建、改建、扩建水电解制氢室、储氢室、充球室应符合《高空气象观测站制氢用氢设施建设要求》《气象业务氢气作业安全技术规范》和《氢气站设计规范》(GB 50177—2005),《建筑设计防火规范》(GB 50016—2014)对高空气象观测站制(储、用)氢的要求。所有设计和建设文件、图纸、设备检验报告等相关材料应作为台站档案保存。

第九条　探空平衡器、工作台面、储氢设施、汇流排等应具备良好的接地和防静电设施,其接地电阻应小于 4 Ω。每年汛期前检查一次防静电接地的有效性,确保接地牢固可靠。

第十条　储氢罐安全阀排气管、充球排气管等氢气出口处应安装防回火装置。

第十一条　制氢室、储氢室、储存氢气瓶的场所必须安装氢气泄漏监测系统,在氢气泄漏时能以声、光、手机短信等方式报警。

---

* 注:气测函〔2011〕103 号(修订)

第十二条　制氢用氢安全区域内严禁烟火。

四、设备安装

第十三条　制氢设备在安装前，设备生产厂家应当向高空气象观测站移交技术规范要求的设计文件、产品质量合格证明、安装及使用维修说明等文件。储氢罐等压力容器生产厂家应当按《固定式压力容器安全技术监察规程》(TSG 21—2016)之 5.1 条(3)款规定，向高空气象观测站提供安装图样和施工质量证明文件等技术资料。所有仪表、安全阀应在检定有效期内。

第十四条　水电解制氢设备的储氢罐等压力容器在安装前，生产厂家应按照《特种设备安全监察条例》第十七条的要求，在施工前须将拟进行的安装、改造等情况书面告知当地特种设备安全监督管理部门，告知后即可施工。

第十五条　水电解制氢设备(包括储氢罐等压力容器)的安装，按照《气象业务氢气作业安全技术规范》进行。

第十六条　水电解制氢设备的储氢罐等压力容器在投入使用前或者投入使用后 30 日内，高空气象观测站应当按照《特种设备安全监察条例》第二十一条、第二十五条的要求，向直辖市或者设区的市的特种设备安全监督管理部门登记，领取压力容器使用登记证和登记标志。登记标志应当置于或者附着于该特种设备的显著位置。

第十七条　新安装或大修后的水电解制氢设备在正式投入使用前，由省、自治区、直辖市气象局组织对制氢设施、场地、人员资质、防雷和防静电等情况进行检查和验收，验收合格后方可投入使用。

五、制氢用氢过程安全控制

第十八条　高空气象观测站应按照本办法要求和当地实际情况制定制氢用氢工作制度、安全管理制度、责任制度、突发事件处理措施或预案，落实相关责任人，并张贴上墙。

第十九条　高空气象观测站每月至少进行一次制氢用氢设备自查，将日常使用(见附件一)、定期检验、维修和定期自查情况填写到相应的记录表中(见附件二)。自查和日常维护保养时发现异常情况的，应及时处理，对易损、易老化部件要定期更换。自查制氢设备应由两名以上制氢员进行，自查用氢设备至少一名用氢人员进行。

第二十条　压力容器(储氢罐、充装气瓶、化学制氢瓶)应当按照《固定式压力容器安全技术监察规程》第 8 条的要求定期检验，并在安全检验合格有效期内使用。

第二十一条　氢气纯度分析仪器、报警仪表等仪器仪表应按使用说明书规定进行定期检定、校准、检验、检修，并做记录。压力表每半年校验一次，安全阀一般应每年至少校验一次，氢气纯度分析仪器、报警仪表检定周期为 1 年，压力容器的检验按《固定式压力容器安全技术监察规程》要求执行。

第二十二条　制氢用氢过程中发现事故隐患和其他不安全因素，应按制氢用氢突发事件处理措施或预案立即采取措施。

第二十三条　省、自治区、直辖市气象局业务主管部门每年至少组织一次制氢用氢业务自查、互查或抽查，发现问题及时整改，按照要求组织所辖高空气象观测站制氢设备的大修和更新。

六、储氢与运氢管理

第二十四条　使用气瓶充装氢气须经省级特种设备安全监督管理部门许可，满足《特种设备安全监察条例》要求，方可从事氢气充装活动。

第二十五条　气瓶的储存应当符合《气瓶安全技术监察规程》(TSG R0006—2014)，《气象业务氢气作业安全技术规范》等规定。储存氢气场地要满足防爆要求。

第二十六条　气瓶的运输要由具备道路危险品运输资质的单位承运,并签订相应的安全责任协议。

第二十七条　搬运储氢瓶时应戴好瓶帽、防震圈,轻装轻卸,严禁抛、滑、滚、碰,避免暴晒,不得与易燃、易爆、腐蚀性物品一起运输或存放。

七、安全要求

第二十八条　高空气象观测站的用氢场地应划定安全区域,制作警示标志,严禁无关人员、车辆等进入安全区域。

第二十九条　进入涉氢场地禁止携带火柴、打火机、无线通信设备,禁止穿化纤工作服、绝缘鞋、有铁钉或铁掌的鞋。制氢用氢人员在工作前应通过触摸接地体等方式释放人体和衣服上的静电。为确保安全,高空气象观测站安全区域内禁止存放、滞留已充灌的氢气球。

第三十条　使用储氢瓶和购买氢气的台站禁止使用高压钢瓶直接充灌气球,氢气瓶使用时应装减压器,要有消除气瓶静电的措施,气瓶立放时要有防倾倒措施,严禁敲击和碰撞气瓶。瓶体、阀门和连接气瓶或储氢罐的管道等不能沾附油脂或其他可燃物。

第三十一条　储氢室、充球室等用氢场地不得存放可燃物。室内外应配备干粉或二氧化碳灭火器等轻便消防器材,室内设置消防、清洗用水。冬季制氢室内应采取措施防止管道冻结。

八、突发事件处理

第三十二条　高空气象观测站须制订制氢用氢突发事件应急预案,明确职责和处理流程。

第三十三条　高空气象观测站领导要加强制氢用氢知识学习,了解制氢用氢业务流程,提高制氢用氢突发事件处理能力。制氢用氢出现突发事件时,要靠前指挥。

第三十四条　制氢用氢出现突发事件时,要严格按照预案和流程进行处理。

第三十五条　出现突发事件需要进行抢修或抢险时,抢修或抢险人员须着防静电服装,携带防爆设备和工具,严禁烟火。

第三十六条　严禁在有压力的情况下对储氢罐、氢气管路进行切割、击打、拆卸等作业。压力表为零且检验其没有气体排出时,可以进行拆卸作业。

第三十七条　当出现突发事件时,按以下要求处理:

(一)首先采取有效措施确保人员安全,并迅速上报。

(二)在确保人员安全的前提下,检查电路是否断开,关闭储氢罐、气路、阀门等。无法关闭时,等待其自然排空,再进行下一步检查、抢险。

(三)发生操作人员被电解液烧伤时,应当迅速关闭制氢配电箱电源,按正常程序泄压,并迅速进行自救,用大量清水冲洗,烧伤严重时迅速拨打120急救。

(四)发生人员触电时,应尽力进行自救。其他人员应严格按断电、人工呼吸、拨打120急救的顺序处置。

(五)充球过程中发生氢气燃烧时,值班员应迅速关闭氢气阀门,在确保人员安全的前提下,使用泡沫或干粉灭火器进行灭火,无法实施灭火时,退出充球室等火熄灭后,再检查管路,待冷却后,重新充球。当无法关闭氢气阀门时,退出充球室,相关人员迅速撤离,并拨打119报警。

(六)充球过程中发生爆炸时,应尽力进行自救并设法关闭氢气阀门,迅速撤离现场。其他人员应迅速按切断气源、人员搜救、拨打120急救的顺序处置,如果发生难以处置的火灾,应迅速拨打119报警。

(七)电解槽体或输气管路发生燃烧,应迅速采取切断气源、断电措施进行处理,尽力进行自救。其他人员应严格按切断气源、断电、人员搜救、拨打120急救的顺序迅速处置,如果发生难以处置的火灾,应迅速拨打 119 报警。不宜采取扑灭的办法灭火,以防止扑灭后的氢气和空气混合产生其他严重问题。

(八)储氢罐管路发生燃烧,应通知人员迅速撤离,拨打 119 报警。

(九)储氢罐发生爆炸,应尽力进行自救。其他人员应严格按拨打 119 报警、人员搜救、拨打 120 急救的顺序处置。不应采取扑灭的办法灭火。应隔离人员(30 m 以外)等氢气燃尽,火自然熄灭后再进行处置。

(十)发生制氢室倒塌或房顶预制板断落情况,应按断电、隔离人员进入、人员搜救、拨打 120 急救的顺序处置;其他可燃物起火,应迅速利用配备的灭火器进行扑灭,必要时拨打 119 报警。发生难以扑灭的火灾,应迅速拨打 119 报警。

九、附则

第三十八条　本办法自 2017 年 4 月 1 日起试行。

第三十九条　本办法由中国气象局综合观测司负责解释。

附件一:

水电解制氢用氢安全操作流程和要求

水电解制氢用氢安全操作流程包括五部分,分别为:水电解制氢设备开机操作流程、水电解制氢设备运行安全工作流程、水电解制氢设备关机操作流程、水电解制氢生产设备维护、充灌气球操作流程。

一、水电解制氢设备开机操作流程

包括开机前对室内外环境、水电管线、制氢设备和压力表等巡视、检查等。

(一)巡视

在总电源没有接通的情况下巡视,察看制氢室内外有无可疑易燃物品;门窗是否完好;自来水和循环水箱有无滴漏;三相电源有无断路、缺相等;电缆连接有无松动;压力管路连接是否完好;储氢罐压力表指示是否正常,有无漏气现象;电解槽体、储气罐排污阀、制氢主机各部件有无漏液;整流控制器有无杂物;旋转电位器是否在最低位置;机柜内有无烧焦痕迹;电解槽上方的球阀是否保持常开状态。

(二)检查

检查氢放空阀、氧放空阀和压力报警阀是否打开;检查氢分析阀、氢储存阀和充灌气球的阀门是否关闭。电解槽液位是否合适,如果液位过低应打开加水泵补水。补水时,制氢员应密切观察液位变化,不得离开。

(三)开机

接通整流器电源,指示灯应亮,关闭减压阀,打开增压阀,慢慢旋转电位器升高电压(不得超过70 V),观察控制压力表和工作压力表使制氢主机压力升高到所需压力后关闭增压阀(不得超过1.0 MPa)。

(四)测量

打开氧分析阀和氢分析仪,测量电解槽体各小室电压并记录,各小室电压应平均分布,各小室电压示值上下不能超过0.5 V。查看氢分析仪显示并记录数值,不得大于1.2。记录氢分析仪显示后可以关闭氧分析阀和氢分析仪。

(五)储气

打开氢储存阀、关闭氢放空阀。查看氢液和氧液位平衡情况(压力差≤150 mm水柱),电解槽体温度变化情况。填写水电解制氢工作值班记录表。

二、水电解制氢设备运行安全工作流程

制氢设备开机后处于制氢状态下的操作要求。主要有巡视、检查等。

(一)巡视

制氢室内外环境情况,如果附近发生影响生产安全的事情应及时停止制氢工作。

(二)检查

定时检查水电解制氢设备开机运行期间的工作情况,包括检查三相交流电控制设备是否发热;整流器电源输出电压、电流是否正常;电解槽温度是否正常;电解槽液位、氢液和氧液位是否平衡;控制压力和工作压力是否正常;氢分析仪示值、储气罐压力变化是否正常。

(三)观察

观察氧气排空是否正常;氢气有没有泄漏;加水箱内有无气泡;氢气泄漏监测设备是否报警;电解槽温度升高到规定值时(一般78~83 ℃)冷却水循环设备是否正常工作,如果没有冷却水循环设备则需人工控制自来水进行冷却。

（四）有关要求

制氢设备运行过程中每日进行不少于三次的检查。保持制氢室内的环境温度不低于 0 ℃,保持制氢设备和压力管路干燥清洁,不得在有压力的情况下维修和拆卸电解槽各部件和压力管路。

三、水电解制氢设备关机操作流程

制氢人员须按照以下顺序进行关机操作：

（一）关机

慢慢旋转整流电源电位器降低电压到最小,关闭整流器电源,关闭三相交流电源,关闭氢储存阀,打开增压阀,打开氢放空阀,稍微打开一点减压阀,观察控制压力表和工作压力表使制氢主机压力慢慢减压到零(减压过程中保持氢和氧液位压力差≤150 mm 水柱)。

（二）检查

检查各储氢罐压力表指示是否正常,电接点压力表指示是否正常,制氢主机各部件、三相交流电源开关设备和整流电源有无异常。

（三）关闭自来水、通风、采光设备。

（四）进行室内外安全检查。

四、水电解制氢生产设备维护

要求对制氢设备定时进行检查,定期对其清洁维护,确保制氢设备运行稳定可靠。

（一）每天检查 SQ 型氢分析仪干燥筒内硼酸和硅胶,发现变色应及时更换。

（二）每半月检查压力报警、温度报警、电接点压力表能否正常工作。氢气泄漏监测设备是否能正常报警。必要时进行维修调整。

（三）每月进行一次压力管路的气密性检查。包括制氢主机、氢气输送管路、储氢罐周边管路、充球管路和阀门。气密性检查后应及时对设备和管路进行清洁维护,电解槽体上不得有尘土、白色碱液及痕迹。

（四）每月清洗一次制氢主机碱液过滤器,新安装或刚大修完的制氢主机应半月清洗一次。

（五）每月清洁一次电源整流器,电源整流器内部用吹尘器对元器件、电路板等进行清洁处理。

（六）每半年或一年更换压力平衡阀膜片。同时也可以根据使用程度定期检查更换,切不可等损坏了再换。如果发现制氢机工作时压力不断上升,检查增压阀没有内漏时,应该检查压力平衡阀膜片是否损坏。

（七）每半年对电解液浓度进行一次检查,使用比重计测量电解液浓度,使用氢氧化钾的浓度为(30±2％)。

（八）每半年打开储氢罐排污阀至少一次,将储氢罐内积水放出。

（九）每年对制氢机槽体进行清洗,根据电解液清洁情况决定是否更换电解液。

（十）每年对 SQ 型氢分析仪检定或校准。

五、充灌气球操作流程

在日常值班充灌气球过程中,要对室内外环境巡视、检查储氢设备等。

（一）巡视

包括制(储)氢室和充球室内外有无可疑易燃物品,有无可能产生明火的物品,安全区域内有无车辆和无关人员,周围有无烧焦痕迹、异常的声响或气味等。

（二）检查

检查氢气泄漏监测设备是否报警;连接探空平衡器和充球金属台的接地线是否连接良好;检查调整探空平衡器砝码的重量;检查使用中的气瓶是否稳固,其接地线有无断开,减压阀有无松动。

（三）充球

用氢时应使用放电球、接地金属导体等方法释放出人体静电后,将气球与探空平衡器连接,打开充球阀门充气。保持安全充气速度,避免产生静电。充球到三分之一举力时,关闭充气阀门,检查气球是否漏气,确认没有漏气再继续充灌气球。

(四)要求

1. 充灌气球时,用氢人员应穿着防静电服装,随时观察充气情况,确保安全。在充球场地不得用金属工具敲击气瓶或其他金属物。当天气比较干燥时,应在充球场地上洒水以消除静电。用氢人员应检查并记录压力表灌球前后数值。

2. 制(储)氢室、充球场地应保持通风顺畅,涉及用氢时,用氢人员不得远离工作场地,应当注意设备工作情况。

附件二：

制氢用氢值班、维护记录表

附表 1 水电解制氢工作值班记录表

记录日期时间：						值班人员：					
开机前生产环境巡视、检查											
室外环境	□安全		□需密切注意			制氢主机		□正常		□需维护	
室内环境	□安全		□需密切注意			整流电源		□正常		□需维护	
水电管路	□连接良好		□需密切注意			电解槽排污阀		□正常		□继续观察	
压力管路	□连接良好		□需密切注意			电解槽球阀		□正常		□继续观察	
储氢压力表	□状态良好		MPa			电解槽液位		□正常		□较低需补充纯水	
氢气泄漏监测	□正常		□不正常			储气罐排污阀		□正常		□继续观察	

开机期间巡视、检查、测量情况

测量时间	室外温度/℃	室内温度/℃	直流电流/A	直流电压/V	工作温度/℃	工作压力/MPa	氢气纯度/%	液位差/mm	储氢压力/MPa	充球前后压力差/MPa	备注

小室电压/V

时间	1	2	3	4	5	6	7	8	9	10	11	12	13	14	15	16
	17	18	19	20	21	22	23	24	25	26	27	28	29	30	最大压差	

储氢	开始时间		储氢量	MPa	结束时间		储氢量	MPa
值班记事							签名： 年　月　日	

注：该记录表是反映设备工作状况的档案，值班人员应该认真填写；

每天测量不得少于三次，其间隔不小于 1 小时。

附表 2　水电解制氢设备定期维护记录表

检查维护时间：				检查维护人员：			
安全生产环境情况				设备外观检查			
室外安全环境	防火情况	□安全	□需整改	制氢主机	槽体	□正常	□不正常
	周边状况	□安全	□需整改		氢平衡阀	□正常	□不正常
室内安全环境	门窗情况	□安全	□需维修		氧平衡阀	□正常	□不正常
	有无杂物	□安全	□需清理		氢分离除雾器	□正常	□不正常
水电管路连接	交流电	□安全	□需维修		氧分离除雾器	□正常	□不正常
	自来水	□安全	□需维修		碱液过滤器	□清洗	□未清洗
压力管路连接	外观情况	□清洁	□需清洁		各阀门情况	□正常	□不正常
	气密性	□良好	□需维修		碱液浓度	□正常	□不正常
开机检查					接地线缆	□正常	□不正常
温度表	□正常	□不正常		整流电源	外部情况	□清洁	□不清洁
压力报警	□正常	□不正常			内部情况	□正常	□不正常
温度控制系统	□正常	□不正常			各导体螺丝	□紧固	□有松动
水冷循环系统	□正常	□不正常			各指示灯	□正常	□需更换
电接点压力表	□正常	□不正常			继电器等	□正常	□不正常
储氢罐外观检查	外观	□正常	□不正常	其他设备	测氧（氢）仪器	□正常	□不正常
	安全阀	□正常	□不正常		补水柱塞泵	□正常	□不正常
	排水阀	□正常	□不正常		灌球阀门	□正常	□不正常
	出气阀	□正常	□不正常		探空平衡器接地	□正常	□不正常
	进气阀	□正常	□不正常		氢气监控报警	□正常	□不正常
	压力表	□正常	□不正常		交流电源箱	□正常	□不正常
	接地	□正常	□不正常		备件和工具	□齐全	□不齐全

检查维护记事

签名：
　　　年　　月　　日

注：该记录表是反映设备工作状况的档案，值班人员应该认真填写；
　　检查维护由两名制氢员一起进行，至少每月进行一次。

附表3 高空站制氢用氢情况工作月报表

台站名：　　　　　　年月：　　　　　　制氢员：

<table>
<tr><td colspan="6" align="center">环 境 情 况</td></tr>
<tr><td>室外安全环境</td><td colspan="2">□未变 □变好 □变坏</td><td>室外安全环境</td><td colspan="2">□未变 □变好 □变坏</td></tr>
<tr><td colspan="6" align="center">用 氢 情 况</td></tr>
<tr><td>用氢数量</td><td>个气球（制氢）</td><td>瓶（瓶装）</td><td>氢气纯度</td><td>最高　　　%</td><td>最低　　　%</td></tr>
<tr><td>探空平衡器接地</td><td colspan="2">□有 □无</td><td>充球台接地</td><td>□有 □无</td><td>灭火器数量（　）是否在有效期（　）</td></tr>
<tr><td>减压阀接地</td><td colspan="2">□有 □无</td><td>警示标语</td><td>□清晰 □不清晰</td><td>其他情况：</td></tr>
<tr><td colspan="6" align="center">制 用 氢 设 备</td></tr>
<tr><td>制氢机型号</td><td colspan="2"></td><td>整流电源型号</td><td>测氧/氢仪型号</td><td></td></tr>
<tr><td>开机天数</td><td colspan="2">天</td><td>氢气纯度</td><td>%～　%</td><td>纯净水消耗数　　　升</td></tr>
<tr><td>循环水冷却</td><td colspan="2">□有 □无</td><td>自来水消耗数</td><td>吨</td><td>耗电度数　　　度</td></tr>
<tr><td colspan="6" align="center">其 他 情 况</td></tr>
<tr><td>设备接地检测</td><td>□未过有效期</td><td>□已过有效期</td><td>制氢设备维修</td><td>次</td><td>维修项目：</td></tr>
<tr><td>测氧仪检定</td><td>□未过有效期</td><td>□已过有效期</td><td>其他设备维修</td><td>次</td><td>维修项目：</td></tr>
<tr><td>设备定期维护</td><td>□本月未做</td><td>□本月已做</td><td>监控设备工作</td><td>□有 □无</td><td>□正常 □不正常</td></tr>
<tr><td>备　注</td><td colspan="5"></td></tr>
<tr><td>单位主管
领导意见</td><td colspan="5"></td></tr>
</table>

填表人：　　　　　　　　　　　　　　　　　　　　填表日期：　年　月　日

QDQ2-1 型水电解制氢装置大修规范[*]

前 言

为保证氢气安全生产,保障制氢站干部职工人身安全和气象探空业务的正常开展,确保水电解制氢装置安全运行,生产高标准的氢气,制定本规范。

本规范由中国气象局综合观测司提出并负责解释。

本规范由河北省气象技术装备中心负责起草。

本规范主要起草人:张景云、李峰、侯玉平、樊振德、赵志强、吴宝平。

---

* 注:气测函〔2004〕79 号(修订)

1　范围

本规范规定了水电解制氢装置的维修和大修技术要求，大修的主要内容和检验标准。

本规范适用于 QDQ2-1 型水电解制氢装置（以下简称制氢装置）。

2　规范性引用文件

下列文件中的条款通过本规范的引用而成为本规范的条款。凡是注日期的引用文件，其随后所有的修改单（不包括勘误的内容）或修订版均不适用于本规范。然而，鼓励根据本规范达成协议的各方研究是否可使用这些文件的最新版本。凡是不注日期的引用文件，其最新版本适用于本规范。

GB 150.1～GB 150.4—2011 压力容器

GB 2306—2008 氢氧化钾

GB 50177—2005 氢气站设计规范

GB 4962—2008 氢气使用安全技术规程

3　术语和定义

下列术语和定义适用于本规范。

3.1　水电解制氢装置

制氢主机、整流控制器、储氢装置、氢分析仪、加水泵和水箱等装置的总称。

3.2　制氢主机

水电解反应制取氢气的主体设备。

3.3　电解槽体

电解槽体为压滤式双极性结构，是水被分解成氢气和氧气的核心设备。

3.4　水电解制氢系统

以水电解法制取氢气、并含增压、储存、灌充等操作单元装置组成的工艺系统的总称。

3.5　放空管

向大气中直接排放氢气或氧气的管道装置。

3.6　阻火器

阻止氢气回火的一种安全装置。

3.7　有爆炸危险房间

有氢气设备、管道或有氢气侵入的房间。属于这类房间的有：制氢间、氢气压缩机间、氢气灌瓶间、实瓶间、空瓶间、储氢室、充球室。

3.8　无爆炸危险房间

无氢气侵入的房间。属于这类房间的有：直流电源室及配电室、控制室、维修间、值班室。

3.9 水电解制氢装置大修

电解槽体进行解体更换镍丝网电极,绝缘密封垫片和隔膜布等部件,重新组装调整,视为大修,否则均视为维护维修。

4 水电解制氢装置大修的条件

4.1 QDQ2-1 型水电解制氢装置在正常使用情况下,按设计要求安全运行六年应进行大修。

4.2 若使用期间,因工作压力超压,水电解槽体极板之间漏液、8002 密封垫片挤出变形等现象,需随时进行大修;

4.3 若使用期间,因工作温度超温,氢气纯度小于 99.7%,且经过更换电解液、清洗电解槽体后,仍无法提高纯度时,应进行大修;

4.4 在运行过程中,碱液过滤器没有按时清洗,导致电解槽体经过调整、清洗后,反复测试仍有 3 个以上电解小室电压超过 3 V 时,需进行大修。

5 大修的内容

5.1 电解槽体部分

5.1.1 电解槽体全面解体;

5.1.2 更新全部石棉隔膜布;

5.1.3 更新负极镍丝网电极(将原来的光网换成拉尼镍);

5.1.4 更新全部 8002 绝缘密封垫片;

5.1.5 更换有损疾的极板,凡是镀镍层有损坏的极板必须更新;

5.1.6 更换全部密封垫片;

5.1.7 重新组装、调整紧固,并试机检测达到出厂验收的技术标准。

5.2 气液分离部分

5.2.1 检修氢分离除雾器;

5.2.2 检修氧分离除雾器;

5.2.3 检修液面计,更新玻璃液面计及垫片;

5.2.4 清洗分离器内腔,检修处理各接头的漏气、漏夜现象;

5.2.5 用化学反应法去除冷却水循环管路中的水垢,保证热交换的技术要求;

5.2.6 全面检修压力平衡阀,检修后保证氢、氧液位系统压差达到设计指标。氢、氧液位压差应不大于 150 mm 水柱。

5.2.7 配备两只平衡阀膜片。

5.3 制氢主机管路

5.3.1 更新全部控制阀门;

5.3.2 更新并配套止回阀;

5.3.3 检修全部管路,更换有损疾的接头;

5.3.4 检修工作压力控制系统,并做灵敏度试验。

5.4 储氢罐安全阀及压力表

5.4.1 检查储氢罐安全阀、压力表和电接点压力表,保证灵敏性能可靠;

5.4.2 检修所有阀门和压力管路,并做检漏试验;

5.4.3 检修阻火器及储氢罐接地防静电设施。

5.5 电器控制部分

5.5.1 检修整流控制器;

5.5.2 检测维修电路控制板,检测各测试点技术参数,以保证达到正常的运行工作状态,符合设计技术指标要求;

5.5.3 检修报警线路,更换氧化的接线端子,视具体情况重新布线,更换控制板。

5.6 安全控制部分

5.6.1 更换新的压力控制器,检修压力控制系统;

5.6.2 更换新的温度控制仪,检查温度控制系统;

5.6.3 检修测试当过载时,过流电流不大于 180 A;

5.6.4 检修测试制氢主机过载,槽体工作温度和工作压力的过热保护、过压保护自动切断电源、声光报警系统;

5.6.5 检修储氢上限压力控制系统。

5.7 加水部分

5.7.1 维修加水泵,更换密封元件;

5.7.2 更新加水管路中的止回阀。

5.8 整套设备检修调试

5.8.1 检修管路,更换有损疾的直通阀;检查储氢罐的密封性能,进行整机保压试验,保证无渗漏点;

5.8.2 按工艺流程进行全面检修、测试,进行安装调试与运行考核。

6 技术指标

6.1 氢气产量≥2 m³/h;

6.2 氧气产量≥1 m³/h;

6.3 氢气纯度≥99.7%(体积比);

6.4 制氢主机工作压力 0～1.0 MPa(无级可调);

6.5 电解槽体工作温度 80±5 ℃;

6.6 电解槽体温度保护≥85 ℃;

6.7 制氢主机压力保护≥1.05 MPa;

6.8 储氢罐压力保护≥0.95 MPa;

6.9 储氢罐安全保护压力≥1.28 MPa;

6.10 氢氧系统压力差≤150 mm 水柱;

6.11 电解液浓度 30%氢氧化钾;

6.12 单位电耗≤5 kWh/m³H₂;

6.13 水电解制氢系统整机电耗≤10.6 kW;

6.14　额定直流电压 57～66 V；

6.15　额定直流电流≥161 A；

6.16　平均电解小室电压≤2.2 V；

6.17　保压试验，保压 24 小时，制氢主机和室内管道平均泄漏率不超过 0.25％每小时，室外管道泄漏不超过 0.5％每小时；

6.18　柱塞泵运转情况良好；

6.19　蒸馏水用量≤2 L/h。

7　试验用仪器、仪表、工具和用具

表 1　试验用仪器、仪表、工具和用具

序号	名　　　称	单　位	准确度	备　注
1	数字万用表	V	±0.5％	测量电压
2	压力表	MPa	1.5	随机
3	温度表	℃	1.5	随机
4	电压表	V	1.5	随机
5	电流表	A	1.5	随机
6	氢分析仪	％	5	随机
7	温度控制仪	℃	1.5	随机
8	压力控制器	MPa	0.12～0.3	随机
9	电接点压力表	MPa	1.5	随机
10	常用工具			用户自备扳手等
11	防爆工具			

8　检验方法

8.1　氢气产量的测算

氢气产量的测定和计算，根据封闭容器内气体的状态方程式，分别求出初态及终态标准情况下气体的体积，二者之差即该设备在这段时间内的产氢量。在设备的工作压力不太大（1.0 MPa）的情况下，实际气体（如：氢、氮等）均能当作理想气体处理，用理想气体状态方程进行计算。

首先计算出容器的体积。氢气贮罐一般均为圆柱体，用圆柱体体积公式计算：

$$V_0 = \pi R^2 H$$

式中：V_0——贮罐的容积（单位：m^3）；

　　　R——贮氢罐底圆内半径（单位：m）；

　　　H——贮氢罐的内高（单位：m）；

　　　π——圆周率。

然后测其气体初态及终态的温度、压力。用下式计算出在 t 时间内的产量：

$$V_1 = 273 \times 10 \times V_0 \times (P_{终}/T_{终} - P_{初}/T_{初})$$

式中：V_1——在 t 时间内产气量（单位：m^3）；

　　　V_0——贮氢罐容积（单位：m^3）；

$P_终$—生产氢气结束时容器内压力(单位:MPa);

$T_终$—生产氢气结束时容器内热力学温度(单位:K);

$P_初$—生产氢气开始时容器内压力(单位:MPa);

$T_初$—生产氢气开始时容器内热力学温度(单位:K)。

求出标准产气量(单位:m³/h)

$$V_标产 = V_1/t \times 60$$

式中:$V_标产$—标准生产氢气量,即每小时生产氢气(m³);

$\quad t$ —生产气体时间(单位:min)

8.2 氧气产量的检验

氧气产量的检验可以按理论计算得出,即水电解过程中,氢气和氧气遵循 2:1 的量化关系。

8.3 氢气纯度分析计算

利用随机配置的 SQ-0/3 型数字式氢分析仪进行氢气纯度检验。该分析仪可以在线检测氢气纯度,并能在氢气纯度低于规定值时进行声光报警。

在水电解制氢中,氢(氧)的纯度受多种因素影响,氧气路中的氢含量和氢气路中氧含量是不等的。因为本仪器是通过监测氧气中的氢含量,达到监测氢气纯度,所得数据还需经过换算。当电解槽工作正常时,同一时刻氧中氢含量为氢中氧含量的 4 倍(体积比)。

$$即:\alpha = X_H/X_O = 4$$

式中:X_H—为氧气路中氢含量,即分析仪之读数

$\quad X_O$—为同一时刻氢气路中氧含量

$\quad \alpha$ —为比例系数

则氢气路中氢的纯度为:

$$C_H = (100 - X_O)\% = (100 - X_H/4)\%$$

由此式可计算出水电解制氢的纯度。

例如:数字式氢分析仪读数为 1.2,则氢气纯度为:$(100 - 1.2/4)\% = 99.7\%$。

8.4 制氢工作压力检验

制氢主机的工作压力由随机的工作压力表目测,能够满足 0~1.0 MPa 为合格。

8.5 温度控制检验

目测温度控制仪读数,在 80±5 ℃为合格。

8.6 温度保护检验

由温度控制仪测定,必要时可以人为设置报警,以检查温度保护系统的工作状态。

8.7 制氢主机压力保护的检验

由压力控制器测定,必要时可以人为设置报警,以检查压力保护系统的工作状态。

8.8 储氢罐压力保护的检验

由电接点压力表测定,必要时可以人为设置报警,以检查储氢罐压力保护系统的工作状态。

8.9 储氢罐压力安全保护的检验

储氢罐压力保护由安全阀控制,当压力≥1.28 MPa 时,安全阀能够泄压为合格。安全阀在出厂时

已经调试好,并且有铅封,不得调整。

8.10　氢、氧液位压差的检验

目测氢、氧两液位的差值,≤150 mm 水柱为合格。

8.11　电解液浓度检验

利用随机配置的 500 mL 量筒和比重计,对照《QDQ2-1 型水电解制氢设备操作规程》附录 2"KOH 水溶液比重表",KOH 水溶液比重(30±2)％为合格。

8.12　直流电耗的测定计算

利用随机配置的直流电流表、电压表,按以下方法计算,单位氢气电耗≤5 kWh/m³ 为合格。

在测定氢气产量的同时,用电流表测量流过电解槽体的电流,用电压表测量电解槽体两端的总电压,在制氢开始、中间和结束时测量几次,一般测试不少于 3 次,计算电流、电压的算术平均值。考虑温度的稳定和设备运行正常等因素,多测几次较精确。

$$\bar{I} = \frac{\sum_{i=1}^{n} Ii}{n}$$

$$\bar{U} = \frac{\sum_{i=1}^{n} Ui}{n}$$

式中:$\bar{I}$—n 次测量的电流算术平均值;

$\bar{U}$—n 次测量的电压算术平均值。

则直流电耗为:

$$W_h = \bar{U} \times \bar{I}/1000 \, V_{标产}$$

式中:W_h —直流电耗,单位:kW·h/m³;

$V_{标产}$—计算出的标准氢气产量,单位:m³/h。

8.13　额定功率检验

利用三相功率表测量,小于等于 10.6 kW 为合格。

8.14　额定直流电压的检验

目测随机直流电压表≤66 V 为合格。在电流不小于 161 A 的工作状况下,电压值愈小,单位氢气电耗愈小。

8.15　额定直流电流的检验

目测随机直流电流表≥161 A 为合格。

8.16　电解槽体小室电压的检验

使用随机配置的万用表,测量电解小室电压,平均值≤2.2 V 为合格。

8.17　保压检验

用氮气向制氢装置充气使制氢装置压力逐渐缓慢升到规定压力 1.15 MPa,15 分钟后将各阀门关闭开始保压,记录各部分压力表的指示压力,泄漏量试验时间为 24 小时,保压 24 小时,制氢主机和室内管道平均泄漏率不超过 0.25%/h,室外管道泄漏不超过 0.5%/h 为合格。

8.18 加水泵运转检验

柱塞泵能够正常工作为合格。

8.19 蒸馏水消耗量的测算

以分离除雾器上设计的玻璃液面计为计算依据,小于等于 2 L/h 为合格。

计算方法:首先计算出容器的圆柱截面积。分离除雾器均为圆柱体,用圆柱体体积公式计算;测量计时应大于 4 小时。

消耗水量的体积公式计算如下:

$$V_1 = 10^{-6}\pi R^2 (H_1 - H_2)/T$$

式中:V_1 —消耗水量,单位:L/h;

　　R —分离除雾器圆内半径,单位:mm;

　　H_1—液面初时的高度,单位:mm;

　　H_2—液面终时的高度,单位:mm;

　　π —圆周率;

　　T —测量计时,单位:h。

9　检验规则

9.1　设备大修后所有安全阀、压力表等计量器具应在检定有效期内。

9.2　设备大修后,经各单项性能试验后,应在额定操作条件下连续运行 24~72 小时,考核整套制氢装置的运行性能。

9.3　对安全性能和报警功能的检查如当时未出现满足检查考核的条件,可以人为制造报警,以检验安全性能措施是否灵敏有效。

9.4　在测试检查中,有一项技术指标达不到要求时,必须查找原因,进行修复,直到达到技术要求为止。否则决不能交付用户使用。

9.5　大修后的水电解制氢装置保修一年,电解槽体保修三年。同时制氢和管理人员必须严格执行操作规程,确保安全生产。

表1　水电解制氢装置大修验收证书

设备名称		出厂年月	
型　号		启用年月	
出厂编号		生产厂	
附件名称		修理日期	
备　　注			

大修测试交接验收意见
生产厂大修负责人意见   　　　　　　　　　　　　　　　　　　　　　　　　　　签字 　　　　　　　　　　　　　　　　　　　　　　　　　　年　　月　　日
使用单位验收意见   　　　　　　　　　　　　　　　　　　　　　　　　　　签字 　　　　　　　　　　　　　　　　　　　　　　　　　　年　　月　　日
主管部门意见   　　　　　　　　　　　　　　　　　　　　　　　　　　签字 　　　　　　　　　　　　　　　　　　　　　　　　　　年　　月　　日

表 2　水电解制氢装置大修测试检验报告

序号	检测项目	技术指标	检测结果	验收结果
1	氢气产量	2 m³/h		
2	氢气纯度(体积比)	≥99.7%		
3	电解槽工作温度	80±5 ℃		
4	电解槽体温度保护	≥85 ℃报警停机		
5	工作压力	1.0 MPa		
6	制氢主机压力保护	≥1.05 MPa报警停机		
7	贮氢罐压力保护	≥0.95 MPa报警停机		
8	贮氢罐安全阀保护	≥1.28 MPa开启泄压		
9	氢、氧系统液位压差	≤150 mm(液面)		
10	电解液浓度	KOH 30%		
11	单位电耗	≤5 kWh/m³ H₂		
12	额定功率	≤10.6 kW		
13	额定电压	57～66 V		
14	额定电流	161 A		
15	平均小室电压	≤2.2 V		
16	保压试验24小时	制氢机、室内管道平均泄漏率不超过0.25%/h,室外管道平均泄漏不超过0.5%/h。		
17	柱塞泵运转情况	运转良好		
18	蒸馏水用量	≤2 L/h		
检验结果		合格(　)		不合格(　)

大修安装检测人员

测试验收人员

测试验收单位

年　月　日

QDQ2-1 型水电解制氢设备操作规程*

前　　言

本规程规定了 QDQ2-1 型水电解制氢设备(以下简称制氢设备)的安装、制氢操作和安全制度。

本规程适用于气象台站和使用 QDQ2-1 型水电解制氢设备的有关部门安装调试、制氢操作和安全生产。

本规程主要起草人:侯玉平(中国船舶重工集团公司第七一八研究所)、张景云(河北省气象技术装备中心)、李峰(中国气象局监测网络司高空处)、姚彬(中国气象局监测网络司高空处)。

本规程由中国气象局综合观测司负责解释。

---

*　注:中国气象局 2005 年 5 月文件(修订)

QDQ2-1 型水电解制氢设备操作规程

第一章　制氢设备安装

1.1　设备安装

安装前对各设备单机进行检查和调试。经过运输后,应检查设备的完好情况和成套性。制氢主机、整流控制器等均应有合格证明文件,储氢罐应备有压力容器规定的竣工图等文件。

1.1.1　设备就位

根据房屋建筑现场条件,坚持便于安装、操作、维修、维护的原则,确定制氢设备的就位。

1.1.2　设备安装

设备安装的主要工作是管道连接,对管道连接作如下要求:

a)管道走向合理,行程短,弯曲少;

b)管道接头少,减少泄漏隐患数量;

c)外观整齐,美观。在现场安装的管路并行较多的地方,要求整形处理;

d)在比较寒冷的地方,暴露在房间外的管道要有保暖措施并要求有实效;

e)管道布局确定后,按工艺流程逐一连接好所有的管道和阀门。注意阀门、止回阀的方向不得接错;清洗管道、吹尘,清除杂物;

f)所有安装的管路等,应参照《氢气站设计规范》(GB 50177—2005)中相关规定。

1.2　气密检查和试压

检查各管道连接正确无误后,进行分段试压检漏。

1.2.1　制氢主机的气密检查

制氢主机的连接接头比较多,出现漏点的概率较大,因此要求严谨细致地检查。进行充氮试验检漏步骤如下:

a)关闭氢放空阀、氢储存阀、氧放空阀、氢分析阀、氧分析阀,打开增压阀、压力报警阀,从减压阀充氮气试漏,用检漏液检查各接头阀门的密封情况。检漏用检漏剂,可用洗涤剂配制:1 kg 清水滴入适量洗涤剂搅拌起泡为宜。

b)充压时应分段升压,一般可分 0.4 MPa,0.8 MPa,1.15 MPa,每升压一次应稳定 5～10 min,全面检查有无异常及泄漏情况。

c)在升压过程中,不允许拆装修理,如发现异常及漏气现象,必须减压至零才能拆装维修。当升到 1.15 MPa 规定试验压力后,经过 15 min 不漏气,再进行保压试验。

1.2.2　储氢管道气密检查

关闭进罐阀,打开制氢主机储氢阀,使气体进入储氢管路,用检漏液检查该段管路上的接头、阀门、焊口,如有漏气,须减压至零后方可修理。

1.2.3　充球管路气密检查

关闭储氢罐的出气阀,打开充球阀门,从充球口充进氮气进行检漏。

1.2.4　储氢罐检漏

设备安装时,必须对与储氢罐连接的接头、阀门、安全阀、压力表、管路密封等进行检漏。步骤如下:

a)储氢罐可用氮气充压检漏,也可充水检漏。充水方法是:关闭储氢罐的进出口阀门,卸下安全阀或压力表,从储氢罐下面的排污阀充灌自来水,将空气从安全阀或压力表的安装孔排出,当自来水充满溢出时,空气全部排出,可关闭排污阀,安装好安全阀或压力表。

b)打开储氢罐上的进气阀,气体经储氢管道进入储氢罐。压力分段缓慢升压,顶部为气压,检查安全阀、压力表、接头、入孔压盖是否漏气、液。

1.2.5　保压试验

在上述各项检查完毕后,可进行保压试验。充气使制氢主机压力逐渐缓慢升到 1.15 MPa,并将氢储存阀、压力报警阀、储氢罐上的进气阀打开,使整个管路系统均升压到 1.15 MPa,15 分钟后将各阀门关闭开始保压,记录各部分压力表的指标压力,泄漏量试验时间为 24 小时,泄漏率以平均每小时小于 0.5% 为合格。或参考《气象业务氢气作业安全技术规范》(QX/T 357—2016)第 4.5.3 条之规定。

1.2.6　检漏试验要求

在检漏或保压试验过程中使用的气体推荐使用氮气,检漏也是消除空气的过程。为防止氢与氧、氢与空气混合形成爆炸气体,储氢罐在储氢前,必须用自来水置换空气。

有些台站在没有氮气的条件下,可用本设备产生的气体进行试压试漏。但是需将管道或设备中的空气排放干净,检验气体符合纯度要求后才能进行试压试漏。

1.3　电器连接与接地

1.3.1　电器连接

根据电器控制原理图连接好各线路,特别是压力控制器、温度控制仪、防爆电接点压力表的线路连接等,全面检查无误后,接通整流控制器电源,可通电空载调试。空载调试不可连接直流输出导线,不许给电解槽体供电。待调试正常,用水泵将电解液泵入制氢主机,才能连接直流电缆,整个系统调试运行。

1.3.2　设备接地

氢气在管路中流动会产生静电,有引燃或爆轰的危险。因此,设备应有良好的接地设施,使静电随时泄放到大地中,避免发生安全事故。

制氢主机、储氢罐与地线连接采用焊接,也可采取多处连接,确保接地可靠良好。

整流控制器、加水泵机壳以及埋设在地下的穿线钢管也应与地线接通,确保人身安全。

1.3.3　直流电缆连接

电解槽体的直流电源正、负电极不能接错,负极接地,接地电阻不大于 4 Ω。正极与机架之间用垫板及套管绝缘,绝缘电阻不小于 5 MΩ。通电前必须认真检查绝缘电阻和接地电阻。

如果发生电极接错,出现氢氧颠倒,氢系统中进入氧气,必须立即停机,将制氢系统所有管路用氮气清洗,储氢罐充水排净气体后,方可开机运行。

1.4　压力和温度报警器的调试

1.4.1　压力控制器调整

打开增压阀,当制氢主机工作压力升到 1.05 MPa 时,打开压力控制器调节杆,调节压力控制器的控制值于 1.05 MPa,再仔细微调旋转调节杆,使之刚好报警,反复调几次,达到准确报警为止。

1.4.2　防爆电接点压力表的报警调整

首先将上限红针,用专用工具拨到所需控制值 0.95 MPa,再打开充球阀,关闭出罐阀,从充球口充进氮气,当表压上升到 0.95 MPa 时,电接点压力表的指针与上限针触点相接触,接通整流控制器发出声光报警。可反复调整几次,使报警压力误差不超过 0.05 MPa。

1.4.3 储氢罐安全阀的压力调整

安全阀的安全压力在出厂前已调整好,安装时禁止调整。

可以用气压检查安全开启压力是否改变,如果与设计要求误差超过 0.1 MPa 时,须调整。调整时需到有资质的单位进行检定或校准,自己不得调整。

根据《氢气使用安全技术规程》(GB 4962—2008)有关规定:安全阀每年至少应校验一次。

1.4.4 电解槽体温度报警的调整

在制氢主机正常工作状态下进行温度控制仪的调整。

温度控制仪的调整:先连接好探头,接通 AC220 V 电源,在"测量—设定"两档之间,先调到设定档,并旋转设定按钮,将温度设定在 85 ℃,然后再调到测量档,调整完毕。当电解槽体温度升到 85 ℃时,温度控制仪能够自动报警。

1.4.5 安全控制措施试验

在各安全控制点调整完毕后,进行整机调试试验。当制氢主机工作压力、储氢罐储氢压力、电解槽体工作温度达到设定值时,整流控制器应声光报警,自动停机。

第二章 设备操作

2.1 水电解制氢的基本原理

在电解槽体中通入直流电时,水分子在电极上发生电化学反应,分解成氢气和氧气。

$\frac{1}{2}O_2$:

阴极反应	$2H_2O+2e \rightarrow H_2 \uparrow +2OH^{-1}$	(2.1)
阳极反应	$2OH^{-1}-2e \rightarrow 1/2O_2 \uparrow +H_2O$	(2.2)
总反应式	$H_2O \rightarrow H_2 \uparrow +1/2O_2 \uparrow$	(2.3)

水电解遵循法拉第电解定律,气体产量与电流成正比。KOH 在水中的作用在于增加水的电导,本身不参加反应,理论上是不消耗的。单位气体的电耗取决于电解电压。电解压力的选择主要是根据用氢的需要。气体纯度决定于制氢主机结构和操作情况,在设备完好,操作正常的情况下,纯度是稳定的。

2.2 工艺流程

启动整流控制器,当电解槽体电压在 51 V 以上时,电解小室阴极上即产生氢气,阳极上产生氧气。其工艺流程图见附录1。

2.2.1 气体系统流程

氢气产生过程:从电解槽体各电解小室阴极一侧电解出来的氢气和循环电解液的混合物,借助于气体的升力,通过极板上的出气孔,进入氢分离器,在重力的作用下,氢气和电解液分离。分离后的含雾氢气进入氢除雾器,除去水分和碱雾,实现进一步分离。氢气经过氢平衡阀下腔分为两路:一路经止回阀送入储氢罐,另一路通过氢气放空阀、阻火器放空。从氢除雾器出来的氢气引出供分析取样,不取样时氢分析阀关闭。

氧气的产生过程与氢气的产生过程相同,从阳极电解出来的氧气分为三路:一路经稳压罐进入氧平衡阀和氢平衡阀上腔,作为控制气源,另外一路进入氧平衡阀的下腔排出,如使用氧气,可进入氧气回收系统,否则通过氧放空阀放空,再一路供分析取样,不取样时氧分析阀关闭。

2.2.2 电解液循环系统

补充电解液及蒸馏水,是通过加水泵从水箱中进入氧分离器,经碱液过滤器流入电解槽体。

制氢主机工作时,从电解槽体出来的气液混合物,经氢、氧分离器分离出来的电解液,在重力作用下,经连通管道进入碱液过滤器滤去杂质,回到电解槽体,进行新一轮的循环。

2.2.3 压力平衡系统

制氢主机的工作压力和氢、氧两系统的压力平衡是通过压力平衡阀实现的。

开机后,打开增压阀,产生的氧气一路进入氧平衡阀的下腔,另一路通过增压阀、稳压罐进入氧平衡阀和氢平衡阀上腔。产生的氢气进入氢平衡阀的下腔。此时氧平衡阀上下腔压力相等。当压力增到控制值后,关闭增压阀,这时氧平衡阀上腔,氢平衡阀上腔和稳压罐就形成了一个恒压系统。此时从氧除雾器出来的氧气只进入氧平衡阀的下腔。如果压力超过氧平衡阀上腔的压力,便将膜片往上顶,平衡阀阀针上移,平衡阀开大,氧气通过氧放空阀放空。相反,当氧平衡阀下腔的压力低于氧平衡阀上腔压力时,平衡阀阀针下移,阀门关小,排气量减少。平衡阀阀针随着制氢主机内压力的变化,不停地上下移动,自动调节流量,从而达到氧平衡阀上下腔压力平衡。

氢气系统稳压过程与氧气系统稳压过程相同。特别要指出的是,升压时氧平衡阀上下腔压力始终相等,由于平衡阀的膜片及阀针有一定的重量而使膜片下沉,因而氧平衡阀自动关闭。氢平衡阀上下腔的压力不相等,此时产生的氢气只能通到氢平衡阀的下腔,所以下腔压力大于上腔压力,不断顶起阀针,放出氢气,所以氢气压力略大于氧气压力(大约 20 mm 水柱),因此,氢液面计的液位略低于氧液面计的液位是正常的。

2.2.4 蒸馏水补充系统

在水电解过程中需保持一定量的电解液,当需要添加电解液(蒸馏水)时,通过加水泵直接将蒸馏水泵入氧分离器,和循环的电解液一起经过碱液过滤器进入电解槽体中。

2.2.5 冷却水系统

氢分离器和氧分离器中都装有蛇形管(换热器),流过蛇形管的自来水由水龙头控制流量,由下口进入,从上口流出。

2.2.6 单向流动控制

为保证在加水泵停止工作时,制氢主机内的气体和电解液不外漏,在加水管道上设计有止回阀。

在停机或制氢主机工作压力低时,为防止储氢罐中的氢气倒灌,在储氢管道上设计有止回阀。

2.2.7 压力、温度报警系统

在电解槽体电解出来的氧气和电解液混合体出口处,设置有温度控制仪探头,当槽体温度达到 85 ℃时,可以自动切断电源停机,同时声光报警。

在氧除雾器之前,装有压力控制器。当压力控制器超过额定值时,可以自动切断电源停机。同时声光报警。

在充球管道上,装有电接点压力表。既显示储氢罐内压力,又起过压报警作用。当罐内压力超出控制压力值时,即自动切断电源停机,同时声光报警。

2.2.8 显示系统

为便于操作人员的工作,正确观察和判断各系统的工作状况,在制氢主机上安装有工作压力表、控制压力表、温度表、氢液位计、氧液位计、压力控制器;在整流控制器上安装有直流电压表、直流电流表、温度控制仪;在储氢罐上安装有压力表、防爆电接点压力表;另还配置氢分析仪等。从这些显示仪器上可直观地判断设备工作状况,为设备安全工作运行提供了便利条件。

2.2.9 安全防范系统

储氢罐上装有安全阀。当罐内压力超过限定值时,阀门自动打开,放出过压氢气,压力降至限定值后,阀门自动关闭,确保储氢罐安全。

所有氢气出口均设有阻火器,防止外部火源进入设备内部引起事故。

2.3 电解液的技术要求和配制方法

电解液是由蒸馏水和 KOH 按一定比例配制而成的。蒸馏水本身不导电,为了提高产氢效率,减少电能的消耗,在蒸馏水中加入一定浓度的 KOH,以增加电解液的导电能力。

2.3.1 对电解用水和电解质的质量要求

水电解制氢用水标准依次为蒸馏水、去离子水、条件不具备时可使用市售纯净水。

电解质是固态 KOH。要求使用分析纯,不提倡使用化学纯。

2.3.2 电解液的配制方法

QDQ2-1 型水电解制氢设备配备直径 400 mm,高 800 mm 的碱水箱,用于配制电解液和盛装蒸馏水。

第一次配制电解液时,先用蒸馏水清洗干净碱水箱。若配制 30% 的 KOH 溶液,可先在碱水箱内加入 51 L 蒸馏水(碱水箱内水面高度为 406 mm),然后逐渐加入 22 kg KOH 分析纯,边加入边用木棍搅拌,速度以 KOH 不结块为准,直到 KOH 全部溶解,待溶液中的气泡全部跑净,且没有异常沉淀物,温度为 35 ℃ 左右时,即可泵入制氢主机内。

2.3.3 电解液浓度的分析方法

电解液浓度采用百分比浓度,KOH 溶液的浓度是 30%。新配制的电解液要用比重计测定一次浓度。

长期电解过程中有部分 KOH 随气体蒸发流失,电解液浓度会逐渐降低,出现电解小室电压升高的现象。此时要测定电解液浓度并过滤电解液,增加电解质使浓度符合要求。

电解液每年更换一次,最长不超过二年。

电解液确定百分比浓度的方法是:

在停机并使系统压力降到零的情况下,打开电解槽体排污阀取出一些电解液放在随机配备的量筒中,其深度在 200 mm 左右。

待电解液冷却后,将比重计轻放入电解液中,使其保持自然悬浮状态,记下比重计的读数,然后查表算出电解液的浓度。溶液比重表见附录 2。

2.3.4 电解液配制安全防范措施

KOH 是强性碱。在使用过程中要注意安全,防止烧伤。在配制电解液或接触电解液时,要戴胶皮手套。在排放电解液时一定要停机并等到系统压力降至零时才能打开排污阀,以防电解液(热碱)喷出伤人。一旦碱液沾到皮肤、眼睛时,应立即用清水冲洗和用硼酸溶液浸洗。

2.4 整流控制器的使用

2.4.1 整流控制器的工作原理

将 AC380 V 交流电整流成 DC0～200 A/0～72 V 的直流电,供电解槽体用电。控制原理图见附录 3。

2.4.2 整流控制器操作

启动按钮,接通主电路,旋动面板电位器,将直流电压逐渐升至额定值。当工作温度升至额定值时,可将"稳流、稳压"档调到稳流档,将电流设定为 161 A,此时,直流电压仅随制氢主机的温度变化而变化,但是产氢量是稳定的,即每小时为 2 m³ 氢气。

停机时先旋动面板电位器,使电压表示值逐渐下降至零。然后断开整流控制器电源。

2.5 制氢设备的操作

2.5.1 开机前的准备

参照工艺流程图(见附录 1)检查氢放空、氧放空、氢储存、氧分析、进出罐、充球等管路连接是否正确,检查各阀门开关状态等无异常。

严禁在制氢主机及各电器设备上放置任何工具和杂物。电解槽体绝缘处一定要干燥,保证电解槽体正端压板与其他设备的绝缘。

要求室内通风良好,开机前打开天窗防止泄漏氢气滞留室内,注意保持室温不低于 0 ℃。

电解槽体首次使用前,必须用蒸馏水浸泡 24 小时以上,让石棉隔膜布充分浸透,然后将水排净,再将预先配制好的电解液由加水泵加入制氢主机内。首次使用时,电解液液位必须达到液面计中间位置时方可开机。

2.5.2　开机操作程序

—开机准备

a)检查制氢主机及整流控制器上有无杂物(首次开机对照流程图,检查管路连接是否正确)。

b)地面是否清洁。

c)电解槽体绝缘处是否潮湿。

d)检查阀门开关状态:

关闭阀门:储氢阀、减压阀、氢分析阀、氧分析阀;

打开阀门:氢放空阀、氧放空阀、压力报警阀、增压阀。(有时为了加快升压速度,在升压过程中,可以关闭氧放空阀,待升压结束时,再打开氧放空阀;压力报警阀是常开的,当设备调试完毕,将压力报警阀阀门的手轮卸掉,以防误操作,造成压力控制器不起作用。)

整流控制器旋钮是否调整在最低位置。检查稳流稳压开关状态。

—通电开机

a)接通整流控制器电源。

b)观察整流控制器面板上指示灯情况,旋转电位器调整升高电压,电压不得大于 70 V。

c)增压时观察控制压力表和工作压力表。当制氢主机升到所需要的压力时,关闭增压阀(不得超过 1.0 MPa)

d)打开氧分析阀和氢分析仪,分析气体纯度,纯度不得低于 99.7%,即 SQ-0/3 型氢分析仪显示数字不得大于 1.2。

e)氢气纯度合格后,再关闭氢放空阀,打开氢储存阀,往储氢罐中储氢(储氢罐的进罐阀是常开的)。

f)检查小室电压,一般小室电压比较平均,发现异常及时汇报。

g)开机后当电解槽体温度升到 80 ℃时(温度控制仪显示温度),应打开冷却水进行冷却,根据槽温情况,调节冷却水流量,使槽温保持在 75～85 ℃范围内工作。

—关机

a)将整流控制器电压调至零,然后关闭整流控制器电源。

b)关闭总电源。

c)打开氢放空阀,关闭氢储存阀,再打开增压阀,然后缓慢打开减压阀,使槽压逐渐降至零。降压时应注意观察氢、氧液位变化,不允许液位超出液面计范围,压差过大应停止减压或利用氢放空阀调整,当液位恢复后,再缓慢减压。

d)减压结束后,按开机准备等条款检查各阀门的开关状态。

2.5.3　压力、电流、温度及液位的控制

工作压力:制氢主机工作压力,可根据各自的需要在 0～1.0 MPa 范围内调节。

一个止回阀理论压降为 0.05 MPa,当制氢主机工作压力大于储氢罐压力 0.05 MPa 时,氢气方可进入储氢罐。

工作电流和电压:工作电流以不大于 161 A 为宜。当整流控制器有稳流功能时,使用稳流功能设定电流;若没有稳流功能时,则当温度达到 75～80 ℃时,应调节面板电位器,使其额定工作电流在额定值内运行;工作电压最高不得超过 70 V。

工作温度:开机后电解槽体工作温度逐渐上升,当接近 80 ℃时,应打开自来水冷却,并根据电解槽体温度调节冷却水流量,使电解槽体温度保持在 75～80 ℃范围内。

液位的控制:制氢主机工作过程中,氢氧分离器中的液位应保持在液面计的 1/4～3/4 范围内,低于

1/4 时,应补充蒸馏水使液位到液面计的 3/4。

电解槽正常工作状态下,氢、氧压差控制是通过氢、氧平衡阀自动调节使液位稳定平衡,液位差允许在 150 mm 水柱以内。

2.5.4 槽温、槽压及储氢压力报警检查

当制氢设备首次使用或久停再用时,应按 1.4.5 条考核试验。

2.5.5 分析氢气纯度

每次开机压力稳定后,必须及时进行气体纯度分析,从氧或氢分析阀取样,用自动分析仪或数字测氧仪分析氢纯度,应不低于 99.7%,方可储氢。

2.5.6 储氢

在制氢机首次使用或久停再用及充氮检漏后,为排放掉不纯的气体,必须开机连续排放 15 分钟,经分析氢气纯度达到要求后才能储氢。

2.5.7 记录

每次开机必须认真做好工作情况记录,不得少于三次。记录表格见附录 4。对发现的问题和解决的措施,应认真记录,按月装订成册,作为设备档案的一部分保存。

2.5.8 充球

首次开机制氢充球时,应先打开充球阀排放管路中的积水和杂质,防止堵塞平衡器。充球速度不要太快,平衡器必须要有良好的接地,以防静电起火。

2.6 SQ-0/3 数字式氢分析仪

氢气纯度分析是确保用户业务用氢安全的主要手段之一,氢气纯度是检测水电解制氢设备工作状态的重要指标。

—用途:

用于连续分析水电解制氢设备的氧气中氢气的含量,并能在氢气含量超过规定值时进行声光报警。

—主要技术指标:

a)待测气体氢气含量 0%～3%;氧气含量 100%～97%;含碱量小于 0.04 mg/L;无氢、氧以外的其他气体。

b)被测气体应为正压、能提供 500 mL/min 气体流量。

c)测量范围 0%～3%H_2,数字显示;测量准确度 1.5 级。

d)报警:当氢含量≥1.5%(1.5 为 SQ-O/3 型氢分析仪显示数字)时能自动发出声光报警。

e)电源电压为 AC220 V,功率小于 20 W。

—工作原理

SQ-0/3 型氢分析仪为热导式分析仪。热导式气体分析仪是使用最早的物理式气体分析仪之一,它的种类甚多,能分析气体的种类很广,如氢、二氧化碳、氨、一氧化碳,氢中氩、氢中氖的分析。其测量范围很宽,一般在 0%～100%,常量范围内能对各种分子进行测量。热导式气体分析仪器有结构简单、体积小、反应快、工作可靠等优点,在目前是化工生产中使用较多和最基本的一种气体分析仪。

a)热传导的基本概念

任何一个发热物体的热量都是通过传导、对流和辐射散发出来的。当两种物体互相接触时,热量会从温度高的物体传递给温度较低的物体,这一现象称为热传导。不同的物质传导热量的能力不相同,在热力学中用导热率(导热系数)来描述物质热传导的速率。各种气体的导热率都不相同,氢气的相对导热率为 7.15,氧气的相对导热率为 1.013,在水电解制氢设备中产生的气体只有氢和氧。在氧气路中,大量的氧气含有少量的氢,这种混合气体的导热率为

$$\lambda_C = n_1\lambda_1 + (1-n_1)\lambda_2 \tag{2.4}$$

式中:

n_1——混合气体中氢气的百分含量；

λ_1——氢气的导热率；

λ_2——氧气的导热率。

由式(2.4)看出，当氧气中含氢量 n_1 发生变化时，混合气体的导热率 λ_C 发生变化，这就是说 n_1 与 λ_C 有一一对应的关系，只要测出混合气体的导热率 λ_C 的大小则可测出氢气含量 n_1 的大小。

实际上，由于气体的导热率的绝对值极小，直接测量气体的导热率是比较困难的，本仪器采用间接测量法。把气体导热率的变化转变成电阻值的变化来进行测量，而且电阻值的变化是比较容易准确测量的，为了精确测量电阻值的变化，往往选用电阻温度系数较大电阻丝做成热敏电阻元件，并由它们构成一个不平衡电桥来实现电阻值变化的测量。

b)测量线路和电源线路

测量线路如图 1 所示，不平衡电桥由 R1，R2，R3，R4，R5 和 W2 组成。R1 和 R3 是参比臂，R2 和 R4 是工作臂。四个桥臂元件的结构和参数完全相同。但参比臂中密封参比气体，其含量一般为测量下限。测量线路由直流 9 V 稳压电源供电，用电位器 W1 来调节上桥电流，使其达到规定值。W2 是调零电位器，四个桥臂元件置于一个专门设计的热导池中。

当通过热导池的气体中，不含被测气体时调节 W2 使电桥达到平衡。此时通过工作臂和参比臂的电流相等，数字面板表显示为零。当含有被测成分的气体通过热导池时，引起工作臂散热条件的变化，R2 和 R4 的电阻值相应的改变。电桥失去平衡，产生一个与被测气体浓度成比例的信号，并由数字面板显示出来。同时这个电信号经放大器 8FC7 放大，以便推动报警器工作，报警器由一自激多谐振荡器工作，发出声光报警。面板表由 6 V 电源供电。稳压电流如图 2 所示。

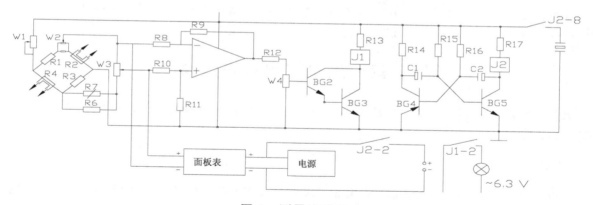

图 1　测量线路图

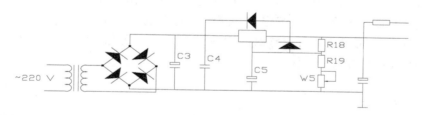

图 2　电源线路图

—仪器的启动

a)启动前的准备工作：

将过滤器清洗干净烘干或用新棉纱布擦干净后，在两头分别装入硼酸片和硅胶。

按气路系统图，将仪器的进气嘴与制氢主机的氧分析阀连接。连接仪器的电源插头，接 AC220 V 电源。

b)仪器的启动

检查仪器无损伤后,检查气路连接是否正确,打开电源开关。电源指示灯应亮,数字表应有数字显示。

c)检查

将"检查—测量"开关调到检查档,面板表指示为16.50±0.50表示仪器工作正常。(注:有的经过改型设计没有这项功能)

d)测试

将制氢主机氧分析阀与分析仪进气口接通,以234 mL/min的流量通入待测气体,仪器的稳定读数则为电解槽体氧气路中氢气的含量。

e)氢气路中氢气纯度的计算

在水电解制氢(制氧)中其氧(氢)的纯度受到多种因素的影响,氧气路中的氢和氢气路中的氧含量不是等量的。因此要用本仪器来监测氢气的纯度还需经过一定的换算。由实验测定在水电解过程中,当电解槽工作于正常状态时,同一时刻氧中氢的含量为氢中氧含量的4倍。则氢气路的氢纯度为:

$$(100 - X_H/4)\% \tag{2.5}$$

式中X_H为仪器读数。

如仪器读数为1.2,则氢纯度为$(100-1.2/4)\%=99.7\%$,以此类推。

—仪器的使用保养

仪器在安装前和长期不用时,应放置在干燥、空气流通、温度适宜、无腐蚀性气体的场地,同时不应受碰撞和强烈振动。

仪器在使用前或使用过程中发现硅胶变成粉红色,在烘箱内烘成蓝色仍可使用。烘箱温度为120 ℃左右,硼酸片受潮失效时要及时更换。

第三章 水电解制氢安全制度

氢气是易燃易爆气体,为确保制氢、用氢安全,在严格执行《水电解制氢安全生产制度》的同时,须严格遵守以下事项。

3.1 人员

水电解制氢必须由经过学习和培训,真正了解水电解制氢基本原理,了解设备结构和性能,掌握制氢安全操作技术的人员担任。

任何人不得携带火种进入制氢室。制氢和充罐气球人员工作时应穿防静电工作服,不可穿戴易产生静电的化纤服装,及带钉子的鞋进行工作,以免产生静电和撞击火花引起事故。

全体制氢、用氢人员,必须强化安全意识,牢固树立安全第一思想,认真执行各项规章制度,并具体制订安全防范措施,切实做好安全工作。

3.2 环境

制氢室及其周围必须严防烟火,并设"严禁烟火"等醒目标志,应配有灭火器材。制氢室必须通风良好,以免泄漏出的氢气滞留室内形成爆炸气体。室内灯具、电源线和开关必须符合防爆要求。

凡制氢房不在避雷保护范围的应设避雷装置。

在北方冬季,应注意管路保温,以防冻结。

冬季制氢室温度应保持在0 ℃以上,以防冻坏设备。

不带防火帽的汽车和以燃油做动力的机械,不允许停放在制氢室、储氢室的禁止烟火区以内。

为防止产生静电,制氢主机、储氢罐、汇流排、氢气瓶和充球平衡器必须接地良好,要求每年测试一次接地电阻,其阻值不得大于 4 Ω。应定期检查接地线是否有效,确保接地牢固可靠有效。充灌球时严防平衡器跌落打火,并控制灌球速度和泄压速度。为防止产生静电,室内不宜过分干燥,必要时可以洒水保持适宜的湿度。

制氢设备严禁他用,不允许在制氢室内做不利于安全的事情,不可存放易燃易爆物品和影响制氢操作的一切杂物。

3.3　设备

在制氢过程中,应随时注意制氢主机液位的变化,液位差失控时必须及时检修,严防在分离器内由于氢氧混合形成爆轰气体。

储氢罐内氢气不可全部用完,罐内气压不应低于 0.05 MPa,以防止空气进入罐内。如果储氢罐内压力为零又长期未用时,必须用水置换。

维修制氢主机以及拆洗碱液过滤器等部件时,必须在停机状态和压力降为零时进行。

制氢主机及氢气管路需焊接时要十分慎重,拆下需焊接的零部件到室外焊接。储氢罐是压力容器,不准自行焊接,要请生产厂专家处理。

久存氢气瓶和放空氢气瓶,必须充氮置换后方可使用。

3.4　维修

设备运行中不得进行任何维修工作。

水电解制氢设备在正常使用条件下,按设计要求六年大修一次,由生产厂完成大修、测试和检验。

3.5　设备的维护保养

制氢室、控制室要保持清洁、整齐。

制氢机、整流控制器、加水泵、蒸馏水器、水箱等设备要经常擦洗和清除灰尘,并按各自使用说明书进行保养。

设备的维护保养,是设备管理中的重要内容,直接影响设备使用寿命和安全生产。水电解制氢设备是高空气象台站的主要设备,严格按照操作规程使用,经常坚持做到日检查、月维护保养、定期检验和自查安全运行情况。

3.5.1　操作人员检查内容

a)班前对设备进行检查,清洁。制氢机及各电器设备上不得放置任何杂物;地面要清洁,电解槽体正极与地面保持绝缘。若被水浸湿,须吹干方可开机。

b)班中检查和测量设备的运行情况,按附录4进行检查,每天不少于三次。发现不正常情况,应及时停机处理。

c)班后注意以下情况:

观察配电盘总开关是否关闭;

制氢主机的工作压力和控制压力是否归零;

液面计显示液位高度是否基本平衡;

制氢主机储氢阀是否关闭。

3.5.2　定期(月)维护保养

a)检查 SQ-0/3 氢分析仪干燥筒内硼酸、硅胶是否变色,硅胶若由蓝色变成粉红色,则需要更换。

b)整流控制器清洁,主要除去控制板、电器元件、整流变压器等部件上的尘土。用吹尘器对电器件、电路控制板进行清洁处理。

利用自有的示波器测量直流输出波形,相差较大时应及时调整。

c)测试制氢压力保护系统、温度保护系统是否正常工作。若异常,则调整有关参数。

d)观察制氢主机的冷却系统,正常情况下,用自来水冷却的速度是:当打开冷却水龙头,5分钟温度表显示下降,15分钟应达到理想状态。否则应清洗碱液过滤器。

e)观察储氢罐压力表指示是否异常,若指示异常则表示有漏氢处,需立即查找处理。

f)定期对制氢主机进行清洁维护,电解槽体上不得有尘土、白色碱液及痕迹,特别是电解槽体正端压板与框架连接处,要保持干燥。

3.5.3 全面(年)维修

——每年清洗电解槽体,清洗方法:

a)将电解液从排污阀排出,用塑料桶盛装,沉淀24小时(若电解液比较脏,建议更换新的电解液);

b)将蒸馏水用水泵打进制氢主机,达到液面计的1/4为宜,浸泡24小时;

c)将蒸馏水放出,若发现蒸馏水中杂质较多,可重新更换蒸馏水浸泡12小时,直到杂质较少为止;

d)放出蒸馏水,将沉淀干净的或更新的电解液用水泵打入制氢主机内。

——每年清洗分离除雾器,清洗方法:

a)将电解液从排污阀排出,用塑料桶盛装;

b)用塑料布覆盖电解槽体。打开(卸掉)分离除雾器的进气管、回液管接头,共四处;

c)用自来水从进气管冲洗分离器内部的石棉绒等杂质,直至回液管出水清洁为止;

d)装好四处接头,试压不漏气、液。

——更换平衡阀膜片

每半年至一年更换一次压力平衡阀膜片,同时也要根据实际使用程度定期检查更换,切不可等到损坏了再换。如发现制氢机工作压力不断上升,而检查增压阀无内漏时,应检查平衡阀膜片是否损坏。

——系统检查

a)在断电状态下,检查电源线、控制线、信号线及整流控制器内部接线等,发现异常情况及时处理;

b)利用随机携带的量筒、比重计,测量电解液的浓度。使用KOH的浓度为(30±2)%;

c)对SQ-0/3型氢分析仪进行周期检定或校准;

d)对整机系统进行保压试验,要求符合中国气象局行业标准《气象业务氢气作业安全技术规范》中4.5.3条之规定;

e)定期打开储氢罐的排污阀,将罐内的积水放干净。

3.6 管理

为确保制氢机处于良好状态安全运行,必须有专人负责管理、维护和修理。

开机后,要随时巡视制氢设备工作情况,做到对各运行参数进行严格监测和控制。工作人员必须在能听到报警的范围内,不可远离制氢室。

必须严格按水电解制氢管理办法和操作规程,对制氢设备进行保养检修。做到日检查、周保养、月维护、年检修,并建立设备维护检修档案。

压力容器的定期检验,按照《固定式压力容器安全技术监察规程》(TSG 21—2016)执行。

附录1

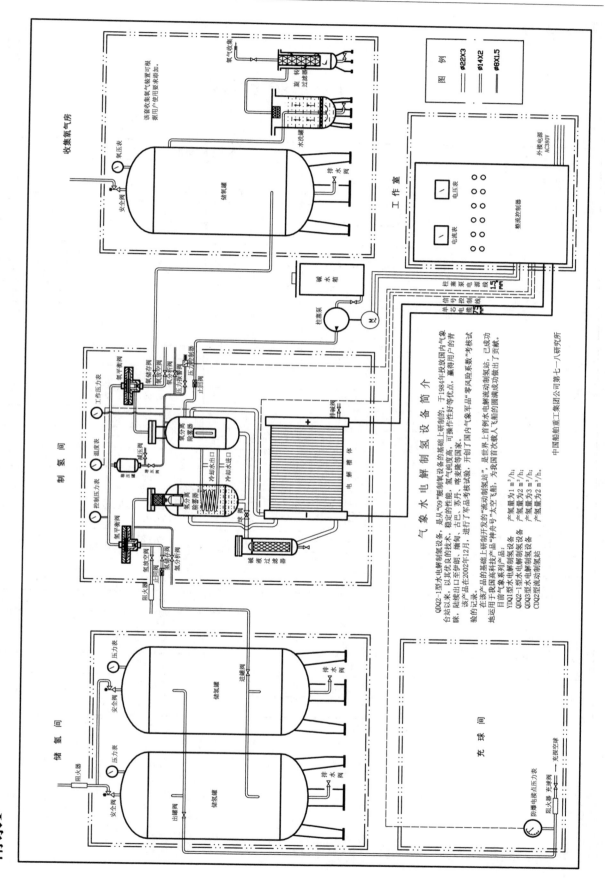

气象水电解制氢设备简介

QDQ2-1型水电解制氢设备，是从"09"潜制氧设备的基础上研制的，于1984年投放国内气象台站以来，以其优良的技术、稳定的性能、氢气纯度高、操作性好等优点，赢得用户的青睐，陆续出口至伊朗、缅甸、古巴、苏丹、喀麦隆等国家。

该产品在2002年12月，进行了军品考核试验，开创了国内水电解流动制氢站的考核试验的记录。

在该产品的基础上研制开发的"流动制氢站"，是世界上首例水电解流动制氢站，已成功地运用于我国高科技产品"神舟号"太空飞船，为我国首次载人飞船的圆满成功做出了贡献。

目前气象系列产品：
YDQ1型水电解制氢设备   产氢量为1 m³/h；
QDQ2-1型水电解制氢设备   产氢量为2 m³/h；
QDQ3型水电解制氢设备   产氢量为3 m³/h；
CDQ2型流动制氢站   产氢量为2 m³/h。

中国船舶重工集团公司第七一八研究所

附录 2

KOH 水溶液比重表

KOH 重量/g		d₁₅ ℃	KOH 重量/g		d₁₅ ℃
100 g KOH 溶液内	100 mL KOH 溶液内	d₄ ℃	100 g KOH 溶液内	100 m LKOH 溶液内	d₄ ℃
1	1.01	1.008	26	32.47	1.2489
2	2.03	1.017	27	34.02	1.2590
3	3.09	1.0267	28	35.56	1.2695
4	4.14	1.0359	29	37.13	1.2800
5	5.23	1.0452	30	38.70	1.2905
6	6.32	1.0544	31	39.88	1.3010
7	7.45	1.0637	32	41.95	1.3117
8	8.53	1.0730	33	43.69	1.3224
9	9.75	1.0824	34	45.32	1.3331
10	10.92	1.0918	35	46.55	1.3440
11	12.13	1.1013	36	48.78	1.3540
12	13.33	1.1103	37	50.56	1.3659
13	14.58	1.1203	38	52.33	1.3769
14	15.82	1.1299	39	54.05	1.3879
15	17.10	1.1396	40	55.96	1.3991
16	18.38	1.1493	41	57.82	1.4103
17	19.71	1.1590	42	59.68	1.4215
18	21.04	1.1688	43	61.61	1.4329
19	22.40	1.1786	44	63.54	1.4443
20	23.76	1.1884	45	65.51	1.4558
21	25.17	1.1984	46	67.48	1.4673
22	26.57	1.2083	47	69.53	1.4790
23	28.02	1.2184	48	71.57	1.4907
24	29.47	1.2285	49	73.66	1.5025
25	30.97	1.2387	50	75.70	1.5140

附录 3　整流控制器控制原理图

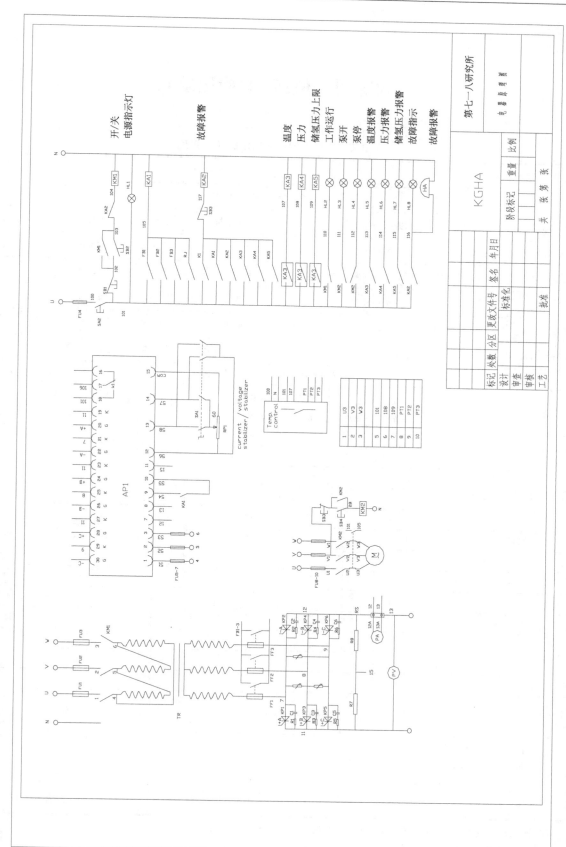

附录 4

制氢用氢值班、维护记录表

附表 1　水电解制氢工作值班记录表

记录日期时间：				值班人员：			
开机前生产环境巡视、检查							
室外环境	□安全	□需密切注意		制氢主机		□正常	□需维护
室内环境	□安全	□需密切注意		整流电源		□正常	□需维护
水电管路	□连接良好	□需密切注意		电解槽排污阀		□正常	□继续观察
压力管路	□连接良好	□需密切注意		电解槽球阀		□正常	□继续观察
储氢压力表	□状态良好	MPa		电解槽液位		□正常	□较低需补充纯水
氢气泄漏监测	□正常	□不正常		储气罐排污阀		□正常	□继续观察

开机期间巡视、检查、测量情况											
测量时间	室外温度/℃	室内温度/℃	直流电流/A	直流电压/V	工作温度/℃	工作压力/MPa	氢气纯度/%	液位差/mm	储氢压力/MPa	充球前后压力差 MPa	备注

小室电压/V																
时间	1	2	3	4	5	6	7	8	9	10	11	12	13	14	15	16
	17	18	19	20	21	22	23	24	25	26	27	28	29	30	最大压差	

储氢	开始时间		储氢量	MPa	结束时间		储氢量	MPa
值班记事								签名： 年　月　日

注：该记录表是反映设备工作状况的档案，值班人员应该认真填写；

　　每天测量不得少于三次，其间隔不小于 1 小时。

附表2 水电解制氢设备定期维护记录表

检查维护时间：			检查维护人员：		
安全生产环境情况			设备外观检查		
室外安全环境	防火情况	□安全　□需整改	制氢主机	槽体	□正常　□不正常
	周边状况	□安全　□需整改		氢平衡阀	□正常　□不正常
室内安全环境	门窗情况	□安全　□需维修		氧平衡阀	□正常　□不正常
	有无杂物	□安全　□需清理		氢分离除雾器	□正常　□不正常
水电管路连接	交流电	□安全　□需维修		氧分离除雾器	□正常　□不正常
	自来水	□安全　□需维修		碱液过滤器	□清洗　□未清洗
压力管路连接	外观情况	□清洁　□需清洁		各阀门情况	□正常　□不正常
	气密性	□良好　□需维修		碱液浓度	□正常　□不正常
开机检查				接地线缆	□正常　□不正常
温度表	□正常　□不正常		整流电源	外部情况	□清洁　□不清洁
压力报警	□正常　□不正常			内部情况	□正常　□不正常
温度控制系统	□正常　□不正常			各导体螺丝	□紧固　□有松动
水冷循环系统	□正常　□不正常			各指示灯	□正常　□需更换
电接点压力表	□正常　□不正常			继电器等	□正常　□不正常
				测氧(氢)仪器	□正常　□不正常
储氢罐外观检查	外观	□正常　□不正常	其他设备	补水柱塞泵	□正常　□不正常
	安全阀	□正常　□不正常		灌球阀门	□正常　□不正常
	排水阀	□正常　□不正常		探空平衡器接地	□正常　□不正常
	出气阀	□正常　□不正常		氢气监控报警	□正常　□不正常
	进气阀	□正常　□不正常		交流电源箱	□正常　□不正常
	压力表	□正常　□不正常		备件和工具	□齐全　□不齐全
	接地	□正常　□不正常			
检查维护记事					签名： 　　　年　月　日

注：该记录表是反映设备工作状况的档案，值班人员应该认真填写；

　　检查维护由两名制氢员一起进行，至少每月进行一次。

附表 3　高空站制氢用氢情况工作月报表

台站名：　　　　　　　年月：　　　　　　　制氢员：

环　境　情　况				
室外安全环境	□未变　□变好　□变坏		室外安全环境	□未变　□变好　□变坏
用　氢　情　况				
用氢数量	个气球（制氢）	瓶（瓶装）	氢气纯度	最高　　　%　最低　　　%
探空平衡器接地	□有　□无	充球台接地	□有　□无	灭火器数量（　）是否在有效期（　）
减压阀接地	□有　□无	警示标语	□清晰　□不清晰	其他情况：
制　用　氢　设　备				
制氢机型号		整流电源型号		测氧/氢仪型号
开机天数	天	氢气纯度	%～　%	纯净水消耗数　　　升
循环水冷却	□有　□无	自来水消耗数	吨	耗电度数　　　度
其　他　情　况				
设备接地检测	□未过有效期	□已过有效期	制氢设备维修　次	维修项目：
测氧仪检定	□未过有效期	□已过有效期	其他设备维修　次	维修项目：
设备定期维护	□本月未做	□本月已做	监控设备工作　□有　□无	□正常　□不正常
备　注				
单位主管领导意见				

填表人：　　　　　　　　　　　　　　　　　　　　　　　填表日期：　　年　　月　　日

QDQ2-1 型水电解制氢设备出厂验收测试大纲[*]

1　总则

本大纲规定了 QDQ2-1 型水电解制氢设备出厂验收测试应进行的项目、要求、方法和步骤,是进行 QDQ2-1 型水电解制氢设备出厂验收测试的依据。

本大纲适用于 QDQ2-1 型水电解制氢设备出厂验收测试。

2　出厂验收测试的要求

2.1　出厂验收测试应具备的条件

2.1.1　设备名称:QDQ2-1 型水电解制氢设备。

2.1.2　测试环境条件

2.1.2.1　环境温度:0～50 ℃。

2.1.2.2　环境湿度:≤90%。

2.1.3　技术指标及性能测试条件

QDQ2-1 型水电解制氢设备处于正常的工作状态时,才能对相关的技术参数进行测试,以保证参数的真实有效性。

2.1.4　电源要求

电源要求配置三相四线制式,电压 380±10% V,频率 50±2 Hz。总功率不小于 25 kW。

2.1.5　交验的气象用水电解制氢设备经承制方质检部门检验合格,由承制方提出正式出厂验收测试申请报告,并附有符合本大纲要求的测试记录。需方认可后,方能进行出厂验收测试。

2.1.6　随机技术资料配备齐套,并提交随机技术文档清单。

2.1.7　承制方应提供符合计量要求的测试测量仪表、设备和相应技术支持,承担产品检验责任。

2.2　出厂验收测试主要任务

2.2.1　出厂验收测试是对 QDQ2-1 型水电解制氢设备出厂前的整机主要性能进行较全面的测试和检验。

2.2.2　对在出厂验收测试中难以测试的项目,承制方应提供厂内测试记录及测试方法说明,经验收测试组认可后,可列为出厂验收测试数据。

2.3　出厂验收工作要求

2.3.1　所进行的测试项目的技术参数和性能必须达到本大纲的要求。购销合同书对技术参数另有要

---

[*]　注:根据"气测函〔2009〕241 号(修订)"

求时,按合同规定执行。

2.3.2 被测项目的性能指标不符合规定的要求时,应暂停测试。承制方在 12 小时内查明原因,并如实填写故障报告表(见附件 1),经过分析,填写故障分析报告表(见附件 2),制定措施,填写故障纠正报告表(见附件 3)。达到指标要求后,经验收测试组认可,方可继续进行验收测试。

2.4 合格判据

2.4.1 所有应验收测试项目均符合本大纲的规定和要求,或购销合同书的规定要求时,判定为出厂验收测试合格。

2.4.2 当出现 2.3.2 情况时,经采取措施,测试结果均符合规定和要求时,则判定为出厂验收测试合格。

2.4.3 在出厂验收测试中仍存在个别项目不符合要求时,承制方分析原因,找出改进办法,提出相应的纠正措施,经验收测试组同意,可按有条件合格处理。遗留问题备案。

2.4.4 不符合 2.4.1,2.4.2,2.4.3 条判据的,则判定为出厂验收测试不合格。

2.5 出厂验收测试工作的组织管理

出厂验收测试工作接受中国气象局有资质的业务主管司的统一管理和指导。中国气象局气象探测中心有资质的管理部门组织,成立验收测试组,负责整个验收测试工作,承制方必须指派专职质检员参加测试。

验收测试组成员见图表 1。

图表 1 验收测试组成员组成

序号	姓名	职务/职称	单　位	从事专业	签　名
1					
2					
3					
4					
5					

3 验收测试项目

3.1 设备外观、结构、工艺要求和标识

3.1.1 外观:应完整、整洁、无明显机械损伤,镀层不应有起泡损坏,金属应无锈蚀,塑料件应无起泡、开裂。

3.1.2 结构:所有零件、部件、紧固件、连接件及各控制件应安装准确、牢固可靠、操作灵活。

3.1.3 工艺要求:所有管路横平竖直,美观整洁,工艺流程合理。

3.1.4 标识:产品名称、型号、规格、出厂编号、出厂日期及有关指标应标注清晰。

3.2 设备主要性能和技术指标

3.2.1 氢气产量:$\geqslant 2\ m^3/h$。

3.2.2 氢气纯度:$\geqslant 99.7\%$。

3.2.3 制氢主机工作压力:$0\sim1.0\ MPa$。

3.2.4　电解槽体工作温度:80±5 ℃。

3.2.5　氢氧系统压力差:≤150 mm水柱。

3.2.6　电解液浓度:(30±2)％KOH溶液。

3.2.7　单位电耗:≤5.0 kWh/m³H₂。

3.2.8　蒸馏水用量:2 L/h。

3.2.9　额定直流电压:57～66 V。

3.2.10　额定直流电流:≥161 A。

3.2.11　平均电解小室电压:≤2.2 V。

3.2.12　加水泵运转情况良好,无泄漏。

3.3　设备安全措施及指标

3.3.1　电解槽体温度保护:≥85 ℃。

3.3.2　制氢主机压力保护:≥1.05 MPa。

3.3.3　制氢主机气密性检查。

3.3.4　储氢罐检查。

3.4　设备运行

3.4.1　出厂验收测试过程中,设备连续运行不小于8小时。

3.4.2　在试验开始、中间和结束时记录三次,记录格式见附件4。

3.5　设备的齐套性

按合同要求配置。

4　验收测试方法

4.1　设备组成

设备组成见图表2。

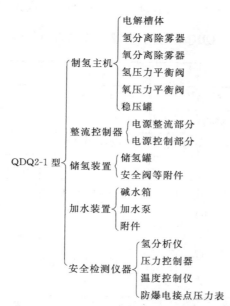

图表2　QDQ2-1型水电解制氢设备组成

4.2 工作原理

在电解槽体中通入直流电时,水分子在电极上发生电化学反应,分解成氢气和氧气。

$\frac{1}{2}O_2$:

阴极反应　　　$2H_2O + 2e \rightarrow H_2 \uparrow + 2OH^{-1}$

阳极反应　　　$2OH^{-1} - 2e \rightarrow 1/2O_2 \uparrow + H_2O$

总反应式　　　$H_2O \rightarrow H_2 \uparrow + 1/2O_2 \uparrow$

水电解制氢技术遵循法拉第电解定律,气体产量与电流成正比,氢气纯度取决于制氢主机结构和操作情况,在设备完好,操作正常的情况下,气体纯度可以保持稳定。

4.3 工作流程

QDQ2-1型水电解制氢设备的工作流程见图表3。

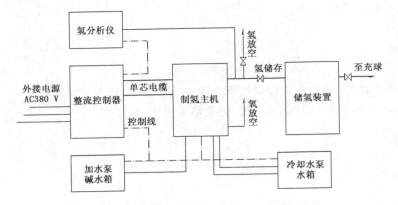

图表 3　QDQ2-1型水电解制氢设备工作流程

4.4 验收测试器材

验收测试器材见图表4,所选仪器、仪表应符合计量标准要求或具有证明资质的合格证。

图表 4　QDQ2-1型水电解制氢设备验收测试器材

序号	仪器设备名称	型号	量程	等级	生产厂家
1	氢分析仪	SQ-0/3	0％～3％H²	5	七一八所
2	温度控制仪	XMT-102	$-50 \sim 150$ ℃	1.0	余姚金电
3	防爆压力控制器	SYEx25DBCR	0.12～2.5 MPa		宜昌博达
4	数字万用表		0～1000 V	±(0.5％读数＋1)	市售
5	防爆电接点压力表	YTXB-160	0～1.6 MPa	1.6	川府仪表
6	压力表	YH-100	0～1.6 MPa	1.6	邯郸市仪表厂
7	直流电流表		0～250 A	1.5	随设备
8	直流电压表		0～100 V	1.5	随设备
9	电工工具			市售	市售

4.5 验收测试程序

4.5.1 设备外观、结构、工艺要求和标识

4.5.1.1 外观

测试方法:采用目测、测量等方式进行检查。

合格判定:外观完整、整洁、无明显机械损伤,镀层无起泡损坏,金属无锈蚀,塑料件无起泡、开裂,为合格。

4.5.1.2 结构

测试方法:采用目测、手动等方式进行检查。

合格判定:所有零件、部件、紧固件、连接件及各控制件安装准确,牢固可靠、操作灵活,为合格。

4.5.1.3 工艺要求

测试方法:目测安装管路整洁,对照工艺流程检查,主要工艺流程参见图表5。

合格判定:所有管路要求横平竖直,美观整洁,工艺流程合理,为合格。

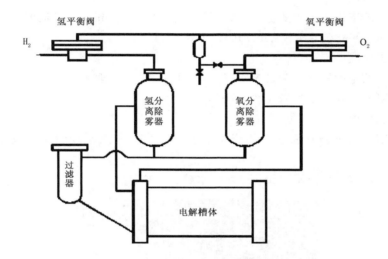

图表 5　QDQ2-1 型水电解制氢设备主要工艺流程图

4.5.1.4 标识

测试方法:采用目测、查证等方式进行检查

合格判定:产品名称、型号、规格、出厂编号、出厂日期及有关指标标注清晰,为合格。

4.5.2 设备主要性能及技术指标

4.5.2.1 氢气产量

测试方法:按《水电解制氢装置通用技术条件》(CB/T 3521-93)标准中 4.1.1.1 条之规定电流计算法计算,即按下式计算:

$$Q_1 = 4.18 \times In\eta \times 10^{-4} \tag{1}$$

式中:Q_1—标准状态下氢气产量,单位:m^3/h,本大纲规定设备为 2 m^3/h;

　　I—电解槽体直流电流,单位:A,本大纲规定设备为 161 A;

　　n—电解小室数,个,本大纲规定设备为 30 个;

　　η—电解效率,99%,本大纲规定设备为 99.5%。

参照本大纲规定的参数,按式(1)计算,氢气产量为 2.01 m^3/h。

合格判定:氢气产量不小于 2 m^3/h 为合格。

4.5.2.2 氢气纯度

测试方法:用随机的 SQ-0/3 型氢分析仪进行测试。

测试条件:制氢主机的工作压力不小于 0.1 MPa、工作温度 80±5 ℃、直流电流为 161 A 时,用配置的塑料管,连接制氢主机的氧分析阀出口和 SQ-0/3 型氢分析仪的进气口,氢分析仪的气体流量控制在234 mL/min,检查分析仪显示数据。其逻辑图见图表 6。

合格判定:SQ-0/3 型氢分析仪显示数据不大于 1.20,即氢气纯度≥99.7%,为合格。

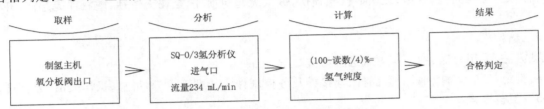

图表 6 氢气纯度分析逻辑图

4.5.2.3 制氢主机工作压力

测试方法:用随机的工作压力表测量 3 次,间隔时间不小于 30 min,取平均值。

合格判定:工作压力平均值在 0~1.0 MPa 为合格。

4.5.2.4 电解槽体工作温度

测试方法:用随机的温度控制仪测量 3 次,间隔不小于 30 min,取平均值。

合格判定:工作温度在 80±5 ℃ 范围内为合格。

4.5.2.5 氢氧系统压力差

测试方法:利用制氢主机控制面板上的液位刻度,目测 3 次,取平均值。液位刻度位置图参见图表 7。

合格判定:氢氧液位差平均值不大于 150 mm 水柱为合格。

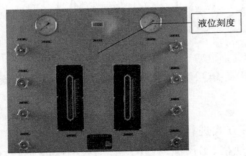

图表 7 制氢主机控制面板液位刻度位置图

4.5.2.6 电解液浓度

测试方法:利用随机的 500 mL 量筒、比重计,参照使用维护说明书《KOH 水溶液比重表》,进行检查测量。

合格判定:电解液浓度在(30±2)% 为合格。

4.5.2.7 单位电耗

测试方法:按《水电解制氢装置通用技术条件》第 4.2.3 条之规定方法测量。即在测定气体产量的同时,用电流表测量流过电解槽体的总电流,用电压表测量电解槽体的总电压。在试验开始、中间和结束时测量三次,取电流、电压的平均值。

按式(2)计算:

$$W = UI/1000Q \tag{2}$$

式中:W——单位直流电耗,kWh/m³,本大纲规定设备不大于 5.0 kWh/m³H₂;

　　　U——电解直流工作电压,单位:V,本大纲规定设备为 57～66 V;

　　　I——电解直流电流,单位:A,本大纲规定设备为 161 A;

　　　Q——标准状态下气体体积,单位:m³/h,本大纲规定设备为 2 m³/h。

　　合格判定:单位电耗不大于 5.0 kWh/m³H₂ 为合格。

4.5.2.8　蒸馏水用量

　　测试方法:观测液面计计量前的液位高度,工作 6 小时后,再观测液位高度,经式(3)计算,得出蒸馏水用量。

$$L = 1/4 D^2 Л (H_1 - H_2) \times 10^{-6}/3 \tag{3}$$

式中:L——单位时间内蒸馏水用量,单位:L/h,本大纲为 2 L/h;

　　　D——氢氧分离除雾器内径,单位:mm,本大纲为 209 mm;

　　　H_1——液面计计量前的液位高度值,单位:mm;

　　　H_2——液面计计量结束时的液位高度值,单位:mm。

　　合格判定:蒸馏水用量为 2 L/h 为合格。

4.5.2.9　额定直流电压

　　测试方法:利用整流控制器随机的直流电压表测量 3 次,取平均值。

　　合格判定:总电压平均值为 57～66 V 之间为合格。

4.5.2.10　额定直流电流

　　测试方法:利用整流控制器随机的直流电流表测量 3 次,取平均值。

　　合格判定:额定直流电流不小于 161 A 为合格。

4.5.2.11　平均电解小室电压

　　测试方法:用数字万用表测量电解小室电压,测量 3 次,取累计平均值。电解小室电压分布曲线见图表 8。

　　合格判定:电解小室电压平均值不大于 2.2 V 为合格。

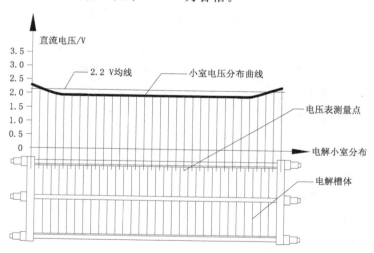

图表 8　电解小室电压分布曲线图

4.5.2.12　加水泵运转情况

　　测试方法:目测检查加水泵运转情况。

　　合格判定:正常工作、无泄漏为合格。

4.5.3 设备安全措施及指标

4.5.3.1 电解槽体温度保护

测试方法:人为调节温度控制仪,检查报警系统是否灵敏。

合格判定:温度大于等于 85 ℃时均能立刻报警,自动停机为合格。

4.5.3.2 制氢主机压力保护

测试方法:用制氢主机随机的压力控制器,检查报警系统是否灵敏。

合格判定:制氢主机工作压力大于 1.05 MPa 时均能立刻报警,自动停机为合格。

4.5.3.3 制氢主机气密性检查

测试方法:关闭氢放空阀、氢储存阀、氧放空阀、氢分析阀、氧分析阀,打开增压阀,压力报警阀,从减压阀充氮气试漏,充压时应分段升压,一般可分 0.4 MPa,0.8 MPa,1.15 MPa,每升压一次,应稳定 10 分钟,用专用检漏液检查。制氢主机气密性检查按图表 9 进行。

合格判定:无泄漏为合格。

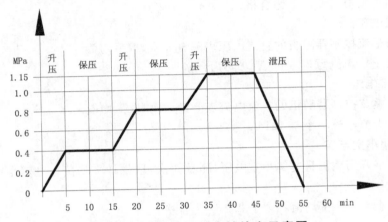

图表 9　制氢主机气密性检查示意图

4.5.3.4 储氢罐检查

测试方法:按 GB150.1～GB150.4—2011《压力容器》规定,目测储氢罐的特种设备合格证、竣工图等相关文件资料是否齐全完整。

合格判定:文件资料齐全完整为合格。

4.5.4 设备运行

4.5.4.1 设备连续运行

测试方法:设备能够安全连续运行,工作程序:开机→升压→升温→正常运行→泄压→停机。

合格判定:设备正常运行阶段时间不小于 8 小时为合格。

4.5.4.2 开机记录

测试方法:目测检查开机记录情况。

合格判定:在试验开始、中间和结束时记录三次,记录符合要求为合格。

4.5.5 设备齐套性

测试方法:按 QDQ2-1 型水电解制氢设备购销合同书附件 1"装箱单"逐一进行检查。装箱单见本大纲附件 5。

合格判定:按装箱单配置齐全为合格。

5　验收测试记录(测试结果)

5.1　设备外观、结构、工艺要求和标识

项目名称	设计技术指标	实测指标	合格判定
外观	外观完整、整洁、无明显机械损伤,金属无锈蚀,塑料件无起泡、开裂		
结构	所有零件、部件、紧固件、连接件及各控制件安装准确,牢固可靠、操作灵活		
工艺要求	所有管路要求横平竖直,美观整洁,工艺流程合理		
标识	产品名称、型号、规格、出厂编号、出厂日期及有关指标标注清晰		

5.2　设备主要性能及技术指标

项目名称	设计技术指标	实测指标	合格判定
氢气产量	≥2 m³/h		
氢气纯度	≥99.7%		
制氢主机工作压力	0～1.0 MPa		
电解槽体工作温度	80±5 ℃		
氢氧系统压力差	≤150 mm 水柱		
电解液浓度	(30±2)% KOH 溶液		
单位电耗	≤5.0 kWh/m³ H_2		
蒸馏水用量	2 L/h		
额定直流电压	57～66 V		
额定直流电流	≥161 A		
平均电解小室电压	≤2.2 V		
加水泵运转情况	正常良好、无泄漏		

5.3　设备安全措施及指标

项目名称	设计技术指标	实测指标	合格判定
电解槽体温度保护	≥85 ℃		
制氢主机压力保护	≥1.05 MPa		
制氢主机气密性检查	无泄漏		
储氢罐检查	文件资料齐全完整		

5.4 设备运行

项目名称	设计技术指标	实测指标	合格判定
设备运行	连续运行不小于 8 小时		
开机记录	记录齐全、符合要求		

5.5 设备齐套性

项目名称	设计技术指标	实测指标	合格判定
齐套性	按装箱单		

6 质量保证规定

6.1 出厂验收测试

6.1.1 出厂验收测试的项目和顺序
出厂验收测试的项目和顺序按本大纲第 3 项规定的项目和顺序进行。

6.1.2 验收测试样品数
逐台验收测试。

7 交货准备

7.1 产品标牌

7.1.1 产品标牌应固定在制氢主机的显著位置

7.1.2 产品标牌应包括下列内容：
产品名称
产品型号
氢气产量
产品编号
出厂日期
生产厂名

7.2 随机文件和包装要求

7.2.1 QDQ2-1 型水电解制氢设备的《使用维护说明书》,说明书应包括技术性能指标、工艺流程、操作规程、故障排除等内容。

7.2.2 合格证

7.2.3 包装具有较好的防潮、防震,并有足够的强度

7.3 交付方式

按合同要求交付使用方。

附件1：

故障报告表

NO：

产品名称		产品编号	
故障发生时间		产品环境条件	
制造日期		故障发现者	
故障发生地点			

故障件	名称	型号（图号）	生产单位	出厂日期	使用时间

故障现象	
故障模式	
故障核实	

填表人签字：	故障单位负责人签字：

故障审理委员会意见	
	负责人签字：

附件 2：

故障分析报告表

故障分析报告编号		产品名称型号	
故障报告表编号		故障件名称	
故障分析说明（可加附页）			
故障原因			
故障分类			
故障责任单位			
纠正措施意见			
故障分析人员签字：			
分析单位技术负责人签字：			
故障审理委员会意见			
			负责人签字：

附件 3：

故障纠正报告表

故障纠正报告编号		产品名称型号	
故障报告表编号		故障件名称	
故障分析报告表编号		故障纠正实施单位	
纠正措施实施情况完成时间			
效果			
遗留问题			
实施人签字：			
实施单位负责人签字：			
故障审理委员会意见			
			负责人签字：

附件 4:

QDQ2-1 型水电解制氢设备测试记录表

记录时间: 值班人员:

月日 时间	室外温度 /℃	室内温度 /℃	直流电流 /A	直流电压 /V	工作温度 /℃	工作压力 /MPa	氢气纯度 /%	液位差 /mm	储氢压力 /MPa	备注

小室电压/V

值班记事   签名:

                                                            年   月   日

注:1.验收测试人员认真填写;2.正常开机后记录一次,中间记录一次,结束时记录一次

附件5:

装箱单

序号	代号	名称	单位	数量	备注
1	QDQ2-1	制氢主机	台	1	附合格证、使用说明书
2	QR04-08	储氢罐	只	3	附合格证、竣工图
3	QR04-09	阻火器	件	3	
4	QR04-10	碱水箱	件	1	
5	KGCA-200/0-72	整流整制器	台	1	附合格证、使用说明书
6		柱塞泵	台	1	附合格证、使用说明书
7	SQ-0/3	数字式氢分析仪	件	1	附合格证、使用说明书
8	YTXB-160	电接点压力表	只	1	
9		比重计	件	1	
10		量筒	件	1	
11	H92X-40P	止回阀	只	2	
12	6J91YW-160P	截止阀 dg6	只	8	
13	3J91YW-160P	截止阀 dg3	只	1	
14		压力表 0～1.6 MPa	只	3	
15		手电筒	只	1	
16		螺丝刀	把	2	"一""十"字各一把
17		测电笔	把	1	
18		万用表	只	1	
19		克丝钳	把	1	
20		中活扳手	把	2	
21		电池	节	4	1#3节,5#1节
22		单芯电缆 70 mm²	根	2	3.5 m
23		四芯电缆 5 mm²	根	1	7 m
24		二芯电缆 mm²	根	1	25 m
25		四芯电缆 mm²	根	1	3 m
26		无缝钢管 Ø14×2	m	100	
27		三通 Ø14	套	7	
28		直通 Ø14	套	20	
29		压力表接头	件	1	
30	A21F-16C	安全阀	只	3	
31		电接点表架	组	1	
32		蒸馏水器	件	1	

装箱：第七一八研究所

检验：　　　　接检单位：

接检：　　　　年　　月　　日

QDQ 型水电解制氢设备操作流程[*]

1 开机前准备

(1)检查机房内及制氢主机外观是否正常。

(2)检查阀门开关状态：

关闭的阀门：储氢阀、减压阀、氢分析阀、氧分析阀；

打开的阀门：氢放空阀、氧放空阀、压力报警阀、增压阀。

(3)检查整流控制器旋钮是否调整在最低位置。

2 通电开机

(1)接通整流控制器电源。

(2)旋转电位器调整升高电压,电压不得大于 70 V。

(3)当电解槽压力升到不超过 1.05 MPa 时,关闭增压阀。

(4)分析氢气纯度,纯度不得低于 99.7%。

(5)关闭氢放空阀,打开氢储存阀,向储氢罐中储氢。

(6)检查小室电压。

(7)用冷却水使槽温保持在 75~85 ℃范围内运行。

3 关机

(1)将整流控制器电压调至零,然后关闭整流控制器。

(2)关闭电源。

(3)先打开增压阀,然后缓慢打开减压阀,使槽压逐渐降至零。降压时不允许液位超出液面计范围,压差过大停止减压,当液位恢复后,再缓慢减压。

(4)填写值班日记。

---

* 注:根据"气测函〔2008〕145 号(修订)"

QDQ 型水电解制氢设备维护制度*

水电解制氢设备是高空气象台站的重要设备,其维护保养好坏,直接影响设备使用寿命和安全生产。必须做到:日检查、月维护、年维修。

1 日检查

(1)班前检查:制氢机及各电器设备保持清洁;电解槽体外部保持干燥;正极与地面保持绝缘。
(2)班中检查:各仪器仪表和运转部件是否正常。
(3)班后检查:配电盘总开关是否关闭;制氢主机的工作压力和控制压力是否归零;液面计显示液位高度是否基本平衡;制氢主机储氢阀是否关闭。

2 月维护

(1)检查氢分析仪干燥筒内硼酸、硅胶是否变色,不合格应更换。
(2)用吹尘器除去控制板、电器元件、整流变压器等部件上的尘土;用示波器测量直流输出波形,相差大应调整。
(3)测试制氢设备的压力保护系统、温度保护系统是否正常工作。若异常,则调整有关参数。
(4)制氢主机的冷却系统达不到理想状态,应清洗碱液过滤器,电解槽体外观出现异常应停机维护。
(5)测量电解碱的浓度,KOH 为(30±2)%。

3 年维修

(1)清洗电解槽体。
(2)清洗分离除雾器。
(3)检查系统各接线连接情况。
(4)检定或校准氢分析仪。
(5)对整机系统进行保压试验。

---

* 注:根据"气测函〔2008〕145 号(修订)"

水电解制氢设备值班记录表

附表 1　水电解制氢工作值班记录表

记录日期时间：						值班人员：					
开机前生产环境巡视、检查											
室外环境	□安全		□需密切注意			制氢主机		□正常		□需维护	
室内环境	□安全		□需密切注意			整流电源		□正常		□需维护	
水电管路	□连接良好		□需密切注意			电解槽排污阀		□正常		□继续观察	
压力管路	□连接良好		□需密切注意			电解槽球阀		□正常		□继续观察	
储氢压力表	□状态良好		MPa			电解槽液位		□正常		□较低需补充纯水	
氢气泄漏监测	□正常		□不正常			储气罐排污阀		□正常		□继续观察	

开机期间巡视、检查、测量情况											
测量时间	室外温度/℃	室内温度/℃	直流电流/A	直流电压/V	工作温度/℃	工作压力/MPa	氢气纯度/%	液位差/mm	储氢压力/MPa	充球前后压力差/MPa	备注

小室电压/V															
时间	1	2	3	4	5	6	7	8	9	10	11	12	13	14	15	16
	17	18	19	20	21	22	23	24	25	26	27	28	29	30	最大压差

储氢	开始时间		储氢量	MPa	结束时间		储氢量	MPa
值班记事							签名： 年　月　日	

注：该记录表是反映设备工作状况的档案，值班人员应该认真填写；
　　每天测量不得少于三次，其间隔不小于 1 小时。

综合观测司关于印发《高空气象观测站制氢用氢设施建设要求》的通知

气测函〔2016〕152 号

各省、自治区、直辖市气象局,探测中心:

为了确保高空气象观测站制氢用氢安全和高空气象观测业务稳定运行,我司组织制定了《高空气象观测站制氢用氢设施建设要求》。现予以下发,从 2017 年 1 月 1 日开始实行,《高空气象台站水电解制氢建设要求》(气测函〔2004〕79 号附件 1)同时废止。

附件:高空气象观测站制氢用氢设施建设要求

综合观测司

2016 年 12 月 23 日

附件

高空气象观测站制氢用氢设施建设要求*

1 总则

本要求规范了高空气象观测站新建、改建、扩建制氢用氢设施的技术要求。

本要求适用于高空气象观测站水电解制氢、购买氢气、储存氢气、充灌气球等设施的建设。

2 编制依据

中国气象局 2010 年发布《常规高空气象观测业务规范》

气测函〔2011〕103 号《高空气象观测站制氢用氢管理办法（试行）》

GB 50177—2005 氢气站设计规范

GB 50016—2014 建筑设计防火规范

GB 50054—2011 低压配电设计规范

GB 50169—2006 电气装置安装工程接地装置施工及验收规范

QX/T 357—2016 气象业务氢气作业安全技术规范

3 基本要求

高空气象观测站制氢用氢设施建设应以安全为核心、预防为主,确保安全生产,节约能源,保护环境,做到技术先进,经济合理,满足高空气象观测业务和气象事业发展的要求。

3.1 高空气象观测站制氢用氢设施的设计建设及选址、环境布局应按下列要求确定

3.1.1 宜根据实际需求和当地气候条件布置为单层、独立的建筑物;

3.1.2 与民用建筑和室外变配电站的距离大于 25 m,与重要建筑的距离大于 50 m,与有明火或散发火花地点的距离大于 30 m;

3.1.3 不得布置在人员密集地段和主要交通要道邻近处;与铁路线距离大于 30 m,与观测站外道路距离大于 15 m,与站内主要道路距离大于 10 m,与架空电力线的防火间距大于 1.5 倍电杆高度;

3.1.4 高空气象观测站制氢用氢设施应留有安全区域,从各类房间的门窗边沿计算,半径大于 4.5 m。

3.2 高空气象观测站制氢用氢建设应有符合规定的消防设施。涉氢场地应根据建筑物大小和具体情况配备二氧化碳、"干粉"等灭火器材,设置消防、清洗用水,装设用于释放人体和衣服上静电的接地体。有爆炸危险房间内应设氢气检漏报警装置。

3.3 有爆炸危险房间,要求通风良好,严禁烟火,所有门窗宜向外开启,并宜采用安全玻璃和撞击时不产生火花的材料制作;室外要有明显的警示标志,并有健全的安全措施。化学制氢用的苛性钠、矽铁粉必须分别存放。

3.4 市电供电应采用三相四线制,宜为三级负荷,电源电压、频率变化应稳定安全运行,技术指标为:

$380\pm10\%$ V,50 ± 2 Hz。可采用安全的发电机组作为备用供电,但发电机组应与涉氢房间隔离。

3.5　必须安装防雷保护装置。防雷分类不应低于第二类防雷建筑,其防雷设施应防直击雷、防雷电感应和防雷电波侵入。

　　防雷保护装置应由乙级以上资质的单位进行设计和施工。

3.6　高空气象观测站制氢用氢设施新建、改建、扩建的环境布局、设计建设方案应根据当地要求报主管部门备案。

4　气象水电解制氢系统用房技术要求

4.1　高空气象观测站新建、改建、扩建的水电解制氢用房,控制室、制氢室、储氢室和充球室应互为独立,宜设置不燃烧体的实体围墙,且控制室和储氢室两者的防火间距不应小于 15 m。

4.2　气象水电解制氢用房的总面积宜不小于 160 m²,布局参考示意图详见资料性附录 A。

4.3　制氢室、储氢室和充球室均为有爆炸危险房间,宜根据当地气候条件选用轻质屋顶和有利于泄压的门窗,各房间门、窗的面积与房间体积的比值介于 0.05~0.22(m²/m³),以利于泄压。房屋内顶棚表面平滑,不应有易积聚氢气的死角,最高处设天窗或通风孔(控制室宜设天窗或通风孔),以利泄漏的氢气逸出室外。单个通风孔面积不小于 0.03 m²,可设防雨、防冻设施。

4.4　控制室与制氢室隔墙相邻,宜有地沟设计,便于电缆、电线的布局和安装,并设有便于观察制氢主机工作状况的观察窗。

4.5　制氢室、控制室、储氢室宜安装自来水管路和排水系统。制氢室内宜设计有自来水龙头,或建造一个容积不小于 1 m³ 的蓄水池(或水箱),用于制氢主机冷却系统用水。冷却水供水压力宜为 0.15~0.35 MPa。

4.6　地面和墙壁应采用耐碱材料并利于清洁。

4.7　气象水电解制氢系统的工作环境要求在 0 ℃以上,凡不具备该条件的台站,应安装采暖设备,采暖应采用无明火及不产生静电的方式,以保证设备的正常工作。

4.8　气象水电解制氢系统安装要求

4.8.1　全套水电解制氢系统分三部分安装在彼此独立的房间内:制氢室内安装制氢主机、冷却用水泵和水箱、加电解液用水泵和水箱。非防爆电机水泵等不应安装在制氢室内,可安装在控制室。

4.8.2　控制室内应配置专用配电盘,安装整流器和控制器、氢气纯度分析仪和蒸馏水器等。

4.8.3　储氢室内安装储氢罐,储氢罐之间的防火间距应大于相邻较大罐直径。

5　购氢站用房技术要求

5.1　高空气象观测购氢站的储氢室和充球室均为有爆炸危险房间,应互为独立,并符合 4.3 条款的规定。

5.2　储氢室内实瓶数量不超过 60 瓶,实瓶、空瓶必须分开存放。实瓶数量超过 60 瓶的,实瓶、空瓶宜分室存放。

5.3　储氢室应有防止瓶倒措施、设置气瓶装卸平台。

5.4　购氢站用房的面积宜不小于 60 m²。布局参考示意图详见资料性附录 B。

6　供电用电

6.1　高空气象观测站制氢用氢供电装置应根据机型设计安装。

6.2　供电设计时要防止外部强电涌干扰。供电系统所需的地线与防雷、防静电地线应分开,接地电阻应小于 4 Ω。

6.3 所有有爆炸危险房间禁止安装非防爆电器,照明应使用防爆灯具,灯具宜装在较低处,并不宜安装在氢气释放源的正上方,非防爆照明控制开关应安装在室外。

6.4 有爆炸危险房间内的其他电器、动力电线、电源线的安装应符合防爆要求。

6.5 有爆炸危险房间与无爆炸危险房间之间,当必须穿过管线时,应采用不可燃材料填塞空隙。

6.6 新建制氢室所有线缆均宜穿钢管暗敷,改扩建制氢室的供电线应沿墙布设,使用钢管穿线,弯管直径不小于 200 mm。

6.7 动力电线、制氢主机直流电缆、照明和配套设备用电线应分开布设,不应使用同一穿线管。

6.8 水电解制氢系统的成套整流装置,应设在与制氢室相邻的控制室内。

6.9 控制室应配置专用配电盘,从配电盘引出的电线三相容量不小于 60 A,单相容量不小于 30 A,电线的最小截面应满足载流量和机械强度的要求。

6.10 专用配电盘应安装在值班员在紧急情况下,便于迅速切断电源的位置。

6.11 配电盘内安装的控制开关禁止使用闸刀开关。配电盘禁止挂接其他用电设备。

6.12 供电系统应按照水电解制氢装置、辅助设备及动力电器、照明三个独立的部分设计安装,各部分单独使用专线供电,不应混用。

6.13 水电解制氢系统的制氢主机、整流控制器、储氢装置等外壳应设计有单独的接地线,接地线面积 ≥100 mm^2,宜使用 4 mm×25 mm 的扁钢作为引出线和连接线;充球平衡器宜使用扁铜带作为接地线,扁铜带的最小截面积宜 ≥10 mm^2,并宜使用 5 号角钢作为接地体。

7 防雷保护

7.1 高空气象观测站防直击雷的防雷接闪器,应使被保护的制氢用氢建筑物、通风帽、氢气放空管等突出屋面的物体均处于保护范围内。

7.2 新建制氢用氢用房,应将建筑基础及圈梁内主筋,进行良好的焊接,并与地网引下线焊接。为防止水电解制氢设备在生产过程中产生静电必须安装接地地网,保证设备良好接地。

7.3 天面避雷带的布置宜在屋顶天面外沿四周及最高处,高出建筑物 0.3 m;在通风口上方 0.3 m 加装十字形避雷带。支撑金属材料直径不小于 12 mm,避雷带金属材料直径不小于 8 mm,与建筑物主筋、圈梁主筋、引下线多点可靠焊接。

避雷网格的金属物直径不小于 8 mm,网格尺寸不应大于 2 m×2 m,高度 0.3 m,与建筑物主筋、屋顶圈梁主筋多点可靠焊接。

7.4 制氢用氢用房的所有金属门窗框架、金属暖气、穿线钢管等都应与建筑物主筋可靠连接,作等电位处理,以最短路径连接到接地系统上。

7.5 通风口应在防雷保护范围之内,通风管(氢气放散孔)宜用金属材料制作(含金属遮雨罩),高度不大于 0.3 m,与屋顶避雷网可靠焊接。

7.6 制氢用氢用房和水电解制氢系统的接地电阻应小于 4 Ω。

7.7 施工过程中应保证质量,确保安全。

资料性附录 A

气象水电解制氢系统 QDQ2-1 型布局参考示意图

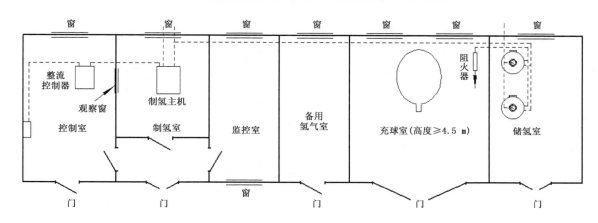

说明:

1. 高空气象观测站新建、改建、扩建的水电解制氢用房,制氢室、储氢室和充球室应互为独立,且制氢室和储氢室两者的防火间距不应小于 15 m。

2. 充球室应根据台站业务实际需求、安全和当地气候条件设计。用于充球的面积应满足充灌气球和人员操作的需要,并有扩大的余地;屋架下弦的高度、大门的高度、宽度、朝向应充分考虑业务实际、人员操作和本地气候特点的要求。

3. 本图以 2 个储氢罐为例,每个储氢罐的储氢量为 10 m³,总储氢量为 20 m³。如储氢室需再增加储氢罐,每增加 1 个储氢罐宜增加 2.5 m² 的使用面积。

资料性附录 B

购氢站储氢用氢用房参考示意图

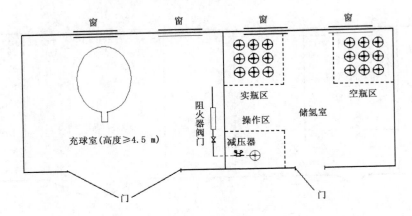

说明：

1. 台站充灌气球时，氢气瓶应加装减压器和阻火器。
2. 充球室要求见资料性附录 A。

水电解制氢设备大修（更新）实施方案[*]

为指导和规范水电解制氢设备大修（更新）工作，根据中国气象局有关规定，同时结合水电解制氢设备大修（更新）实际，特制定本方案。

一、总体要求

按照《QDQ2-1型水电解制氢设备大修规范》《高空气象台站水电解制氢建设要求》和《QDQ2-1型水电解制氢设备操作规程》等有关要求，对全国各制氢站水电解制氢设备进行大修（更新），并组织开展现场培训，以确保水电解制氢业务安全稳定运行，为高空气象观测业务提供有力保障。

二、职责分工

1. 各省（区、市）气象局负责组织做好水电解制氢设备大修（更新）前的各项准备工作；负责协助厂家做好大修（更新）设备的安装、调试等工作；组织做好大修（更新）现场测试及验收等。

2. 中国气象局气象探测中心负责水电解制氢设备大修（更新）工作业务监督、协调，参与现场验收。

3. 设备生产厂家负责水电解制氢设备大修（更新）配件运输、现场安装、调试及测试等任务，负责开展现场培训，配合做好现场测试验收等。

三、现场验收

水电解制氢设备大修（更新）完成后，由省（区、市）气象局组织现场验收。

四、经费安排

1. 大修经费

水电解制氢设备大修经费为12万元/部。其中根据职责分工：

厂家设备大修费用：10.8万元

台站拆装、测试及验收等费用：1.2万元

2. 更新经费

水电解制氢设备更新经费为30万元/部。其中根据职责分工：

厂家设备更新经费：25.8万元

台站拆装、测试及验收等费用：4.2万元

五、实施进度

水电解制氢设备抵站大修（更新）时间一般不超过7天，原则上应避开各地汛期。

---

[*]　注：气测函〔2014〕42号

第二部分
气象涉氢行业标准

ICS 07.060

A 47

中华人民共和国气象行业标准

QX/T 357—2016

代替 QX 33—2005

气象业务氢气作业安全技术规范

Technical specification for meteorological hydrogen operation safety

2016-12-12 发布

2017-05-01 实施

中 国 气 象 局 发布

前　言

本标准按照 GB/T 1.1—2009 给出的规则起草。

本标准代替 QX 33—2005《气象业务氢气作业安全技术规范》，与 QX 33—2005 相比，在标准结构上保持基本一致，除编辑性修改以外，主要技术变化如下：

——修改了术语和定义的内容，删除了 3.2，3.4，3.5，3.10，3.11，3.12，3.14，3.15，3.17，3.18，3.20，3.21，3.22，3.23（2005 版第 3 章）；

——增加了仪表要求的内容（见 4.7）；

——增加了气球充氢的技术要求（见第 8 章）；

——增加了无人站自动充放球装置的技术要求（见 8.9）；

——修改了事故预防措施，增加了氢气作业紧急情况处置（见 9.3）。

本标准由全国气象仪器与观测方法标准化技术委员会（SAC/TC 507）提出并归口。

本标准起草单位：河北省气象技术装备中心、中国气象局工程咨询中心、中国气象局上海物资管理处。

本标准主要起草人：张景云、孙宜军、李峰、侯柳、潘正林、梁如意、韩磊、郭凯。

本标准所代替标准的历次版本发布情况为：

——QX 33—2005。

气象业务氢气作业安全技术规范 *

1　范围

本标准规定了气象业务氢气作业中所涉及的储氢瓶、水电解制氢、化学制氢、气球充灌的安全技术要求及事故预防。

本标准适用于气象业务氢气作业,包括氢气生产、充装、运输、储存、使用及其作业管理等。

2　规范性引用文件

下列文件对于本文件的应用是必不可少的。凡是注日期的引用文件,仅注日期的版本适用于本文件。凡是不注日期的引用文件,其最新版本(包括所有的修改单)适用于本文件。

GB 150.2—2011　压力容器　第2部分:材料

GB 150.3—2011　压力容器　第3部分:设计

GB 150.4—2011　压力容器　第4部分:制造、检验和验收

GB 4962—2008　氢气使用安全技术规程

GB 7144　气瓶颜色标志

GB 14194—2006　永久气体气瓶充装规定

GB 16918　气瓶用爆破片技术条件

GB 50016　建筑设计防火规范

GB 50029—2003　压缩空气站设计规范

GB 50057—2010　建筑物防雷设计规范

GB 50058　爆炸和火灾危险环境电力装置设计规范

GB 50169　电气装置安装工程接地装置施工及验收规范

GB 50177—2005　氢气站设计规范

GB 50235　工业金属管道工程施工及验收规范

TSG R0004　固定式压力容器安全技术监察规程

3　术语和定义

下列术语和定义适用于本文件。

3.1

氢气作业　hydrogen operation

氢气的生产、充装、运输、储存、使用等操作过程。

3.2

氢气站　hydrogen station

采用相关工艺(如水电解法、化学法)制取氢气所需的制氢设施、灌充设施、压缩和储存设施、辅助设施及其建筑物、构筑物或场所的统称。

---

* 注:气象业务氢气作业安全技术规范(QX/T 357—2016)

3.3

制氢室　room for producing hydrogen

安装有水电解制氢主机或化学制氢装置的建筑物、构筑物的统称。

3.4

水电解制氢装置　hydrogen-producing device by electrolysis of water

以水为原料,由制氢主机、整流控制器、储氢装置、氢分析仪、加水泵和水箱等制取氢气设备的统称。

3.5

制氢主机　hydrogen-producing mainframe

在水电解制氢装置中完成水电解并进行氢、氧分离的设备。

3.6

水电解槽　water electrolyzer

通常为压滤式双极性结构,是应用水电解方法将水分解成氢气和氧气的核心装置。

3.7

储氢装置　hydrogen tank

用于储存氢气的压力容器。

3.8

放空管　empty pipe

向大气中直接排放氢气或氧气的管道装置。

3.9

特种设备　special equipment

在水电解制氢系统中的压力管道、化学制氢筒、储氢装置等。

3.10

气瓶　gas cylinder

用于可重复充装气体(临界温度低于－10 ℃)的无缝钢质圆瓶。用于充装氢气的又称储氢瓶。

3.11

爆破片　bursting discs

能够因超压而迅速动作(破裂或脱落),泄放出瓶内气体的限压保险元件。

3.12

制氢筒　tube for producing hydrogen

化学反应方法制取氢气用的钢质气瓶。

4　通用要求

4.1　特种设备

4.1.1　应具有质量合格证明、安全技术检验证明、安装及使用维修说明书等文件。

4.1.2　储氢装置应符合 GB 150.2—2011,GB 150.3—2011,GB 150.4—2011 和 TSG R0004 规定的要求,并具有压力测量和超压泄放、报警功能。

4.1.3　投入使用前,应向当地特种设备安全监督管理部门登记,取得特种设备使用登记证和登记标志,登记标志应当置于或者附着于该特种设备的显著位置。

4.2　电气和热工控制

4.2.1　氢气站、制氢室的电气装置应符合 GB 50177 和 GB 50058 的规定。

4.2.2　水电解槽的直流电源配置,整流装置应符合以下要求:

a)　具有调压、稳流、过载、缺相保护功能;

b)　具有自动切断电源的声光报警功能。

4.2.3　成套整流装置,应设在与电解室相邻的电源室内。

4.2.4　直流电缆的选择及敷设应符合以下要求:

a)　允许的载流量不小于水电解槽额定电流的 1.2 倍;

b)　应采用铜导体,敷设在较低处或地沟内;

c)　当导线出现裸露部分时,应有防止产生火花的有效措施。

4.2.5　有爆炸危险的房间,其照明应采用防爆开关和防爆灯具;灯具应装在氢气泄压排放设施的低处,禁止安装在氢气释放源的正上方。房间内应设置应急照明。

4.2.6　敷设在有爆炸危险的房间中的导线或电缆用的保护管,处于下列情况应做隔离密封:

a)　导线或电缆引向电气设备接头部件前;

b)　相邻的电气设备导线或电缆。

4.2.7　有爆炸危险的房间,排风机的选型应符合 GB 50058 的规定,并不低于氢气爆炸混合物的级别、组别(ⅡCT1)。

4.2.8　有爆炸危险的房间内应设氢气泄漏报警装置,并便于应急操作。

4.3　给水排水和消防

4.3.1　氢气站的室内外消防设计应符合 GB 50016 的规定。

4.3.2　制氢主机的冷却水系统,供水压力应大于或等于 0.15 MPa;水质及排水温度应符合 GB 50029—2003 的规定,并应有断水保护装置。

4.3.3　有爆炸危险的房间、电气设备间应配备二氧化碳、干粉等灭火器材,并保持有效常备。

4.3.4　消防安全措施,氢气站应按 GB 50016 规定,在氢气作业安全保护区域范围内设置消火栓,并应根据需要配备干粉、二氧化碳等轻便灭火器材或氮气、蒸汽灭火系统。

4.4　采暖与通风

4.4.1　采暖应采用无明火及不产生静电的方式。

4.4.2　充(灌)球室、氢气汇流排房间、空瓶和实瓶房间的采暖设施应有防爆隔离措施。

4.4.3　有爆炸危险的房间,应有泄压设施:

a)　房顶应设有天窗或通气孔;室内应通风良好,保证空气中氢气最高含量不应超过 1%(体积比);建筑物顶部或外墙的上部应设气窗或排气孔,排气孔应设在最高处,并朝向安全地带;

b)　泄压面积与房间体积的比值介于 0.05~0.22;

c)　有爆炸危险房间的自然通风换气次数每小时不应少于 3 次;排风装置换气次数每小时不宜少于 12 次,并与氢气检漏装置联锁。

4.4.4　自然通风设施应设有风量调节装置和防止凝结水滴落的措施。

4.5　管道

4.5.1　压力大于 0.1 MPa 的氢气和氧气管道的管材应采用无缝钢管。阀门应采用球阀、截止阀。

4.5.2　管道敷设应符合 GB 50235 的要求。

4.5.3　管道泄漏率试验,试验压力为工作压力的 1.15 倍,试验时间为 24 小时,室内管道平均泄漏率不超过 0.25%/h,室外管道不超过 0.5%/h。

4.5.4　在氢气放空阀、安全阀、充球阀的管口处,应装有阻火器。

4.5.5　放空管的设置应符合以下要求:

a) 采用无缝钢管;

b) 放空管设阻火器,阻火器应设在管口处;

c) 室内放空管出口应引至室外,管口应高出屋顶 2 m 以上。

d) 室外设备的放空管应高于附近有人员作业的最高设备 2 m 以上;

e) 放空管有防止空气回流的措施;

f) 设置防雨雪侵入、水汽凝集、冻结和防外来异物堵塞的措施;

g) 放空管与接地装置连接,并在直击雷保护范围之内,接地应符合 GB 50169 的规定。

4.6 防雷与接地

4.6.1 气象业务氢气作业场所应按 GB 50057—2010 规定划分建筑物的防雷类别,并按 GB 50057—2010 和 GB 50058 的要求设计安装防雷装置。

4.6.2 氢气作业场所的建筑物以及突出屋面的通风风帽、氢气放空管等应处于防直击雷装置的保护范围内。

4.6.3 金属构件、电缆金属外皮,突出屋面的通风风帽、氢气放空管等应接到防雷电感应接地装置上,而管道法兰、阀门等连接处应采用金属导线跨接。

4.6.4 有爆炸危险的房间安装使用的电涌保护器等防雷装置应选用防爆型。

4.6.5 防雷装置应经专业检测机构检测合格。

4.6.6 制氢室、充(灌)球室应设置静电释放球。

4.7 仪表

4.7.1 所有仪表、安全阀应经质量技术监督行政部门授权的检测机构检定合格,在检定有效期内使用。

4.7.2 氢气压力表的准确度不应低于 1.6 级,应符合防爆要求。

4.7.3 气瓶充装系统用的压力表的准确度不应低于 1.6 级,表盘直径应不小于 150 mm,应符合防爆要求。

4.8 报警装置

4.8.1 报警仪表应灵敏可靠,经质量技术监督主管部门授权的计量检测机构检定合格,且在有效期内。

4.8.2 制氢主机和储氢罐应分别安装压力报警装置,压力仪表测量误差不应超过 3%。

4.8.3 温度报警器应保证制氢主机升温达到警界值时自动报警,温度仪表的测量误差不超过 ±1.5 ℃。

4.8.4 压力和温度控制报警装置每月至少应检查、检验 1 次。

4.9 氢(氧)纯度分析

4.9.1 气体分析仪器应经质量技术监督主管部门授权的计量检测机构检定合格,且在有效期内;

4.9.2 气体分析仪器使用时附近应无强电场和强磁场干扰。

4.9.3 采用水电解法生产氢气和氧气时,应在氢气的管道上设置分析氢中氧含量的自动分析仪器或在氧气的管道上设置分析氧中氢含量的自动分析仪器,氢气和氧气纯度分析每日不少于 3 次。

5 储氢瓶

5.1 一般要求

5.1.1 储氢瓶应由具有"气瓶制造许可证"的企业生产。

5.1.2　储氢瓶应定期检验,且在有效期内。

5.1.3　储氢瓶外表面的颜色标志应符合 GB 7144 的规定。

5.1.4　瓶阀的出口螺纹要与所装气体的规定螺纹相符;外表面应无裂纹、腐蚀、变形及其他损伤的缺陷。

5.1.5　瓶体、瓶阀、瓶帽和防震圈等不应沾附油脂和其他可燃物。

5.1.6　储氢瓶应专瓶专用。

5.2　充装

5.2.1　氢气站从事高压氢气充装作业,应经特种设备安全监督管理部门许可。

5.2.2　充装前应进行氢气、氧气纯度检测分析,氢中氧含量或氧中氢含量检测按体积比超过 0.5% 时,禁止充装。

5.2.3　充装应符合 GB 14194 和 GB 4962 的规定,瓶内氢气充装压力不应高于储氢瓶的设计压力。

5.2.4　充装单位应在每只被充储氢瓶上粘贴符合要求的警示标签和充装标签。

5.3　运输

5.3.1　储氢瓶运输应符合国家道路危险货物运输管理的规定。

5.3.2　运输和装卸储氢瓶应做到:

　　a)　有专人负责安全工作;

　　b)　运输工具上有显著的安全标志;

　　c)　储氢瓶戴好瓶帽、防震圈,轻装轻卸,禁止抛、滑、滚、碰;

　　d)　吊装时,禁止使用电磁起重机和链绳;

　　e)　禁止混装运输,且不应与易燃、易爆、腐蚀性物品一起运输;

　　f)　储氢瓶在车上要妥善放置和固定,并符合以下要求:

　　　　1)　横放时,头部应朝向同一方向,垛高不超过 4 层;垛顶不超过车厢高度;

　　　　2)　立放时,车厢高度应在瓶高的 2/3 以上;

　　　　3)　储氢瓶总重量(含随车附加物重量)不超过额定载重量的 2/3。

　　g)　运输应有遮阳设备,避免暴晒;

　　h)　运输工具上应备有灭火器材;

　　i)　禁止在白天运输实瓶通过城镇繁华区域和人口密集地方;运输储氢瓶的车、船不宜在城镇繁华区域和人员密集地方停靠;车、船停靠时,司机和押运人员不应同时离开现场;

　　j)　禁止用小型机帆船和小木船承运。

5.4　储存

5.4.1　储氢瓶和氧气瓶不应同库储存;仓库内不宜有地沟、暗道和腐蚀性物质,禁止明火。

5.4.2　库房应通风,避免阳光直射储氢瓶;库房内外应设置灭火器材;应按要求在醒目处设置防火、爆炸危险的标志。

5.4.3　库房内禁止人员居住、办公;空瓶和实瓶应分开存放,并有明显标志。

5.4.4　储氢瓶放置应整齐,戴好瓶帽、防震圈,立放时应妥善固定;横放时,头部应朝向同一方向,垛高不超过 5 层。

5.5　使用

5.5.1　使用前应进行安全状况检查,禁止擅自更改储氢瓶的钢印和颜色标志。

5.5.2　储氢瓶立放时要有防倒措施;禁止敲击和碰撞储氢瓶。

5.5.3 不应把瓶内的氢气放尽,气体剩余压力不宜小于 0.05 MPa。

5.5.4 泄漏时不宜使用阀门或减压器。

5.5.5 应有完备有效的静电防护设施。

5.5.6 使用过程中避免太阳直晒储氢瓶。

6 水电解制氢

6.1 一般要求

6.1.1 水电解制氢装置应设计安装氧中氢含量或氢中氧含量在线分析仪,氢气纯度应大于或等于 99.7%(体积比)。

6.1.2 水电解制氢设备应具有技术装备使用许可证和质量合格证。

6.1.3 日常使用中要及时对设备进行检修、对测量仪表按规定周期进行检定,并合格。

6.1.4 不应使用存在安全隐患,超过技术规范规定使用年限的水电解制氢设备。

6.1.5 建立水电解制氢设备安全技术档案,记录内容包括:

 a) 设备类别、名称、技术参数、制造单位;

 b) 产品质量合格证明、使用维护说明等技术文件和资料;

 c) 日常使用、日检查、周保养、月维护、年维修、定期检验和自查情况;

 d) 制氢设备及其附件、安全保护装置、测量调控装置的情况;

 e) 所有附属仪器仪表的日常维修保养情况;

 f) 运行故障和事故情况。

6.1.6 压力容器、压力管道的安装、改造、维修竣工并验收合格后,施工单位应当将有关技术资料移交使用单位并将其存入技术档案。

6.1.7 储氢罐的安全阀要保证罐内氢气压力达到设定值时自动泄放。

6.1.8 储氢装置应按 TSG R0004《固定式压力容器安全技术监察规程》的规定检验。

6.1.9 水电解制氢设备的安全检查,应按操作规程定期进行检查维护,每月至少 1 次。出现故障或发生异常,应及时测试检修、排除故障;经安全检查合格后,方可重新投入使用。

6.2 制氢作业

6.2.1 整流控制器首次使用前应检查各项技术参数,调整至符合规定要求。

6.2.2 制氢机首次开机前,应充氮气试漏,并用氮气吹洗合格后方可开机。开机后氢气纯度达到 99.7%(体积比)以上方可储氢,在达到纯度标准前,应通过放空阀泄放。在运行过程中,如发现氢气纯度低于 99.5%(体积比),要立即停机查明原因和检修。

6.2.3 制氢过程应保持蒸馏水补充系统和冷却水循环系统正常运行,保持稳压系统的压力平衡。

6.2.4 更换或过滤电解液时,应停机后操作,并要等待系统内部压力降到零以后,方可开阀排放碱液。

6.2.5 按要求,做好设备运行记录。

6.3 应急处理

6.3.1 发生以下情况时应按操作规程及时处置:

 a) 电解液泄漏;

 b) 氢气泄漏;

 c) 制氢机稳压系统压力不平衡。

6.3.2 发生异常情况应立即停机,并启动应急预案。

6.3.3　现场应急处理后,应及时把情况报上级主管部门,进一步进行检查、检修,预防类似情况再次发生。

7　化学制氢

7.1　一般要求

7.1.1　制氢筒应检验合格。

7.1.2　下列制氢筒禁止使用:

　　a)　检定不合格、报废的;

　　b)　经检查有明显损伤、缺陷的。

7.1.3　制氢筒头部安装的爆破片(保险片)应满足以下要求:

　　a)　符合 GB 16918 的要求;

　　b)　每次制氢前都应更换新的爆破片;

　　c)　禁止用双片、多片或其他金属片替代。

7.1.4　制氢筒头部各部件应装配正确,出气口和三通阀应畅通。

7.2　制氢作业

7.2.1　制氢室应通风良好,禁止一切明火及产生火花的撞击动作。

7.2.2　制氢前应将制氢筒内清洗干净,不应有残渣和结块;清洗制氢筒时禁用铁棒击捣结块。

7.2.3　根据不同的制氢筒,按规定的配比称量使用苛性钠(NaOH)、矽铁粉(SiFe)和水(H_2O)。

7.2.4　化学制氢用水的温度应根据当时的气温条件确定,气温及水温应随时测定,并做好记录;禁止用高温水制氢,水温不宜超过 45 ℃。

7.2.5　制氢作业时,应戴防护眼镜、口罩、防护手套、防护套袖,穿防护围裙、雨靴。

7.2.6　制氢过程中,摇动制氢筒身的摆动幅度不应超过 45°。操作者应在制氢筒的侧面操作。

7.2.7　密切关注压力表示值,压力上升超过 13 MPa 时,应立即采取减压措施。

7.2.8　制氢时,制氢筒体产生的高温不宜采用强制冷却,应让其自然降温。待制氢筒的压力表示值稳定后,操作人员方可离开。

7.2.9　严格执行操作规程和安全制度,做好值班记录。

7.3　原料运输和储存

7.3.1　库房内应保持干燥,确保存放的苛性钠不被潮解。

7.3.2　不应同车运输苛性钠、矽铁粉。

7.3.3　不应同室存放苛性钠、矽铁粉,库房内不宜存放其他物品。

7.4　制氢筒的运输和储存

7.4.1　应符合 5.3 和 5.4 的要求。

7.4.2　搬运和储存制氢筒时应把氢气放空,把制氢残渣清洗干净。

8　气球充氢

8.1　气球充氢前,应检查球皮有无沙眼和破损漏气,并将球皮内的空气排挤干净。

8.2　有人站充灌气球作业时,作业人员不应离开现场,注意观察充灌状况。

8.3　充球时应严格防止产生静电火花,在充灌气球作业现场禁止用金属器具敲击气瓶或其他金属物体。

8.4 当天气比较干燥时,应在充灌气球场地上喷洒水。

8.5 充灌气球作业时,应保持安全充气速度,当充灌气球到 1/3 举力时,关闭充气阀门,检查气球是否漏气,确认无漏气再继续充灌气球。

8.6 充球橡胶管耐压应大于 1.15 MPa。

8.7 充球氢气压力应小于 1.0 MPa。

8.8 平衡器要良好接地。接地电阻不大于 4 Ω。

8.9 自动充放球装置应符合下列要求:

  a) 置于防直击雷装置的保护范围内,可靠接地,接地电阻值应不大于 4 Ω;

  b) 设置氢气泄漏报警装置,且具有当检测出有氢气泄漏时,能自动关闭电源和氢气气路的功能;

  c) 每月进行不少于 1 次的安全巡检、维护,检查氢气管路、电气设备、氢气泄漏报警装置是否良好;

  d) 氢气泄漏报警装置应在检定有效期内;

  e) 维修时,应关闭氢气气路和电源;

  f) 具有除静电措施。

9 事故预防

9.1 一般要求

9.1.1 氢气作业场所应划定氢气作业安全保护区域,设置黄色区域界线或栅栏并在醒目处设置警示标志、静电释放装置。

9.1.2 禁止无关人员、车辆等进入安全作业区域。

9.1.3 应在氢气作业安全保护区域以及制氢、储氢和充球场所的醒目处,设置"氢气危险""严禁烟火""禁止携带火种"等标志。

9.1.4 进入作业现场要穿戴防静电的服装、鞋帽、手套。

9.1.5 禁止穿化纤工作服、绝缘鞋、有铁钉、铁掌鞋的人员进入氢气作业安全保护区域;禁止携带火柴、打火机及其他火种进入安全保护区域。

9.1.6 禁止在氢气作业安全保护区域作业现场接听、拨打无线电话(手机等)。

9.1.7 应加强安全生产管理、制定事故应急处置预案,并定期演练,确保常备措施有效。

9.2 氢气作业人员

9.2.1 上岗前应按要求进行培训,取得上岗资格。

9.2.2 应进行水电解制氢知识和操作技术的培训,了解水电解制氢设备的基本原理、结构和性能,掌握制氢用氢安全操作技术。

9.2.3 所有作业人员应定期进行安全教育和培训,保证掌握安全作业技术。

9.2.4 在作业中应严格执行操作规程和安全规章制度。

9.3 氢气作业紧急情况处置

9.3.1 氢气发生大量泄漏或积聚时,应采取以下措施:

  a) 及时切断气源,人员迅速撤离泄漏污染区至上风处;

  b) 对泄漏污染区进行通风,对已泄漏的氢气进行稀释,防止氢气积聚形成爆炸性气体混合物。

9.3.2 氢气发生泄漏并着火时应采取以下措施:

a) 应及时切断气源、电源；若不能立即切断气源，不宜熄灭正在燃烧的气体，用水强制冷却着火设备，氢气系统应保持正压状态，防止氢气系统回火发生爆炸；

b) 采取措施，防止火灾扩大，可采用大量消防水雾喷射其他引燃物质和相邻设备；

c) 氢火焰肉眼不易察觉，消防工作中应佩戴自给式呼吸器，穿防静电服进入现场，注意防止外露皮肤烧伤。

9.3.3　电解液发生大量泄漏时应采取以下措施：

a) 及时切断电源停机；待制氢主机压力降到零以后，打开电解槽排放阀门，缓慢放空槽内电解液；

b) 制氢人员应戴防护眼镜、防护手套收集清洗电解液；

c) 对设备测试检修、排除故障，进行压力和泄漏试验，经安全检验合格，方可投入使用。

_____

ICS 07.060

A 47

备案号：48136—2015

中华人民共和国气象行业标准

QX/T 248—2014

固定式水电解制氢设备监测系统技术要求

Technical requirements of monitoring systems for stationary hydrogen
production plant with water electrolysis

2014-10-24 发布

2015-03-01 实施

中 国 气 象 局 发 布

前　　言

本标准按照 GB/T 1.1—2009 给出的规则起草。

请注意本文件的某些内容可能涉及专利。本文件的发布机构不承担识别这些专利的责任。

本标准由全国气象仪器与观测方法标准化技术委员会(SAC/TC 507)提出并归口。

本标准起草单位:河北省气象技术装备中心、中国船舶重工集团公司第七一八研究所。

本标准主要起草人:李建明、侯玉平、梁如意、韩磊、李成杰、幺伦韬、甄树勇、郑胲泉。

固定式水电解制氢设备监测系统技术要求[*]

1 范围

本标准规定了固定式水电解制氢设备监测系统(以下简称监测系统)的技术要求与检查验证。

本标准适用于监测系统的设计、生产、安装和检验。

2 规范性引用文件

下列文件对于本文件的应用是必不可少的。凡是注日期的引用文件,仅注日期的版本适用于本文件。凡是不注日期的引用文件,其最新版本(包括所有的修改单)适用于本文件。

GB 3836.1—2010 爆炸性环境 第1部分:设备 通用要求

GB/T 19774—2005 水电解制氢系统技术要求

3 技术要求

3.1 组成

监测系统由变送器、数据采集处理单元、报警装置、通信网络和数据处理中心组成。见图1。

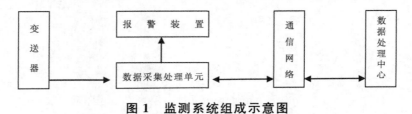

图1 监测系统组成示意图

3.2 功能

监测系统应能对以下参数进行监测并实现现场和远程报警:

a) 制氢机的工作压力、温度、电压、电流、分离器液位、氢气纯度;

b) 储氢罐的储氢压力;

c) 制氢室、储氢室的氢气泄漏浓度;

d) 市电供电状态。

3.3 变送器

变送器应满足监测对象的工作环境和功能需求。其中压力变送器、差压变送器还应满足 GB 3836.1—2010 规定的 ExdⅡCT6 防爆等级要求。变送器的技术参数见表1。

---

* 注:固定式水电解制氢设备监测系统技术要求(QX/T 248—2014)

表 1　变送器技术参数表

序号	名称	用途	计量单位	量程要求	允许误差 %FS
1	压力变送器	监测制氢机的工作压力	MPa	与制氢机的工作压力参数相匹配	±0.5
2		监测储氢罐压力		与储氢罐的储氢压力参数相匹配	
3	差压变送器	监测制氢机的液位差	kPa	与制氢机的液位差参数相匹配	±0.5
4	氢气浓度变送器	监测制氢机生产的氧气中的氢气浓度	—	0%～2%（体积比）	±0.5
5	温度变送器	监测制氢机的工作温度	℃	与制氢机的工作温度参数相匹配	±1
6	交流电压变送器	监测制氢机的交流电压	V	0～500	±0.5
7	直流电压变送器	监测制氢机的直流电压	V	与制氢机的电解直流电压参数相匹配	±0.5
8	直流电流变送器	监测制氢机的直流电流	A	与制氢机的电解直流电流参数相匹配	±0.5
9	氢气泄漏变送器	监测制氢室的氢气泄漏浓度	—	0%～5%（体积比）	±0.5
10		监测储氢室的氢气泄漏浓度			

如果制氢机已经配置的氢分析仪、温度数字显示调节仪性能符合本表规定的技术参数要求,可不再另行配置氢气浓度变送器和温度变送器。

3.4　数据采集处理单元

数据采集处理单元应满足以下要求:

a)　采集通道的输入电流范围为 4～20 mA,最大允许误差±0.5%FS;

b)　监测数据的采样频率为每秒 1 次;

c)　显示的监测数据为每分钟数据的平均值;

d)　具有 30 天分钟数据平均值的存储容量;

e)　具有掉电保存数据的功能;

f)　具有每 10 分钟向数据处理中心传输一次分钟数据包的功能;

g)　具有实时报警的功能。报警的阈值见表2;

h)　市电断电后能够继续工作 72 小时。

数据采集处理单元所需通道数见表 2。

表 2 数据采集处理单元技术参数表

序号	通道名称	通道数 个	报警阈值
1	制氢工作压力	1	工作压力上限
2	分离器液位	1	液位差压上限
3	氢气纯度	1	氢气含量≥1.5%（体积比）
4	制氢工作温度	1	工作温度上限
5	交流工作电压	3	市电供电缺相或三相全无
6	直流工作电压	1	直流工作电压上限
7	直流工作电流	1	直流工作电流上限
8	制氢室氢气泄漏浓度	1	达到 0.4%（体积比）
9	储氢压力	1	储氢压力上限
10	储氢室氢气泄漏浓度	1	达到 0.4%（体积比）

3.5 报警装置

宜采用持续声光报警方式，启动时间应不超过 5 秒。

3.6 通信网络

数据传输可采用有线和（或）无线通信方式。

3.7 数据处理中心

数据处理中心的功能应满足以下要求：

a) 实时显示并保存从数据采集处理单元获得的全部监测数据；

b) 可对单站、多站的任意时段或日、月、年监测数据进行统计分析和生成图表；

c) 接收数据采集处理单元传输的报警信息并实时声光报警。

3.8 安装

3.8.1 变送器

3.8.1.1 变送器的安装应符合表 3 的要求。

表 3 变送器安装要求

序号	名称	安装要求
1	压力变送器	监测制氢机的压力变送器，通过增加三通和截止阀等管件安装在氧分离除雾器与氧压力平衡阀之间的管路上
2		监测储氢罐的压力变送器，通过增加三通和截止阀等管件安装在储氢罐机械压力表的连接管件处
3	差压变送器	通过增加三通和截止阀等管件安装在分离器的液面计连接管件处

表 3　变送器安装要求（续）

序号	名称	安装要求
4	交流电压变送器	并联于制氢机控制柜交流输入端,并固定在控制柜支架上
5	直流电压变送器	并联于制氢机控制柜直流母线排输入端,并固定在控制柜支架上
6	直流电流变送器	应环穿入制氢机控制柜直流母线排,并固定在控制柜支架上
7	氢气泄漏变送器	监测制氢室的氢气泄漏变送器,安装在制氢室内最高处
8		监测储氢室的氢气泄漏变送器,安装在储氢室内最高处

3.8.1.2　管道的管材应采用无缝钢管。阀门宜采用不锈钢球阀、截止阀,不应使用闸阀。

3.8.1.3　变送器与阀门、三通、管道间的连接应牢固可靠,无泄漏。

3.8.2　数据采集处理单元

宜安装在制氢值班室便于观察的位置。

3.8.3　报警装置

现场报警装置可安装在数据采集处理单元箱体的上方。

3.8.4　线缆

数据采集处理单元与变送器之间的连接,宜采用单芯线截面积≥0.5 mm² 的 RVVP 电缆（即铜芯聚氯乙烯绝缘、屏蔽、聚氯乙烯护套软电缆）,并使用金属管件对线缆进行防爆保护。线缆的屏蔽层、金属管件应与制氢设备进行等电位连接。

布设的线缆应进行绝缘检查。

4　检查验证

4.1　数据一致性检查

4.1.1　使用数据采集处理单元的显示值与制氢设备的计量仪表示值进行逐项对比,不超过表 1 规定的最大允许误差为合格。

4.1.2　使用标准电流信号发生器分别输出 4 mA,8 mA,12 mA,16 mA,20 mA 五个值,对数据采集处理单元各通道分别进行 10 分钟试验,满足 3.4a)、b)、c)的要求为合格。

4.1.3　检查数据处理中心任意不少于 30 分钟的连续监测数据,与数据采集处理单元传输的数据一致为合格。

4.1.4　随机抽取数据处理中心单站、多站 24 小时的连续监测数据,并进行日、月、年的统计分析和生成图表,其结果与监测数据一致为合格。

4.2　数据存储功能检查

4.2.1　调取数据采集处理单元的全部分钟数据,连续 30 天的数据保存完整为合格。

4.2.2　关闭数据采集处理单元电源 10 次,数据保存完整为合格。

4.3　报警实时性检查

使用标准电流信号发生器模拟表 2 规定的各类报警阈值,5 秒内报警装置能够启动报警为合格。

4.4 气密性试验

变送器安装应按照 GB/T 19774—2005 中 6.1.2.1 规定的试验方法进行气密性试验,以无漏气为合格。

4.5 等电位连接检查

使用等电位连接电阻测试仪或毫欧表对线缆屏蔽层、金属管件与制氢设备的等电位连接进行测量,跨接电阻小于 0.03 Ω 为合格。

4.6 线缆绝缘检查

使用兆欧表对布设的线缆进行绝缘电阻测量,不小于 2 MΩ 为合格。

———————

第三部分

相关国家标准和行业规范(摘录)

ICS 71. 100. 20
G 86

中华人民共和国国家标准

GB 4962—2008
代替 GB 4962—1985

氢气使用安全技术规程

Technical safety regulation for gaseous hydrogen use

2008-12-11 发布 2009-10-01 实施

中华人民共和国国家质量监督检验检疫总局
中国国家标准化管理委员会 发布

前　言

本标准第 4、5、6、7、8、9 章为强制性的，其余为推荐性的。

本标准从实施之日起，代替 GB 4962—1985《氢气使用安全技术规程》。

本标准与 GB 4962—1985《氢气使用安全技术规程》相比，主要变化如下：

——修改了标准适用范围、术语和定义（原版第 1 章），增加了规范性引用文件；

——修改了供氢站平面布置防火间距表（原版 2.2）；

——原版中删除条款分别为 2.3、2.4、3.2.1、3.3.3、5.1、5.4；

——增加了 2 章正文（本版第 5 章、第 7 章）和 1 个附录；

——供氢设置、氢气瓶使用作了修改（原版第 3 章、第 5 章，本版第 6 章）；

——放空管作了修改（原版 3.5，本版第 8 章）；

——消防作了修改（原版第 6 章，本版第 9 章）。

本标准的附录 A 为资料性附录。

本标准由国家安全生产监督管理总局提出。

本标准由国家安全生产标准化技术委员会化学品安全标准化分技术委员会（SAC/TC 288/SC 3）归口。

本标准负责起草单位：上海市安全生产科学研究所。

本标准参加起草单位：上海华林工业气体有限公司、林德集团（苏州、宁波、厦门）公司。

本标准主要起草人：刘桂玲、李杰、蒋燕锋、唐根妹、龙显淼、佘伟宏、傅佳佳。

本标准于 1985 年首次发布，本次为第一次修订。

氢气使用安全技术规程*

1 范围

本标准规定了气态氢在使用、置换、储存、压缩与充(灌)装、排放过程以及消防与紧急情况处理、安全防护方面的安全技术要求。

本标准适用于气态氢生产后的地面上各作业场所,不适用于液态氢、水上气态氢、航空用氢场所及车上供氢系统。氢气生产中的相应环节可参照执行。

2 规范性引用文件

下列文件中的条款通过本标准的引用而成为本标准的条款。凡是注日期的引用文件,其随后所有的修改单(不包括勘误的内容)或修订版均不适用于本标准,然而,鼓励根据本部分达成协议的各方研究是否可使用这些文件的最新版本。凡是不注日期的引用文件,其最新版本适用于本标准。

GB 2893 安全色

GB 2894 安全标志及其使用导则

GB 3836.1 爆炸性气体环境用电气设备 第1部分:通用要求

GB 4385 防静电胶底鞋、导电胶底鞋安全技术条件

GB 7144 气瓶颜色标记

GB 7231 工业管路的基本识别色、识别符号和安全标识

GB 12014 防静电工作服

GB 16804 气瓶警示标签

GB 50016 建筑设计防火规范

GB 50057 建筑物防雷设计规范

GB 50058 爆炸和火灾危险环境电力装置设计规范

GB 50177—2005 氢气站设计规范

SH 3059 石油化工管道设计器材选用通则

SY/T 0019 埋地钢质管道牺牲阳极阴极保护设计规范

气瓶安全监察规程(国家质量技术监督局,2001年7月1日实施)

压力容器安全技术监察规程(原劳动部,1991年1月1日实施)

汽轮发电机运行规程(1999年版)(国家电力公司标准,1999年11月9日实施)

3 术语和定义

下列术语和定义适用于本标准。

3.1

供氢站 hydrogen filling station
不含氢气发生设备,以瓶装和(或)管道供应氢气的建筑物、构筑物等场所的统称。

---

* 注:氢气使用安全技术规程(GB 4960—2008)(摘录)

3.2

氢气罐 gaseous hydrogen receiver

用于储存氢气的定压变容积(湿式储气柜)及变压定容积容器的统称(不含气瓶)。

3.3

氢气充(灌)装站 gaseous hydrogen filling station

设有灌充氢气用氢气压缩、充(灌)装设施及其必要的辅助设施的建筑物、构筑物等场所的统称。

3.4

爆炸危险区域 explosive hazard zone

大气条件下,气体、蒸气或雾、粉尘或纤维状的可燃物质与空气形成爆炸性混合物,该混合物遇火源后,燃烧或爆炸将传遍整个未燃混合物的区域。

3.5

动火 hot work

可能产生火焰、火花等明火及形成赤热表面的施工作业。

3.6

高、中、低压氢气压缩机 low/middle/high-pressure gaseous hydrogen compressor

输出压力分别为大于等于 10.0 MPa(高压),大于等于 1.6 MPa、小于 10.0 MPa(中压),小于 1.6 MPa(低压)的氢气压缩机。

3.7

钢质无缝气瓶集装装置 bundle of seamless steel cylinders

由专用框架固定,采用集气管将多只气体钢瓶接口并联组合的气体钢瓶组单元。

3.8

氢气汇流排间 hydrogen gas manifolds room

采用氢气钢瓶供应氢气的汇流排组等设施的房间。

3.9

实瓶 full cylinder

充有气体的无缝钢制气瓶,其水容积一般为 40 L,50 L,工作压力为 12.0～20.0 MPa。

3.10

空瓶 empty cylinder

无内压或残余压力小于 0.05 MPa 的气瓶。

3.11

湿氢 humid hydrogen

含有一定数量水蒸气的氢气,且在使用过程中通过降低温度或进行等温压缩,使之达到饱和并析出水分的氢气。

3.12

明火地点 open fire site

有外露的火焰或炽热表面的固定地点。

3.13

散发火花地点 sparking site

带有火星的烟囱或室内外的砂轮、电焊、气焊(割)、无齿锯片切割机、冲击钻、电钻等固定地点。

3.14

排放管 vent pipe

具有一定高度,且能向大气中直接排放气体的管道。

3. 15

阻火器　fire arrestor

防止氢气回火的一种安全设施。

4　基本要求

4.1　建筑及选址

4.1.1　供氢站平面布置的防火间距见表1。

表1　供氢站平面布置的防火间距表

名　　　称		最小防火间距/m
其他建筑物耐火等级	一、二级	12
	三级	14
	四级	16
高层厂房(仓库)		13
甲类仓库		20
电力系统电压为35~500 kV且每台变压器容量在10 MVA以上的室外变、配电站以及工业企业的变压器总油量大于5 t的室外降压变电站		25
民用建筑		25
重要公共建筑		50
明火或散发火花地点		30
湿式可燃气体储罐(区)的总容积 V/m^3	$V<1000$	12
	$1000 \leqslant V<10000$	15
	$10000 \leqslant V<50000$	20
	$50000 \leqslant V<100000$	25
湿式氧气储罐(区)的总容积 V/m^3	$V \leqslant 1000$	10
	$1000<V \leqslant 50000$	12
	$V>50000$	14
甲、乙类液体储罐(区)的总储量 V/m^3	$1 \leqslant V<50$	12
	$50 \leqslant V<200$	15
	$200 \leqslant V<1000$	20
	$1000 \leqslant V<5000$	25
丙类液体储罐(区)的总储量 V/m^3		按5 m³丙类液体等于1 m³甲、乙类液体折算
煤和焦炭储量 m/t	$100 \leqslant m<5000$	6
	$m \geqslant 5000$	8
厂外铁路(中心线)		30
厂内铁路(中心线)		20
厂外道路(路边)		15
厂内主要道路(路边)		10

表 1 供氢站平面布置的防火间距表（续）

名　　　称	最小防火间距/m
厂内次要道路（路边）	5
围墙	5

注 1：建筑物之间的防火间距按相邻外墙的最近距离计算。如外墙有凸出的燃烧物件，则应从其凸出部分处缘算起，储罐、变压器的防火间距应从距建筑物最近的外壁算起。

注 2：供氢站与其他建筑物相邻面的外墙均为非燃烧体，且无门、窗、洞及无外露的燃烧体屋檐，其防火间距可按本表减少 25%。

注 3：固定容积可燃气体储罐的总容积，按储罐几何容积（m^3）和设计储存压力（绝对压力，10^5 Pa）的乘积计算，并按本表湿式可燃气体储罐的要求执行。

注 4：固定容积氧气储罐的总容积，按储罐几何容积（m^3）和设计储存压力（绝对压力，10^5 Pa）的乘积计算，并按本表湿式氧气储罐的要求执行。

注 5：液氧储罐的总容积，应将储罐容积按 1 m^3 液氧折合成 800 m^3 标准状态气氧计算，并按本表湿式氧气储罐的要求执行。

注 6：当甲、乙类液体和丙类液体储罐布置在同一储罐区时，其总储量可按 1 m^3 甲、乙类液体相当于 5 m^3 丙类液体折算。

注 7：供氢站与架空电力线的防火间距，不应小于电线杆高度的 1.5 倍。

4.1.2　氢气罐或罐区之间的防火间距，应符合 GB 50177—2005 规定，具体如下：

a)　湿式氢气罐（柜）之间的防火间距，不应小于相邻较大罐的半径；

b)　卧式氢气罐之间的防火间距，不应小于相邻较大罐直径的 2/3；立式罐之间、球形罐之间的防火间距不应小于相邻较大罐的直径；

c)　卧式、立式、球形罐与湿式罐（柜）之间的防火间距不应小于相邻较大罐的直径；

d)　一组卧式、立式或球形罐的总容积不应超过 30000 m^3。罐组间的防火间距中，卧式氢气罐不应小于相邻较大罐高度的一半；立式、球形罐不应小于相邻较大罐的直径，并不应小于 10 m。

4.1.3　供氢站、氢气罐应为独立的建（构）筑物；宜布置在工厂常年最小频率风向的下风侧，并远离有明火或散发火花的地点；不得布置在人员密集地段和交通要道邻近处；宜设置不燃烧体的实体围墙。

4.1.4　氢气充（灌）装站、供氢站、实瓶间、空瓶间宜布置在厂房的边缘部分。

4.1.5　氢气使用区域应通风良好。保证空气中氢气最高含量不超过 1%（体积）。采用机械通风的建筑物，进风口应设在建筑物下方，排风口设在上方。

4.1.6　建筑物顶内平面应平整，防止氢气在顶部凹处积聚。建筑物顶部或外墙的上部应设气窗或排气孔。排气孔应设在最高处，并朝向安全地带。

4.1.7　氢气有可能积聚处或氢气浓度可能增加处宜设置固定式可燃气体检测报警仪，可燃气体检测报警仪应设在监测点（释放源）上方或厂房顶端，其安装高度宜高出释放源 0.5～2 m 且周围留有不小于 0.3 m 的净空，以便对氢气浓度进行监测。可燃气体检测报警仪的有效覆盖水平平面半径，室内宜为 7.5 m，室外宜为 15 m。

4.1.8　氢气灌（充）装站、供氢站、实瓶间、空瓶间周边至少 10 m 内不得有明火。

4.1.9　禁止将氢气系统内的氢气排放在建筑物内部。

4.1.10　氢气储存容器应与氧气、压缩空气、卤素、氧化剂及其他助燃性气瓶隔离存放。

4.1.11　供氢站的耐火等级不应低于二级，应为独立的单层建筑，不得在建筑物的地下室、半地下室设供氢站，并应按 GB 50016 的规定对站内的爆炸危险场所设置泄压设施。当实瓶数量不超过 60 瓶或占地面积不超过 500 m^2 时，可与耐火等级不低于二级的用氢厂房或与耐火等级不低于二级的非明火作业的丁、戊类厂房毗连,但毗连的墙应为无门、窗及洞的防火墙。

4.1.12 供氢站、氢气罐、充(灌)装站和汇流排间应按 GB 50057 和 GB 50058 的要求设置防雷接地设施。防雷装置应每年检测一次。所有防雷防静电接地装置应定期检测接地电阻每年至少检测一次,对爆炸危险环境场所的防雷装置宜每半年检测一次。

4.1.13 供氢站、氢气罐、充(灌)装站、汇流排间和装卸平台地面应做到平整、耐磨、不发火花。

4.1.14 供氢站、充(灌)装站内需要吊装设备或氢气的充(灌)装、采用钢质无缝气瓶集装装置,宜设起吊设施,起吊设施的起吊重量应按吊装件的最大荷重确定;在爆炸危险区域内的起吊设施应采用防爆设施。

4.1.15 充(灌)装站、汇流排间、空瓶和实瓶的布置应符合下列要求:

    a) 汇流排间、空瓶和实瓶应分开放置。若空瓶和实瓶储存在封闭或半敞开式建筑物内,汇流排间应通过门洞与空瓶间或实瓶间相通,但各自应有独立的出入口。

    b) 当实瓶数量不超过 60 瓶时,空瓶、实瓶和汇流排可布置在同一房间内,但实瓶、空瓶应分开存放,且实瓶与空瓶之间的间距不小于 0.3 m。空(实)瓶与汇流排之间的间距不宜小于 2 m。

    c) 汇流排间、空瓶间和实瓶间不应与仪表室、配电室和生活间直接相通,应用无门、窗、洞的防火墙隔开。如需连通,应设双门斗间,门采用自动关闭(如弹簧门),且耐火极限不低于 0.9 小时。

    d) 空瓶间和实瓶间应有支架,栅栏等防止倒瓶的设施。

    e) 汇流排间、空瓶间和实瓶间内通道的净宽应根据气瓶的搬运方式确定,一般不宜小于 1.5 m。

    f) 汇流排间应尽量宽敞。汇流排应靠墙布置,并设固定气瓶的框架。

    g) 实瓶间应有遮阳措施,防止阳光直射气瓶。

    h) 空瓶间和实瓶间宜设气瓶装卸平台。平台的高度应根据气瓶装卸形式确定。平台上的雨篷和支撑应采用阻燃材料。

    i) 氢气充(灌)装间不应存放实瓶,空瓶数量不应超过汇流排待充瓶位的数量。

4.1.16 按 GB 2894 的规定在供氢站、氢气罐、充(灌)装站和汇流排间周围设置安全标识。

4.1.17 任何场所的民用轻气球不得使用氢气作为充装气体。

4.2 作业人员

4.2.1 作业人员应经过岗位培训、考试合格后持证上岗。特种作业人员应经过专业培训,持有特种作业资格证,并在有效期内持证上岗。

4.2.2 作业人员上岗时应穿符合 GB 12014 规定的阻燃、防静电工作服和符合 GB 4385 规定的防静电鞋。工作服宜上、下身分开,容易脱卸。严禁在爆炸危险区域穿脱衣服、帽子或类似物。严禁携带火种、非防爆电子设备进入爆炸危险区域。

4.2.3 作业时应使用不产生火花的工具。

4.2.4 严禁在禁火区域内吸烟、使用明火。

4.2.5 作业人员应无色盲、无妨碍操作的疾病和其他生理缺陷,且应避免服用某些药物后影响操作或判断力的作业。

4.3 氢气系统

4.3.1 氢气系统氢气质量应满足其安全使用要求。

4.3.2 氢气系统停运后,应用盲板或其他有效隔离措施隔断与运行设备的联系,应使用符合安全要求的惰性气体(其氧气体积分数不得超过 3%)进行置换吹扫。动火作业应实行安全部门主管书面审批制度。氢气系统动火检修,应保证系统内部和动火区域的氢气体积分数最高含量不超过 0.4%。检修或检验设施应完好可靠,个人防护用品穿戴符合要求。防止明火和其他激发能源进入禁火区域,禁止使用电炉、电钻、火炉、喷灯等一切产生明火、高温的工具与热物体。动火检修应选用不产生火花的工具。置换吹扫应按照第 5 章执行。

4.3.3 首次使用和大修后的氢气系统应进行耐压、清洗(吹扫)和气密试验,符合要求后方可投入使用。钢质无缝气瓶集装置装置组装后应进行气密性试验,其试验压力为气瓶的公称工作压力,应以无泄漏点为合格,试验介质应为氮气或无油空气。

4.3.4 氢气系统中氢气中氧的体积分数不得超过 0.5%,氢气系统应设有氧含量小于 3% 的惰性气体置换吹扫设施。

4.3.5 氢气系统设备运行时,禁止敲击、带压维修和紧固,不得超压。禁止处于负压状态。

4.3.6 氢气系统检修或检验作业应制定作业方案及隔离、置换、通风等安全防护措施,并经过设备、安全等相关部门审批。未经安全部门主管书面审批,作业人员不得擅自维修或拆开氢气设备、管道系统上的安全保护装置。

4.3.7 氢气充(灌)装系统应设置超压泄放用安全阀、氢气回流阀、分组切断阀、吹扫放空阀、压力显示报警仪表,并设有气瓶内余气与氧含量测试仪表、抽真空装置等。

4.3.8 氢气系统可根据工艺需要设置气体过滤装置、在线氢气泄漏报警仪表、在线氢气纯度仪表、在线氢气湿度仪表等。

4.4 设备及管道

4.4.1 氢气设备应严防泄漏,所用的仪表及阀门等零部件密封应确保良好,定期检查,对设备发生氢气泄漏的部位应及时处理。

4.4.2 对氢气设备、管道和阀门等连接点进行漏气检查时,应使用中性肥皂水或携带式可燃气体检测报警仪,禁止使用明火进行漏气检查。携带式可燃气体检测报警仪应定期校验。

4.4.3 爆炸危险区域内电气设备应符合 GB 3836.1 的要求,防爆等级应为 Ⅱ 类,C 级,T_1 组;因需要在爆炸危险区域使用非防爆设备时应采取隔爆措施。

4.4.4 氢气管道应采用无缝金属管道,禁止采用铸铁管道,管道的连接应采用焊接或其他有效防止氢气泄漏的连接方式。管道应采用密封性能好的阀门和附件,管道上的阀门宜采用球阀、截止阀。阀门材料的选择应符合 GB 50177—2005 中表 12.0.3 的规定,管道上法兰、垫片的选择应符合 GB 50177—2005 中表 12.0.4 的规定。管道之间不宜采用螺纹密封连接,氢气管道与附件连接的密封垫,应采用不锈钢、有色金属、聚四氟乙烯或氟橡胶材料,禁止用生料带或其他绝缘材料作为连接密封手段。

4.4.5 氢气管道应设置分析取样口、吹扫口,其位置应能满足氢气管道内气体取样、吹扫、置换要求;最高点应设置排放管,并在管口处设阻火器;湿氢管道上最低点应设排水装置。

4.4.6 氢气管道宜采用架空敷设,其支架应为非燃烧体。架空管道不应与电缆、导电线路、高温管线敷设在同一支架上。氢气管道与氧气管道、其他可燃气体、可燃液体的管道共架敷设时,氢气管道应与上述管道之间宜用公用工程管道隔开,或保持不小于 250 mm 的净距。分层敷设时,氢气管道应位于上方。

4.4.7 氢气管道应避免穿过地沟、下水道及铁路汽车道路等,应穿过时应设套管。氢气管道不得穿过生活间、办公室、配电室、仪表室、楼梯间和其他不使用氢气的房间,不宜穿过吊顶、技术(夹)层,应穿过吊顶、技术(夹)层时应采取安全措施。氢气管道穿过墙壁或楼板时应敷设在套管内,套管内的管段不应有焊缝,氢气管道穿越处孔洞应用阻燃材料封堵。

4.4.8 室内氢气管道不应敷设在地沟中或直接埋地,室外地沟敷设的管道,应有防止氢气泄漏、积聚或窜入其他地沟的措施。埋地敷设的氢气管道埋深不宜小于 0.7 m。湿氢管道应敷设在冰冻层以下。

4.4.9 在氢气管道与其相连的装置、设备之间应安装止回阀,界区间阀门宜设置有效隔离措施,防止来自装置、设备的外部火焰回火至氢气系统。氢气作焊接、切割、燃料和保护气等使用时,每台(组)用氢设备的支管上应设阻火器。

4.4.10 氢气管道、阀门及水封等出现冻结时,作业人员应使用热水或蒸汽加热进行解冻,且应带面罩进行操作。禁止使用明火烘烤或使用锤子等工具敲击。

4.4.11 室内外架空或埋地敷设的氢气管道和汇流排及其连接的法兰间宜互相跨接和接地。氢气设备与管道上的法兰间的跨接电阻应小于 0.03 Ω。

4.4.12 与氢气相关的所有电气设备应有防静电接地装置,应定期检测接地电阻,每年至少检测一次。

4.4.13 根据 GB 50177—2005 及 SY/T 0019,氢气管道的施工及验收符合下列规定:
- a) 接触氢气的表面彻底去除毛刺、焊渣、铁锈和污垢等;
- b) 碳钢管的焊接宜采用氩弧焊作底焊;不锈钢应采用氩弧焊;
- c) 氢气管道、阀门、管件等在安装过程中及安装后采用严格措施防止焊渣、铁锈及可燃物等进入或遗留在管内;
- d) 氢气管道的试验介质和试验压力符合 GB 50177—2005 表 12.0.14 的规定;
- e) 氢气管道强度试验合格后,使用不含油的空气或惰性气体,以不小于 20 m/s 的流速进行吹扫,直至出口无铁锈、无尘土及其他污垢为合格。
- f) 长距离埋地输送管道设计、安装时宜做电化学保护措施,吹扫前宜做通球处理。电化学保护宜每年检测一次并存档备案。

4.4.14 氢气充(灌)装台宜设两组或两组以上钢质无缝气瓶集装装置,一组供气,一组倒换气瓶。

4.4.15 加氢反应器及其管道因在高温高压环境下使用氢气,加氢反应器及其管道的材质应符合 SH 3059 的要求。加氢反应器运行期间作业人员应严格执行工艺操作规程,确保反应温度和压力平稳,避免出现飞温和超压过程,定期进行安全检查,包括外观检查、定点测壁厚、定时测壁温、腐蚀介质成分分析;开、停工过程前应编制合理的开、停工方案,停工时增加适当的脱氢过程,避免紧急泄压、降温;采取氮气气封、对反应器内壁采取无损检测、内壁宏观检查等方法,重点检查焊缝区、堆焊层及螺栓、螺母、垫圈和容器内外支承结构,必要时采取气密或水压试验等措施以确保加氢反应器的使用安全。

4.4.16 冶金行业退火炉应采用可编程控制器 PLC 和智能调节器对退火全过程实行全自动控制操作,并对加热罩和炉罩内的超温、炉座强对流风机的过流、过载、过热、冷却罩的冷却风机的过流、过载、炉内的气体置换和退火过程中炉内的保护气氛等进行监控。在供给的保护气体符合安全使用条件下,应确保退火炉的密闭性和保护气体供给的连续性及其压力。在退火过程中,退火炉内的气体正常工作压力应保持微正压(绝对压力 105 kPa,略高于一个标准大气压),应设置压力报警系统。运行期间及开、停工过程应严格执行操作规程,开、停工及检修过程应制定相关的计划或方案,以确保退火炉的使用安全。退火炉应设保护性氢气净化设备。

4.4.17 电厂(站)的氢冷发电机的技术要求可参照《汽轮发电机运行规程》执行。其他技术要求应按电力行业有关规定执行。

4.4.18 按照 GB 7231,GB 2893 和 GB 2894 的规定涂安全色,并设安全标志和标识。

5 置换

5.1 氢气系统被置换的设备、管道等应与系统进行可靠隔绝。

5.2 采用惰性气体置换法应符合下列要求:
- a) 惰性气体中氧的体积分数不得超过 3%。
- b) 置换应彻底,防止死角末端残留余氢。
- c) 氢气系统内氧或氢的含量应至少连续 2 次分析合格,如氢气系统内氧的体积分数小于或等于 0.5%,氢的体积分数小于或等于 0.4% 时置换结束。

5.3 采用注水排气法应符合下列要求:
- a) 应保证设备、管道内被水注满,所有氢气被全部排出。
- b) 水注满在设备顶部最高处溢流口应有水溢出,并持续一段时间。

5.4 钢质无缝气瓶集装装置可采用下列方法置换：

    a) 压力置换法。向设备或系统充惰性气体，充气压强不小于 0.2 MPa（表压），然后放出，重复多次后再用氢气置换多次，然后取样化验，合格后通氢气。也可用惰性气体直接进行置换。

    b) 抽空置换法。适用于能够承受负压的设备或系统。该方法先用惰性气体对设备或系统充压至 0.2 MPa（表压），再抽空排掉设备或系统内气体。重复充气-抽空步骤 2～5 次，然后取样分析，合格后再通氢气。

5.5 若储存容器是底部设置进（排）气管，从底部置换时，每次充入一定量惰性气体后应停留 2～3 小时充分混合后排放，至到分析检验合格为止。

5.6 置换吹扫后的气体应通过排放管排放。

6 储存

6.1 氢气储存容器应符合《压力容器安全技术监察规程》。氢气囊不宜做为氢气储存容器。

6.2 氢气储存容器应设置如下安全设施；

6.2.1 应设有安全泄压装置，如安全阀等。

6.2.2 氢气储存容器顶部最高点宜设氢气排放管。

6.2.3 应设压力监测仪表。

6.2.4 应设惰性气体吹扫置换接口。惰性气体和氢气管线连接部位宜设计成两截一放阀或安装"8字"盲环板。

6.2.5 氢气储存容器底部最低点宜设排污口。

6.2.6 氢气储存容器周围环境温度不应超过 50 ℃，储存场所及周边应设计安装消防水系统。

6.3 氢气瓶（集装瓶）

6.3.1 氢气实瓶和空瓶应分别存放在位于装置边缘的仓间内，并应远离明火或操作温度等于或高于自燃点的设备。

6.3.2 氢气瓶的设计、制造和检验应符合《气瓶安全监察规程》的要求。

6.3.3 氢气瓶体根据 GB 7144 应为淡绿色，20 MPa 气瓶应有淡黄色色环，并用红漆涂有"氢气"字样和充装单位名称。应经常保持漆色和字样鲜明。

6.3.4 多层建筑内使用氢气瓶，除生产特殊需要外，一般宜布置在顶层外墙处。

6.3.5 因生产需要在室内（现场）使用氢气瓶，其数量不得超过 5 瓶，室内（现场）的通风条件符合 4.1.5 要求，且布置符合如下要求：

    a) 氢气瓶与盛有易燃易爆、可燃物质及氧化性气体的容器和气瓶的间距不应小于 8 m；

    b) 与明火或普通电气设备的间距不应小于 10 m；

    c) 与空调装置、空气压缩机和通风设备（非防爆）等吸风口的间距不应小于 20 m；

    d) 与其他可燃性气体储存地点的间距不应小于 20 m；

6.3.6 氢气瓶瓶体在运输中瓶口应设有瓶帽（有防护罩的气瓶除外）、防震圈（集装气瓶除外）等其他防碰撞措施，以防止损坏阀门。

6.3.7 氢气瓶搬运中应轻拿轻放，不得摔滚，严禁撞击和强烈震动。不得从车上往下滚卸，氢气瓶运输中应严格固定。

6.3.8 储存和使用氢气瓶的场所应通风良好。不得靠近火源、热源及在太阳下暴晒。不得与强酸、强碱及氧化剂等化学品存放在同一库内。氢气瓶与氧气瓶、氯气瓶、氟气瓶等应隔离存放。

6.3.9 氢气瓶使用时应装减压器，减压器接口和管路接口处的螺纹，旋入时应不少于五牙。

6.3.10 氢气瓶使用时应采用 4.1.15 d)规定的方式固定，防止倾倒。气瓶、管路、阀门和接头应固定，不得松动位移，且管路和阀门应有防止碰撞的防护装置。

6.3.11　气瓶嘴冻结时应先将阀门关闭，后用温水解冻。

6.3.12　不得将气瓶内的气体用尽，瓶内至少应保留 0.05 MPa 以上的压力，以防空气进入气瓶。

6.3.13　气瓶阀门如有损坏，应由相关资质单位检修。

6.3.14　开启气瓶阀门时，作业人员应站在阀口的侧后方，缓慢开启气瓶阀门。

6.3.15　根据《气瓶安全监察规程》的规定，氢气瓶应定期（每 3 年）进行检验，气瓶上应有检验钢印及检验色标。

6.3.16　气瓶集装装置应有防止管路和阀门受到碰撞的防护装置；气瓶、管路、阀门和接头应经常维修保养，不得松动移位及泄漏。

6.3.17　氢气瓶集装装置的汇流总管和支管均宜采用优质紫铜管或不锈钢钢管。为保证焊缝的严密性，紫铜管及管件的焊接采用银钎焊，焊接完成后对管道、管件、焊缝进行消除应力及软化退火处理。集装装置的汇流总管和支管使用前应经水压试验合格。

6.3.18　长管拖车的每只钢瓶上应装配安全泄压装置，钢瓶的阀门和安全泄压装置或其保护结构应能够承受本身两倍重量的惯性力。钢瓶长度超过 1.65 m，并且直径超过 244 mm 应在钢瓶两端安装易熔合金加爆破片或单独爆破片式的安全泄压装置，直径为 559 mm 或更大的钢瓶宜在钢瓶两端安装单独爆破片式的安全泄压装置；在充卸装口侧，每台钢瓶封头端设置的阀门应处于常开状。安全泄压装置的排放口应垂直向上，并且对气体的排放无任何阻挡；长管拖车的每只钢瓶应在一端固定，另一端有允许钢瓶热胀冷缩的措施；每只钢瓶应装配单独的瓶阀，从瓶阀上引出的支管应有足够的韧性和挠度，以防止对阀门造成破坏。

6.3.19　长管拖车钢瓶应定期检验，使用前应检查制造和检验日期或符号，不得超量充（灌）装。长管拖车应按 GB 2894 规定设置安全标志，并随车携带氢气安全技术周知卡。长管拖车钢瓶使用时应有防止钢瓶和接头脱落甩动措施，拖车应有防止自行移动的固定措施。长管拖车停放充（灌）装期间应接地。

6.3.20　长管拖车的汇流总管应安装压力表和温度表。钢瓶连接宜采用金属软管，应定期检查。拖车上应配置灭火器。使用时应避免长管拖车上压差大的钢瓶之间通过汇流管间进行均压，防止对长管气瓶产生多次数的交变应力。

6.4　氢气罐

6.4.1　氢气罐应安装放空阀、压力表、安全阀，压力表每半年校验一次，安全阀一般应每年至少校验一次，确保可靠。立式或卧式变压定容积氢气罐安全阀宜设置在容器便于操作位置，且宜安装两台相同泄放量且可并联或切换的安全阀，以确保安全阀检验时不影响罐内的氢气使用。

6.4.2　氢气罐放空阀、安全阀和置换排放管道系统均应设排放管，并应连接装有阻火器或有蒸汽稀释、氮气密封、末端设置火炬燃烧的总排放管。惰性气体吹扫置换接口应参照 6.2.4 要求执行。

6.4.3　氢气罐应采用承载力强的钢筋混凝土基础，其载荷应考虑做水压实验的水容积质量。氢气罐的地面应不低于相邻散发可燃气体、可燃蒸气的甲、乙类生产单元的地面，或设高度不低于 1 m 的实体围墙予以隔离。

6.4.4　氢气罐新安装（出厂已超过一年时间）或大修后应进行压强和气密试验，试验合格后方能使用。压强试验应按最高工作压力 1.5 倍进行水压试验；气密试验应按最高工作压力试验，以无任何泄漏为合格。

6.4.5　罐区应设有防撞围墙或围栏，并设置明显的禁火标志。

6.4.6　氢气罐应安装防雷装置。防雷装置应每年检测一次，并建立设备档案。

6.4.7　氢气罐检修或检验作业应参照 4.3.2,4.3.6 要求执行。进入罐内作业应佩戴氧含量报警仪，同时应有人监护和其他有效的安全防护措施。

6.4.8　氢气罐应有静电接地设施。所有防静电设施应定期检查、维修，并建立设备档案。

7 压缩与充(灌)装

7.1 压缩

7.1.1 压缩机应按照 GB 50177—2005 要求设安全防护装置。

7.1.2 使用旋转式压缩机(水环泵)压缩氢气

    a) 启动前应检查泵和电机的轴承润滑情况,并确保气源充足方可启动;

    b) 水环泵启动前和运行中,应检查气水分离器的水位,不得低于标准线。气水分离器内的积水应定时排放,不得随意开启排水阀。寒冷地区使用水环泵应防止分离器结冰;

    c) 启动前应先用惰性气体置换系统内的空气,再用氢气置换惰性气体;

    d) 电机启动后,应随时检查气体进出口的压力变化,并及时调整到所需要的压力;

    e) 电机、轴承和水环泵应定期检修,润滑部件应定期加润滑剂,确保压缩机各部件的润滑和密封。

7.1.3 使用活塞式压缩机压缩氢气

    a) 启动前或大修后,应检查电气设备的绝缘和接线情况,防止短路和因电路接错而造成压缩机的反向旋转;

    b) 启动前应用惰性气体吹扫压缩机和管道系统,检验合格后再开氢气阀,关闭惰性气体阀,启动压缩机;

    c) 启动前机组应先通入冷却水,并检查润滑油是否纯净,油位是否适当;

    d) 应定时检查压缩机所有工艺指标如各级气缸进、排气压力及温度,冷却水和润滑油压力及温度以及轴承温度,不得超过工艺规定值。运行中遇冷却水中断应立即停车;

    e) 压缩机各段安全阀应定期校验,安全阀的设定起跳压力宜设定在正常工作压力的 1.05～1.1 倍;

    f) 压缩机设备故障停车后应将设备隔离,用惰性气体将系统内的氢气置换完全(氢的体积分数小于等于 0.4%);

    g) 不得将氢气排放在室内,应通过排放管排入大气;

    h) 压缩机的压力表等安全设备,应半年校验一次;

    i) 应确保压缩机曲轴箱密封环材料和安装质量,以防止气体漏入曲轴箱;应每年对密封环进行更换,防止活塞杆与密封环之间因摩擦产生泄漏。此外,宜在曲轴箱填料函回油管中部增设一个小回油管,以防止回油管发生气阻导致气体窜入曲轴箱;

    j) 曲轴箱透气帽处宜设置可燃气体报警仪或定期从曲轴箱内取气体样本分析,防止可燃气体浓度达到爆炸极限。

7.1.4 使用膜式压缩机压缩氢气

    a) 应设置膜片损坏报警装置及连锁停机;

    b) 应设置各级压缩气出口温度高限报警装置;

    c) 应设置冷却水温度及流量报警装置;

    d) 其他措施可参照活塞式压缩机使用要求。

7.2 充(灌)装

7.2.1 氢气充(灌)装的汇流排数量应根据气源的多少和压缩机的排气能力设置,最少 2 排(组),每排 8～24 个瓶位。

7.2.2 氢气充(灌)装时应先对气瓶进行确认,严禁氢气瓶与氧气瓶、氮气瓶或其他气瓶混淆。

7.2.3 应采用防错装接头充(灌)装夹具,防止可燃气体和助燃气体混装。

7.2.4 充(灌)装前应严格检查瓶体、阀门等处有无损坏。

7.2.5 充(灌)装时气瓶应用链卡等措施固定,防止倾倒。

7.2.6 应设置充(灌)装超压报警装置,保证气瓶充(灌)装压力不超过气瓶允许的工作压力。

7.2.7 为限制充气速度,同批充(灌)装气瓶数量不得随意减少,也不得在充(灌)装过程中插入空瓶充(灌)装,氢气充气速度不得高于 15 m/s。

7.2.8 氢气与氧气不应在同一充(灌)装台内进行充(灌)装。

7.2.9 充气管道应和其连接部件牢靠连接,与气瓶嘴应紧密连接,防止气体泄漏。

7.2.10 充气导管宜为紫铜管或金属软管。充气导管若为紫铜管,使用前应经过退火处理,每使用三个月应退火一次。使用过程中紫铜管出现起皱现象应及时更换。

7.2.11 充(灌)装时应缓慢开启汇流排阀门,防止气流产生剧烈冲击。在充(灌)装过程中应检查气瓶温度,以判断气瓶进气流量的大小,并可检查气瓶的充(灌)气导管或阀门是否有故障。

7.2.12 空瓶与实瓶应严格分开存放。对不合格或未充(灌)入氢气的气瓶应另设区域放置,并设置醒目标识,防止误装。

7.2.13 经常检查充(灌)装压力,在高压时应特别注意压缩机各级温度和压力是否正常。

7.2.14 气瓶充(灌)装结束应配戴限瓶帽,防震圈(集装气瓶除外),应在充(灌)装后的气瓶(或集装架)上粘贴符合《气瓶警示标签》(GB 16804)和充(灌)装标签。

7.2.15 有下列情况之一的气瓶不应充(灌)装:瓶体漆色、字样模糊、不易识别、无有效标签;安全附件不全(包括瓶帽、胶圈等)或瓶体、阀门有明显损坏;瓶内气体余压低于 0.05 MPa;按规定超过检验年限或钢印标记不清;空瓶未经检验或瓶内气体未经置换和抽空。

8 排放

8.1 氢气排放管应采用金属材料,不得使用塑料管或橡皮管。

8.2 氢气排放管应设阻火器,阻火器应设在管口处。

8.3 氢气排放口垂直设置。当排放含饱和水蒸汽的氢气(产生两相流)时,在排放管内应引入一定量的惰性气体或设置静电消除装置,保证排放安全。

8.4 室内排放管的出口应高出屋顶 2 m 以上。室外设备的排放管应高于附近有人员作业的最高设备 2 m 以上。

8.5 排放管应设静电接地,并在避雷保护范围之内。

8.6 排放管应有防止空气回流的措施。

8.7 排放管应有防止雨雪侵入、水汽凝集、冻结和外来异物堵塞的措施。

9 消防与紧急情况处理

9.1 氢气发生大量泄漏或积聚时,应采取以下措施:

9.1.1 应及时切断气源,并迅速撤离泄漏污染区人员至上风处。

9.1.2 对泄漏污染区进行通风,对已泄漏的氢气进行稀释,若不能及时切断时,应采用蒸汽进行稀释,防止氢气积聚形成爆炸性气体混合物。

9.1.3 若泄漏发生在室内,宜使用吸风系统或将泄漏的气瓶移至室外,以避免泄漏的氢气四处扩散。

9.2 氢气发生泄漏并着火时应采取以下措施:

9.2.1 应及时切断气源;若不能立即切断气源,不得熄灭正在燃烧的气体,并用水强制冷却着火设备,此外,氢气系统应保持正压状态,防止氢气系统回火发生。

9.2.2 采取措施,防止火灾扩大,如采用大量消防水雾喷射其他引燃物质和相邻设备;如有可能,可将燃烧设备从火场移至空旷处。

9.2.3 氢火焰肉眼不易察觉,消防人员应佩戴自给式呼吸器,穿防静电服进入现场,注意防止外露皮肤烧伤。

9.3 消防安全措施:供氢站应按 GB 50016 规定,在保护范围内设置消火栓,配备水带和水枪,并应根据需要配备干粉、二氧化碳等轻便灭火器材或氮气、蒸汽灭火系统。

9.4 高浓度氢气会使人窒息,应及时将窒息人员移至良好通风处,进行人工呼吸,并迅速就医。

附 录 A
(资料性附录)
氢气的危险特性

A.1 氢气无色、无臭、无味,空气中高浓度氢气易造成缺氧,会使人窒息。氢气比空气轻,相对密度(空气=1):0.07,氢气泄漏后会迅速向高处扩散;氢气与空气混合容易形成爆炸性混合物。

A.2 氢气极易燃烧,属2.1类易燃气体。氢气点火能量很低,在空气中的最小点火能为0.019 mJ,在氧气中的最小点火能为0.007 mJ,一般撞击、摩擦、不同电位之间的放电、各种爆炸材料的引燃、明火、热气流、高温烟气、雷电感应、电磁辐射等都可点燃氢—空气混合物;氢气燃烧时的火焰没有颜色,肉眼不易察觉。

A.3 氢气在空气中的爆炸范围较宽,为4%～75%(体积分数),在氧气中的爆炸范围为4.5%～95%(体积分数),因此氢气—空气混合物很容易发生爆燃,爆燃产生的热气体迅速膨胀,形成的冲击波会对人员造成伤亡,对周围设备及附近的建筑物造成破坏。

A.4 氢气的化学活性很大,与空气、氧、卤素和强氧化剂能发生剧烈反应,有燃烧爆炸的危险,而金属催化剂如铂和镍等会促进上述反应。

UDC

中华人民共和国国家标准

P　　　　　　　　　　　　　　　　　　　　　　　　　　GB 50177—2005

氢气站设计规范

Design code for hydrogen station

2005-04-15 发布　　　　　　　　　　　　　　　　2005-10-01 实施

中华人民共和国建设部
中华人民共和国国家质量监督检验检疫总局　发布

中华人民共和国建设部公告

第 330 号

建设部关于发布国家标准
《氢气站设计规范》的公告

现批准《氢气站设计规范》为国家标准，编号为 GB 50177—2005，自 2005 年 10 月 1 日起实施。其中，第 1.0.3,3.0.2,3.0.3,3.0.4,4.0.3(1),4.0.8,4.0.10,4.0.11,4.0.13,4.0.15,6.0.2,6.0.3, 6.0.5,6.0.10,7.0.3,7.0.6,7.0.10,8.0.2,8.0.3,8.0.5,8.0.6,8.0.7(4),9.0.2,9.0.4,9.0.5, 9.0.6,9.0.7,11.0.1,11.0.5,11.0.7,12.0.9,12.0.10(2)(5),12.0.12(4)(5),12.0.13 以黑体字标示为强制性条文，必须严格执行。原《氢氧站设计规范》GB 50177—93 及其强制性条文同时废止。

本标准由建设部标准定额研究所组织中国计划出版社出版发行。

中华人民共和国建设部
二〇〇五年四月十五日

氢气站设计规范[*]

1 总则

1.0.1 为在氢气站、供氢站的设计中正确贯彻国家基本建设的方针政策,确保安全生产,节约能源,保护环境,满足生产要求,做到技术先进,经济合理,制定本规范。

1.0.2 本规范适用于新建、改建、扩建的氢气站、供氢站及厂区和车间的氢气管道设计。

1.0.3 氢气站、供氢站的生产火灾危险性类别,应为"甲"类。

氢气站、供氢站内有爆炸危险房间或区域的爆炸危险等级应划分为 1 区或 2 区,并应符合本规范附录 A 的规定。

1.0.4 氢气站、供氢站和氢气管道的设计,除执行本规范外,尚应符合国家现行有关标准的规定。

2 术语

2.0.1 氢气站 hydrogen station

采用相关的工艺(如水电解,天然气转化气、甲醇转化气、焦炉煤气、水煤气等为原料气的变压吸附等)制取氢气所需的工艺设施、灌充设施、压缩和储存设施、辅助设施及其建筑物、构筑物或场所的统称。

2.0.2 供氢站 hydrogen supply station

不含氢气发生设备,以瓶装或/和管道供应氢气的建筑物、构筑物、氢气罐或场所的统称。

2.0.3 氢气罐 hydrogen gas receiver

用于储存氢气的定压变容积(湿式储气柜)及变压定容积的容器的统称。

2.0.4 明火地点 open flame site

室内外有外露的火焰或赤热表面的固定地点。

2.0.5 散发火花地点 sparking site

有飞火的烟囱或室外的砂轮、电焊、气焊(割)等固定地点。

2.0.6 氢气灌装站 filling hydrogen gas station

设有灌充氢气用氢气压缩、灌充设施及其必要的辅助设施的建筑物、构筑物或场所的统称。

2.0.7 水电解制氢装置 the installation of hydrogen gas produced by electrolysising water

以水为原料,由水电解槽、氢(氧)气液分离器、氢(氧)气冷却器、氢(氧)气洗涤器等设备组合的统称。

2.0.8 水电解制氢系统 the system of hydrogen gas produced by electrolysising water

以水电解工艺制取氢气,由水电解制氢装置及氢气加压、储存、纯化、灌充等操作单元组成的工艺系统的统称。

2.0.12 低压氢气压缩机 the low pressure compressor for the hydrogen gas

输出压力小于 1.6 MPa 的氢气压缩机。

2.0.13 中压氢气压缩机 the middle pressure compressor for the hydrogen gas

输出压力大于或等于 1.6 MPa,小于 10.0 MPa 的氢气压缩机。

2.0.14 高压氢气压缩机 the high pressure compressor for the hydrogen gas

---

* 氢气站设计规范(GB 50177—2005)(摘录)

输出压力大于或等于 10.0 MPa 的氢气压缩机。

2.0.15 钢瓶集装格 the bundle of hydrogen gas cylinders

由专用框架固定,采用集气管将多只气体钢瓶接口并连组合的气体钢瓶组单元。

2.0.16 氢气汇流排间 the hydrogen gas manifolds room

设有采用氢气钢瓶供应氢气用的汇流排组等设施的房间。

2.0.17 氢气灌装间 the hydrogen gas filling room

设有供灌充氢气钢瓶用的氢气灌充台或钢瓶集装格等设施的房间。

2.0.18 实瓶 solid cylinder

存有气体灌充压力气体的气瓶,一般水容积为 40 L、设计压力为 12.0～20.0 MPa 的气体钢瓶。

2.0.19 空瓶 empty cylinder

无内压或留有残余压力的气体钢瓶。

2.0.20 湿氢 wet hydrogen

在所处温度、压力下,水含量达饱和或过饱和状态的氢气。

2.0.21 倒气用氢气压缩机 the hydrogen gas compressor for turning system over

在制氢或供氢系统中,氢气增压、储存或灌充用的氢气压缩机。

3 总平面布置

3.0.1 氢气站、供氢站、氢气罐的布置,应按下列要求经综合比较确定:

1 宜布置在工厂常年最小频率风向的下风侧,并应远离有明火或散发火花的地点;

2 宜布置为独立建筑物、构筑物;

3 不得布置在人员密集地段和主要交通要道邻近处;

4 氢气站、供氢站、氢气罐区,宜设置不燃烧体的实体围墙,其高度不应小于 2.5 m;

5 宜留有扩建的余地。

3.0.2 氢气站、供氢站、氢气罐与建筑物、构筑物的防火间距,不应小于 **3.0.2** 的规定。

表 3.0.2 氢气站、供氢站、氢气罐与建筑物、构筑物的防火间距（m）

建筑物、构筑物		氢气站或供氢站	氢气罐总容积/m³			
			≤1000	1001～10000	10001～50000	＞50000
其他建筑物耐火等级	一、二级	12	12	15	20	25
	三级	14	15	20	25	30
	四级	16	20	25	30	35
民用建筑		25	25	30	35	40
重要公共建筑		50	50			
35～500 kV 且每台变压器为 10000 kV·A 以上室外变配电站以及总油量超过 5 t 的总降压站		25	25	30	35	40
明火或散发火花的地点		30	25	30	35	40
架空电力线		≥1.5 倍电杆高度	≥1.5 倍 电杆高度			

注 1 防火间距应按相邻建筑物、构筑物的外墙、凸出部分外缘、储罐外壁的最近距离计算。

   2 固定容积的氢气罐,总容积按其水容量(m³)和工作压力(绝对压力)的乘积计算。

   3 总容积不超过 20 m³ 的氢气罐与所属厂房的防火间距不限。

   4 与高层厂房之间的防火间距,应按本表相应增加 3 m。

   5 氢气罐与氢气罐之间的防火间距,不应小于相邻较大罐直径。

3.0.3 氢气站、供氢站、氢气罐与铁路、道路的防火间距,不应小于表 3.0.3 的规定。

表 3.0.3 氢气站、供氢站、氢气罐与铁路、道路的防火间距(m)

铁路、道路		氢气站、供氢站	氢气罐
厂外铁路线(中心线)	非电力牵引机车	30	25
	电力牵引机车	20	20
厂内铁路线(中心线)	非电力牵引机车	20	20
	电力牵引机车		15
厂外道路(相邻侧路边)		15	15
厂内道路 (相邻侧路边)	主要道路	10	10
	次要道路	5	5
围墙		5	5

注:防火间距应从氢气站、供氢站建筑物、构筑物的外墙、凸出部分外缘及氢气罐外壁计算。

3.0.4 氢气罐或罐区之间的防火间距,应符合下列规定:

   1 湿式氢气罐之间的防火间距,不应小于相邻较大罐(罐径较大者,下同)的半径;

   2 卧式氢气罐之间的防火间距,不应小于相邻较大罐直径的 2/3;立式罐之间、球形罐之间的防火间距,不应小于相邻较大罐的直径;

   3 卧式、立式、球形氢气罐与湿式氢气罐之间的防火间距,应按其中较大者确定;

   4 一组卧式或立式或球形氢气罐的总容积,不应超过 30000 m³。组与组的防火间距,卧式氢气罐不应小于相邻较大罐长度的一半;立式、球形罐不应小于相邻较大罐的直径,并不应小于 10 m。

3.0.5 氢气站需与其他车间呈 L 形、Ⅱ 形或 Ⅲ 形毗连布置时,应符合下列规定:

   1 站房面积不得超过 1000 m²;

   2 毗连的墙应为无门、窗、洞的防火墙;

   3 不得同热处理、锻压、焊接等有明火作业的车间相连;

   4 宜布置在厂房的端部,与之相连的建筑物耐火等级不应低于二级。

3.0.6 供氢站内氢气实瓶数不超过 60 瓶或占地面积不超过 500 m² 时,可与耐火等级不低于二级的用氢车间或其他非明火作业的丁、戊类车间毗连,其毗连的墙应为无门、窗、洞的防爆防护墙,并宜布置在靠厂房的外墙或端部。

3.0.7 氢气站内的氢气灌瓶间、实瓶间、空瓶间,宜布置在厂房的边缘部分。

4 工艺系统

4.0.1 氢气站制氢系统的类型应按下列因素确定:

   1 氢气站的规模;

   2 当地氢源状况,制氢用原料及电力的供应状况;

   3 用户对氢气纯度及其杂质含量、压力的要求;

　　4　用户使用氢气的特性,如负荷变化情况、连续性要求等;

　　5　制氢系统的技术经济参数、特性。

4.0.2　水电解制氢系统应设有下列装置:

　　1　设置压力调节装置,以维持水电解槽出口氢气与氧气之间一定的压力差值,宜小于 0.5 kPa;

　　2　每套水电解制氢装置的氢出气管与氢气总管之间、氧出气管与氧气总管之间,应设放空管、切断阀和取样分析阀;

　　3　设有原料水制备装置,包括原料水箱、原料水泵等。原料水泵出口压力应与制氢系统工作压力相适应。

　　4　设有碱液配制、回收装置。水电解槽入口应设碱液过滤器。

4.0.3　水电解制氢系统制取的氧气,可根据需要进行回收或直接排入大气,并应符合下列规定:

　　1　当回收电解氧气时,必须设置氧中氢自动分析仪和手工分析装置,并设有氧中氢超浓度报警装置;

　　2　电解氧气回收或直接排入大气时,均应采取措施保持氧气与氢气压力的平衡。

4.0.7　氢气压缩机前应设氢气缓冲罐。数台氢气压缩机可并联从同一氢气管道吸气,但应采取措施确保吸气侧氢气为正压。

　　输送氢气用压缩机后应设氢气罐,并应在氢气压缩机的进气管与排气管之间设旁通管。

4.0.8　氢气压缩机安全保护装置的设置,应符合下列规定:

　　1　压缩机出口与第 1 个切断阀之间应设安全阀;

　　2　压缩机进、出口应设高低压报警和超限停机装置;

　　3　润滑油系统应设油压过低或油温过高的报警装置;

　　4　压缩机的冷却水系统应设温度或压力报警和停机装置;

　　5　压缩机进、出口管路应设有置换吹扫口。

4.0.9　氢气站、供氢站一般采用气态储存氢气,主要有高、中、低压氢气罐,金属氢化物储氢装置等,通常应符合下列要求:

　　1　储氢量应满足制氢或供氢系统的供氢能力与用户用氢压力、流量均衡连续的要求;

　　2　采用金属氢化物储氢装置时,应设有氢气纯化装置、换热装置及相应的控制阀门等;

　　3　供氢站采用高压氢气罐储存时,应设有倒气用氢气压缩机。

4.0.10　氢气站、供氢站的氢气罐安全设施设置,应符合下列规定:

　　1　应设有安全泄压装置,如安全阀等;

　　2　氢气罐顶部最高点,应设氢气放空管;

　　3　应设压力测量仪表;

　　4　应设氮气吹扫置换接口。

4.0.11　各类制氢系统中,设备及其管道内的冷凝水,均应经各自的专用疏水装置或排水水封排至室外。水封上的气体放空管,应分别接至室外安全处。

4.0.12　各类制氢系统中的氢气纯化设备,应根据纯化前后的氢气压力、纯度及杂质含量和纯化用材料的品种、活化与再生方法等确定。

4.0.13　氢气站应按外销氢气量选择氢气灌装方式。氢气灌装系统的设置应符合下列规定:

　　1　应设有超压泄放用安全阀;

　　2　应设有氢气回流阀,氢气回流至氢气压缩机前管路或氢气缓冲罐;

　　3　应设有分组切断阀、压力显示仪表;

　　4　应设有吹扫放空阀,放空管应接至室外安全处;

　　5　应设有气瓶内余气及含氧量测试仪表。

4.0.14　当氢气用气设备对氢气含尘量有要求时,应在送氢管道上设置相应精度的气体过滤器。

4.0.15 各类制氢系统、供氢系统,均应设有含氧量小于 **0.5%** 的氮气置换吹扫设施。

5 设备选择

5.0.1 氢气站的设计容量,应根据氢气的用途、使用特点,宜按下列因素确定:

    1 各类用氢设备的昼夜平均小时耗量或班平均小时耗量;

    2 连续用氢设备的最大小时耗量与其余用氢设备的昼夜平均小时耗量或班平均小时耗量之和;

    3 外销氢气的氢气站,应根据外供氢气量或市场需求状况和商业的经济规模确定。

5.0.2 水电解制氢装置的型号、容量和台数,应根据下列因素经技术经济比较后确定:

    1 根据氢气耗量、使用特点等合理选用电耗小、电解小室电压低、价格合理、性能可靠的水电解制氢装置;

    2 新建氢气站设置 2 台及以上水电解制氢装置时,其型号宜相同;

    3 水电解制氢装置宜设备用,当采取储气等措施确保不中断供气或与用气设备同步检修时,可不设备用。

5.0.3 水电解制氢装置所需的原料水制备、碱液制备等辅助设备,宜按下列要求选用:

    1 原料水制取装置的容量,不应小于 4 小时原料水耗量;原料水储水箱容积不应小于 8 小时原料水耗量;原料水泵供水压力,应大于制氢装置工作压力。

    2 原料水制取装置、储水箱及其水泵的材质,应采用不污染原料水水质和耐腐蚀的材料制作。

    3 碱液箱容积,应大于每套水电解制氢装置及碱液管道的全部体积之和;碱液泵的流量,可按每套水电解制氢装置所需碱液量和灌注时间确定。

5.0.6 氢气储存方式,应根据下列因素经技术经济比较后确定:

    1 氢气站规模、用氢设备耗量和使用特性;

    2 储氢系统输入压力、供氢压力;

    3 现场工作条件。

5.0.7 氢气罐的形式,应根据所需储存的氢气容量、压力状况确定。当氢气压力小于 6 kPa 时,应选用湿式储气罐;当氢气压力为中、低压,单罐容量大于或等于 5000 Nm³ 时,宜采用球形储罐;当氢气压力为中、低压,单罐容量小于 5000 Nm³ 时,宜采用筒形储罐;氢气压力为高压时,宜采用长管钢瓶式储罐等。

5.0.8 氢气压缩机的选型、台数,应根据进气压力、排气压力、氢气纯度和用户最大小时氢气耗量或用户使用特性等确定。氢气压缩机台数不宜少于 2 台。连续运行的往复式氢气压缩机应设备用。

5.0.9 氢气灌装用压缩机的型号、排气量,应根据充灌台或充装容器的规格、数量,充装时间和进气压力、排气压力等确定。灌装用氢气压缩机,可不设备用。

5.0.10 当纯化后的氢气灌瓶时,应采用膜式压缩机,并宜设置空钢瓶处理系统,包括钢瓶抽真空设备和钢瓶加热装置。

5.0.11 氢气灌装用充灌台应设两组或两组以上,一组灌装、一组倒换钢瓶。每组钢瓶的数量,应以外销氢气量或灌装用氢气压缩机的排气量、氢气充装时间确定。

    氢气灌装用钢瓶集装格通常设两组以上,钢瓶集装格的数量和每格的钢瓶数量,应根据外销氢气量和方便运输或吊装等因素确定。

    氢气长管钢瓶拖车的钢瓶规格、数量,应按用户的氢气用量、供应周期等确定。

5.0.12 氢气汇流排应设两组或两组以上,一组供气、一组倒换钢瓶。每组钢瓶的数量,应按用户最大小时耗量和供气时间确定。

5.0.13 氢气站、供氢站内具有下列情况之一时,宜设起吊设施:

    1 站内设备需要吊装时;

2　氢气的灌装、储运采用钢瓶集装格。

起吊设施的起吊重量,应按吊装件的最大荷重确定。

6　工艺布置

6.0.1　当氢气站内的制氢装置、储氢装置等设备为室外布置时,可将氢气站内的建筑物、构筑物和室外设备视为一套工艺装置。在装置内部,根据氢气生产工艺需要将其分隔为设备区、建筑物区等。

6.0.2　**氢气站工艺装置内的设备、建筑物平面布置的防火间距,不应小于表6.0.2的规定。**

表6.0.2　设备、建筑物平面布置的防火间距(m)

项　目	控制室、变配电室、生活辅助间	氢气压缩机或氢气压缩机间	装置内氢气罐	氢灌瓶间、氢实(空)瓶间
控制室、变配电室、生活辅助间	—	15	15	15
氢气压缩机或氢气压缩机间	15	—	9	9
装置内氢气罐	15	9	—	9
氢灌瓶间、氢实(空)瓶间	15	9	9	—

注:氢气站内的氢气罐总容积小于5000 m³ 时,可按上表装置内氢气灌的规定进行布置。

6.0.3　氢气站工艺装置内兼作消防车道的道路,应符合下列规定:

　　1　道路应相互贯通。当装置宽度小于或等于60 m,且装置外两侧设有消防车道时,可不设贯通式道路;

　　2　道路的宽度不应小于4 m,路面上的净空高度不应小于4.5 m。

6.0.4　当同一建筑物内,布置有不同火灾危险性类别的房间时,其间的隔墙应为防火墙。

　　同一建筑物内,宜将人员集中的房间布置在火灾危险性较小的一端。

6.0.5　**氢气站内应将有爆炸危险的房间集中布置。有爆炸危险房间不应与无爆炸危险房间直接相通。必须相通时,应以走廊相连或设置双门斗。**

6.0.6　制氢间、氢气纯化间、氢气压缩机间的电气控制盘、仪表控制盘的布置,应符合下列规定:

　　1　宜布置在相邻的控制室内;

　　2　控制室应以防火墙与上述房间隔开。

6.0.7　当氢气站内同时灌充氢气和氧气时,灌瓶间等的布置应符合下列规定:

　　1　应分别设置氢气灌瓶间、实瓶间、空瓶间及氧气灌瓶间、实瓶间、空瓶间;

　　2　灌瓶间可通过门洞与空瓶间和实瓶间相通,并均应设独立的出入口。

6.0.8　当氢气实瓶数量不超过60瓶时,实瓶、空瓶和氢气灌充器或氢气汇流排,可布置在同一房间内,但实瓶、空瓶必须分开存放。

6.0.9　在同一房间内,可设置制氢装置、氢气纯化装置或各种型号的氢气压缩机。

6.0.10　**当氢气站内同时设有氢气压缩机和氧气压缩机时,不得将氧气压缩机与氢气压缩机设置在同一房间内。**

6.0.11　水电解制氢间内的主要通道不宜小于2.5 m;水电解槽之间的净距不宜小于2.0 m;水电解槽与墙之间的净距不宜小于1.5 m。水电解槽与其辅助设备及辅助设备之间的净距,应按技术功能确定。

　　常压型水电解制氢装置的平面布置间距,应视规格、尺寸和检修要求确定。

6.0.12　氢气压缩机之间的净距不宜小于1.5 m,与墙之间的净距不宜小于1.0 m。当规定的净距不能满足零部件抽出时,则净距应比抽出零部件的长度大0.5 m。

氢气压缩机与其附属设备之间的净距,可按工艺要求确定。

6.0.13 氢气纯化间主要通道净宽度不宜小于 1.5 m。纯化设备之间及其与墙之间的净距均不宜小于 1.0 m。

6.0.14 氢气灌瓶间、实瓶间、空瓶间和汇流排间的通道净宽度,应根据气瓶运输方式确定,但不宜小于 1.5 m,并应有防止瓶倒的措施。

6.0.15 氢气压缩机和电动机之间联轴器或皮带传动部位,应采取安全防护措施。当采用皮带传动时,应采取导除静电的措施。

6.0.16 氢气罐不应设在厂房内。在寒冷地区,湿式氢气罐和固定容积含湿氢气罐底部,应采取防冻措施。

7 建筑结构

7.0.1 氢气站、供氢站的耐火等级不应低于二级,并宜为单层建筑。

7.0.2 有爆炸危险房间,宜采用钢筋混凝土柱承重的框架或排架结构。当采用钢柱承重时,钢柱应设防火保护,其耐火极限不得低于 2.0 小时。

7.0.3 **氢气站、供氢站内有爆炸危险房间应按现行国家标准《建筑设计防火规范》(GBJ 16)的规定,设置泄压设施。**

7.0.4 氢气站、供氢站有爆炸危险房间的泄压设施的设置,应符合下列规定:

 1 泄压设施宜采用非燃烧体轻质屋盖作为泄压面积,易于泄压的门、窗、轻质墙体也可作为泄压面积;

 2 泄压面积的计算应符合现行国家标准《建筑设计防火规范》GBJ 16 的要求;

 3 泄压设施的设置应避开人员密集场所和主要交通道路,并宜靠近有爆炸危险的部位;

 4 氢气压缩机间宜采用半敞开或敞开式的建筑物。

7.0.5 有爆炸危险房间的安全出入口,不应少于 2 个,其中 1 个应直通室外。但面积不超过 100 m² 的房间,可只设 1 个直通室外出入口。

7.0.6 **有爆炸危险房间与无爆炸危险房间之间,应采用耐火极限不低于 3.0 h 的不燃烧体防爆防护墙隔开。当设置双门斗相通时,门的耐火极限不应低于 1.2 h。**

 有爆炸危险房间与无爆炸危险房间之间,当必须穿过管线时,应采用不燃烧体材料填塞空隙。

7.0.7 有爆炸危险房间的门窗均应向外开启,并宜采用撞击时不产生火花的材料制作。

7.0.8 氢气灌瓶间、空瓶间、实瓶间和氢气汇流排间,应设置气瓶装卸平台,其宽度不宜小于 2 m,高度应按气瓶运输工具高度确定,宜高出室外地坪 0.6~1.2 m,气瓶装卸平台,应设置大于平台宽度的雨篷,雨篷及其支撑材料应为不燃烧体。

7.0.9 氢气灌瓶间内,应设置高度不低于 2 m 的防护墙。

 氢气灌瓶间、氢气汇流排间和实瓶间,应采取防止阳光直射气瓶的措施。

7.0.10 **有爆炸危险房间的上部空间,应通风良好。顶棚内表面应平整,避免死角。**

7.0.11 制氢间、氢气压缩机间、氢气纯化间、氢气灌瓶间等的厂房跨度大于 9.0 m 时,宜设天窗。天窗、排气孔应设在最高处。

7.0.12 制氢间的屋架下弦的高度,应满足设备安装和排热的要求,并不得低于 5.0 m。

 氢气压缩机间、氢气纯化间屋架下弦的高度,应满足设备安装和维修的要求,并不得低于 4.5 m。

 氢气灌瓶间、氢气汇流排间屋架下弦的高度,不宜低于 4.5 m。氢气集装瓶间屋架下弦的高度,应按起吊设备确定,并不宜低于 6 m。

8　电气及仪表控制

8.0.1　氢气站、供氢站的供电,按现行国家标准《供配电系统设计规范》(GB 50052)规定的负荷分级,除中断供氢将造成较大损失者外,宜为三级负荷。

8.0.2　有爆炸危险房间或区域内的电气设施,应符合现行国家标准《爆炸和火灾危险环境电力装置设计规范》(GB 50058)的规定。

8.0.3　有爆炸危险环境的电气设施选型,不应低于氢气爆炸混合物的级别、组别(ⅡCT1)。有爆炸危险环境的电气设计和电气设备、线路接地,应按现行国家标准《爆炸和火灾危险环境电力装置设计规范》(GB 50058)的规定执行。

8.0.4　有爆炸危险房间的照明应采用防爆灯具,其光源宜采用荧光灯等高效光源。灯具宜装在较低处,并不得装在氢气释放源的正上方。

　　氢气站内宜设置应急照明。

8.0.5　在有爆炸危险环境内的电缆及导线敷设,应符合现行国家标准《电力工程电缆设计规范》(GB 50217)的规定。敷设导线或电缆用的保护钢管,必须在下列各处做隔离密封:

1　导线或电缆引向电气设备接头部件前;

2　相邻的环境之间。

8.0.6　有爆炸危险房间内,应设氢气检漏报警装置,并应与相应的事故排风机联锁。当空气中氢气浓度达到 0.4%(体积比)时,事故排风机应能自动开启。

8.0.7　氢气站应根据氢气生产系统的需要设置下列分析仪器:

1　氢气纯度分析仪(连续);

2　纯氢、高纯氢气中杂质含量分析;

3　原料气纯度或组分分析;

4　对水电解制氢装置,应设置氧中氢含量和氢中氧含量在线分析仪;当回收氧气时,应设氧中氢含量超量报警装置。

5　根据需要设制氢过程分段气体浓度分析仪。

8.0.8　氢气站、供氢站应根据需要设置下列计量仪器:

1　原料气体流量计;

2　产品氢气或对外供氢的氢气流量计。

8.0.9　氢气站采用水电解制氢装置时,水电解槽的直流电源的配置,应符合下列规定:

1　每台水电解槽,应采用单独的晶闸管整流器或硅整流器供电。整流器应有调压功能,并宜具备自动稳流功能;

2　整流器应配有专用整流变压器。三相整流变压器绕组的一侧,应按三角形(△)接线;

3　整流装置对电网的谐波干扰,应按国家限制谐波的有关规定执行。

8.0.10　水电解制氢系统的直流电源的设置,应符合下列规定:

1　高压整流变压器和饱和电抗器,应设在单独的变压器室内。变压器室的设计,应符合现行国家标准《10 kV 及以下变电所设计规范》(GB 50053)的规定;

2　整流变压器室远离高压配电室时,高压进线侧宜设负荷开关或隔离开关;

3　整流器或成套低压整流装置,应设在与电解间相邻的电源室内。电源室的设计,应符合现行国家标准《低压配电设计规范》(GB 50054)的规定;

4　直流线路应采用铜导体,宜敷设在较低处或地沟内。当必须采用裸母线时,应有防止产生火花的措施;

5　电解间应设置直流电源的紧急断电按钮,按钮宜设在便于操作处。

8.0.11　氢气灌瓶间与氢气压缩机间之间,应设联系信号。

8.0.12　氢气站、供氢站,应设下列主要压力检测项目:

    1　站房出口氢气压力;

    2　氢气罐压力;

    3　制氢装置出口压力显示、调节;

    4　水电解制氢装置的氢侧、氧侧压力和压差控制、调节;

    5　变压吸附提纯氢系统的每个吸附器的压力显示、吸附压力调节;

    6　氢气压缩机进气、排气压力。

根据氢气生产工艺要求,尚需设置压力调节装置。

8.0.13　氢气站、供氢站,应设下列主要温度检测项目:

    1　制氢装置出口气体温度显示;

    2　水电解槽(分离器)温度显示、调节;

    3　变压吸附器入口气体温度显示;

    4　氢气压缩机出口氢气温度显示。

8.0.14　氢气站、供氢站应设自动控制系统;需要时可按无人值守要求配置。

9　防雷及接地

9.0.1　氢气站、供氢站的防雷,应按现行国家标准《建筑物防雷设计规范》(GB 50057),《爆炸和火灾危险环境电力装置设计规范》(GB 50058)的要求设置防雷、接地设施。

9.0.2　氢气站、供氢站的防雷分类不应低于第二类防雷建筑。其防雷设施应防直击雷、防雷电感应和防雷电波侵入。防直击雷的防雷接闪器,应使被保护的氢气站建筑物、构筑物、通风风帽、氢气放空管等突出屋面的物体均处于保护范围内。

9.0.3　氢气站、供氢站内按用途分有电气设备工作(系统)接地、保护接地、雷电保护接地、防静电接地。不同用途接地共用一个总的接地装置时,其接地电阻应符合其中最小值。

9.0.4　氢气站、供氢站内的设备、管道、构架、电缆金属外皮、钢屋架和突出屋面的放空管、风管等应接到防雷电感应接地装置上。管道法兰、阀门等连接处,应采用金属线跨接。

9.0.5　室外架空敷设氢气管道应与防雷电感应的接地装置相连。距建筑 100 m 内管道,每隔 25 m 左右接地一次,其冲击接地电阻不应大于 20 Ω。埋地氢气管道,在进出建筑物处亦应与防雷电感应的接地装置相连。

9.0.6　有爆炸危险环境内可能产生静电危险的物体应采取防静电措施。在进出氢气站和供氢站处、不同爆炸危险环境边界、管道分岔处及长距离无分支管道每隔 50~80 m 处均应设防静电接地,其接地电阻不应大于 10 Ω。

9.0.7　氢气罐等有爆炸危险的露天钢质封闭容器,当其壁厚大于 4 mm 时可不装设接闪器,但应有可靠接地,接地点不应小于 2 处:两接地点间距不宜大于 30 m,冲击接地电阻不应大于 10 Ω。氢气放散管的保护应符合现行国家标准《建筑物防雷设计规范》(GB 50057)的要求。

9.0.8　要求接地的设备、管道等均应设接地端子。接地端子与接地线之间,可采用螺栓紧固连接;对有振动、位移的设备和管道,其连接处应加挠性连接线过渡。

10　给水排水及消防

10.0.1　氢气站、供氢站内的生产用水,除中断供氢将造成较大损失者外,可采用一路供水。

10.0.2　氢气站、供氢站内的冷却水系统,应符合下列规定:

　　1　冷却水系统,宜采用闭式循环水;

　　2　冷却水供水压力宜为 0.15～0.35 MPa。水质及排水温度,应符合现行国家标准《压缩空气站设计规范》GB 50029 的要求;

　　3　应装设断水保护装置。

10.0.3　氢气站的冷却水排水,应设水流观察装置或排水漏斗。

10.0.4　氢气站排出的废液,应符合现行国家标准《污水综合排放标准》(GB 8978)的规定。

10.0.5　有爆炸危险房间、电器设备间,可根据建筑物大小和具体情况配备二氧化碳、"干粉"等灭火器材。

10.0.6　氢气站、供氢站的室内外消防设计,应符合现行国家标准《建筑设计防火规范》(GBJ 16)的规定。

11　采暖通风

11.0.1　**氢气站、供氢站严禁使用明火取暖。当设集中采暖时,应采用易于消除灰尘的散热器。**

11.0.2　集中采暖时,室内计算温度应符合下列规定:

　　1　生产房间不应低于 15 ℃;

　　2　空瓶、实瓶间不应低于 10 ℃;

　　3　氢气罐阀门室不应低于 5 ℃;

　　4　值班室、生活间等应按现行国家标准《工业企业设计卫生标准》(GBZ 1)的规定执行。

11.0.3　在计算采暖、通风热量时,应计入制氢装置散发的热量。

11.0.4　氢气灌瓶间、氢气汇流排间和空瓶、实瓶间内的散热器,应采取隔热措施。

11.0.5　**有爆炸危险房间的自然通风换气次数,每小时不得少于 3 次;事故排风装置换气次数每小时不得少于 12 次,并与氢气检漏装置联锁。**

11.0.6　自然通风帽应设有风量调节装置和防止凝结水滴落的措施。

11.0.7　**有爆炸危险房间,事故排风机的选型,应符合现行国家标准《爆炸和火灾危险环境电力装置设计规范》(GB 50058)的规定,并不应低于氢气爆炸混合物的级别、组别(ⅡCT1)。**

12　氢气管道

12.0.1　碳素钢管中氢气最大流速,应符合表 12.0.1 的规定。

表 12.0.1　碳素钢管中氢气最大流速

设计压力/MPa	最大流速/(m/s)
＞3.0	10
0.1～3.0	15
＜0.1	按允许压力降确定

　　注:氢气设计压力为 0.1～3.0 MPa,在不锈钢管中最大流速可为 25 m/s。

12.0.2　氢气管道的管材应采用无缝钢管。对氢气纯度有严格要求时,其管材、阀门、附件和敷设,应按现行国家标准《洁净厂房设计规范》(GB 50073)中有关规定执行。

12.0.3　氢气管道阀门的采用,应符合下列规定:

　　1　氢气管道的阀门,宜采用球阀、截止阀;

　　2　阀门的材料,应符合表 12.0.3 的规定。

表 12.0.3　氢气阀门材料

设计压力/MPa	材料
<0.1	阀体采用铸钢 密封面采用合金钢或与阀体一致
0.1～2.5	阀杆采用碳钢 阀体采用铸钢 密封面采用合金或与阀体一致
>2.5	阀体、阀杆、密封面均采用不锈钢

注1 当密封面与阀体直接连接时,密封面材料可以与阀体一致。

2 阀门的密封填料,应采用聚四氟乙烯等材料。

12.0.4　氢气管道法兰、垫片的选择,宜符合表 12.0.4 的规定。

表 12.0.4　氢气管道法兰、垫片

设计压力/MPa	法兰密封面型式	垫片
<2.5	突面式	聚四氟乙烯板
2.5～10.0	凹凸式或榫槽式	金属缠绕式垫片
>10.0	凹凸式或梯形槽	二号硬钢纸板、退火紫铜板

12.0.5　氢气管道的连接,应采用焊接。但与设备、阀门的连接,可采用法兰或锥管螺纹连接。螺纹连接处,应采用聚四氟乙烯薄膜作为填料。

12.0.6　氢气管道穿过墙壁或楼板时,应敷设在套管内,套管内的管段不应有焊缝。管道与套管间,应采用不燃材料填塞。

12.0.7　氢气管道与其他管道共架敷设或分层布置时,氢气管道宜布置在外侧并在上层。

12.0.8　输送湿氢或需做水压试验的管道,应有不小于 3‰ 的坡度,在管道最低点处应设排水装置。

12.0.9　氢气放空管,应设阻火器。阻火器应设在管口处。放空管的设置,应符合下列规定:

1　应引至室外,放空管管口应高出屋脊 1 m;

2　应有防雨雪侵入和杂物堵塞的措施;

3　压力大于 0.1 MPa 时,阻火器后的管材,应采用不锈钢管。

12.0.10　氢气站、供氢站和车间内氢气管道敷设时,应符合下列规定:

1　宜沿墙、柱架空敷设,其高度不应防碍交通并便于检修。与其他管道共架敷设时,应符合本规范附录 B 的要求;

2　严禁穿过生活间、办公室,并不得穿过不使用氢气的房间;

3　车间人口处应设切断阀,并宜设流量记录累计仪表;

4　车间内管道末端宜设放空管;

5　接至用氢设备的支管,应设切断阀,有明火的用氢设备还应设阻火器。

12.0.11　厂区内氢气管道架空敷设时;应符合下列规定:

1　应敷设在不燃烧体的支架上;

2　寒冷地区,湿氢管道应采取防冻设施;

3　与其他架空管线之间的最小净距,宜按本规范附录 B 的规定执行;与建筑物、构筑物、铁路和道路等之间的最小净距,宜按本规范附录 C 的规定执行。

12.0.12　厂区内氢气管道直接埋地敷设时,应符合下列规定:

1　埋地敷设深度,应根据地面荷载、土壤冻结深度等条件确定,管顶距地面不宜小于0.7 m。湿氢管道应敷设在冻土层以下;当敷设在冻土层内时,应采取防冻措施;

2　应根据埋设地带的土壤腐蚀性等级,采取相应的防腐蚀措施;

3　与建筑物、构筑物、道路及其他埋地敷设管线之间的最小净距,宜按本规范附录D、附录E的规定执行;

4　不得敷设在露天堆场下面或穿过热力沟。当必须穿过热力沟时,应设套管。套管和套管内的管段不应有焊缝;

5　敷设在铁路或不便开挖的道路下面时,应加设套管。套管的两端伸出铁路路基、道路路肩或延伸至排水沟沟边均为1 m。套管内的管段不应有焊缝;套管的端部应设检漏管;

6　回填土前,应从沟底起直至管顶以上300 mm范围内,用松散的土填平夯实或用砂填满再回填土。

12.0.13　厂区内氢气管道明沟敷设时,应符合下列规定:

1　管道支架应采用不燃烧体;

2　在寒冷地区,湿氢管道应采取防冻措施;

3　不应与其他管道共沟敷设。

12.0.14　氢气管道设计对施工及验收的要求,应符合下列规定:

1　接触氢气的表面,应彻底去除毛刺、焊渣、铁锈和污垢等,管道内壁的除锈应达到出现本色为止;

2　碳钢管的焊接,宜采用氩弧焊作底焊;不锈钢管应采用氩弧焊;

3　管道、阀门、管件等在安装过程中及安装后,应采用严格措施防止焊渣、铁锈及可燃物等进入或遗留在管内;

4　管道的试验介质和试验压力,应符合表12.0.14的规定;

5　泄漏量试验合格后,必须用不含油的空气或氮气,以不小于20 m/s的流速进行吹扫,直至出口无铁锈、无尘土及其他脏物为合格。

表12.0.14　氢气管道的试验介质和试验压力

管道设计压力/MPa	强度试验		气密性试验		泄漏量试验	
	试验介质	试验压力/MPa	试验介质	试验压力/MPa	试验介质	试验压力/MPa
<0.1	空气或氮气	0.1	空气或氮气	1.05P	空气或氮气	1.0P
0.1~3.0		1.15P		1.05P		1.0P
>3.0	水	1.5P		1.05P		1.0P

注1　表中P指氢气管道设计压力。

2　试验介质不应含油。

3　以空气或氮气做强度试验时,应制定安全措施。

4　以空气或氮气做强度试验时,应在达到试验压力后保压5分钟以无变形、无泄漏为合格。以水做强度试验时,应在试验压力下保持10分钟,以无变形、无泄漏为合格。

5　气密性试验达到规定试验压力后,保压10分钟,然后降至设计压力,对焊缝及连接部位进行泄漏检查,以无泄漏为合格。

6　泄漏量试验时间为24小时,泄漏率以平均每小时小于0.5%为合格。

附录 A 氢气站爆炸危险区域的等级范围划分

A.0.1 爆炸危险区域的等级定义应符合现行国家标准《爆炸和火灾危险环境电力装置设计规范》（GB 50058）的规定。

A.0.2 氢气站厂房内爆炸危险区域的划分，应符合下列规定（图 A.0.2）：

  1 制氢间、氢气纯化间、氢气压缩机间、氢气灌瓶间等爆炸危险房间为 1 区；

  2 从上述各类房间的门窗边沿计算，半径为 4.5 m 的地面、空间区域为 2 区；

  3 从氢气排放口计算，半径为 4.5 m 的空间和顶部距离为 7.5 m 的区域为 2 区。

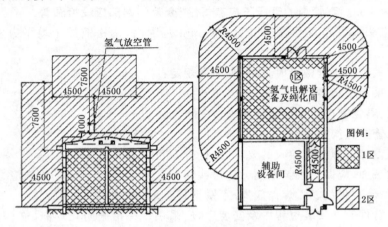

图 A.0.2 氢气站厂房内爆炸危险区域划分（单位：mm）

A.0.3 氢气站内的室外制氢设备、氢气罐爆炸危险区域划分，应符合下列规定（图 A.0.3）：

  1 从室外制氢设备、氢气罐的边沿计算，距离为 4.5 m，顶部距离为 7.5 m 的空间区域为 2 区；

  2 从氢气排放口计算，半径为 4.5 m 的空间和顶部距离为 7.5 m 的区域为 2 区。

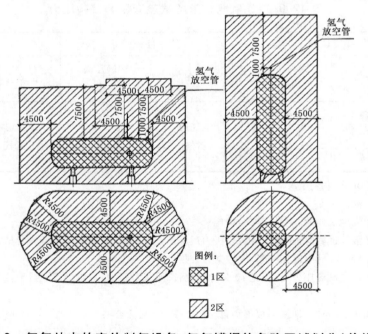

图 A.0.3 氢气站内的室外制氢设备、氢气罐爆炸危险区域划分（单位：mm）

本规范用词说明

1　为便于在执行本规范条文时区别对待，对要求严格程度不同的用词说明如下：

1)　表示很严格，非这样做不可的用词：

正面词采用"必须"，反面词采用"严禁"。

2)　表示严格，在正常情况下均应这样做的用词：

正面词采用"应"，反面词采用"不应"或"不得"。

3)　表示允许稍有选择，在条件许可时首先应这样做的用词：

正面词采用"宜"，反面词采用"不宜"；

表示有选择，在一定条件下可以这样做的用词，采用"可"。

2　本规范中指明应按其他有关标准、规范执行的写法为"应符合……的规定"或"应按……执行"。

UDC

中华人民共和国国家标准

P

GB 50016—2014

建设设计防火规范

Code for fire protection design of buildings

2014-08-21 发布 2015-05-01 实施

中华人民共和国住房和城乡建设部
中华人民共和国国家质量监督检验检疫总局 发 布

中华人民共和国住房和城乡建设部公告

第 517 号

住房城乡建设部关于发布国家标准
《建筑设计防火规范》的公告

现批准《建筑设计防火规范》为国家标准，编号为 GB 50016—2014，自 2015 年 5 月 1 日起实施。其中，第 3.2.2，3.2.3，3.2.4，3.2.7，3.2.9，3.2.15，3.3.1，3.3.2，3.3.4，3.3.5，3.3.6(2)，3.3.8，3.3.9，3.4.1，3.4.2，3.4.4，3.4.9，3.5.1，3.5.2，3.6.2，3.6.6，3.6.8，3.6.11，3.6.12，3.7.2，3.7.3，3.7.6，3.8.2，3.8.3，3.8.7，4.1.2，4.1.3，4.2.1，4.2.2，4.2.3，4.2.5(3,4,5,6)，4.3.1，4.3.2，4.3.3，4.3.8，4.4.1，4.4.2，4.4.5，5.1.3，5.1.4，5.2.2，5.2.6，5.3.1，5.3.2，5.3.4，5.3.5，5.4.2，5.4.3，5.4.4(1,2,3,4)，5.4.5，5.4.6，5.4.9(1,4,5,6)，5.4.10(1,2)，5.4.11，5.4.12，5.4.13(2,3,4,5,6)，5.4.15(1,2)，5.4.17(1,2,3,4,5)，5.5.8，5.5.12，5.5.13，5.5.15，5.5.16(1)，5.5.17，5.5.18，5.5.21(1,2,3,4)，5.5.23，5.5.24，5.5.25，5.5.26，5.5.29，5.5.30，5.5.31，6.1.1，6.1.2，6.1.5，6.1.7，6.2.2，6.2.4，6.2.5，6.2.6，6.2.7，6.2.9(1,2,3)，6.3.5，6.4.1(2,3,4,5,6)，6.4.2，6.4.3(1,3,4,5,6)，6.4.4，6.4.5，6.4.10，6.4.11，6.6.2，6.7.2，6.7.4，6.7.5，6.7.6，7.1.2，7.1.3，7.1.8(1,2,3)，7.2.1，7.2.2(1,2,3)，7.2.3，7.2.4，7.3.1，7.3.2，7.3.5(2,3,4)，7.3.6，8.1.2，8.1.3，8.1.6，8.1.7(1,3,4)，8.1.8，8.2.1，8.3.1，8.3.2，8.3.3，8.3.4，8.3.5，8.3.7，8.3.8，8.3.9，8.3.10，8.4.1，8.4.3，8.5.1，8.5.2，8.5.3，8.5.4，9.1.2，9.1.3，9.1.4，9.2.2，9.2.3，9.3.2，9.3.5，9.3.8，9.3.9，9.3.11，9.3.16，10.1.1，10.1.2，10.1.5，10.1.6，10.1.8，10.1.10(1,2)，10.2.1，10.2.4，10.3.1，10.3.2，10.3.3，11.0.3，11.0.4，11.0.7(2,3,4)，11.0.9，11.0.10，12.1.3，12.1.4，12.3.1，12.5.1，12.5.4 条（款）为强制性条文，必须严格执行。原《建筑设计防火规范》（GB 50016—2006）和《高层民用建筑设计防火规范》（GB 50045—95）同时废止。

本规范由我部标准定额研究所组织中国计划出版社出版发行。

中华人民共和国住房和城乡建设部
2014 年 8 月 27 日

前　　言

　　本规范是根据住房城乡建设部《关于印发〈2007 年工程建设标准规范制订、修订计划（第一批）〉的通知》（建标〔2007〕125 号）和《关于调整〈建筑设计防火规范〉、〈高层民用建筑设计防火规范〉修订项目计划的函》（建标〔2009〕94 号），由公安部天津消防研究所、四川消防研究所会同有关单位，在《建筑设计防火规范》（GB 50016—2006）和《高层民用建筑设计防火规范》（GB 50045—95）（2005 年版）的基础上，经整合修订而成。

　　本规范在修订过程中，遵循国家有关基本建设的方针政策，贯彻"预防为主，防消结合"的消防工作方针，深刻吸取近年来我国重特大火灾事故教训，认真总结国内外建筑防火设计实践经验和消防科技成果，深入调研工程建设发展中出现的新情况、新问题和规范执行过程中遇到的疑难问题，认真研究借鉴发达国家经验，开展了大量课题研究、技术研讨和必要的试验，广泛征求了有关设计、生产、建设、科研、教学和消防监督等单位意见，最后经审查定稿。

　　本规范共分 12 章和 3 个附录，主要内容有：生产和储存的火灾危险性分类、高层建筑的分类要求，厂房、仓库、住宅建筑和公共建筑等工业与民用建筑的建筑耐火等级分级及其建筑构件的耐火极限、平面布置、防火分区、防火分隔、建筑防火构造、防火间距和消防设施设置的基本要求，工业建筑防爆的基本措施与要求；工业与民用建筑的疏散距离、疏散宽度、疏散楼梯设置形式、应急照明和疏散指示标志以及安全出口和疏散门设置的基本要求；甲、乙、丙类液体、气体储罐（区）和可燃材料堆场的防火间距、成组布置和储量的基本要求；木结构建筑和城市交通隧道工程防火设计的基本要求；满足灭火救援要求需设置的救援场地、消防车道、消防电梯等设施的基本要求，建筑供暖、通风、空气调节和电气等方面的防火要求以及消防用电设备的电源与配电线路等基本要求。

　　与《建筑设计防火规范》（GB 50016—2006）和《高层民用建筑设计防火规范》（GB 50045—95）（2005 年版）相比，本规范主要有以下变化：

　　1. 合并了《建筑设计防火规范》和《高层民用建筑设计防火规范》，调整了两项标准间不协调的要求。将住宅建筑统一按照建筑高度进行分类。

　　2. 增加了灭火救援设施和木结构建筑两章，完善了有关灭火救援的要求，系统规定了木结构建筑的防火要求。

　　3. 补充了建筑保温系统的防火要求。

　　4. 将消防设施的设置作出明确规定并完善了有关内容；有关消防给水系统、室内外消火栓系统和防烟排烟系统设计的要求分别由相应的国家标准作出规定。

　　5. 适当提高了高层住宅建筑和建筑高度大于 100 m 的高层民用建筑的防火要求。

　　6. 补充了有顶商业步行街两侧的建筑利用该步行街进行安全疏散时的防火要求；调整、补充了建材、家具、灯饰商店营业厅和展览厅的设计疏散人员密度。

　　7. 补充了地下仓库、物流建筑、大型可燃气体储罐（区）、液氨储罐、液化天然气储罐的防火要求，调整了液氧储罐等的防火间距。

　　8. 完善了防止建筑火灾竖向或水平蔓延的相关要求。

　　本规范中以黑体字标志的条文为强制性条文，必须严格执行。

　　本规范由住房城乡建设部负责管理和对强制性条文的解释，公安部负责日常管理，公安部消防局组织天津消防研究所、四川消防研究所负责具体技术内容的解释。

　　鉴于本规范是一项综合性的防火技术标准，政策性和技术性强，涉及面广，希望各单位结合工程实践和科学研究认真总结经验，注意积累资料，在执行过程中如有意见、建议和问题，请径寄公安部消防局

(地址:北京市西城区广安门南街 70 号,邮政编码:100054),以便今后修订时参考和组织公安部天津消防研究所、四川消防研究所作出解释。

建筑设计防火规范[*]

1 总则

1.0.1　为了预防建筑火灾,减少火灾危害,保护人身和财产安全,制定本规范。

1.0.2　本规范适用于下列新建、扩建和改建的建筑:

　　1　厂房;

　　2　仓库;

　　3　民用建筑;

　　4　甲、乙、丙类液体储罐(区);

　　5　可燃、助燃气体储罐(区);

　　6　可燃材料堆场;

　　7　城市交通隧道。

　　人民防空工程、石油和天然气工程、石油化工工程和火力发电厂与变电站等的建筑防火设计,当有专门的国家标准时,宜从其规定。

1.0.3　本规范不适用于火药、炸药及其制品厂房(仓库)、花炮厂房(仓库)的建筑防火设计。

1.0.4　同一建筑内设置多种使用功能场所时,不同使用功能场所之间应进行防火分隔,该建筑及其各功能场所的防火设计应根据本规范的相关规定确定。

1.0.5　建筑防火设计应遵循国家的有关方针政策,针对建筑及其火灾特点,从全局出发,统筹兼顾,做到安全适用、技术先进、经济合理。

1.0.6　建筑高度大于 250 m 的建筑,除应符合本规范的要求外,尚应结合实际情况采取更加严格的防火措施,其防火设计应提交国家消防主管部门组织专题研究、论证。

1.0.7　建筑防火设计除应符合本规范的规定外,尚应符合国家现行有关标准的规定。

2　术语、符号

2.1　术语

2.1.1

高层建筑　high-rise building

建筑高度大于 27 m 的住宅建筑和建筑高度大于 24 m 的非单层厂房、仓库和其他民用建筑。

注:建筑高度的计算应符合本规范附录 A 的规定。

2.1.2

裙房　podium

在高层建筑主体投影范围外,与建筑主体相连且建筑高度不大于 24 m 的附属建筑。

2.1.3

重要公共建筑　important public building

发生火灾可能造成重大人员伤亡、财产损失和严重社会影响的公共建筑。

2.1.4

商业服务网点 commercial facilities

设置在住宅建筑的首层或首层及二层,每个分隔单元建筑面积不大于 300 m² 的商店、邮政所、储蓄所、理发店等小型营业性用房。

2.1.5

高架仓库 high rack storage

货架高度大于 7 m 且采用机械化操作或自动化控制的货架仓库。

2.1.6

半地下室 semi-basement

房间地面低于室外设计地面的平均高度大于该房间平均净高 1/3,且不大于 1/2 者。

2.1.7

地下室 basement

房间地面低于室外设计地面的平均高度大于该房间平均净高 1/2 者。

2.1.8

明火地点 open flame location

室内外有外露火焰或赤热表面的固定地点(民用建筑内的灶具、电磁炉等除外)。

2.1.9

散发火花地点 sparking site

有飞火的烟囱或进行室外砂轮、电焊、气焊、气割等作业的固定地点。

2.1.10

耐火极限 fire resistance rating

在标准耐火试验条件下,建筑构件、配件或结构从受到火的作用时起,至失去承载能力、完整性或隔热性时止所用时间,用小时表示。

2.1.11

防火隔墙 flre partition wall

建筑内防止火灾蔓延至相邻区域且耐火极限不低于规定要求的不燃性墙体。

2.1.12

防火墙 fire wall

防止火灾蔓延至相邻建筑或相邻水平防火分区且耐火极限不低于 3.00 小时的不燃性墙体。

2.1.13

避难层(间) refuge floor(room)

建筑内用于人员暂时躲避火灾及其烟气危害的楼层(房间)。

2.1.14

安全出口 safety exit

供人员安全疏散用的楼梯间和室外楼梯的出入口或直通室内外安全区域的出口。

2.1.15

封闭楼梯间 enclosed staircase

在楼梯间入口处设置门,以防止火灾的烟和热气进入的楼梯间。

2.1.16

防烟楼梯间 smoke-proof staircase

在楼梯间入口处设置防烟的前室、开敞式阳台或凹廊(统称前室)等设施,且通向前室和楼梯间的门均为防火门,以防止火灾的烟和热气进入的楼梯间。

2. 1. 17

避难走道　cxit passageway

采取防烟措施且两侧设置耐火极限不低于 3. 00 小时的防火隔墙,用于人员安全通行至室外的走道。

2. 1. 18

闪点　flash point

在规定的试验条件下,可燃性液体或固体表面产生的蒸气与空气形成的混合物,遇火源能够闪燃的液体或固体的最低温度(采用闭杯法测定)。

2. 1. 19

爆炸下限　lower explosion limit

可燃的蒸气、气体或粉尘与空气组成的混合物,遇火源即能发生爆炸的最低浓度。

2. 1. 20

沸溢性油品　boil-over oil

含水并在燃烧时可产生热波作用的油品。

2. 1. 21

防火间距　flre separation distance

防止着火建筑在一定时间内引燃相邻建筑,便于消防扑救的间隔距离。

注:防火间距的计算方法应符合本规范附录 B 的规定。

2. 1. 22

防火分区　fire compartment

在建筑内部采用防火墙、楼板及其他防火分隔设施分隔而成,能在一定时间内防止火灾向同一建筑的其余部分蔓延的局部空间。

2. 1. 23

充实水柱　full water spout

从水枪喷嘴起至射流 90% 的水柱水量穿过直径 380 mm 圆孔处的一段射流长度。

2.2　符号

A——泄压面积;

C——泄压比;

D——储罐的直径;

DN——管道的公称直径;

ΔH——建筑高差;

L——隧道的封闭段长度;

N——人数;

n——座位数;

K——爆炸特征指数;

V——建筑物、堆场的体积,储罐、瓶组的容积或容量;

W——可燃材料堆场或粮食筒仓、席穴囤、土圆仓的储量。

3　厂房和仓库

3.1　火灾危险性分类

3.1.1　生产的火灾危险性应根据生产中使用或产生的物质性质及其数量等因素划分,可分为甲、乙、丙、丁、戊类,并应符合表 3.1.1 的规定。

表 3.1.1 生产的火灾危险性分类

生产的火灾 危险性类别	使用或产生下列物质生产的火灾危险性特征
甲	1. 闪点小于 28 ℃的液体; 2. 爆炸下限小于 10%的气体; 3. 常温下能自行分解或在空气中氧化能导致迅速自燃或爆炸的物质; 4. 常温下受到水或空气中水蒸气的作用,能产生可燃气体并引起燃烧或爆炸的物质; 5. 遇酸、受热、撞击、摩擦、催化以及遇有机物或硫黄等易燃的无机物,极易引起燃烧或爆炸的强氧化剂; 6. 受撞击、摩擦或与氧化剂、有机物接触时能引起燃烧或爆炸的物质; 7. 在密闭设备内操作温度不小于物质本身自燃点的生产
乙	1. 闪点不小于 28 ℃,但小于 60 ℃的液体; 2. 爆炸下限不小于 10%的气体; 3. 不属于甲类的氧化剂; 4. 不属于甲类的易燃固体; 5. 助燃气体; 6. 能与空气形成爆炸性混合物的浮游状态的粉尘、纤维、闪点不小于 60 ℃的液体雾滴
丙	1. 闪点不小于 60 ℃的液体; 2. 可燃固体
丁	1. 对不燃烧物质进行加工,并在高温或熔化状态下经常产生强辐射热、火花或火焰的生产; 2. 利用气体、液体、固体作为燃料或将气体、液体进行燃烧作其他用的各种生产; 3. 常温下使用或加工难燃烧物质的生产
戊	常温下使用或加工不燃烧物质的生产

3.1.2 同一座厂房或厂房的任一防火分区内有不同火灾危险性生产时,厂房或防火分区内的生产火灾危险性类别应按火灾危险性较大的部分确定;当生产过程中使用或产生易燃、可燃物的量较少,不足以构成爆炸或火灾危险时,可按实际情况确定;当符合下述条件之一时,可按火灾危险性较小的部分确定:

　　1 火灾危险性较大的生产部分占本层或本防火分区建筑面积的比例小于 5%或丁、戊类厂房内的油漆工段小于 10%,且发生火灾事故时不足以蔓延至其他部位或火灾危险性较大的生产部分采取了有效的防火措施;

　　2 丁、戊类厂房内的油漆工段,当采用封闭喷漆工艺,封闭喷漆空间内保持负压、油漆工段设置可燃气体探测报警系统或自动抑爆系统,且油漆工段占所在防火分区建筑面积的比例不大于 20%。

3.1.3 储存物品的火灾危险性应根据储存物品的性质和储存物品中的可燃物数量等因素划分,可分为甲、乙、丙、丁、戊类,并应符合表 3.1.3 的规定。

表 3.1.3 储存物品的火灾危险性分类

储存物品的火 灾危险性类别	储存物品的火灾危险性特征
甲	1. 闪点小于 28 ℃的液体; 2. 爆炸下限小于 10%的气体,受到水或空气中水蒸气的作用能产生爆炸下限小于 10%气体的固体物质; 3. 常温下能自行分解或在空气中氧化能导致迅速自燃或爆炸的物质; 4. 常温下受到水或空气中水蒸汽的作用,能产生可燃气体并引起燃烧或爆炸的物质; 5. 遇酸、受热、撞击、摩擦以及遇有机物或硫黄等易燃的无机物,极易引起燃烧或爆炸的强氧化剂; 6. 受撞击、摩擦或与氧化剂、有机物接触时能引起燃烧或爆炸的物质

表 3.1.3　储存物品的火灾危险性分类(续)

储存物品的火灾危险性类别	储存物品的火灾危险性特征
乙	1. 闪点不小于 28 ℃,但小于 60 ℃的液体; 2. 爆炸下限不小于 10%的气体; 3. 不属于甲类的氧化剂; 4. 不属于甲类的易燃固体; 5. 助燃气体; 6. 常温下与空气接触能缓慢氧化,积热不散引起自燃的物品
丙	1. 闪点不小于 60 ℃的液体; 2. 可燃固体
丁	难燃烧物品
戊	不燃烧物品

3.1.4　同一座仓库或仓库的任一防火分区内储存不同火灾危险性物品时,仓库或防火分区的火灾危险性应按火灾危险性最大的物品确定。

3.1.5　丁、戊类储存物品仓库的火灾危险性,当可燃包装重量大于物品本身重量 1/4 或可燃包装体积大于物品本身体积的 1/2 时,应按丙类确定。

3.2　厂房和仓库的耐火等级

3.2.1　厂房和仓库的耐火等级可分为一、二、三、四级,相应建筑构件的燃烧性能和耐火极限,除本规范另有规定外,不应低于表 3.2.1 的规定。

表 3.2.1　不同耐火等级厂房和仓库建筑构件的燃烧性能和耐火极限(h)

构件名称		耐火等级			
		一级	二级	三级	四级
墙	防火墙	不燃性 3.00	不燃性 3.00	不燃性 3.00	不燃性 3.00
	承重墙	不燃性 3.00	不燃性 2.50	不燃性 2.00	难燃性 0.50
	楼梯间和前室的墙 电梯井的墙	不燃性 2.00	不燃性 2.00	不燃性 1.50	难燃性 0.50
	疏散走道 两侧的隔墙	不燃性 1.00	不燃性 1.00	不燃性 0.50	难燃性 0.25
	非承重外墙 房间隔墙	不燃性 0.75	不燃性 0.50	难燃性 0.50	难燃性 0.25
柱		不燃性 3.00	不燃性 2.50	不燃性 2.00	难燃性 0.50
梁		不燃性 2.00	不燃性 1.50	不燃性 1.00	难燃性 0.50
楼板		不燃性 1.50	不燃性 1.00	不燃性 0.75	难燃性 0.50

表 3.2.1 不同耐火等级厂房和仓库建筑构件的燃烧性能和耐火极限(h)(续)

构件名称	耐火等级			
	一级	二级	三级	四级
屋顶承重构件	不燃性 1.50	不燃性 1.00	难燃性 0.50	可燃性
疏散楼梯	不燃性 1.50	不燃性 1.00	不燃性 0.75	可燃性
吊顶(包括吊顶搁栅)	不燃性 0.25	难燃性 0.25	难燃性 0.15	可燃性

注:二级耐火等级建筑内采用不燃材料的吊顶,其耐火极限不限。

3.2.2 高层厂房,甲、乙类厂房的耐火等级不应低于二级,建筑面积不大于 **300 m²** 的独立甲、乙类单层厂房可采用三级耐火等级的建筑。

3.2.3 单、多层丙类厂房和多层丁、戊类厂房的耐火等级不应低于三级。

使用或产生丙类液体的厂房和有火花、赤热表面、明火的丁类厂房,其耐火等级均不应低于二级,当为建筑面积不大于 **500 m²** 的单层丙类厂房或建筑面积不大于 **1000 m²** 的单层丁类厂房时,可采用三级耐火等级的建筑。

3.2.4 使用或储存特殊贵重的机器、仪表、仪器等设备或物品的建筑,其耐火等级不应低于二级。

3.2.5 锅炉房的耐火等级不应低于二级,当为燃煤锅炉房且锅炉的总蒸发量不大于 4 t/h 时,可采用三级耐火等级的建筑。

3.2.6 油浸变压器室、高压配电装置室的耐火等级不应低于二级,其他防火设计应符合现行国家标准《火力发电厂与变电站设计防火规范》(GB 50229)等标准的规定。

3.2.7 高架仓库、高层仓库、甲类仓库、多层乙类仓库和储存可燃液体的多层丙类仓库,其耐火等级不应低于二级。

单层乙类仓库,单层丙类仓库,储存可燃固体的多层丙类仓库和多层丁、戊类仓库,其耐火等级不应低于三级。

3.2.8 粮食筒仓的耐火等级不应低于二级;二级耐火等级的粮食筒仓可采用钢板仓。

粮食平房仓的耐火等级不应低于三级;二级耐火等级的散装粮食平房仓可采用无防火保护的金属承重构件。

3.2.9 甲、乙类厂房和甲、乙、丙类仓库内的防火墙,其耐火极限不应低于 **4.00 h**。

3.2.10 一、二级耐火等级单层厂房(仓库)的柱,其耐火极限分别不应低于 2.50 h 和 2.00 h。

3.2.11 采用自动喷水灭火系统全保护的一级耐火等级单、多层厂房(仓库)的屋顶承重构件,其耐火极限不应低于 1.00 h。

3.2.12 除甲、乙类仓库和高层仓库外,一、二级耐火等级建筑的非承重外墙,当采用不燃性墙体时,其耐火极限不应低于 0.25 h;当采用难燃性墙体时,不应低于 0.50 h。

4 层及 4 层以下的一、二级耐火等级丁、戊类地上厂房(仓库)的非承重外墙,当采用不燃性墙体时,其耐火极限不限。

3.2.13 二级耐火等级厂房(仓库)内的房间隔墙,当采用难燃性墙体时,其耐火极限应提高 0.25 h。

3.2.14 二级耐火等级多层厂房和多层仓库内采用预应力钢筋混凝土的楼板,其耐火极限不应低于 0.75 小时。

3.2.15 一、二级耐火等级厂房(仓库)的上人平屋顶,其屋面板的耐火极限分别不应低于 **1.50 h** 和 **1.00 h**。

3.2.16 一、二级耐火等级厂房（仓库）的屋面板应采用不燃材料。

屋面防水层宜采用不燃、难燃材料，当采用可燃防水材料且铺设在可燃、难燃保温材料上时，防水材料或可燃、难燃保温材料应采用不燃材料作防护层。

3.2.17 建筑中的非承重外墙、房间隔墙和屋面板，当确需采用金属夹芯板材时，其芯材应为不燃材料，且耐火极限应符合本规范有关规定。

3.2.18 除本规范另有规定外，以木柱承重且墙体采用不燃材料的厂房（仓库），其耐火等级可按四级确定。

3.2.19 预制钢筋混凝土构件的节点外露部位，应采取防火保护措施，且节点的耐火极限不应低于相应构件的耐火极限。

3.3 厂房或仓库的层数、面积和平面布置

3.3.1 除本规范另有规定外，厂房的层数和每个防火分区的最大允许建筑面积应符合表 3.3.1 的规定。

表 3.3.1 厂房的层数和每个防火分区的最大允许建筑面积

生产的火灾危险性类别	厂房的耐火等级	最多允许层数	每个防火分区的最大允许建筑面积（m²）			
			单层厂房	多层厂房	高层厂房	地下或半地下厂房（包括地下或半地下室）
甲	一级	宜采用单层	4000	3000	—	—
	二级		3000	2000	—	—
乙	一级	不限	5000	4000	2000	—
	二级	6	4000	3000	1500	—
丙	一级	不限	不限	6000	3000	500
	二级	不限	8000	4000	2000	500
	三级	2	3000	2000	—	—
丁	一、二级	不限	不限	不限	4000	1000
	三级	3	4000	2000	—	—
	四级	1	1000	—	—	—
戊	一、二级	不限	不限	不限	6000	1000
	三级	3	5000	3000	—	—
	四级	1	1500	—	—	—

注 1 防火分区之间应采用防火墙分隔。除甲类厂房外的一、二级耐火等级厂房，当其防火分区的建筑面积大于本表规定，且设置防火墙确有困难时，可采用防火卷帘或防火分隔水幕分隔。采用防火卷帘时，应符合本规范第 6.5.3 条的规定；采用防火分隔水幕时，应符合现行国家标准《自动喷水灭火系统设计规范》（GB 50084）的规定。

2 除麻纺厂房外，一级耐火等级的多层纺织厂房和二级耐火等级的单、多层纺织厂房，其每个防火分区的最大允许建筑面积可按本表的规定增加 0.5 倍，但厂房内的原棉开包、清花车间与厂房内其他部位之间均应采用耐火极限不低于 2.50 小时的防火隔墙分隔，需要开设门、窗、洞口时，应设置甲级防火门、窗。

3 一、二级耐火等级的单、多层造纸生产联合厂房，其每个防火分区的最大允许建筑面积可按本表的规定增加 1.5 倍。一、二级耐火等级的湿式造纸联合厂房，当纸机烘缸罩内设置自动灭火系统，完成工段设置有效灭火设施保护时，其每个防火分区的最大允许建筑面积可按工艺要求确定。

4 一、二级耐火等级的谷物筒仓工作塔，当每层工作人数不超过 2 人时，其层数不限。

5 一、二级耐火等级卷烟生产联合厂房内的原料、备料及成组配方、制丝、储丝和卷接包、辅料周转、成品暂存、二

氧化碳膨胀烟丝等生产用房应划分独立的防火分隔单元,当工艺条件许可时,应采用防火墙进行分隔。其中制丝、储丝和卷接包车间可划分为一个防火分区,且每个防火分区的最大允许建筑面积可按工艺要求确定,但制丝、储丝及卷接包车间之间应采用耐火极限不低于2.00小时的防火隔墙和1.00小时的楼板进行分隔。厂房内各水平和竖向防火分隔之间的开口应采取防止火灾蔓延的措施。

6 厂房内的操作平台、检修平台,当使用人数少于10人时,平台的面积可不计入所在防火分区的建筑面积内。

7 "—"表示不允许。

3.3.2　除本规范另有规定外,仓库的层数和面积应符合表3.3.2的规定。

表3.3.2　仓库的层数和面积

储存物品的火灾危险性类别		仓库的耐火等级	最多允许层数	每座仓库的最大允许占地面积和每个防火分区的最大允许建筑面积(m²)						
				单层仓库		多层仓库		高层仓库		地下或半地下仓库(包括地下或半地下室)
				每座仓库	防火分区	每座仓库	防火分区	每座仓库	防火分区	防火分区
甲	3,4项	一级	1	180	60	—	—	—	—	—
	1,2,5,6项	一、二级	1	750	250	—	—	—	—	—
乙	1,3,4项	一、二级	3	2000	500	900	300	—	—	—
		三级	1	500	250	—	—	—	—	—
	2,5,6项	一、二级	5	2800	700	1500	500	—	—	—
		三级	1	900	300	—	—	—	—	—
丙	1项	一、二级	5	4000	1000	2800	700	—	—	150
		三级	1	1200	400	—	—	—	—	—
	2项	一、二级	不限	6000	1500	4800	1200	4000	1000	300
		三级	3	2100	700	1200	400	—	—	—
丁		一、二级	不限	不限	3000	不限	1500	4800	1200	500
		三级	3	3000	1000	1500	500	—	—	—
		四级	1	2100	700	—	—	—	—	—
戊		一、二级	不限	不限	3000	不限	2000	6000	1500	1000
		三级	3	3000	1000	2100	700	—	—	—
		四级	1	2100	700	—	—	—	—	—

注1 仓库内的防火分区之间必须采用防火墙分隔,甲、乙类仓库内防火分区之间的防火墙不应开设门、窗、洞口;地下或半地下仓库(包括地下或半地下室)的最大允许占地面积,不应大于相应类别她上仓库的最大允许占地面积。

2 石油库区内的桶装油品仓库应符合现行国家标准《石油库设计规范》(GB 50074)的规定。

3 一、二级耐火等级的煤均化库,每个防火分区的最大允许建筑面积不应大于12000 m²。

4 独立建造的硝酸铵仓库、电石仓库、聚乙烯等高分子制品仓库、尿素仓库、配煤仓库、造纸厂的独立成品仓库,当建筑的耐火等级不低于二级时,每座仓库的最大允许占地面积和每个防火分区的最大允许建筑面积可按本表的规定增加1.0倍。

5 一、二级耐火等级粮食平房仓的最大允许占地面积不应大于12000 m²,每个防火分区的最大允许建筑面积不应大于 3000 m²;三级耐火等级粮食平房仓的最大允许占地面积不应大于 3000 m²,每个防火分区的最大允许建筑面积不应大于 1000 m²。

6 一、二级耐火等级且占地面积不大于 2000 m² 的单层棉花库房,其防火分区的最大允许建筑面积不应大于 2000 m²。

7 一、二级耐火等级冷库的最大允许占地面积和防火分区的最大允许建筑面积,应符合现行国家标准《冷库设计规范》(GB 50072)的规定。

8 "一"表示不允许。

3.3.3 厂房内设置自动灭火系统时,每个防火分区的最大允许建筑面积可按本规范第 3.3.1 条的规定增加 1.0 倍。当丁、戊类的地上厂房内设置自动灭火系统时,每个防火分区的最大允许建筑面积不限。厂房内局部设置自动灭火系统时,其防火分区的增加面积可按该局部面积的 1.0 倍计算。

仓库内设置自动灭火系统时,除冷库的防火分区外,每座仓库的最大允许占地面积和每个防火分区的最大允许建筑面积可按本规范第 3.3.2 条的规定增加 1.0 倍。

3.3.4 甲、乙类生产场所(仓库)不应设置在地下或半地下。

3.3.5 员工宿舍严禁设置在厂房内。

办公室、休息室等不应设置在甲、乙类厂房内,确需贴邻本厂房时,其耐火等级不应低于二级,并应采用耐火极限不低于 **3.00 h** 的防爆墙与厂房分隔和设置独立的安全出口。

办公室、休息室设置在丙类厂房内时,应采用耐火极限不低于 **2.50 h** 的防火隔墙和 **1.00 h** 的楼板与其他部位分隔,并应至少设置 1 个独立的安全出口。如隔墙上需开设相互连通的门时,应采用乙级防火门。

3.3.6 厂房内设置中间仓库时,应符合下列规定:

1 甲、乙类中间仓库应靠外墙布置,其储量不宜超过 1 昼夜的需要量;

2 **甲、乙、丙类中间仓库应采用防火墙和耐火极限不低于 1.50 h 的不燃性楼板与其他部位分隔;**

3 丁、戊类中间仓库应采用耐火极限不低于 2.00 h 的防火隔墙和 1.00 h 的楼板与其他部位分隔;

4 仓库的耐火等级和面积应符合本规范第 3.3.2 条和第 3.3.3 条的规定。

3.3.7 厂房内的丙类液体中间储罐应设置在单独房间内,其容量不应大于 5 m³。设置中间储罐的房间,应采用耐火极限不低于 3.00 h 的防火隔墙和 1.50 h 的楼板与其他部位分隔,房间门应采用甲级防火门。

3.3.8 变、配电站不应设置在甲、乙类厂房内或贴邻,且不应设置在爆炸性气体、粉尘环境的危险区域内。供甲、乙类厂房专用的 10 kV 及以下的变、配电站,当采用无门、窗、洞口的防火墙分隔时,可一面贴邻,并应符合现行国家标准《爆炸危险环境电力装置设计规范》(GB 50058)等标准的规定。

乙类厂房的配电站确需在防火墙上开窗时,应采用甲级防火窗.

3.3.9 员工宿舍严禁设置在仓库内。

办公室、休息室等严禁设置在甲、乙类仓库内,也不应贴邻。

办公室、休息室设置在丙、丁类仓库内时,应采用耐火极限不低于 **2.50 h** 的防火隔墙和 **1.00 h** 的楼板与其他部位分隔,并应设置独立的安全出口。隔墙上需开设相互连通的门时,应采用乙级防火门。

3.3.10 物流建筑的防火设计应符合下列规定:

1 当建筑功能以分拣、加工等作业为主时,应按本规范有关厂房的规定确定,其中仓储部分应按中间仓库确定;

2 当建筑功能以仓储为主或建筑难以区分主要功能时,应按本规范有关仓库的规定确定,但当分拣等作业区采用防火墙与储存区完全分隔时,作业区和储存区的防火要求可分别按本规范有关厂房和仓库的规定确定。其中,当分拣等作业区采用防火墙与储存区完全分隔且符合下列条件时,除自动化控制的丙类高架仓库外,储存区的防火分区最大允许建筑面积和储存区部分建筑的最大允许占地面积,可按本规范表 3.3.2(不含注)的规定增加 3.0 倍:

1) 储存除可燃液体、棉、麻、丝、毛及其他纺织品、泡沫塑料等物品外的丙类物品且建筑的耐火等级不低于一级;

2) 储存丁、戊类物品且建筑的耐火等级不低于二级;

3) 建筑内全部设置自动水灭火系统和火灾自动报警系统。

3.3.11 甲、乙类厂房(仓库)内不应设置铁路线。

需要出入蒸汽机车和内燃机车的丙、丁、戊类厂房(仓库),其屋顶应采用不燃材料或采取其他防火措施。

3.4 厂房的防火间距

3.4.1 除本规范另有规定外,厂房之间及与乙、丙、丁、戊类仓库、民用建筑等的防火间距不应小于表3.4.1的规定,与甲类仓库的防火间距应符合本规范第3.5.1条的规定。

表 3.4.1 厂房之间及与乙、丙、丁、戊类仓库、民用建筑等的防火间距(m)

名称			甲类厂房	乙类厂房(仓库)			丙、丁、戊类厂房(仓库)				民用建筑				
			单、多层	单、多层		高层	单、多层			高层	裙房,单、多层			高层	
			一、二级	一、二级	三级	一、二级	一、二级	三级	四级	一、二级	一、二级	三级	四级	一类	二类
甲类厂房	单、多层	一、二级	12	12	14	13	12	14	16	13	25			50	
乙类厂房	单、多层	一、二级	12	10	12	13	10	12	14	13	25			50	
		三级	14	12	14	15	12	14	16	15					
	高层	一、二级	13	13	15	13	13	15	17	13					
丙类厂房	单、多层	一、二级	12	10	12	13	10	12	14	13	10	12	14	20	15
		三级	14	12	14	15	12	14	16	15	12	14	16	25	20
		四级	16	14	16	17	14	16	18	17	14	16	18		
	高层	一、二级	13	13	15	13	13	15	17	13	13	15	17	20	15
丁、戊类厂房	单、多层	一、二级	12	10	12	13	10	12	14	13	10	12	14	15	13
		三级	14	12	14	15	12	14	16	15	12	14	16	18	15
		四级	16	14	16	17	14	16	18	17	14	16	18		
	高层	一、二级	13	13	15	13	13	15	17	13	13	15	17	15	13
室外变、配电站	变压器总油量(t)	≥5,≤10	25	25	25	25	12	15	20	12	15	20	25	20	
		>10,≤50					15	20	25	15	20	25	30	25	
		>50					20	25	30	20	25	30	35	30	

注1 乙类厂房与重要公共建筑的防火间距不宜小于 50 m;与明火或散发火花地点,不宜小于 30 m。单、多层戊类厂
　　房之间及与戊类仓库的防火间距可按本表的规定减少 2 m,与民用建筑的防火间距可将戊类厂房等同民用建筑
　　按本规范第 5.2.2 条的规定执行。为丙、丁、戊类厂房服务而单独设置的生活用房应按民用建筑确定,与所属
　　厂房的防火间距不应小于 6 m。确需相邻布置时,应符合本表注 2,3 的规定。
　2 两座厂房相邻较高一面外墙为防火墙,或相邻两座高度相同的一、二级耐火等级建筑中相邻任一侧外墙为防火
　　墙且屋顶的耐火极限不低于 1.00 h,其防火间距不限,但甲类厂房之间不应小于 4 m。两座丙、丁、戊类厂房相
　　邻两面外墙均为不燃性墙体,当无外露的可燃性屋檐,每面外墙上的门、窗、洞口面积之和各不大于外墙面积的
　　5%,且门、窗、洞口不正对开设时,其防火间距可按本表的规定减少 25%。甲、乙类厂房(仓库)不应与本规范第
　　3.3.5 条规定外的其他建筑贴邻。
　3 两座一、二级耐火等级的厂房,当相邻较低一面外墙为防火墙且较低一座厂房的屋顶无天窗,屋顶的耐火极限
　　不低于 1.00 h,或相邻较高一面外墙的门、窗等开口部位设置甲级防火门、窗或防火分隔水幕或按本规范第
　　6.5.3 条的规定设置防火卷帘时,甲、乙类厂房之间的防火间距不应小于 6 m;丙、丁、戊类厂房之间的防火间距
　　不应小于 4 mm。
　4 发电厂内的主变压器,其油量可按单台确定。
　5 耐火等级低于四级的既有厂房,其耐火等级可按四级确定。
　6 当丙、丁、戊类厂房与丙、丁、戊类仓库相邻时,应符合本表注 2,3 的规定。

3.4.2 **甲类厂房与重要公共建筑的防火间距不应小于 50 m,与明火或散发火花地点的防火间距不应小于 30 m。**

3.4.3　散发可燃气体、可燃蒸气的甲类厂房与铁路、道路等的防火间距不应小于表 3.4.3 的规定,但甲类厂房所属厂内铁路装卸线当有安全措施时,防火间距不受表 3.4.3 规定的限制。

表 3.4.3　散发可燃气体、可燃蒸气的甲类厂房与铁路、道路等的防火间距(m)

名称	厂外铁路线中心线	厂内铁路线中心线	厂外道路路边	厂内道路路边	
				主要	次要
甲类厂房	30	20	15	10	5

3.4.4 **高层厂房与甲、乙、丙类液体储罐,可燃、助燃气体储罐,液化石油气储罐,可燃材料堆场(除煤和焦炭场外)的防火间距,应符合本规范第 4 章的规定,且不应小于 13 m。**

3.4.5　丙、丁、戊类厂房与民用建筑的耐火等级均为一、二级时,丙、丁、戊类厂房与民用建筑的防火间距可适当减小,但应符合下列规定:
　　1　当较高一面外墙为无门、窗、洞口的防火墙,或比相邻较低一座建筑屋面高 15 m 及以下范围内的外墙为无门、窗、洞口的防火墙时,其防火间距不限;
　　2　相邻较低一面外墙为防火墙,月屋顶无天窗或洞口、屋顶的耐火极限不低于 1.00 h,或相邻较高一面外墙为防火墙,且墙上开口部位采取了防火措施,其防火间距可适当减小,但不应小于 4 m。

3.4.6　厂房外附设化学易燃物品的设备,其外壁与相邻厂房室外附设设备的外壁或相邻厂房外墙的防火间距,不应小于本规范第 3.4.1 条的规定。用不燃材料制作的室外设备,可按一、二级耐火等级建筑确定。

　　总容量不大于 15 m³ 的丙类液体储罐,当直埋于厂房外墙外,且面向储罐一面 4.0 m 范围内的外墙为防火墙时,其防火间距不限。

3.4.7　同一座"U"形或"山"形厂房中相邻两翼之间的防火间距,不宜小于本规范第 3.4.1 条的规定,但当厂房的占地面积小于本规范第 3.3.1 条规定的每个防火分区最大允许建筑面积时,其防火间距可为 6 m。

3.4.8　除高层厂房和甲类厂房外,其他类别的数座厂房占地面积之和小于本规范第 3.3.1 条规定的防火分区最大允许建筑面积(按其中较小者确定,但防火分区的最大允许建筑面积不限者,不应大于

10000 m²）时,可成组布置。当厂房建筑高度不大于 7 m 时,组内厂房之间的防火间距不应小于 4 m;当厂房建筑高度大于 7 m 时,组内厂房之间的防火间距不应小于 6 m。

组与组或组与相邻建筑的防火间距,应根据相邻两座中耐火等级较低的建筑,按本规范第 3.4.1 条的规定确定。

3.4.11 电力系统电压为 35～500 kV 且每台变压器容量不小于 10 MV·A 的室外变、配电站以及工业企业的变压器总油量大于 5 t 的室外降压变电站,与其他建筑的防火间距不应小于本规范第 3.4.1 条和第 3.5.1 条的规定。

3.4.12 厂区围墙与厂区内建筑的间距不宜小于 5 m,围墙两侧建筑的间距应满足相应建筑的防火间距要求。

3.5　仓库的防火间距

3.5.1 甲类仓库之间及与其他建筑、明火或散发火花地点、铁路、道路等的防火间距不应小于表 3.5.1 的规定。

表 3.5.1　甲类仓库之间及与其他建筑、明火或散发火花地点、铁路、道路等的防火间距（m）

名称		甲类仓库（储量,t）			
		甲类储存物品 第 3、4 项		甲类储存物品 第 1、2、5、6 项	
		≤5	>5	≤10	>10
高层民用建筑、重要公共建筑		50			
裙房、其他民用建筑、 明火或散发火花地点		30	40	25	30
甲类仓库		20	20	20	20
厂房和乙、丙、 丁、戊类仓库	一、二级	15	20	12	15
	三级	20	25	15	20
	四级	25	30	20	25
电力系统电压为 35～500 kV 且每台变压器容量不小于 10 MV·A 的 室外变、配电站,工业企业的变压器 总油量大于 5 t 的室外降压变电站		30	40	25	30
厂外铁路线中心线		40			
厂内铁路线中心线		30			
厂外道路路边		20			
厂内道路路边	主要	10			
	次要	5			

注：甲类仓库之间的防火间距,当第 3,4 项物品储量不大于 2 t,第 1,2,5,6 项物品储量不大于 5 t 时,不应小于 12 m,甲类仓库与高层仓库的防火间距不应小于 13 m。

3.5.2 除本规范另有规定外,乙、丙、丁、戊类仓库之间及与民用建筑的防火间距,不应小于表 3.5.2 的规定。

表 3.5.2　乙、丙、丁、戊类仓库之间及与民用建筑的防火间距(m)

名称			乙类仓库 单、多层 一、二级	乙类仓库 单、多层 三级	乙类仓库 高层 一、二级	丙类仓库 单、多层 一、二级	丙类仓库 单、多层 三级	丙类仓库 单、多层 四级	丙类仓库 高层 一、二级	丁、戊类仓库 单、多层 一、二级	丁、戊类仓库 单、多层 三级	丁、戊类仓库 单、多层 四级	丁、戊类仓库 高层 一、二级
乙、丙、丁、戊类仓库	单、多层	一、二级	10	12	13	10	12	14	13	10	12	14	13
		三级	12	14	15	12	14	16	15	12	14	16	15
		四级	14	16	17	14	16	18	17	14	16	18	17
	高层	一、二级	13	15	13	13	15	17	13	13	15	17	13
民用建筑	裙房, 单、多层	一、二级	25			10	12	14	13	10	12	14	13
		三级				12	14	16	15	12	14	16	15
		四级				14	16	18	17	14	16	18	17
	高层	一类	50			20	25	25	20	15	18	18	15
		二类				15	20	20	15	13	15	15	13

注1　单、多层戊类仓库之间的防火间距,可按本表的规定减少 2 m。

　　2　两座仓库的相邻外墙均为防火墙时,防火间距可以减小,但丙类仓库,不应小于 6 m;丁、戊类仓库,不应小于 4 m。两座仓库相邻较高一面外墙为防火墙,或相邻两座高度相同的一、二级耐火等级建筑中相邻任一侧外墙为防火墙且屋顶的耐火极限不低于 1.00 小时,且总占地面积不大于本规范第 3.3.2 条一座仓库的最大允许占地面积规定时,其防火间距不限。

　　3　除乙类第 6 项物品外的乙类仓库,与民用建筑的防火间距不宜小于 25 m,与重要公共建筑的防火间距不应小于 50 m,与铁路、道路等的防火间距不宜小于表 3.5.1 中甲类仓库与铁路、道路等的防火间距。

3.5.3　丁、戊类仓库与民用建筑的耐火等级均为一、二级时,仓库与民用建筑的防火间距可适当减小,但应符合下列规定:

　　1　当较高一面外墙为无门、窗、洞口的防火墙,或比相邻较低一座建筑屋面高 15 m 及以下范围内的外墙为无门、窗、洞口的防火墙时,其防火间距不限;

　　2　相邻较低一面外墙为防火墙,且屋顶无天窗或洞口、屋顶耐火极限不低于 1.00 h,或相邻较高一面外墙为防火墙,且墙上开口部位采取了防火措施,其防火间距可适当减小,但不应小于 4 m。

3.5.4　粮食筒仓与其他建筑、粮食筒仓组之间的防火间距,不应小于表 3.5.4 的规定。

表 3.5.4　粮食筒仓与其他建筑、粮食筒仓组之间的防火间距(m)

名称	粮食总储量 W(t)	粮食立筒仓 W≤40000	粮食立筒仓 40000<W≤50000	粮食立筒仓 W>50000	粮食浅圆仓 W≤50000	粮食浅圆仓 W>50000	其他建筑 一、二级	其他建筑 三级	其他建筑 四级
粮食立筒仓	500<W≤10000	15	20	25	20	25	10	15	20
	10000<W≤40000	15	20	25	20	25	15	20	25
	40000<W≤50000	20	20	25	20	25	20	25	30
	W>50000	25					25	30	—

表 3.5.4   粮食筒仓与其他建筑、粮食筒仓组之间的防火间距(m)(续)

名称	粮食总储量 W(t)	粮食立筒仓			粮食浅圆仓		其他建筑		
		W≤ 40000	40000< W≤50000	W> 50000	W≤ 50000	W> 50000	一、 二级	三级	四级
粮食 浅圆仓	W≤50000	20	20	25	20	25	20	25	—
	W>50000	25					25	30	—

注1 当粮食立筒仓、粮食浅圆仓与工作塔、接收塔、发放站为一个完整工艺单元的组群时,组内各建筑之间的防火间距不受本表限制。

　　2 粮食浅圆仓组内每个独立仓的储量不应大于 10000 t。

3.5.5   库区围墙与库区内建筑的间距不宜小于 5 m,围墙两侧建筑的间距应满足相应建筑的防火间距要求。

3.6   厂房和仓库的防爆

3.6.1   有爆炸危险的甲、乙类厂房宜独立设置,并宜采用敞开或半敞开式。其承重结构宜采用钢筋混凝土或钢框架、排架结构。

3.6.2   有爆炸危险的厂房或厂房内有爆炸危险的部位应设置泄压设施。

3.6.3   泄压设施宜采用轻质屋面板、轻质墙体和易于泄压的门、窗等,应采用安全玻璃等在爆炸时不产生尖锐碎片的材料。

　　泄压设施的设置应避开人员密集场所和主要交通道路,并宜靠近有爆炸危险的部位。

　　作为泄压设施的轻质屋面板和墙体的质量不宜大于 60 kg/m²。

　　屋顶上的泄压设施应采取防冰雪积聚措施。

3.6.4   厂房的泄压面积宜按下式计算,但当厂房的长径比大于 3 时,宜将建筑划分为长径比不大于 3 的多个计算段,各计算段中的公共截面不得作为泄压面积:

$$A = 10CV^{\frac{2}{3}}$$ 　　(3.6.4)

式中:A——泄压面积(m²);

　　　V——厂房的容积(m³);

　　　C——泄压比,可按表 3.6.4 选取(m²/m³)。

表 3.6.4   厂房内爆炸性危险物质的类别与泄压比规定值(m²/m³)

厂房内爆炸性危险物质的类别	C 值
氨、粮食、纸、皮革、铅、铬、铜等 $K_尘$<10 MPa·m·s⁻¹ 的粉尘	≥0.030
木屑、炭屑、煤粉、锑、锡等 10 MPa·m·s⁻¹≤$K_尘$≤30 MPa·m·s⁻¹ 的粉尘	≥0.055
丙酮、汽油、甲醇、液化石油气、甲烷、喷漆间或干燥室、苯酚树脂、铝、镁、锆等 $K_尘$>30 MPa·m·s⁻¹ 的粉尘	≥0.110
乙烯	≥0.160
乙炔	≥0.200
氢	≥0.250

注1 长径比为建筑平面几何外形尺寸中的最长尺寸与其横截面周长的积和 4.0 倍的建筑横截面积之比。

　　2 $K_尘$ 是指粉尘爆炸指数。

3.6.5 散发较空气轻的可燃气体、可燃蒸气的甲类厂房,宜采用轻质屋面板作为泄压面积。顶棚应尽量平整、无死角,厂房上部空间应通风良好。

3.6.6 散发较空气重的可燃气体、可燃蒸气的甲类厂房和有粉尘、纤维爆炸危险的乙类厂房,应符合下列规定:

　　1 应采用不发火花的地面。采用绝缘材料作整体面层时,应采取防静电措施:

　　2 散发可燃粉尘、纤维的厂房,其内表面应平整、光滑,并易于清扫;

　　3 厂房内不宜设置地沟,确需设置时,其盖板应严密,地沟应采取防止可燃气体、可燃蒸气和粉尘、纤维在地沟积聚的有效措施,且应在与相邻厂房连通处采用防火材料密封。

3.6.7 有爆炸危险的甲、乙类生产部位,宜布置在单层厂房靠外墙的泄压设施或多层厂房顶层靠外墙的泄压设施附近。

　　有爆炸危险的设备宜避开厂房的梁、柱等主要承重构件布置。

3.6.8 有爆炸危险的甲、乙类厂房的总控制室应独立设置。

3.6.9 有爆炸危险的甲、乙类厂房的分控制室宜独立设置,当贴邻外墙设置时,应采用耐火极限不低于3.00 h的防火隔墙与其他部位分隔。

3.6.10 有爆炸危险区域内的楼梯间、室外楼梯或有爆炸危险的区域与相邻区域连通处,应设置门斗等防护措施。门斗的隔墙应为耐火极限不应低于2.00 h的防火隔墙,门应采用甲级防火门并应与楼梯间的门错位设置。

3.6.11 使用和生产甲、乙、丙类液体的厂房,其管、沟不应与相邻厂房的管、沟相通,下水道应设置隔油设施。

3.6.12 甲、乙、丙类液体仓库应设置防止液体流散的设施。遇湿会发生燃烧爆炸的物品仓库应采取防止水浸渍的措施。

3.6.13 有粉尘爆炸危险的筒仓,其顶部盖板应设置必要的泄压设施。

　　粮食筒仓工作塔和上通廊的泄压面积应按本规范第3.6.4条的规定计算确定。有粉尘爆炸危险的其他粮食储存设施应采取防爆措施。

3.6.14 有爆炸危险的仓库或仓库内有爆炸危险的部位,宜按本节规定采取防爆措施、设置泄压设施。

3.7 厂房的安全疏散

3.7.1 厂房的安全出口应分散布置。每个防火分区或一个防火分区的每个楼层,其相邻2个安全出口最近边缘之间的水平距离不应小于5 m。

3.7.2 厂房内每个防火分区或一个防火分区内的每个楼层,其安全出口的数量应经计算确定,且不应少于2个;当符合下列条件时,可设置1个安全出口:

　　1 甲类厂房,每层建筑面积不大于100 m²,且同一时间的作业人数不超过5人;

　　2 乙类厂房,每层建筑面积不大于150 m²,且同一时间的作业人数不超过10人;

　　3 丙类厂房,每层建筑面积不大于250 m²,且同一时间的作业人数不超过20人;

　　4 丁、戊类厂房,每层建筑面积不大于400 m²,且同一时间的作业人数不超过30人;

　　5 地下或半地下厂房(包括地下或半地下室),每层建筑面积不大于50 m²,且同一时间的作业人数不超过15人。

3.7.3 地下或半地下厂房(包括地下或半地下室),当有多个防火分区相邻布置,并采用防火墙分隔时,每个防火分区可利用防火墙上通向相邻防火分区的甲级防火门作为第二安全出口,但每个防火分区必须至少有1个直通室外的独立安全出口。

3.7.4 厂房内任一点至最近安全出口的直线距离不应大于表3.7.4的规定。

表 3.7.4　厂房内任一点至最近安全出口的直线距离(m)

生产的火灾危险性类别	耐火等级	单层厂房	多层厂房	高层厂房	地下或半地下厂房（包括地下或半地下室）
甲	一、二级	30	25	—	—
乙	一、二级	75	50	30	—
丙	一、二级	80	60	40	30
	三级	60	40	—	—
丁	一、二级	不限	不限	50	45
	三级	60	50	—	—
	四级	50	—	—	—
戊	一、二级	不限	不限	75	60
	三级	100	75	—	—
	四级	60	—	—	—

3.7.5　厂房内疏散楼梯、走道、门的各自总净宽度,应根据疏散人数按每 100 人的最小疏散净宽度不小于表 3.7.5 的规定计算确定。但疏散楼梯的最小净宽度不宜小于 1.10 m,疏散走道的最小净宽度不宜小于 1.40 m,门的最小净宽度不宜小于 0.90 m。当每层疏散人数不相等时,疏散楼梯的总净宽度应分层计算,下层楼梯总净宽度应按该层及以上疏散人数最多一层的疏散人数计算。

表 3.7.5　厂房内疏散楼梯、走道和门的每 100 人最小疏散净宽度

厂房层数（层）	1～2	3	≥4
最小疏散净宽度(m/百人)	0.60	0.80	1.00

首层外门的总净宽度应按该层及以上疏散人数最多一层的疏散人数计算,且该门的最小净宽度不应小于 1.20 m。

3.7.6　高层厂房和甲、乙、丙类多层厂房的疏散楼梯应采用封闭楼梯间或室外楼梯。建筑高度大于 32 m 且任一层人数超过 10 人的厂房,应采用防烟楼梯间或室外楼梯。

3.8　仓库的安全疏散

3.8.1　仓库的安全出口应分散布置。每个防火分区或一个防火分区的每个楼层,其相邻 2 个安全出口最近边缘之间的水平距离不应小于 5 m。

3.8.2　每座仓库的安全出口不应少于 2 个,当一座仓库的占地面积不大于 300 m² 时,可设置 1 个安全出口。仓库内每个防火分区通向疏散走道、楼梯或室外的出口不宜少于 2 个,当防火分区的建筑面积不大于 100 m² 时,可设置 1 个出口。通向疏散走道或楼梯的门应为乙级防火门。

3.8.3　地下或半地下仓库（包括地下或半地下室）的安全出口不应少于 2 个;当建筑面积不大于 100 m² 时,可设置 1 个安全出口。

地下或半地下仓库（包括地下或半地下室）,当有多个防火分区相邻布置并采用防火墙分隔时,每个防火分区可利用防火墙上通向相邻防火分区的甲级防火门作为第二安全出口,但每个防火分区必须至少有 1 个直通室外的安全出口。

3.8.4　冷库、粮食筒仓、金库的安全疏散设计应分别符合现行国家标准《冷库设计规范》(GB 50072)和

《粮食钢板筒仓设计规范》(GB 50322)等标准的规定。

3.8.5 粮食筒仓上层面积小于1000 m²,且作业人数不超过2人时,可设置1个安全出口。

3.8.6 仓库、筒仓中符合本规范第6.4.5条规定的室外金属梯,可作为疏散楼梯,但筒仓室外楼梯平台的耐火极限不应低于0.25 h。

3.8.7 高层仓库的疏散楼梯应采用封闭楼梯间。

3.8.8 除一、二级耐火等级的多层戊类仓库外,其他仓库内供垂直运输物品的提升设施宜设置在仓库外,确需设置在仓库内时,应设置在井壁的耐火极限不低于2.00 h的井筒内。室内外提升设施通向仓库的入口应设置乙级防火门或符合本规范第6.5.3条规定的防火卷帘。

4 甲、乙、丙类液体、气体储罐(区)和可燃材料堆场

4.1 一般规定

4.1.1 甲、乙、丙类液体储罐区,液化石油气储罐区,可燃、助燃气体储罐区和可燃材料堆场等,应布置在城市(区域)的边缘或相对独立的安全地带,并宜布置在城市(区域)全年最小频率风向的上风侧。

甲、乙、丙类液体储罐(区)宜布置在地势较低的地带。当布置在地势较高的地带时,应采取安全防护设施。

液化石油气储罐(区)宜布置在地势平坦、开阔等不易积存液化石油气的地带。

4.1.2 桶装、瓶装甲类液体不应露天存放。

4.1.3 液化石油气储罐组或储罐区的四周应设置高度不小于1.0 m的不燃性实体防护墙。

4.1.4 甲、乙、丙类液体储罐区,液化石油气储罐区,可燃、助燃气体储罐区和可燃材料堆场,应与装卸区、辅助生产区及办公区分开布置。

4.1.5 甲、乙、丙类液体储罐,液化石油气储罐,可燃、助燃气体储罐和可燃材料堆垛,与架空电力线的最近水平距离应符合本规范第10.2.1条的规定。

4.3 可燃、助燃气体储罐(区)的防火间距

4.3.1 可燃气体储罐与建筑物、储罐、堆场等的防火间距应符合下列规定:

1 湿式可燃气体储罐与建筑物、储罐、堆场等的防火间距不应小于表4.3.1的规定。

表4.3.1 湿式可燃气体储罐与建筑物、储罐、堆场等的防火间距(m)

名称		湿式可燃气体储罐(总容积 V,m³)				
		$V<1000$	$1000 \leqslant$ $V<10000$	$10000 \leqslant$ $V<50000$	$50000 \leqslant$ $V<100000$	$100000 \leqslant$ $V<300000$
甲类仓库 甲、乙、丙类液体储罐 可燃材料堆场 室外变、配电站 明火或散发火花的地点		20	25	30	35	40
高层民用建筑		25	30	35	40	45
裙房,单、多层民用建筑		18	20	25	30	35
其他建筑	一、二级	12	15	20	25	30
	三级	15	20	25	30	35
	四级	20	25	30	35	40

注:固定容积可燃气体储罐的总容积按储罐几何容积(m³)和设计储存压力(绝对压力,10⁵ Pa)的乘积计算。

　　2　固定容积的可燃气体储罐与建筑物、储罐、堆场等的防火间距不应小于表4.3.1的规定。

　　3　干式可燃气体储罐与建筑物、储罐、堆场等的防火间距:当可燃气体的密度比空气大时,应按表4.3.1的规定增加25%;当可燃气体的密度比空气小时,可按表4.3.1的规定确定。

　　4　湿式或干式可燃气体储罐的水封井、油泵房和电梯间等附属设施与该储罐的防火间距,可按工艺要求布置。

　　5　容积不大于20 m³的可燃气体储罐与其使用厂房的防火间距不限。

4.3.2　可燃气体储罐(区)之间的防火间距应符合下列规定:

　　1　湿式可燃气体储罐或干式可燃气体储罐之间及湿式与干式可燃气体储罐的防火间距,不应小于相邻较大罐直径的1/2。

　　2　固定容积的可燃气体储罐之间的防火间距不应小于相邻较大罐直径的2/3;

　　3　固定容积的可燃气体储罐与湿式或干式可燃气体储罐的防火间距,不应小于相邻较大罐直径的1/2。

　　4　数个固定容积的可燃气体储罐的总容积大于200000 m³时,应分组布置。卧式储罐组之间的防火间距不应小于相邻较大罐长度的一半;球形储罐组之间的防火间距不应小于相邻较大罐直径,且不应小于20 m。

4.3.3　氧气储罐与建筑物、储罐、堆场等的防火间距应符合下列规定:

　　1　湿式氧气储罐与建筑物、储罐、堆场等的防火间距不应小于表4.3.3的规定。

表4.3.3　湿式氧气储罐与建筑物、储罐、堆场等的防火间距(m)

名　　称		湿式氧气储罐(总容积 V,m³)		
		$V \leqslant 1000$	$1000 < V \leqslant 50000$	$V > 50000$
明火或散发火花地点		25	30	35
甲、乙、丙类液体储罐,可燃材料堆场,甲类仓库,室外变、配电站		20	25	30
民用建筑		18	20	25
其他建筑	一、二级	10	12	14
	三级	12	14	16
	四级	14	16	18

　　注:固定容积氧气储罐的总容积按储罐几何容积(m³)和设计储存压力(绝对压力,10⁵Pa)的乘积计算。

　　2　氧气储罐之间的防火间距不应小于相邻较大罐直径的1/2。

　　3　氧气储罐与可燃气体储罐的防火间距不应小于相邻较大罐的直径。

　　4　固定容积的氧气储罐与建筑物、储罐、堆场等的防火间距不应小于表4.3.3的规定。

　　5　氧气储罐与其制氧厂房的防火间距可按工艺布置要求确定。

　　6　容积不大于50 m³的氧气储罐与其使用厂房的防火间距不限。

　　注:1 m³液氧折合标准状态下800 m³气态氧。

4.3.4　液氧储罐与建筑物、储罐、堆场等的防火间距应符合本规范第4.3.3条相应容积湿式氧气储罐防火间距的规定。液氧储罐与其泵房的间距不宜小于3 m。总容积小于或等于3 m³的液氧储罐与其使用建筑的防火间距应符合下列规定:

　　1　当设置在独立的一、二级耐火等级的专用建筑物内时,其防火间距不应小于10 m;

　　2　当设置在独立的一、二级耐火等级的专用建筑物内,且面向使用建筑物一侧采用无门窗洞口的防火墙隔开时,其防火间距不限;

    3 当低温储存的液氧储罐采取了防火措施时,其防火间距不应小于 5 m。

医疗卫生机构中的医用液氧储罐气源站的液氧储罐应符合下列规定:

    1 单罐容积不应大于 5 m³,总容积不宜大于 20 m³;

    2 相邻储罐之间的距离不应小于最大储罐直径的 0.75 倍;

    3 医用液氧储罐与医疗卫生机构外的建筑的防火间距应符合本规范第 4.3.3 条的规定,与医疗卫生机构内的建筑的防火间距应符合现行国家标准《医用气体工程技术规范》(GB 50751)的规定。

4.3.5 液氧储罐周围 5 m 范围内不应有可燃物和沥青路面。

4.3.6 可燃、助燃气体储罐与铁路、道路的防火间距不应小于表 4.3.6 的规定。

表 4.3.6 可燃、助燃气体储罐与铁路、道路的防火间距(m)

名　　称	厂外铁路线中心线	厂内铁路线中心线	厂外道路路边	厂内道路路边	
				主要	次要
可燃、助燃气体储罐	25	20	15	10	5

4.3.7 液氢、液氨储罐与建筑物、储罐、堆场等的防火间距可按本规范 4.4.1 条相应容积液化石油气储罐防火间距的规定减少 25% 确定。

4.3.8 液化天然气气化站的液化天然气储罐(区)与站外建筑等的防火间距不应小于表 4.3.8 的规定,与表 4.3.8 未规定的其他建筑的防火间距,应符合现行国家标准《城镇燃气设计规范》(GB 50028)的规定。

表 4.3.8 液化天然气气化站的液化天然气储罐(区)与站外建筑等的防火间距(m)

名　　称	液化天然气储罐(区)(总容积 V,m³)							集中放散装置的天然气放散总管
	V≤10	10<V≤30	30<V≤50	50<V≤200	200<V≤500	500<V≤1000	1000<V≤2000	
单罐容积 V(m³)	V≤10	V≤30	V≤50	V≤200	V≤500	V≤1000	V≤2000	
居住区、村镇和重要公共建筑(最外侧建筑物的外墙)	30	35	45	50	70	90	110	45
工业企业(最外侧建筑物的外墙)	22	25	27	30	35	40	50	20
明火或散发火花地点,室外变、配电站	30	35	45	50	55	60	70	30
其他民用建筑,甲、乙类液体储罐,甲、乙类仓库,甲、乙类厂房,秸秆、芦苇、打包废纸等材料堆场	27	32	40	45	50	55	65	25

表4.3.8　液化天然气气化站的液化天然气储罐(区)与站外建筑等的防火间距(m)(续)

名　　　称		液化天然气储罐(区)(总容积 V,m³)							集中放散装置的天然气放散总管
		$V \leqslant 10$	$10 < V \leqslant 30$	$30 < V \leqslant 50$	$50 < V \leqslant 200$	$200 < V \leqslant 500$	$500 < V \leqslant 1000$	$1000 < V \leqslant 2000$	
单罐容积 V(m³)		$V \leqslant 10$	$V \leqslant 30$	$V \leqslant 50$	$V \leqslant 200$	$V \leqslant 500$	$V \leqslant 1000$	$V \leqslant 2000$	
丙类液体储罐,可燃气体储罐,丙、丁类厂房,丙、丁类仓库		25	27	32	35	40	45	55	20
公路(路边)	高速,Ⅰ,Ⅱ级,城市快速	20				25			15
	其他	15				20			10
架空电力线(中心线)		1.5倍杆高						1.5倍杆高,但35 kV及以上架空电力线不应小于40 m	2.0倍杆高
架空通信线(中心线)	Ⅰ、Ⅱ级	1.5倍杆高		30			40		1.5倍杆高
	其他	1.5倍杆高							
铁路(中心线)	国家线	40	50	60	70		80		40
	企业专用线	25			30		35		30

注:居住区、村镇指1000人或300户及以上者;当少于1000人或300户时,相应防火间距应按本表有关其他民用建筑的要求确定。

5　民用建筑

5.1　建筑分类和耐火等级

5.1.1　民用建筑根据其建筑高度和层数可分为单、多层民用建筑和高层民用建筑。高层民用建筑根据其建筑高度、使用功能和楼层的建筑面积可分为一类和二类。民用建筑的分类应符合表5.1.1的规定。

表5.1.1　民用建筑的分类

名称	高层民用建筑		单、多层民用建筑
	一类	二类	
住宅建筑	建筑高度大于54 m的住宅建筑(包括设置商业服务网点的住宅建筑)	建筑高度大于27 m,但不大于54 m的住宅建筑(包括设置商业服务网点的住宅建筑)	建筑高度不大于27 m的住宅建筑(包括设置商业服务网点的住宅建筑)

表 5.1.1　民用建筑的分类(续)

名称	高层民用建筑		单、多层民用建筑
	一类	二类	
公共建筑	1. 建筑高度大于 50 m 的公共建筑; 2. 建筑高度 24 m 以上部分任一楼层建筑面积大于 1000 m² 的商店、展览、电信、邮政、财贸金融建筑和其他多种功能组合的建筑; 3. 医疗建筑、重要公共建筑; 4. 省级及以上的广播电视和防灾指挥调度建筑、网局级和省级电力调度建筑; 5. 藏书超过 100 万册的图书馆、书库	除一类高层公共建筑外的其他高层公共建筑	1. 建筑高度大于 24 m 的单层公共建筑; 2. 建筑高度不大于 24 m 的其他公共建筑。

注1 表中未列入的建筑,其类别应根据本表类比确定。

　　2 除本规范另有规定外,宿舍、公寓等非住宅类居住建筑的防火要求,应符合本规范有关公共建筑的规定。

　　3 除本规范另有规定外,裙房的防火要求应符合本规范有关高层民用建筑的规定。

5.1.2　民用建筑的耐火等级可分为一、二、三、四级。除本规范另有规定外,不同耐火等级建筑相应构件的燃烧性能和耐火极限不应低于表 5.1.2 的规定。

表 5.1.2　不同耐火等级建筑相应构件的燃烧性能和耐火极限(h)

构件名称		耐火等级			
		一级	二级	三级	四级
墙	防火墙	不燃性 3.00	不燃性 3.00	不燃性 3.00	不燃性 3.00
	承重墙	不燃性 3.00	不燃性 2.50	不燃性 2.00	难燃性 0.50
	非承重外墙	不燃性 1.00	不燃性 1.00	不燃性 0.50	可燃性
	楼梯间和前室的墙 电梯井的墙 住宅建筑单元之间 的墙和分户墙	不燃性 2.00	不燃性 2.00	不燃性 1.50	难燃性 0.50
	疏散走道两侧的隔墙	不燃性 1.00	不燃性 1.00	不燃性 0.50	难燃性 0.25
	房间隔墙	不燃性 0.75	不燃性 0.50	难燃性 0.50	难燃性 0.25
柱		不燃性 3.00	不燃性 2.50	不燃性 2.00	难燃性 0.50
梁		不燃性 2.00	不燃性 1.50	不燃性 1.00	难燃性 0.50

表 5.1.2　不同耐火等级建筑相应构件的燃烧性能和耐火极限(h)(续)

构件名称	耐火等级			
	一级	二级	三级	四级
楼板	不燃性 1.50	不燃性 1.00	不燃性 0.50	可燃性
屋顶承重构件	不燃性 1.50	不燃性 1.00	可燃性 0.50	可燃性
疏散楼梯	不燃性 1.50	不燃性 1.00	不燃性 0.50	可燃性
吊顶(包括吊顶搁栅)	不燃性 0.25	难燃性 0.25	难燃性 0.15	可燃性

注1　除本规范另有规定外,以木柱承重且墙体采用不燃材料的建筑,其耐火等级应按四级确定。
　　2　住宅建筑构件的耐火极限和燃烧性能可按现行国家标准《住宅建筑规范》(GB 50368)的规定执行。

5.1.3　民用建筑的耐火等级应根据其建筑高度、使用功能、重要性和火灾扑救难度等确定,并应符合下列规定:

　　1　地下或半地下建筑(室)和一类高层建筑的耐火等级不应低于一级;

　　2　单、多层重要公共建筑和二类高层建筑的耐火等级不应低于二级。

5.1.4　建筑高度大于 100 m 的民用建筑,其楼板的耐火极限不应低于 2.00 h。

　　一、二级耐火等级建筑的上人平屋顶,其屋面板的耐火极限分别不应低于 1.50 h 和 1.00 h。

5.1.5　一、二级耐火等级建筑的屋面板应采用不燃材料。

　　屋面防水层宜采用不燃、难燃材料,当采用可燃防水材料且铺设在可燃、难燃保温材料上时,防水材料或可燃、难燃保温材料应采用不燃材料作防护层。

5.1.6　二级耐火等级建筑内采用难燃性墙体的房间隔墙,其耐火极限不应低于 0.75 h;当房间的建筑面积不大于 100 m² 时,房间隔墙可采用耐火极限不低于 0.50 h 的难燃性墙体或耐火极限不低于 0.30 h 的不燃性墙体。

　　二级耐火等级多层住宅建筑内采用预应力钢筋混凝土的楼板,其耐火极限不应低于 0.75 h。

5.1.7　建筑中的非承重外墙、房间隔墙和屋面板,当确需采用金属夹芯板材时,其芯材应为不燃材料,且耐火极限应符合本规范有关规定。

5.1.8　二级耐火等级建筑内采用不燃材料的吊顶,其耐火极限不限。

　　三级耐火等级的医疗建筑、中小学校的教学建筑、老年人建筑及托儿所、幼儿园的儿童用房和儿童游乐厅等儿童活动场所的吊顶,应采用不燃材料;当采用难燃材料时,其耐火极限不应低于 0.25 h。

　　二、三级耐火等级建筑内门厅、走道的吊顶应采用不燃材料。

5.1.9　建筑内预制钢筋混凝土构件的节点外露部位,应采取防火保护措施,且节点的耐火极限不应低于相应构件的耐火极限。

5.2　总平面布局

5.2.1　在总平面布局中,应合理确定建筑的位置、防火间距、消防车道和消防水源等,不宜将民用建筑布置在甲、乙类厂(库)房,甲、乙、丙类液体储罐,可燃气体储罐和可燃材料堆场的附近。

5.2.2　民用建筑之间的防火间距不应小于表 5.2.2 的规定,与其他建筑的防火间距,除应符合本节规定外,尚应符合本规范其他章的有关规定。

表 5.2.2　民用建筑之间的防火间距(m)

建筑类别		高层民用建筑	裙房和其他民用建筑		
		一、二级	一、二级	三级	四级
高层民用建筑	一、二级	13	9	11	14
裙房和其他民用建筑	一、二级	9	6	7	9
	三级	11	7	8	10
	四级	14	9	10	12

注1 相邻两座单、多层建筑,当相邻外墙为不燃性墙体且无外露的可燃性屋檐,每面外墙上无防火保护的门、窗、洞口不正对开设且该门、窗、洞口的面积之和不大于外墙面积的 5% 时,其防火间距可按本表的规定减少 25%。

2 两座建筑相邻较高一面外墙为防火墙,或高出相邻较低一座一、二级耐火等级建筑的屋面 15 m 及以下范围内的外墙为防火墙时,其防火间距不限。

3 相邻两座高度相同的一、二级耐火等级建筑中相邻任一侧外墙为防火墙,屋顶的耐火极限不低于 1.00 h 时,其防火间距不限。

4 相邻两座建筑中较低一座建筑的耐火等级不低于二级,相邻较低一面外墙为防火墙且屋顶无天窗,屋顶的耐火极限不低于 1.00 h,其防火间距不应小于 3.5 m;对于高层建筑,不应小于 4 m。

5 相邻两座建筑中较低一座建筑的耐火等级不低于二级且屋顶无天窗,相邻较高一面外墙高出较低一座建筑的屋面 15 m 及以下范围内的开口部位设置甲级防火门、窗,或设置符合现行国家标准《自动喷水灭火系统设计规范》(GB 50084)规定的防火分隔水幕或本规范第 6.5.3 条规定的防火卷帘时,其防火间距不应小于 3.5 m;对于高层建筑,不应小于 4 m。

6 相邻建筑通过连廊、天桥或底部的建筑物等连接时,其间距不应小于本表的规定。

7 耐火等级低于四级的既有建筑,其耐火等级可按四级确定。

5.2.3　民用建筑与单独建造的变电站的防火间距应符合本规范第 3.4.1 条有关室外变、配电站的规定,但与单独建造的终端变电站的防火间距,可根据变电站的耐火等级按本规范第 5.2.2 条有关民用建筑的规定确定。

民用建筑与 10 kV 及以下的预装式变电站的防火间距不应小于 3 m。

民用建筑与燃油、燃气或燃煤锅炉房的防火间距应符合本规范第 3.4.1 条有关丁类厂房的规定,但与单台蒸汽锅炉的蒸发量不大于 4 t/h 或单台热水锅炉的额定热功率不大于 2.8 MW 的燃煤锅炉房的防火间距,可根据锅炉房的耐火等级按本规范第 5.2.2 条有关民用建筑的规定确定。

5.2.4　除高层民用建筑外,数座一、二级耐火等级的住宅建筑或办公建筑,当建筑物的占地面积总和不大于 2500 m² 时,可成组布置,但组内建筑物之间的间距不宜小于 4 m。组与组或组与相邻建筑物的防火间距不应小于本规范第 5.2.2 条的规定。

5.2.5　民用建筑与燃气调压站、液化石油气气化站或混气站、城市液化石油气供应站瓶库等的防火间距,应符合现行国家标准《城镇燃气设计规范》(GB 50028)的规定。

5.2.6　建筑高度大于 100 m 的民用建筑与相邻建筑的防火间距,当符合本规范第 3.4.5 条、第 3.5.3 条、第 4.2.1 条和第 5.2.2 条允许减小的条件时,仍不应减小。

5.3　防火分区和层数

5.3.1　除本规范另有规定外,不同耐火等级建筑的允许建筑高度或层数、防火分区最大允许建筑面积应符合表 5.3.1 的规定。

表 5.3.1 不同耐火等级建筑的允许建筑高度或层数、防火分区最大允许建筑面积

名称	耐火等级	允许建筑高度或层数	防火分区的最大允许建筑面积(m²)	备注
高层民用建筑	一、二级	按本规范第5.1.1条确定	1500	对于体育馆、剧场的观众厅,防火分区的最大允许建筑面积可适当增加
单、多层民用建筑	一、二级	按本规范第5.1.1条确定	2500	
	三级	5层	1200	
	四级	2层	600	
地下或半地下建筑(室)	一级	—	500	设备用房的防火分区最大允许建筑面积不应大于1000 m²

注1 表中规定的防火分区最大允许建筑面积,当建筑内设置自动灭火系统时,可按本表的规定增加1.0倍;局部设置时,防火分区的增加面积可按该局部面积的1.0倍计算。
　2 裙房与高层建筑主体之间设置防火墙时,裙房的防火分区可按单、多层建筑的要求确定。

5.3.2 建筑内设置自动扶梯、敞开楼梯等上、下层相连通的开口时,其防火分区的建筑面积应按上、下层相连通的建筑面积叠加计算;当叠加计算后的建筑面积大于本规范第5.3.1条的规定时,应划分防火分区。

建筑内设置中庭时,其防火分区的建筑面积应按上、下层相连通的建筑面积叠加计算;当叠加计算后的建筑面积大于本规范第5.3.1条的规定时,应符合下列规定:

1 与周围连通空间应进行防火分隔:采用防火隔墙时,其耐火极限不应低于1.00 h;采用防火玻璃墙时,其耐火隔热性和耐火完整性不应低于1.00 h,采用耐火完整性不低于1.00 h的非隔热性防火玻璃墙时,应设置自动喷水灭火系统进行保护;采用防火卷帘时,其耐火极限不应低于3.00 h,并应符合本规范第6.5.3条的规定;与中庭相连通的门、窗,应采用火灾时能自行关闭的甲级防火门、窗;

2 高层建筑内的中庭回廊应设置自动喷水灭火系统和火灾自动报警系统;

3 中庭应设置排烟设施;

4 中庭内不应布置可燃物。

5.3.3 防火分区之间应采用防火墙分隔,确有困难时,可采用防火卷帘等防火分隔设施分隔。采用防火卷帘分隔时,应符合本规范第6.5.3条的规定。

5.3.4 一、二级耐火等级建筑内的商店营业厅、展览厅,当设置自动灭火系统和火灾自动报警系统并采用不燃或难燃装修材料时,其每个防火分区的最大允许建筑面积应符合下列规定:

1 设置在高层建筑内时,不应大于4000 m²;

2 设置在单层建筑或仅设置在多层建筑的首层内时,不应大于10000 m²;

3 设置在地下或半地下时,不应大于2000 m²。

5.3.5 总建筑面积大于20000 m²的地下或半地下商店,应采用无门、窗、洞口的防火墙、耐火极限不低于2.00小时的楼板分隔为多个建筑面积不大于20000 m²的区域。相邻区域确需局部连通时,应采用下沉式广场等室外开敞空间、防火隔间、避难走道、防烟楼梯间等方式进行连通,并应符合下列规定:

1 下沉式广场等室外开敞空间应能防止相邻区域的火灾蔓延和便于安全疏散,并应符合本规范第6.4.12条的规定;

2 防火隔间的墙应为耐火极限不低于3.00 h的防火隔墙,并应符合本规范第6.4.13条的规定;

3 避难走道应符合本规范第6.4.14条的规定;

4 防烟楼梯间的门应采用甲级防火门。

5.3.6 餐饮、商店等商业设施通过有顶棚的步行街连接,且步行街两侧的建筑需利用步行街进行安全疏散时,应符合下列规定:

1 步行街两侧建筑的耐火等级不应低于二级;

2 步行街两侧建筑相对面的最近距离均不应小于本规范对相应高度建筑的防火间距要求且不应小于 9 m。步行街的端部在各层均不宜封闭,确需封闭时,应在外墙上设置可开启的门窗,且可开启门窗的面积不应小于该部位外墙面积的一半。步行街的长度不宜大于 300 m;

3 步行街两侧建筑的商铺之间应设置耐火极限不低于 2.00 h 的防火隔墙,每间商铺的建筑面积不宜大于 300 m²;

4 步行街两侧建筑的商铺,其面向步行街一侧的围护构件的耐火极限不应低于 1.00 h,并宜采用实体墙,其门、窗应采用乙级防火门、窗;当采用防火玻璃墙(包括门、窗)时,其耐火隔热性和耐火完整性不应低于 1.00 h;当采用耐火完整性不低于 1.00 h 的非隔热性防火玻璃墙(包括门、窗)时,应设置闭式自动喷水灭火系统进行保护。相邻商铺之间面向步行街一侧应设置宽度不小于 1.0 m、耐火极限不低于 1.00 h 的实体墙。

当步行街两侧的建筑为多个楼层时,每层面向步行街一侧的商铺均应设置防止火灾竖向蔓延的措施,并应符合本规范第 6.2.5 条的规定;设置回廊或挑檐时,其出挑宽度不应小于 1.2 m;步行街两侧的商铺在上部各层需设置回廊和连接天桥时,应保证步行街上部各层楼板的开口面积不应小于步行街地面面积的 37%,且开口宜均匀布置;

5 步行街两侧建筑内的疏散楼梯应靠外墙设置并宜直通室外,确有困难时,可在首层直接通至步行街;首层商铺的疏散门可直接通至步行街,步行街内任一点到达最近室外安全地点的步行距离不应大于 60 m。步行街两侧建筑二层及以上各层商铺的疏散门至该层最近疏散楼梯口或其他安全出口的直线距离不应大于 37.5 m;

6 步行街的顶棚材料应采用不燃或难燃材料,其承重结构的耐火极限不应低于 1.00 h。步行街内不应布置可燃物。

7 步行街的顶棚下檐距地面的高度不应小于 6.0 m,顶棚应设置自然排烟设施并宜采用常开式的排烟口,且自然排烟口的有效面积不应小于步行街地面面积的 25%。常闭式自然排烟设施应能在火灾时手动和自动开启;

8 步行街两侧建筑的商铺外应每隔 30 m 设置 DN65 的消火栓,并应配备消防软管卷盘或消防水龙,商铺内应设置自动喷水灭火系统和火灾自动报警系统;每层回廊均应设置自动喷水灭火系统。步行街内宜设置自动跟踪定位射流灭火系统;

9 步行街两侧建筑的商铺内外均应设置疏散照明、灯光疏散指示标志和消防应急广播系统。

5.4 平面布置

5.4.1 民用建筑的平面布置应结合建筑的耐火等级、火灾危险性、使用功能和安全疏散等因素合理布置。

5.4.2 除为满足民用建筑使用功能所设置的附属库房外,民用建筑内不应设置生产车间和其他库房。经营、存放和使用甲、乙类火灾危险性物品的商店、作坊和储藏间,严禁附设在民用建筑内。

5.4.3 商店建筑、展览建筑采用三级耐火等级建筑时,不应超过 2 层;采用四级耐火等级建筑时,应为单层。营业厅、展览厅设置在三级耐火等级的建筑内时,应布置在首层或二层;设置在四级耐火等级的建筑内时,应布置在首层。

营业厅、展览厅不应设置在地下三层及以下楼层。地下或半地下营业厅、展览厅不应经营、储存和展示甲、乙类火灾危险性物品。

5.4.4 托儿所、幼儿园的儿童用房,老年人活动场所和儿童游乐厅等儿童活动场所宜设置在独立的建筑内,且不应设置在地下或半地下;当采用一、二级耐火等级的建筑时,不应超过3层;采用三级耐火等级的建筑时,不应超过2层;采用四级耐火等级的建筑时,应为单层;确需设置在其他民用建筑内时,应符合下列规定:

    1 设置在一、二级耐火等级的建筑内时,应布置在首层、二层或三层;

    2 设置在三级耐火等级的建筑内时,应布置在首层或二层;

    3 设置在四级耐火等级的建筑内时,应布置在首层;

    4 设置在高层建筑内时,应设置独立的安全出口和疏散楼梯;

    5 设置在单、多层建筑内时,宜设置独立的安全出口和疏散楼梯。

5.4.5 医院和疗养院的住院部分不应设置在地下或半地下。

    医院和疗养院的住院部分采用三级耐火等级建筑时,不应超过2层;采用四级耐火等级建筑时,应为单层;设置在三级耐火等级的建筑内时,应布置在首层或二层;设置在四级耐火等级的建筑内时,应布置在首层。

    医院和疗养院的病房楼内相邻护理单元之间应采用耐火极限不低于 **2.00 h** 的防火隔墙分隔,隔墙上的门应采用乙级防火门,设置在走道上的防火门应采用常开防火门。

5.4.6 教学建筑、食堂、菜市场采用三级耐火等级建筑时,不应超过2层;采用四级耐火等级建筑时,应为单层;设置在三级耐火等级的建筑内时,应布置在首层或二层;设置在四级耐火等级的建筑内时,应布置在首层。

5.4.7 剧场、电影院、礼堂宜设置在独立的建筑内;采用三级耐火等级建筑时,不应超过 2 层;确需设置在其他民用建筑内时,至少应设置 1 个独立的安全出口和疏散楼梯,并应符合下列规定:

    1 应采用耐火极限不低于 2.00 h 的防火隔墙和甲级防火门与其他区域分隔;

    2 设置在一、二级耐火等级的建筑内时,观众厅宜布置在首层、二层或三层;确需布置在四层及以上楼层时,一个厅、室的疏散门不应少于 2 个,且每个观众厅的建筑面积不宜大于 400 m²。

    3 设置在三级耐火等级的建筑内时,不应布置在三层及以上楼层;

    4 设置在地下或半地下时,宜设置在地下一层,不应设置在地下三层及以下楼层。

    5 设置在高层建筑内时,应设置火灾自动报警系统及自动喷水灭火系统等自动灭火系统。

5.4.8 建筑内的会议厅、多功能厅等人员密集的场所,宜布置在首层、二层或三层。设置在三级耐火等级的建筑内时,不应布置在三层及以上楼层。确需布置在一、二级耐火等级建筑的其他楼层时,应符合下列规定:

    1 一个厅、室的疏散门不应少于 2 个,且建筑面积不宜大于 400 m²;

    2 设置在地下或半地下时,宜设置在地下一层,不应设置在地下三层及以下楼层;

    3 设置在高层建筑内时,应设置火灾自动报警系统和自动喷水灭火系统等自动灭火系统。

5.4.9 歌舞厅、录像厅、夜总会、卡拉 OK 厅(含具有卡拉 OK 功能的餐厅)、游艺厅(含电子游艺厅)、桑拿浴室(不包括洗浴部分)、网吧等歌舞娱乐放映游艺场所(不含剧场、电影院)的布置应符合下列规定:

    1 **不应布置在地下二层及以下楼层;**

    2 宜布置在一、二级耐火等级建筑内的首层、二层或三层的靠外墙部位;

    3 不宜布置在袋形走道的两侧或尽端;

    4 **确需布置在地下一层时,地下一层的地面与室外出入口地坪的高差不应大于 10 m;**

    5 **确需布置在地下或四层及以上楼层时,一个厅、室的建筑面积不应大于 200 m²;**

    6 厅、室之间及与建筑的其他部位之间,应采用耐火极限不低于 **2.00 h** 的防火隔墙和 **1.00 h** 的不燃性楼板分隔,设置在厅、室墙上的门和该场所与建筑内其他部位相通的门均应采用乙级防火门。

5.4.10 除商业服务网点外,住宅建筑与其他使用功能的建筑合建时,应符合下列规定:

    1 住宅部分与非住宅部分之间,应采用耐火极限不低于 **2.00 h** 且无门、窗、洞口的防火隔墙和 **1.50 h** 的不燃性楼板完全分隔;当为高层建筑时,应采用无门、窗、洞口的防火墙和耐火极限不低于

2.00 h 的不燃性楼板完全分隔。建筑外墙上、下层开口之间的防火措施应符合本规范第 **6.2.5** 条的规定；

    2 住宅部分与非住宅部分的安全出口和疏散楼梯应分别独立设置；为住宅部分服务的地上车库应设置独立的疏散楼梯或安全出口，地下车库的疏散楼梯应按本规范第 **6.4.4** 条的规定进行分隔；

    3 住宅部分和非住宅部分的安全疏散、防火分区和室内消防设施配置，可根据各自的建筑高度分别按照本规范有关住宅建筑和公共建筑的规定执行；该建筑的其他防火设计应根据建筑的总高度和建筑规模按本规范有关公共建筑的规定执行。

5.4.11 设置商业服务网点的住宅建筑，其居住部分与商业服务网点之间应采用耐火极限不低于 **2.00 h** 且无门、窗、洞口的防火隔墙和 **1.50 h** 的不燃性楼板完全分隔，住宅部分和商业服务网点部分的安全出口和疏散楼梯应分别独立设置。

    商业服务网点中每个分隔单元之间应采用耐火极限不低于 **2.00 h** 且无门、窗、洞口的防火隔墙相互分隔，当每个分隔单元任一层建筑面积大于 **200 m²** 时，该层应设置 **2** 个安全出口或疏散门。每个分隔单元内的任一点至最近直通室外的出口的直线距离不应大于本规范表 **5.5.17** 中有关多层其他建筑位于袋形走道两侧或尽端的疏散门至最近安全出口的最大直线距离。

       注：室内楼梯的距离可按其水平投影长度的 **1.50** 倍计算。

5.4.12 燃油或燃气锅炉、油浸变压器、充有可燃油的高压电容器和多油开关等，宜设置在建筑外的专用房间内；确需贴邻民用建筑布置时，应采用防火墙与所贴邻的建筑分隔，且不应贴邻人员密集场所，该专用房间的耐火等级不应低于二级；确需布置在民用建筑内时，不应布置在人员密集场所的上一层、下一层或贴邻，并应符合下列规定：

    1 燃油或燃气锅炉房、变压器室应设置在首层或地下一层的靠外墙部位，但常（负）压燃油或燃气锅炉可设置在地下二层或屋顶上。设置在屋顶上的常（负）压燃气锅炉，距离通向屋面的安全出口不应小于 **6 m**。

    采用相对密度（与空气密度的比值）不小于 **0.75** 的可燃气体为燃料的锅炉，不得设置在地下或半地下。

    2 锅炉房、变压器室的疏散门均应直通室外或安全出口。

    3 锅炉房、变压器室等与其他部位之间应采用耐火极限不低于 **2.00 h** 的防火隔墙和 **1.50 h** 的不燃性楼板分隔。在隔墙和楼板上不应开设洞口，确需在隔墙上设置门、窗时，应采用甲级防火门、窗。

    4 锅炉房内设置储油间时，其总储存量不应大于 **1 m³**，且储油间应采用耐火极限不低于 **3.00 h** 的防火隔墙与锅炉间分隔；确需在防火隔墙上设置门时，应采用甲级防火门。

    5 变压器室之间、变压器室与配电室之间，应设置耐火极限不低于 **2.00 h** 的防火隔墙。

    6 油浸变压器、多油开关室、高压电容器室，应设置防止油品流散的设施。油浸变压器下面应设置能储存变压器全部油量的事故储油设施。

    7 应设置火灾报警装置。

    8 应设置与锅炉、变压器、电容器和多油开关等的容量及建筑规模相适应的灭火设施，当建筑内其他部位设置自动喷水灭火系统时，应设置自动喷水灭火系统。

    9 锅炉的容量应符合现行国家标准《锅炉房设计规范》（**GB 50041**）的规定。油浸变压器的总容量不应大于 **1260 kV·A**，单台容量不应大于 **630 kV·A**；

    10 燃气锅炉房应设置爆炸泄压设施。燃油或燃气锅炉房应设置独立的通风系统，并应符合本规范第 **9** 章的规定。

5.4.13 布置在民用建筑内的柴油发电机房应符合下列规定：

    1 宜布置在首层或地下一、二层；

    2 不应布置在人员密集场所的上一层、下一层或贴邻；

    3 应采用耐火极限不低于 **2.00 h** 的防火隔墙和 **1.50 h** 的不燃性楼板与其他部位分隔，门应采用甲级防火门；

　　4　机房内设置储油间时,其总储存量不应大于 **1 m³**,储油间应采用耐火极限不低于 **3.00 h** 的防火隔墙与发电机间分隔;确需在防火隔墙上开门时,应设置甲级防火门;

　　5　应设置火灾报警装置;

　　6　应设置与柴油发电机容量和建筑规模相适应的灭火设施,当建筑内其他部位设置自动喷水灭火系统时,机房内应设置自动喷水灭火系统。

5.4.14　供建筑内使用的丙类液体燃料,其储罐应布置在建筑外,并应符合下列规定:

　　1　当总容量不大于 15 m³,且直埋于建筑附近、面向油罐一面 4.0 m 范围内的建筑外墙为防火墙时,储罐与建筑的防火间距不限;

　　2　当总容量大于 15 m³ 时,储罐的布置应符合本规范第 4.2 节的规定;

　　3　当设置中间罐时,中间罐的容量不应大于 1 m³,并应设置在一、二级耐火等级的单独房间内,房间门应采用甲级防火门。

5.4.15　设置在建筑内的锅炉、柴油发电机,其燃料供给管道应符合下列规定:

　　1　在进入建筑物前和设备间内的管道上均应设置自动和手动切断阀;

　　2　储油间的油箱应密闭且应设置通向室外的通气管,通气管应设置带阻火器的呼吸阀,油箱的下部应设置防止油品流散的设施;

　　3　燃气供给管道的敷设应符合现行国家标准《城镇燃气设计规范》(GB 50028)的规定。

5.4.16　高层民用建筑内使用可燃气体燃料时,应采用管道供气。使用可燃气体的房间或部位宜靠外墙设置,并应符合现行国家标准《城镇燃气设计规范》(GB 50028)的规定。

5.4.17　建筑采用瓶装液化石油气瓶组供气时,应符合下列规定:

　　1　应设置独立的瓶组间;

　　2　瓶组间不应与住宅建筑、重要公共建筑和其他高层公共建筑贴邻,液化石油气气瓶的总容积不大于 1 m³ 的瓶组间与所服务的其他建筑贴邻时,应采用自然气化方式供气;

　　3　液化石油气气瓶的总容积大于 1 m³、不大于 4 m³ 的独立瓶组间,与所服务建筑的防火间距应符合本规范表 **5.4.17** 的规定;

表 5.4.17　液化石油气气瓶的独立瓶组间与所服务建筑的防火间距(m)

名　　称		液化石油气气瓶的独立瓶组间的总容积 V(m³)	
		V≤2	2<V≤4
明火或散发火花地点		25	30
重要公共建筑、一类高层民用建筑		15	20
裙房和其他民用建筑		8	10
道路(路边)	主要	10	
	次要	5	

注:气瓶总容积应按配置气瓶个数与单瓶几何容积的乘积计算。

　　4　在瓶组间的总出气管道上应设置紧急事故自动切断阀;

　　5　瓶组间应设置可燃气体浓度报警装置;

　　6　其他防火要求应符合现行国家标准《城镇燃气设计规范》GB 50028 的规定。

5.5 安全疏散和避难

Ⅰ 一般要求

5.5.1 民用建筑应根据其建筑高度、规模、使用功能和耐火等级等因素合理设置安全疏散和避难设施。安全出口和疏散门的位置、数量、宽度及疏散楼梯间的形式,应满足人员安全疏散的要求。

5.5.2 建筑内的安全出口和疏散门应分散布置,且建筑内每个防火分区或一个防火分区的每个楼层、每个住宅单元每层相邻两个安全出口以及每个房间相邻两个疏散门最近边缘之间的水平距离不应小于5 m。

5.5.3 建筑的楼梯间宜通至屋面,通向屋面的门或窗应向外开启。

5.5.4 自动扶梯和电梯不应计作安全疏散设施。

6 建筑构造

6.1 防火墙

6.1.1 防火墙应直接设置在建筑的基础或框架、梁等承重结构上,框架、梁等承重结构的耐火极限不应低于防火墙的耐火极限。

　　防火墙应从楼地面基层隔断至梁、楼板或屋面板的底面基层。当高层厂房(仓库)屋顶承重结构和屋面板的耐火极限低于1.00 h,其他建筑屋顶承重结构和屋面板的耐火极限低于0.50 h时,防火墙应高出屋面0.5 m以上。

6.1.2 防火墙横截面中心线水平距离天窗端面小于4.0 m,且天窗端面为可燃性墙体时,应采取防止火势蔓延的措施。

6.1.3 建筑外墙为难燃性或可燃性墙体时,防火墙应凸出墙的外表面0.4 m以上,且防火墙两侧的外墙均应为宽度均不小于2.0 m的不燃性墙体,其耐火极限不应低于外墙的耐火极限。

　　建筑外墙为不燃性墙体时,防火墙可不凸出墙的外表面,紧靠防火墙两侧的门、窗、洞口之间最近边缘的水平距离不应小于2.0 m;采取设置乙级防火窗等防止火灾水平蔓延的措施时,该距离不限。

6.1.4 建筑内的防火墙不宜设置在转角处,确需设置时,内转角两侧墙上的门、窗、洞口之间最近边缘的水平距离不应小于4.0 m;采取设置乙级防火窗等防止火灾水平蔓延的措施时,该距离不限。

6.1.5 防火墙上不应开设门、窗、洞口,确需开设时,应设置不可开启或火灾时能自动关闭的甲级防火门、窗。

　　可燃气体和甲、乙、丙类液体的管道严禁穿过防火墙。防火墙内不应设置排气道。

6.1.6 除本规范第6.1.5条规定外的其他管道不宜穿过防火墙,确需穿过时,应采用防火封堵材料将墙与管道之间的空隙紧密填实,穿过防火墙处的管道保温材料,应采用不燃材料:当管道为难燃及可燃材料时,应在防火墙两侧的管道上采取防火措施。

6.1.7 防火墙的构造应能在防火墙任意一侧的屋架、梁、楼板等受到火灾的影响而破坏时,不会导致防火墙倒塌。

6.2 建筑构件和管道井

6.2.1 剧场等建筑的舞台与观众厅之间的隔墙应采用耐火极限不低于3.00 h的防火隔墙。

　　舞台上部与观众厅闷顶之间的隔墙可采用耐火极限不低于1.50 h的防火隔墙,隔墙上的门应采用乙级防火门。

　　舞台下部的灯光操作室和可燃物储藏室应采用耐火极限不低于2.00 h的防火隔墙与其他部位分隔。

　　电影放映室、卷片室应采用耐火极限不低于1.50 h的防火隔墙与其他部位分隔,观察孔和放映孔应采取防火分隔措施。

6.2.2　医疗建筑内的手术室或手术部、产房、重症监护室、贵重精密医疗装备用房、储藏间、实验室、胶片室等,附设在建筑内的托儿所、幼儿园的儿童用房和儿童游乐厅等儿童活动场所、老年人活动场所,应采用耐火极限不低于 **2.00 h** 的防火隔墙和 **1.00 h** 的楼板与其他场所或部位分隔,墙上必须设置的门、窗应采用乙级防火门、窗。

6.2.3　建筑内的下列部位应采用耐火极限不低于 2.00 h 的防火隔墙与其他部位分隔,墙上的门、窗应采用乙级防火门、窗,确有困难时,可采用防火卷帘,但应符合本规范第 6.5.3 条的规定:

　　1　甲、乙类生产部位和建筑内使用丙类液体的部位;

　　2　厂房内有明火和高温的部位;

　　3　甲、乙、丙类厂房(仓库)内布置有不同火灾危险性类别的房间;

　　4　民用建筑内的附属库房,剧场后台的辅助用房;

　　5　除居住建筑中套内的厨房外,宿舍、公寓建筑中的公共厨房和其他建筑内的厨房;

　　6　附设在住宅建筑内的机动车库。

6.2.4　建筑内的防火隔墙应从楼地面基层隔断至梁、楼板或屋面板的底面基层。住宅分户墙和单元之间的墙应隔断至梁、楼板或屋面板的底面基层,屋面板的耐火极限不应低于 0.50 h。

6.2.5　除本规范另有规定外,建筑外墙上、下层开口之间应设置高度不小于 1.2 m 的实体墙或挑出宽度不小于 1.0 m、长度不小于开口宽度的防火挑檐;当室内设置自动喷水灭火系统时,上、下层开口之间的实体墙高度不应小于 0.8 m。当上、下层开口之间设置实体墙确有困难时,可设置防火玻璃墙,但高层建筑的防火玻璃墙的耐火完整性不应低于 1.00 h,多层建筑的防火玻璃墙的耐火完整性不应低于 0.50 h。外窗的耐火完整性不应低于防火玻璃墙的耐火完整性要求。

　　住宅建筑外墙上相邻户开口之间的墙体宽度不应小于 1.0 m;小于 1.0 m 时,应在开口之间设置突出外墙不小于 0.6 m 的隔板。

　　实体墙、防火挑檐和隔板的耐火极限和燃烧性能,均不应低于相应耐火等级建筑外墙的要求。

6.2.6　建筑幕墙应在每层楼板外沿处采取符合本规范第 6.2.5 条规定的防火措施,幕墙与每层楼板、隔墙处的缝隙应采用防火封堵材料封堵。

6.2.7　附设在建筑内的消防控制室、灭火设备室、消防水泵房和通风空气调节机房、变配电室等,应采用耐火极限不低于 2.00 h 的防火隔墙和 1.50 h 的楼板与其他部位分隔。

　　设置在丁、戊类厂房内的通风机房,应采用耐火极限不低于 1.00 h 的防火隔墙和 0.50 h 的楼板与其他部位分隔。

　　通风、空气调节机房和变配电室开向建筑内的门应采用甲级防火门,消防控制室和其他设备房开向建筑内的门应采用乙级防火门。

6.3　屋顶、闷顶和建筑缝隙

6.3.1　在三、四级耐火等级建筑的闷顶内采用可燃材料作绝热层时,屋顶不应采用冷摊瓦。

　　闷顶内的非金属烟囱周围 0.5 m、金属烟囱 0.7 m 范围内,应采用不燃材料作绝热层。

6.3.2　层数超过 2 层的三级耐火等级建筑内的闷顶,应在每个防火隔断范围内设置老虎窗,且老虎窗的间距不宜大于 50 m。

6.3.3　内有可燃物的闷顶,应在每个防火隔断范围内设置净宽度和净高度均不小于 0.7 m 的闷顶入口;对于公共建筑,每个防火隔断范围内的闷顶入口不宜少于 2 个。闷顶入口宜布置在走廊中靠近楼梯间的部位。

6.3.4　变形缝内的填充材料和变形缝的构造基层应采用不燃材料。

　　电线、电缆、可燃气体和甲、乙、丙类液体的管道不宜穿过建筑内的变形缝,确需穿过时,应在穿过处加设不燃材料制作的套管或采取其他防变形措施,并应采用防火封堵材料封堵。

6.3.5　防烟、排烟、供暖、通风和空气调节系统中的管道及建筑内的其他管道,在穿越防火隔墙、楼板和防火墙处的孔隙应采用防火封堵材料封堵。

风管穿过防火隔墙、楼板和防火墙处时,穿越处风管上的防火阀、排烟防火阀两侧各 2.0 m 范围内的风管应采用耐火风管或风管外壁应采取防火保护措施,且耐火极限不应低于该防火分隔体的耐火极限。

6.3.6 建筑内受高温或火焰作用易变形的管道,在贯穿楼板部位和穿越防火隔墙的两侧宜采取阻火措施。

6.3.7 建筑屋顶上的开口与邻近建筑或设施之间,应采取防止火灾蔓延的措施。

6.5 防火门、窗和防火卷帘

6.5.1 防火门的设置应符合下列规定:

1 设置在建筑内经常有人通行处的防火门宜采用常开防火门。常开防火门应能在火灾时自行关闭,并应具有信号反馈的功能。

2 除允许设置常开防火门的位置外,其他位置的防火门均应采用常闭防火门。常闭防火门应在其明显位置设置"保持防火门关闭"等提示标识。

3 除管井检修门和住宅的户门外,防火门应具有自行关闭功能。双扇防火门应具有按顺序自行关闭的功能。

4 除本规范第 6.4.11 条第 4 款的规定外,防火门应能在其内外两侧手动开启。

5 设置在建筑变形缝附近时,防火门应设置在楼层较多的一侧,并应保证防火门开启时门扇不跨越变形缝。

6 防火门关闭后应具有防烟性能。

7 甲、乙、丙级防火门应符合现行国家标准《防火门》(GB 12955)的规定。

6.5.2 设置在防火墙、防火隔墙上的防火窗,应采用不可开启的窗扇或具有火灾时能自行关闭的功能。防火窗应符合现行国家标准《防火窗》(GB 16809)的有关规定。

6.5.3 防火分隔部位设置防火卷帘时,应符合下列规定:

1 除中庭外,当防火分隔部位的宽度不大于 30 m 时,防火卷帘的宽度不应大于 10 m;当防火分隔部位的宽度大于 30 m 时,防火卷帘的宽度不应大于该部位宽度的 1/3,且不应大于 20 m。

2 防火卷帘应具有火灾时靠自重自动关闭功能。

3 除本规范另有规定外,防火卷帘的耐火极限不应低于本规范对所设置部位墙体的耐火极限要求。

当防火卷帘的耐火极限符合现行国家标准《门和卷帘的耐火试验方法》(GB/T 7633)有关耐火完整性和耐火隔热性的判定条件时,可不设置自动喷水灭火系统保护。

当防火卷帘的耐火极限仅符合现行国家标准《门和卷帘的耐火试验方法》(GB/T 7633)有关耐火完整性的判定条件时,应设置自动喷水灭火系统保护。自动喷水灭火系统的设计应符合现行国家标准《自动喷水灭火系统设计规范》(GB 50084)的规定,但火灾延续时间不应小于该防火卷帘的耐火极限。

4 防火卷帘应具有防烟性能,与楼板、梁、墙、柱之间的空隙应采用防火封堵材料封堵。

5 需在火灾时自动降落的防火卷帘,应具有信号反馈的功能。

6 其他要求,应符合现行国家标准《防火卷帘》(GB 14102)的规定。

6.7 建筑保温和外墙装饰

6.7.1 建筑的内、外保温系统,宜采用燃烧性能为 A 级的保温材料,不宜采用 B_2 级保温材料,严禁采用 B_3 级保温材料;设置保温系统的基层墙体或屋面板的耐火极限应符合本规范的有关规定。

6.7.2 建筑外墙采用内保温系统时,保温系统应符合下列规定:

1 对于人员密集场所,用火、燃油、燃气等具有火灾危险性的场所以及各类建筑内的疏散楼梯间、避难走道、避难间、避难层等场所或部位,应采用燃烧性能为 A 级的保温材料。

    2   对于其他场所,应采用低烟、低毒且燃烧性能不低于 B_1 级的保温材料。

    3   保温系统应采用不燃材料做防护层。采用燃烧性能为 B_1 级的保温材料时,防护层的厚度不应小于 10 mm。

6.7.3   建筑外墙采用保温材料与两侧墙体构成无空腔复合保温结构体时,该结构体的耐火极限应符合本规范的有关规定;当保温材料的燃烧性能为 B_1、B_2 级时,保温材料两侧的墙体应采用不燃材料且厚度均不应小于 50 mm。

6.7.4   设置人员密集场所的建筑,其外墙外保温材料的燃烧性能应为 A 级。

6.7.5   与基层墙体、装饰层之间无空腔的建筑外墙外保温系统,其保温材料应符合下列规定:

    1   住宅建筑:

    1)   建筑高度大于 100 m 时,保温材料的燃烧性能应为 A 级;

    2)   建筑高度大于 27 m,但不大于 100 m 时,保温材料的燃烧性能不应低于 B_1 级;

    3)   建筑高度不大于 27 m 时,保温材料的燃烧性能不应低于 B_2 级;

    2   除住宅建筑和设置人员密集场所的建筑外,其他建筑:

    1)   建筑高度大于 50 m 时,保温材料的燃烧性能应为 A 级;

    2)   建筑高度大于 24 m,但不大于 50 m 时,保温材料的燃烧性能不应低于 B_1 级;

    3)   建筑高度不大于 24 m 时,保温材料的燃烧性能不应低于 B_2 级。

6.7.6   除设置人员密集场所的建筑外,与基层墙体、装饰层之间有空腔的建筑外墙外保温系统,其保温材料应符合下列规定:

    1   建筑高度大于 24 m 时,保温材料的燃烧性能应为 A 级;

    2   建筑高度不大于 24 m 时,保温材料的燃烧性能不应低于 B_1 级。

6.7.7   除本规范第 6.7.3 条规定的情况外,当建筑的外墙外保温系统按本节规定采用燃烧性能为 B_1、B_2 级的保温材料时,应符合下列规定:

    1   除采用 B_1 级保温材料且建筑高度不大于 24 m 的公共建筑或采用 B_1 级保温材料且建筑高度不大于 27 m 的住宅建筑外,建筑外墙上门、窗的耐火完整性不应低于 0.50 h。

    2   应在保温系统中每层设置水平防火隔离带。防火隔离带应采用燃烧性能为 A 级的材料,防火隔离带的高度不应小于 300 mm。

6.7.8   建筑的外墙外保温系统应采用不燃材料在其表面设置防护层,防护层应将保温材料完全包覆。除本规范第 6.7.3 条规定的情况外,当按本节规定采用 B_1、B_2 保温材料时,防护层厚度首层不应小于 15 mm,其他层不应小于 5 mm。

6.7.9   建筑外墙外保温系统与基层墙体、装饰层之间的空腔,应在每层楼板处采用防火封堵材料封堵。

6.7.10   建筑的屋面外保温系统,当屋面板的耐火极限不低于 1.00 h 时,保温材料的燃烧性能不应低于 B_2 级;当屋面板的耐火极限低于 1.00 h 时,不应低于 B_1 级。采用 B_1、B_2 级保温材料的外保温系统应采用不燃材料作防护层,防护层的厚度不应小于 10 mm。

    当建筑的屋面和外墙外保温系统均采用 B_1、B_2 级保温材料时,屋面与外墙之间应采用宽度不小于 500 mm 的不燃材料设置防火隔离带进行分隔。

6.7.11   电气线路不应穿越或敷设在燃烧性能为 B_1 或 B_2 级的保温材料中;确需穿越或敷设时,应采取穿金属管并在金属管周围采用不燃隔热材料进行防火隔离等防火保护措施。设置开关、插座等电器配件的部位周围应采取不燃隔热材料进行防火隔离等防火保护措施。

6.7.12   建筑外墙的装饰层应采用燃烧性能为 A 级的材料,但建筑高度不大于 50 m 时,可采用 B_1 级材料。

7 灭火救援设施

7.1 消防车道

7.1.1 街区内的道路应考虑消防车的通行,道路中心线间的距离不宜大于 160 m。

当建筑物沿街道部分的长度大于 150 m 或总长度大于 220 m 时,应设置穿过建筑物的消防车道。确有困难时,应设置环形消防车道。

7.1.2 高层民用建筑,超过 3000 个座位的体育馆,超过 2000 个座位的会堂,占地面积大于 3000 m² 的商店建筑、展览建筑等单、多层公共建筑应设置环形消防车道,确有困难时,可沿建筑的两个长边设置消防车道;对于高层住宅建筑和山坡地或河道边临空建造的高层民用建筑,可沿建筑的一个长边设置消防车道,但该长边所在建筑立面应为消防车登高操作面。

7.1.3 工厂、仓库区内应设置消防车道。

高层厂房,占地面积大于 3000 m² 的甲、乙、丙类厂房和占地面积大于 1500 m² 的乙、丙类仓库,应设置环形消防车道,确有困难时,应沿建筑物的两个长边设置消防车道。

7.1.4 有封闭内院或天井的建筑物,当内院或天井的短边长度大于 24 m 时,宜设置进入内院或天井的消防车道;当该建筑物沿街时,应设置连通街道和内院的人行通道(可利用楼梯间),其间距不宜大于 80 m。

7.1.5 在穿过建筑物或进入建筑物内院的消防车道两侧,不应设置影响消防车通行或人员安全疏散的设施。

7.1.6 可燃材料露天堆场区,液化石油气储罐区,甲、乙、丙类液体储罐区和可燃气体储罐区,应设置消防车道。消防车道的设置应符合下列规定:

1 储量大于表 7.1.6 规定的堆场、储罐区,宜设置环形消防车道。

表 7.1.6 堆场或储罐区的储量

名称	棉、麻、毛、化纤(t)	秸秆、芦苇(t)	木材(m³)	甲、乙、丙类液体储罐(m³)	液化石油气储罐(m³)	可燃气体储罐(m³)
储量	1000	5000	5000	1500	500	30000

2 占地面积大于 30000 m² 的可燃材料堆场,应设置与环形消防车道相通的中间消防车道,消防车道的间距不宜大于 150 m。液化石油气储罐区,甲、乙、丙类液体储罐区和可燃气体储罐区内的环形消防车道之间宜设置连通的消防车道。

3 消防车道的边缘距离可燃材料堆垛不应小于 5 m。

7.1.7 供消防车取水的天然水源和消防水池应设置消防车道。消防车道的边缘距离取水点不宜大于 2 m。

7.1.8 消防车道应符合下列要求:

1 车道的净宽度和净空高度均不应小于 4.0 m;

2 转弯半径应满足消防车转弯的要求;

3 消防车道与建筑之间不应设置妨碍消防车操作的树木、架空管线等障碍物;

4 消防车道靠建筑外墙一侧的边缘距离建筑外墙不宜小于 5 m;

5 消防车道的坡度不宜大于 8%。

7.1.9 环形消防车道至少应有两处与其他车道连通。尽头式消防车道应设置回车道或回车场,回车场的面积不应小于 12 m×12 m;对于高层建筑,不宜小于 15 m×15 m;供重型消防车使用时,不宜小于 18 m×18 m。

消防车道的路面、救援操作场地、消防车道和救援操作场地下面的管道和暗沟等,应能承受重型消防车的压力。

消防车道可利用城乡、厂区道路等,但该道路应满足消防车通行、转弯和停靠的要求。

7.1.10　消防车道不宜与铁路正线平交,确需平交时,应设置备用车道,且两车道的间距不应小于一列火车的长度。

7.2　救援场地和入口

7.2.1　高层建筑应至少沿一个长边或周边长度的 1/4 且不小于一个长边长度的底边连续布置消防车登高操作场地,该范围内的裙房进深不应大于 4 m。

建筑高度不大于 50 m 的建筑,连续布置消防车登高操作场地确有困难时,可间隔布置,但间隔距离不宜大于 30 m,且消防车登高操作场地的总长度仍应符合上述规定。

7.2.2　消防车登高操作场地应符合下列规定:

　　1　场地与厂房、仓库、民用建筑之间不应设置妨碍消防车操作的树木、架空管线等障碍物和车库出入口;

　　2　场地的长度和宽度分别不应小于 15 m 和 10 m。对于建筑高度不小于 50 m 的建筑,场地的长度和宽度均不应小于 20 m 和 10 m。

　　3　场地及其下面的建筑结构、管道和暗沟等,应能承受重型消防车的压力;

　　4　场地应与消防车道连通,场地靠建筑外墙一侧的边缘距离建筑外墙不宜小于 5 m,且不应大于 10 m,场地的坡度不宜大于 3%。

7.2.3　建筑物与消防车登高操作场地相对应的范围内,应设置直通室外的楼梯或直通楼梯间的入口。

7.2.4　厂房、仓库、公共建筑的外墙应在每层的适当位置设置可供消防救援人员进入的窗口。

7.2.5　供消防救援人员进入的窗口的净高度和净宽度均不应小于 1.0 m,下沿距室内地面不宜大于 1.2 m,间距不宜大于 20 m 且每个防火分区不应少于 2 个,设置位置应与消防车登高操作场地相对应。窗口的玻璃应易于破碎,并应设置可在室外易于识别的明显标志。

8　消防设施的设置

8.1　一般规定

8.1.1　消防给水和消防设施的设置应根据建筑的用途及其重要性、火灾危险性、火灾特性和环境条件等因素综合确定。

8.1.2　城镇(包括居住区、商业区、开发区、工业区等)应沿可通行消防车的街道设置市政消火栓系统。

民用建筑、厂房、仓库、储罐(区)和堆场周围应设置室外消火栓系统。

用于消防救援和消防车停靠的屋面上,应设置室外消火栓系统。

注:耐火等级不低于二级且建筑体积大于 3000 m³ 的戊类厂房,居住区人数不超过 500 人且建筑层数不超过两层的居住区,可不设置室外消火栓系统。

8.1.3　自动喷水灭火系统、水喷雾灭火系统、泡沫灭火系统和固定消防炮灭火系统等系统以及下列建筑的室内消火栓给水系统应设置消防水泵接合器:

　　1　超过 5 层的公共建筑;

　　2　超过 4 层的厂房或仓库;

　　3　其他高层建筑;

　　4　超过 2 层或建筑面积大于 10000 m² 的地下建筑(室)。

8.1.4　甲、乙、丙类液体储罐(区)内的储罐应设置移动水枪或固定水冷却设施。高度大于 15 m 或单罐容量大于 2000 m³ 的甲、乙、丙类液体地上储罐,宜采用固定水冷却设施。

8.1.5 总容积大于 50 m³ 或单罐容积大于 20 m³ 的液化石油气储罐(区)应设置固定水冷却设施,埋地的液化石油气储罐可不设置固定喷水冷却装置。总容积不大于 50 m³ 或单罐容积不大于 20 m³ 的液化石油气储罐(区),应设置移动式水枪。

8.1.6 消防水泵房的设置应符合下列规定:

　　1 单独建造的消防水泵房,其耐火等级不应低于二级;

　　2 附设在建筑内的消防水泵房,不应设置在地下三层及以下或室内地面与室外出入口地坪高差大于 10 m 的地下楼层;

　　3 疏散门应直通室外或安全出口。

8.1.7 设置火灾自动报警系统和需要联动控制的消防设备的建筑(群)应设置消防控制室。消防控制室的设置应符合下列规定:

　　1 单独建造的消防控制室,其耐火等级不应低于二级;

　　2 附设在建筑内的消防控制室,宜设置在建筑内首层或地下一层,并宜布置在靠外墙部位;

　　3 不应设置在电磁场干扰较强及其他可能影响消防控制设备正常工作的房间附近;

　　4 疏散门应直通室外或安全出口。

　　5 消防控制室内的设备构成及其对建筑消防设施的控制与显示功能以及向远程监控系统传输相关信息的功能,应符合现行国家标准《火灾自动报警系统设计规范》(GB 50116)和《消防控制室通用技术要求》9GB 25506)的规定。

8.1.8 消防水泵房和消防控制室应采取防水淹的技术措施。

8.1.9 设置在建筑内的防排烟风机应设置在不同的专用机房内,有关防火分隔措施应符合本规范第 6.2.7 条的规定。

8.1.10 高层住宅建筑的公共部位和公共建筑内应设置灭火器,其他住宅建筑的公共部位宜设置灭火器。

　　厂房、仓库、储罐(区)和堆场,应设置灭火器。

8.1.11 建筑外墙设置有玻璃幕墙或采用火灾时可能脱落的墙体装饰材料或构造时,供灭火救援用的水泵接合器、室外消火栓等室外消防设施,应设置在距离建筑外墙相对安全的位置或采取安全防护措施。

8.1.12 设置在建筑室内外、供人员操作或使用的消防设施,均应设置区别于环境的明显标志。

8.1.13 有关消防系统及设施的设计,应符合现行国家标准《消防给水及消火栓系统技术规范》(GB 50974)、《自动喷水灭火系统设计规范》(GB 50084)、《火灾自动报警系统设计规范》(GB 50116)等标准的规定。

8.2 室内消火栓系统

8.2.1 下列建筑或场所应设置室内消火栓系统:

　　1 建筑占地面积大于 300 m² 的厂房和仓库;

　　2 高层公共建筑和建筑高度大于 21 m 的住宅建筑;

　　注:建筑高度不大于 27 m 的住宅建筑,设置室内消火栓系统确有困难时,可只设置干式消防竖管和不带消火栓箱的 DN65 的室内消火栓。

　　3 体积大于 5000 m³ 的车站、码头、机场的候车(船、机)建筑、展览建筑、商店建筑、旅馆建筑、医疗建筑和图书馆建筑等单、多层建筑;

　　4 特等、甲等剧场,超过 800 个座位的其他等级的剧场和电影院等以及超过 1200 个座位的礼堂、体育馆等单、多层建筑;

　　5 建筑高度大于 15 m 或体积大于 10000 m³ 的办公建筑、教学建筑和其他单、多层民用建筑。

8.2.2 本规范第 8.2.1 条未规定的建筑或场所和符合本规范第 8.2.1 条规定的下列建筑或场所,可不

设置室内消火栓系统,但宜设置消防软管卷盘或轻便消防水龙:

    1　耐火等级为一、二级且可燃物较少的单、多层丁、戊类厂房(仓库)。

    2　耐火等级为三、四级且建筑体积不大于 3000 m³ 的丁类厂房;耐火等级为三、四级且建筑体积不大于 5000 m³ 的戊类厂房(仓库)。

    3　粮食仓库、金库、远离城镇且无人值班的独立建筑。

    4　存有与水接触能引起燃烧爆炸的物品的建筑。

    5　室内无生产、生活给水管道,室外消防用水取自储水池且建筑体积不大于 5000 m³ 的其他建筑。

8.2.3　国家级文物保护单位的重点砖木或木结构的古建筑,宜设置室内消火栓系统。

8.2.4　人员密集的公共建筑、建筑高度大于 100 m 的建筑和建筑面积大于 200 m² 的商业服务网点内应设置消防软管卷盘或轻便消防水龙。高层住宅建筑的户内宜配置轻便消防水龙。

9　供暖、通风和空气调节

9.1　一般规定

9.1.1　供暖、通风和空气调节系统应采取防火措施。

9.1.2　甲、乙类厂房内的空气不应循环使用。

    丙类厂房内含有燃烧或爆炸危险粉尘、纤维的空气,在循环使用前应经净化处理,并应使空气中的含尘浓度低于其爆炸下限的 **25%**。

9.1.3　为甲、乙类厂房服务的送风设备与排风设备应分别布置在不同通风机房内,且排风设备不应和其他房间的送、排风设备布置在同一通风机房内。

9.1.4　民用建筑内空气中有含容易起火或爆炸危险物质的房间,应设置自然通风或独立的机械通风设施,且其空气不应循环使用。

9.1.5　当空气中含有比空气轻的可燃气体时,水平排风管全长应顺气流方向向上坡度敷设。

9.1.6　可燃气体管道和甲、乙、丙类液体管道不应穿过通风机房和通风管道,且不应紧贴通风管道的外壁敷设。

9.2　供暖

9.2.1　在散发可燃粉尘、纤维的厂房内,散热器表面平均温度不应超过 82.5 ℃。输煤廊的散热器表面平均温度不应超过 130 ℃。

9.2.2　甲、乙类厂房(仓库)内严禁采用明火和电热散热器供暖。

9.2.3　下列厂房应采用不循环使用的热风供暖:

    1　生产过程中散发的可燃气体、蒸气、粉尘或纤维与供暖管道、散热器表面接触能引起燃烧的厂房;

    2　生产过程中散发的粉尘受到水、水蒸气的作用能引起自燃、爆炸或产生爆炸性气体的厂房。

9.2.4　供暖管道不应穿过存在与供暖管道接触能引起燃烧或爆炸的气体、蒸气或粉尘的房间,确需穿过时,应采用不燃材料隔热。

9.2.5　供暖管道与可燃物之间应保持一定距离,并应符合下列规定:

    1　当供暖管道的表面温度大于 100 ℃时,不应小于 100 mm 或采用不燃材料隔热;

    2　当供暖管道的表面温度不大于 100 ℃时,不应小于 50 mm 或采用不燃材料隔热。

9.2.6　建筑内供暖管道和设备的绝热材料应符合下列规定:

    1　对于甲、乙类厂房(仓库),应采用不燃材料;

    2　对于其他建筑,宜采用不燃材料,不得采用可燃材料。

9.3 通风和空气调节

9.3.1 通风和空气调节系统,横向宜按防火分区设置,竖向不宜超过 5 层。当管道设置防止回流设施或防火阀时,管道布置可不受此限制。竖向风管应设置在管井内。

9.3.2 厂房内有爆炸危险场所的排风管道,严禁穿过防火墙和有爆炸危险的房间隔墙。

9.3.3 甲、乙、丙类厂房内的送、排风管道宜分层设置。当水平或竖向送风管在进入生产车间处设置防火阀时,各层的水平或竖向送风管可合用一个送风系统。

9.3.4 空气中含有易燃、易爆危险物质的房间,其送、排风系统应采用防爆型的通风设备。当送风机布置在单独分隔的通风机房内且送风干管上设置防止回流设施时,可采用普通型的通风设备。

9.3.5 含有燃烧和爆炸危险粉尘的空气,在进入排风机前应采用不产生火花的除尘器进行处理。对于遇水可能形成爆炸的粉尘,严禁采用湿式除尘器。

9.3.6 处理有爆炸危险粉尘的除尘器、排风机的设置应与其他普通型的风机、除尘器分开设置,并宜按单一粉尘分组布置。

9.3.7 净化有爆炸危险粉尘的干式除尘器和过滤器宣布置在厂房外的独立建筑内,建筑外墙与所属厂房的防火间距不应小于 10 m。

具备连续清灰功能,或具有定期清灰功能且风量不大于 15000 m³/h、集尘斗的储尘量小于 60 kg 的干式除尘器和过滤器,可布置在厂房内的单独房间内,但应采用耐火极限不低于 3.00 h 的防火隔墙和 1.50 小时的楼板与其他部位分隔。

9.3.8 净化或输送有爆炸危险粉尘和碎屑的除尘器、过滤器或管道,均应设置泄压装置。

净化有爆炸危险粉尘的干式除尘器和过滤器应布置在系统的负压段上。

9.3.9 排除有燃烧或爆炸危险气体、蒸气和粉尘的排风系统,应符合下列规定:

1 排风系统应设置导除静电的接地装置;

2 排风设备不应布置在地下或半地下建筑(室)内;

3 排风管应采用金属管道,并应直接通向室外安全地点,不应暗设。

9.3.10 排除和输送温度超过 80 ℃的空气或其他气体以及易燃碎屑的管道,与可燃或难燃物体之间的间隙不应小于 150 mm,或采用厚度不小于 50 mm 的不燃材料隔热;当管道上下布置时,表面温度较高者应布置在上面。

9.3.11 通风、空气调节系统的风管在下列部位应设置公称动作温度为 70 ℃的防火阀:

1 穿越防火分区处;

2 穿越通风、空气调节机房的房间隔墙和楼板处;

3 穿越重要或火灾危险性大的场所的房间隔墙和楼板处;

4 穿越防火分隔处的变形缝两侧;

5 竖向风管与每层水平风管交接处的水平管段上。

注:当建筑内每个防火分区的通风、空气调节系统均独立设置时,水平风管与竖向总管的交接处可不设置防火阀。

9.3.12 公共建筑的浴室、卫生间和厨房的竖向排风管,应采取防止回流措施或在支管上设置公称动作温度为 70 ℃的防火阀。

公共建筑内厨房的排油烟管道宜按防火分区设置,且在与竖向排风管连接的支管处应设置公称动作温度为 150 ℃的防火阀。

9.3.13 防火阀的设置应符合下列规定:

1 防火阀宜靠近防火分隔处设置;

2 防火阀暗装时,应在安装部位设置方便维护的检修口;

3 在防火阀两侧各 2.0 m 范围内的风管及其绝热材料应采用不燃材料;

4 防火阀应符合现行国家标准《建筑通风和排烟系统用防火阀门》(GB 15930)的规定。

9.3.14　除下列情况外,通风、空气调节系统的风管应采用不燃材料:

　　1　接触腐蚀性介质的风管和柔性接头可采用难燃材料;

　　2　体育馆、展览馆、候机(车、船)建筑(厅)等大空间建筑,单、多层办公建筑和丙、丁、戊类厂房内通风、空气调节系统的风管,当不跨越防火分区且在穿越房间隔墙处设置防火阀时,可采用难燃材料。

9.3.15　设备和风管的绝热材料、用于加湿器的加湿材料、消声材料及其粘结剂,宜采用不燃材料,确有困难时,可采用难燃材料。

　　风管内设置电加热器时,电加热器的开关应与风机的启停联锁控制。电加热器前后各 0.8 m 范围内的风管和穿过有高温、火源等容易起火房间的风管,均应采用不燃材料。

10　电气

10.1　消防电源及其配电

10.1.1　下列建筑物的消防用电应按一级负荷供电:

　　1　建筑高度大于 50 m 的乙、丙类厂房和丙类仓库;

　　2　一类高层民用建筑。

10.1.2　下列建筑物、储罐(区)和堆场的消防用电应按二级负荷供电:

　　1　室外消防用水量大于 30 L/s 的厂房(仓库);

　　2　室外消防用水量大于 35 L/s 的可燃材料堆场、可燃气体储罐(区)和甲、乙类液体储罐(区);

　　3　粮食仓库及粮食筒仓;

　　4　二类高层民用建筑;

　　5　座位数超过 1500 个的电影院、剧场,座位数超过 3000 个的体育馆,任一层建筑面积大于 3000 m² 的商店和展览建筑,省(市)级及以上的广播电视、电信和财贸金融建筑,室外消防用水量大于 25 L/s 的其他公共建筑。

10.1.3　除本规范第 10.1.1 和 10.1.2 条外的建筑物、储罐(区)和堆场等的消防用电,可按三级负荷供电。

10.1.4　消防用电按一、二级负荷供电的建筑,当采用自备发电设备作备用电源时,自备发电设备应设置自动和手动启动装置。当采用自动启动方式时,应能保证在 30 s 内供电。

　　不同级别负荷的供电电源应符合现行国家标准《供配电系统设计规范》(GB 50052)的规定。

10.1.5　建筑内消防应急照明和灯光疏散指示标志的备用电源的连续供电时间应符合下列规定:

　　1　建筑高度大于 100 m 的民用建筑,不应小于 1.5 h;

　　2　医疗建筑、老年人建筑、总建筑面积大于 100000 m² 的公共建筑和总建筑面积大于 20000 m² 的地下、半地下建筑,不应少于 1.0 h;

　　3　其他建筑,不应少于 0.5 h。

10.1.6　消防用电设备应采用专用的供电回路,当建筑内的生产、生活用电被切断时,应仍能保证消防用电。

　　备用消防电源的供电时间和容量,应满足该建筑火灾延续时间内各消防用电设备的要求。

10.1.7　消防配电干线宜按防火分区划分,消防配电支线不宜穿越防火分区。

10.1.8　消防控制室、消防水泵房、防烟和排烟风机房的消防用电设备及消防电梯等的供电,应在其配电线路的最末一级配电箱处设置自动切换装置。

10.1.9　按一、二级负荷供电的消防设备,其配电箱应独立设置;按三级负荷供电的消防设备,其配电箱宜独立设置。

　　消防配电设备应设置明显标志。

10.1.10　消防配电线路应满足火灾时连续供电的需要,其敷设应符合下列规定:

　　1　明敷时(包括敷设在吊顶内),应穿金属导管或采用封闭式金属槽盒保护,金属导管或封闭式金属槽盒应采取防火保护措施;当采用阻燃或耐火电缆并敷设在电缆井、沟内时,可不穿金属导管或采用封闭式金属槽盒保护;当采用矿物绝缘类不燃性电缆时,可直接明敷。

  2 暗敷时,应穿管并应敷设在不燃性结构内且保护层厚度不应小于 30 mm。

  3 消防配电线路宜与其他配电线路分开敷设在不同的电缆井、沟内;确有困难需敷设在同一电缆井、沟内时,应分别布置在电缆井、沟的两侧,且消防配电线路应采用矿物绝缘类不燃性电缆。

10.2 电力线路及电器装置

10.2.1 架空电力线与甲、乙类厂房(仓库),可燃材料堆垛,甲、乙、丙类液体储罐,液化石油气储罐,可燃、助燃气体储罐的最近水平距离应符合表 10.2.1 的规定。

  35 kV 及以上架空电力线与单罐容积大于 200 m³ 或总容积大于 1000 m³ 液化石油气储罐(区)的最近水平距离不应小于 40 m。

表 10.2.1 架空电力线与甲、乙类厂房(仓库)、可燃材料堆垛等的最近水平距离(m)

名 称	架空电力线
甲、乙类厂房(仓库),可燃材料堆垛,甲、乙类液体储罐,液化石油气储罐,可燃、助燃气体储罐	电杆(塔)高度的 1.5 倍
直埋地下的甲、乙类液体储罐和可燃气体储罐	电杆(塔)高度的 0.75 倍
丙类液体储罐	电杆(塔)高度的 1.2 倍
直埋地下的丙类液体储罐	电杆(塔)高度的 0.6 倍

10.2.2 电力电缆不应和输送甲、乙、丙类液体管道、可燃气体管道、热力管道敷设在同一管沟内。

10.2.3 配电线路不得穿越通风管道内腔或直接敷设在通风管道外壁上,穿金属导管保护的配电线路可紧贴通风管道外壁敷设。

  配电线路敷设在有可燃物的闷顶、吊顶内时,应采取穿金属导管、采用封闭式金属槽盒等防火保护措施。

10.2.4 开关、插座和照明灯具靠近可燃物时,应采取隔热、散热等防火措施。

  卤钨灯和额定功率不小于 100 W 的白炽灯泡的吸顶灯、槽灯、嵌入式灯,其引入线应采用瓷管、矿棉等不燃材料作隔热保护。

  额定功率不小于 60 W 的白炽灯、卤钨灯、高压钠灯、金属卤化物灯、荧光高压汞灯(包括电感镇流器)等,不应直接安装在可燃物体上或采取其他防火措施。

10.2.5 可燃材料仓库内宜使用低温照明灯具,并应对灯具的发热部件采取隔热等防火措施,不应使用卤钨灯等高温照明灯具。

  配电箱及开关应设置在仓库外。

10.2.6 爆炸危险环境电力装置的设计应符合现行国家标准《爆炸危险环境电力装置设计规范》(GB 50058)的规定。

10.2.7 下列建筑或场所的非消防用电负荷宜设置电气火灾监控系统:

  1 建筑高度大于 50 m 的乙、丙类厂房和丙类仓库,室外消防用水量大于 30 L/s 的厂房(仓库);

  2 一类高层民用建筑;

  3 座位数超过 1500 个的电影院、剧场,座位数超过 3000 个的体育馆,任一层建筑面积大于 3000 m² 的商店和展览建筑,省(市)级及以上的广播电视、电信和财贸金融建筑,室外消防用水量大于 25 L/s 的其他公共建筑;

  4 国家级文物保护单位的重点砖木或木结构的古建筑。

附录 A　建筑高度和建筑层数的计算方法

A.0.1　建筑高度的计算应符合下列规定：

　　1　建筑屋面为坡屋面时,建筑高度应为建筑室外设计地面至其檐口与屋脊的平均高度。

　　2　建筑屋面为平屋面(包括有女儿墙的平屋面)时,建筑高度应为建筑室外设计地面至其屋面面层的高度。

　　3　同一座建筑有多种形式的屋面时,建筑高度应按上述方法分别计算后,取其中最大值。

　　4　对于台阶式地坪,当位于不同高程地坪上的同一建筑之间有防火墙分隔,各自有符合规范规定的安全出口,且可沿建筑的两个长边设置贯通式或尽头式消防车道时,可分别计算各自的建筑高度。否则,应按其中建筑高度最大者确定该建筑的建筑高度。

　　5　局部突出屋顶的瞭望塔、冷却塔、水箱间、微波天线间或设施、电梯机房、排风和排烟机房以及楼梯出口小间等辅助用房占屋面面积不大于 1/4 者,可不计入建筑高度。

　　6　对于住宅建筑,设置在底部且室内高度不大于 2.2 m 的自行车库、储藏室、敞开空间,室内外高差或建筑的地下或半地下室的顶板面高出室外设计地面的高度不大于 1.5 m 的部分,可不计入建筑高度。

A.0.2　建筑层数应按建筑的自然层数计算,下列空间可不计入建筑层数：

　　1　室内顶板面高出室外设计地面的高度不大于 1.5 m 的地下或半地下室;

　　2　设置在建筑底部且室内高度不大于 2.2 m 的自行车库、储藏室、敞开空间;

　　3　建筑屋顶上突出的局部设备用房、出屋面的楼梯间等。

附录 B 防火间距的计算方法

B.0.1 建筑物之间的防火间距应按相邻建筑外墙的最近水平距离计算,当外墙有凸出的可燃或难燃构件时,应从其凸出部分外缘算起。

建筑物与储罐、堆场的防火间距,应为建筑外墙至储罐外壁或堆场中相邻堆垛外缘的最近水平距离。

B.0.2 储罐之间的防火间距应为相邻两储罐外壁的最近水平距离。

储罐与堆场的防火间距应为储罐外壁至堆场中相邻堆垛外缘的最近水平距离。

B.0.3 堆场之间的防火间距应为两堆场中相邻堆垛外缘的最近水平距离。

B.0.4 变压器之间的防火间距应为相邻变压器外壁的最近水平距离。

变压器与建筑物、储罐或堆场的防火间距,应为变压器外壁至建筑外墙、储罐外壁或相邻堆垛外缘的最近水平距离。

B.0.5 建筑物、储罐或堆场与道路、铁路的防火间距,应为建筑外墙、储罐外壁或相邻堆垛外缘距道路最近一侧路边或铁路中心线的最小水平距离。

本规范用词说明

1 为便于在执行本规范条文时区别对待，对要求严格程度不同的用词说明如下：

1) 表示很严格，非这样做不可的：

正面词采用"必须"，反面词采用"严禁"；

2) 表示严格，在正常情况下均应这样做的：

正面词采用"应"，反面词采用"不应"或"不得"；

3) 表示允许稍有选择，在条件许可时首先应这样做的：

正面词采用"宜"，反面词采用"不宜"；

4) 表示有选择，在一定条件下可以这样做的，采用"可"。

2 条文中指明应按其他相关标准执行的写法为："应符合……的规定"或"应按……执行"。

ICS 27.180
F 19

中华人民共和国国家标准

GB/T 19774—2005

水电解制氢系统技术要求

Specification of water electrolyte system
for producing hydrogen

2005-05-25 发布　　　　　　　　　　　　　2005-11-01 实施

中华人民共和国国家质量监督检验检疫总局
中国国家标准化管理委员会　发布

前　言

本标准附录 A、附录 B、附录 C 为规范性附录。

本标准由全国能源基础与管理标准化技术委员会（SAC/TC20）提出并归口。

本标准由中国标准化研究院、中国电子工程设计院、清华大学核能与新能源技术研究院负责起草。中船重工集团七一八研究所、天津大陆制氢设备有限公司、苏州竞立制氢设备有限公司、哈尔滨环保制氢有限公司参加起草。

本标准主要起草人：陈霖新、贾铁鹰、毛宗强、章光护、谢晓峰、许俊明、周振芳、张祥春、赵喜祥。

本标准为首次发布。

水电解制氢系统技术要求*

1 范围

本标准规定了以水电解法制取氢气、氧气的制氢系统的术语和定义、分类与命名、技术要求、试验与检测、标志、包装。

本标准适用于工业用、商业用固定式、移动式水电解制氢系统。

本标准适用于压滤式水电解制氢装置,包括碱性水电解、固体聚合物电解质水电解。

3 术语和定义

下列术语和定义适用于本标准。

3.1

标准状况 normal conditioncal

气体在温度为 0 ℃、压力为 101.3 kPa 条件下的气体状况。

3.2

隔膜 diaphragm

将水电解槽电解小室分隔为阴极区、阳极区,并使产生的氢气、氧气分隔,防止氢气、氧气互相穿透,但离子可迁移。

3.3

爆炸下限 lower explosive limit

易燃易爆气体、蒸汽或粉尘在空气/氧气中形成爆炸气体混合物的最低浓度。

3.4

爆炸上限 upper explosive limit

易燃易爆气体、蒸汽或粉尘在空气/氧气中形成爆炸气体混合物的最高浓度。

3.5

阻火器 fire arrester

阻火器的作用是防止外部火焰窜入存有易燃易爆气体的设备、管道内或阻止火焰在设备、管道间蔓延。阻火器是应用火焰通过热导体的狭小孔隙时,由于热量损失而熄灭的原理设计、制造。

3.6

电解小室 electrolytic cell

压滤式水电解槽由若干个电解池组成,单个电解池又被称电解小室。电解小室由正极、负极和隔膜组成。

3.7

固定式的水电解制氢系统 stationary water electrolyte system for producing hydrogen

指水电解制氢系统的各类设备、管道全部固定在设备基础、管道支架上的制氢系统。

---

* 注:水电解制氢系统技术要求(GB/T 19774—2005)(摘录)

4　分类与命名

4.1　分类

水电解制氢系统产品,按纯度分为普通型、纯气型,它们的纯度范围规定为:

普通型水电解制氢系统:产品氢气纯度≥99.7%;

产品氧气纯度≥99.2%。

纯气型水电解制氢系统:产品氢气纯度≥99.99%;

产品氧气纯度≥99.99%。

对于纯气型水电解制氢系统制取的纯氢或纯氧中的杂质含量:O_2 或 H_2,CO,CO_2,H_2O 等允许浓度可根据用户要求商定。

4.2　产品命名

水电解制氢系统的产品命名应由大写的汉语拼音字母和阿拉伯数字组成。编制方法应符合下列规定:

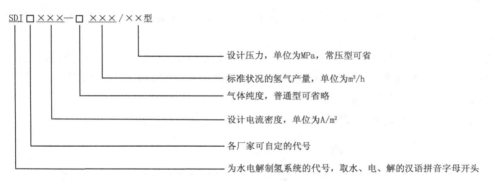

SDJ□×××—□×××/××型

设计压力,单位为MPa,常压型可省

标准状况的氢气产量,单位为m³/h

气体纯度,普通型可省略

设计电流密度,单位为A/m²

各厂家可自定的代号

为水电解制氢系统的代号,取水、电、解的汉语拼音字母开头

注:本标准中的体积为标准状况下的体积。

5　技术要求

5.1　水电解制氢系统

5.1.1　通用要求

5.1.1.1　水电解制氢系统包括下列单体设备或装置:水电解槽及其辅助设备——分离器、冷却器、压力调节阀、碱液过滤器、碱液循环泵;原料水制备装置;碱液制备及贮存装置;氢气纯化装置;氢气储罐;氢气压缩机气体检测装置;直流电源、自控装置等。

5.1.1.2　水电解制氢系统可采用固定式或移动式。

5.1.1.3　水电解制氢系统的副产品——氧气,可根据需要回收利用或直接排入大气。当回收利用时,应根据用户要求分别设有氧气储罐、氧气压缩机、氧气灌装设施和相应的安全技术措施。水电解氧气回收利用系统、设备、管道及其附件应遵照下列标准、规范进行设计、制造、安装验收:GB 50177,GB 50030,GB 14194,GB 50316,GB 50235,GB 50236,HGJ 202,《气瓶安全监察规程》。

5.1.2　电能消耗

5.1.2.1　水电解制氢系统的电能消耗主要是水电解槽的直流电能消耗。本标准以单位氢气产量的直流电能消耗评定设备品质。

5.1.2.2 水电解制氢系统设备品质等级应符合表 1 规定。

表 1 设备品质等级与单位氢气直流电能消耗

等 级	单位氢气电能消耗/(kW·h/m³)
优良	≤4.4
一级	≤4.6
二级(A)	≤4.8
二级(B)	≤5.0

5.1.3 工作条件

5.1.3.1 水电解制氢系统的工作压力(p)分为:常压、低压和中压三类,它们的压力范围规定为:

常压水电解制氢系统,$p<0.1$ MPa;

低压水电解制氢系统,0.1 MPa$\leq p<1.6$ MPa;

中压水电解制氢系统,1.6 MPa$\leq p<10$ MPa。

5.1.3.2 环境温度 根据用户要求确定水电解制氢系统的工作环境温度。在没有确定的数据时,宜按工作环境温度小于 45 ℃ 为依据。

5.1.3.3 水电解制氢系统所处场所有爆炸危险的区域及等级的划分,应符合 GB 50177 的规定。

5.1.3.4 水电解制氢系统的外供电系统的输入电压值由用户确定,电压等级宜为 10 kV,380 V。

水电解制氢系统每台水电解槽均应独立配置直流电源。

5.1.3.5 水电解用原料水的水质应符合表 2 规定。

表 2 原料水水质

名 称	单 位	指 标
电阻率	Ω·cm	$\geq 1.0\times 10^5$
铁离子含量	mg/L	<1.0
氯离子含量	mg/L	<2.0
悬浮物	mg/L	<1.0
注:水电解槽采用固体聚合物电解质水电解制氢时,原料水水质另定。		

5.1.3.6 水电解制氢系统采用苛性碱性水溶液时,所使用的氢氧化钾或氢氧化钠应符合 GB/T 2306,GB/T 629 的规定。

在苛性碱性水溶液电解制氢系统运行中,苛性碱性水溶液(电解液)的质量要求应符合表 3 的规定。

表 3 电解液的质量要求

名 称	单 位	指 标
浓度	%	$27\sim 32^a$
CO_3^{2-} 含量	mg/L	<100
Fe^{2+},Fe^{3+} 含量	mg/L	<3
Cl^- 含量	mg/L	<800
a 此浓度为采用 KOH 水溶液时。		

5.1.3.7　水电解制氢系统应设置吹扫置换接口。吹扫置换气采用含氧量小于 0.5% 的氮气。

5.1.3.8　冷却水的水压宜为 0.15～0.35 MPa。循环冷却水的水质应符合表 4 的要求。

表 4　循环冷却水的水质要求

名　称	单　位	指　标
pH 值		6.5～8.0
氯离子含量	mg/L	<200
硫酸根含量	mg/L	<200
钙离子含量	mg/L	<200
铁离子含量	mg/L	<1.0
铵离子含量	mg/L	<1.0
溶解硅酸含量	mg/L	<50

5.1.3.9　仪表或气动用压缩空气的气源压力应按仪表或气动要求确定,其质量宜符合 GB/T 4830 的规定或相关产品的要求。

5.2　单体设备

5.2.1　通用要求

5.2.1.1　水电解制氢系统的单体设备,应根据水电解制氢系统的规模、用氢特性、氢气品质的不同要求,合理配置不同的单体设备。

5.2.1.2　单体设备的技术性能、工作参数应满足或高于水电解制氢系统的总体要求。

5.2.1.3　单体设备的材质

　　单体设备内或连接部位与电化学反应过程或氢气/氧气直接接触或间接接触的内表面、零部件或密封件所选用的材料应具有下列特性:

5.2.1.3.1　在所有的工作条件下,具有必要的化学稳定性。

5.2.1.3.2　在运行中不会发生各种形式的催化反应、电化学反应或其他形式的化学反应引起的寄生性副反应,以避免这些反应形成对氢气/氧气的污染。

5.2.1.3.3　应符合各项机械性能要求,并在工作条件下保持稳定的力学性能。

5.2.1.3.4　所选用材料的化学组成、结构形态,不应发生或避免发生氢脆或氢腐蚀。

5.2.1.3.5　所选用的材料的化学组成、结构形态,在运行中不发生应力腐蚀、裂纹或氧腐蚀。

5.2.1.4　对移动式水电解制氢系统的防护罩或外壳的设置,应符合下列规定:

5.2.1.4.1　当直接接触或间接接触潮湿气体后,可能影响单体设备或零部件技术性能或使用功能时,应采取防护措施或选用防潮材质。

5.2.1.4.2　防护罩或外壳应采用不燃材料;最小厚度宜为 0.6 mm,一般可采用镀锌钢板等。对面积较大的防护罩,按强度或刚性要求,采取加强措施或双层结构。

5.2.1.4.3　防护罩或外壳需设保温层时,应按 GB/T 8175 设计,其保温材料,应采用不燃材料,并设置避免材料飞扬、散落的措施。

5.2.1.4.4　防护罩或外壳的内表面必须平整、无氢气积聚空间,并在顶部最高处设排气口。若有两处或两处以上顶部有最高处时,则应在每个最高处均设排气口。

5.2.1.4.5　防护罩或外壳内应设有氢气浓度报警装置,并与排风机或吹扫置换气体关断阀连锁。

5.2.1.4.6　防护罩或外壳内应在方便检查、维修的位置设检查口、维修口,其数量和尺寸应按检查、维修对象或功能确定。检查口、维修口应设有视窗或盖板。

5.2.2 水电解槽

5.2.2.1 水电解槽是水电解制氢系统的主体设备,它的性能参数将决定水电解制氢的技术性能。

水电解槽的性能参数、结构应以降低单位氢气电能消耗、减少制造成本、延长使用寿命为基本要求。应合理选择水电解槽的结构型式、电解小室及其电极、隔膜的构造、涂层和材质。

5.2.2.2 水电解槽的氢气生产能力、纯度和杂质含量应按制造厂家的企业标准和用户的要求协商确定。

5.2.2.3 电解小室的电极材质、涂层等应根据槽体设计、水电解制氢系统的总体要求确定。

5.2.2.4 隔膜材质,隔膜石棉布应符合 TC 211 的规定。应按槽体设计的技术要求和供货条件确定。

5.2.2.5 密封垫片的选择应确保水电解槽在工作状态不渗漏,并能承受槽体开、停车时的工作状态变化,其质量应符合 GB/T 3985 或具体水电解槽槽体设计所选材质的相关标准。

5.2.2.6 蝶形弹簧的制造要求应符合 GB/T 1972 的规定。

5.2.2.7 铸件内外表面应光滑,不得有气泡、裂纹及厚度显著不均的缺陷,铸钢件应符合 GB/T 11352 的规定。

5.2.2.8 主要焊接结构的焊缝不得有气孔、夹渣和裂纹等缺陷。

5.2.2.9 水电解槽的电镀零部件的质量、检查应符合下列要求。

5.2.2.9.1 镀件的镀层表面不得鼓泡、起皮、局部无镀层和划伤等严重缺陷。镀层表面质量应进行100%检验。

5.2.2.9.2 镀件的镀层厚度、结合强度及孔隙率的质量和检查应分别符合 JB 2111,JB 2112 和 JB 2115 的规定。

5.2.2.9.3 镀件的镀层厚度、结合强度及孔隙率的检验抽样和抽样方法按 GB/T 2829 的规定。镀件可以采用相同工艺同时电镀的试件进行试验。

5.2.3 压力容器

5.2.3.1 水电解制氢系统的压力容器主要用于气液分离、冷却和储存。压力容器的设计、制造、检验和验收应符合《压力容器安全技术监察规程》,GB 150,GB 151 的规定。

5.2.3.2 容器的工作压力是指在水电解制氢系统正常工作状态下,容器顶部可能达到的最高压力。

5.2.3.3 容器的材质应满足氢气/氧气和电解液在系统工作状态的要求。当采用不锈钢板时应符合 GB/T 4237 的规定;采用碳素钢板时应符合 GB 6654 的规定。

5.2.3.4 容器的规格、尺寸、壁厚应按计算确定,并留有必要的裕量。

5.2.3.5 容器的布置应根据水电解制氢系统的总体设计,并尽力做到顺应制氢流程、连接管路短、方便操作和维修。

5.2.4 氢气储罐

5.2.4.1 水电解制氢系统根据氢气使用特点或用户要求,设置相应的氢气储罐。

5.2.4.2 氢气储罐的储存能力应按氢气使用特点、氢气生产能力和电力供应状况确定。

压力型氢气罐的氢气储存容量应根据最大进气压力和允许出气压力确定。

5.2.4.3 氢气储罐有常压型和压力型两类。

常压型氢气罐宜采用湿式贮气柜,工作压力为 4.0 kPa。

压力型氢气罐有筒形或球形压力容器,也可用氢气钢瓶组或长管氢气钢瓶等。工作压力应按水电解制氢系统工艺流程、氢气使用特点确定。氢气球形罐的制造、检验应符合 GB 12337 的规定;氢气钢瓶应符合 GB 5099 和《气瓶安全监察规程》的规定。

5.2.4.4　压力型氢气罐上或其进气/出气管第1个切断阀前必须设泄压用安全阀,安全阀应符合GB/T 12241的规定。常压型氢气罐,应设自动放空管。

5.2.4.5　移动式水电解制氢系统的氢气罐,若设置在防护罩或外壳内,其氢气容量不得超过 20 m³。当氧气回收并设有氧气罐时,氢气罐与氧气罐应分别设在不同的底座和防护罩内。氧气罐应按 HGJ 202 的规定进行脱脂处理。

5.2.5　氢气压缩机

5.2.5.1　用于氢气增压的氢气压缩机,应根据水电解制氢系统流程和用户要求设置,其形式有从常压增压至低压或中压或高压;从低压增压至中压或高压;从中压增压至高压甚至超高压等多种型式。

5.2.5.2　根据氢气压缩机进气/排气压力、氢气纯度的要求,选用活塞式、膜式等类型压缩机。

5.2.5.3　氢气压缩机的性能、结构和材质均应满足氢气特性的要求,设置可靠的防爆、防渗漏措施。

氢气压缩机应配置防爆型电动机,其防爆等级为dIICT1,应符合 GB 50058 的规定。

5.2.5.4　氢气压缩机应分级设置安全泄压装置——安全阀。安全阀应装防护罩,排出的氢气应接至室外。氢气压缩机的进气管应设有低压超限报警装置、停机连锁。

5.2.5.5　氢气压缩机前应设置有氢气缓冲罐。对于氢气输送用氢气压缩机,应在进气管与排气管之间设置旁通循环管。

5.2.5.6　移动式水电解制氢系统中的氢气压缩机的电气柜/控制柜,应采用邻近布置,此类电气柜/控制柜应采用柜内填充带压空气或氮气或按 GB 50058 规定采用 dIICTI 等级的防爆电器。

移动式水电解制氢系统中的氢气压缩机,应固定在底座上,并应设置隔振措施;压缩机的安装、验收应符合 GB 50275 的规定。

5.2.6　氢气纯化器

5.2.6.1　氢气纯化器用于去除氢气中的氧杂质、水分等。采用催化法去除氧杂质,采用降温法和吸附法去除氢气中的水分。

5.2.6.2　氢气纯化器中的各类容器的设计、制造、检验、验收均应符合《压力容器安全技术监察规程》和 GB 150,GB 151 的规定。

5.2.6.3　氢气纯化过程的温度控制等,宜采用自动控制装置控制。

5.2.6.4　氢气纯化后的氧、水分的痕量杂质浓度的检测可采用 GB/T 5831,GB/T 6285,GB/T 5832.1,GB/T 5832.2,GB/T 8984.1,GB/T 8984.2 的方法。根据用户要求,宜设置连续检测仪器。

5.2.7　压力调节器/阀

5.2.7.1　压力调节器/阀用于水电解槽出口氢气侧、氧气侧的压力平衡或水电解制氢系统外供氢气/氧气的压力调节。

5.2.7.2　压力调节器/阀应符合气动调节阀、自力式调节阀的相关标准或企业标准。

5.2.8　氢气关闭阀/切断阀

5.2.8.1　根据水电解制氢系统的生产过程的气流切断、分析、测试、吹除置换的要求应在相关位置设置关闭阀/切断阀。

5.2.8.2　关闭阀/切断阀的工作压力、温度参数,应按其在系统中的所在位置确定,此类阀门的选择应充分考虑氢气的特性,而纯氢系统的阀门的选择还应考虑纯氢不会被污染。

当氢气系统采用电动阀时,应按 GB 50058 的规定选用相应防爆等级的阀门。

5.2.8.3　水电解制氢系统的阀门,在安装前应逐个进行气密性泄漏量检测,应符合 GB 50177,GB 50235 的规定。

5.2.9 阻火器

5.2.9.1 水电解制氢系统的氢气排空口前,应装设阻火器,防止雷击等外部火源返回引起氢气着火。

5.2.9.2 阻火器的阻火层结构有砾石型、金属丝网型和波纹型。氢气阻火器可采用 GB 13347 规定的要求与方法。

5.2.9.3 氢气阻火器宜安装在靠近氢气排空口处。阻火器后的氢气管道应采用不锈钢管材。

5.3 管路及附件

5.3.1 材质选择

水电解制氢系统的管路、附件的材质选择,应符合 GB 50177,GB 50316,GB 50235 的规定。

5.3.2 管路、附件的布置

5.3.2.1 符合水电解制氢系统带控制点的工艺流程图的要求。

5.3.2.2 应方便运行操作、安装和维修。

5.3.2.3 对于有热胀冷缩的管段,布置时应结合柔性计算和热补偿要求,妥善安排。

5.3.2.4 管道及附件的布置应整齐有序,减少不必要的交叉,适当注意美观。

5.3.3 氢气流速

氢气管道内氢气流速和管径、附件形式的选择,应符合 GB 50177,GB 50316 的规定。

5.3.4 管道支架

管道支架的设置、计算,应符合 GB 50316 的规定。支架应避免焊接在单体设备上

5.3.5 冷却水管路

应根据其工作温度确定是否采取保温措施。当需要进行保温时,其保温材料应为不燃材料。

对不得中断冷却水供应的冷却水管路,应设有断水保护装置,并设置报警和停机连锁。

5.4 电气设备及配线

5.4.1 直流电源的配置

5.4.1.1 每台水电解槽的直流电源一般单独地采用晶闸管整流器或硅整流器。整流器应设有调压功能,并具备自动稳流功能。

5.4.1.2 水电解槽用整流器的选择,应符合下列要求:

——额定直流电压应大于水电解槽工作电压,调压范围宜为 0.6~1.05 倍水电解槽额定电压;

——额定直流电流不应小于水电解槽工作电流,并宜为水电解槽额定电流的 1.1 倍。

5.4.1.3 氢气生产环境的电气设施的设防,按 GB 50177 的规定,应为 1 区或 2 区。在有爆炸危险环境中的电气设备及配线应按 GB 50058,JB 3836 的规定进行选用、配置。

5.4.3 电气接地

5.4.3.1 水电解槽应按结构特点进行接地电阻检查。对两端分别接入直流电源正负极的水电解槽,其对地电阻不小于 1.0 MΩ。

5.4.3.2 氢气设备、管道的法兰、阀门连接处应采用金属(铜质)连接线跨接。

5.4.3.3 防爆电器、配线接地电阻检查。

5.4.3.4　氢气压缩机应采取导除静电的接地措施,接地电阻不大于 30 Ω。

5.5　自动控制和监测

5.5.1　通用要求

　　水电解制氢系统的自动控制、监测装置的硬件、软件应能承受可能事故的发生,并能承担当故障发生时,即时报警、停机,并进行必要的妥善处理。

5.5.2　自控及监测装置

5.5.2.1　压力传感器

　　设置压力传感器的有:水电解槽出口氢侧/氧侧压力和压力差,氢气压缩机入口压力,氢气罐压力,5.2.5.6中正压空气的压力等。

5.5.2.2　温度传感器

　　设置温度传感器的有:水电解槽出口气体或电解液温度、氢气压缩机等的冷却水出口温度等。

5.5.2.3　液位传感器

　　设置液位传感器的有:分离器的液位等。

5.5.2.4　气体浓度检测探测器

5.5.2.4.1　水电解槽出口氢气中含氧量和氧气中含氢量;氢纯化设备出口氢气中含氧量、露点;回收利用氧气时,氧中氢浓度,必须设置气体浓度连续测定,并带报警装置。

5.5.2.4.2　氢浓度探测、报警装置,应符合 GB 16808,GB 12358 的要求。

5.5.2.4.3　气体浓度检测分析仪的最小分度值应不大于 0.01%(体积比)。

5.5.3　自动停车

5.5.3.1　当水电解制氢系统的自控、监测装置报警后,应即时分析,并对系统进行必要调整,系统恢复正常工作状态。若报警后,经调整,仍不能纠正,并恢复正常工作时,则应按程序要求停机。

5.5.3.2　当出现下列情况之一时,应停机检查:

　　——氢气或氧气的纯度下降至允许值下限时;

　　——当回收利用氧气时,氧气中氢浓度超过规定值时;

　　——水电解槽的电解小室电压,经多次测定均不正常时;

　　——水电解槽出口氢侧/氧侧气体压力不平衡,其压力差超过允许值时;

　　——氢气压缩机进气侧的氢气压力低于允许值时;

　　——电力供应故障;

　　——监测的空气中氢浓度超过 1.0% 时。

5.6　安装、组装

5.6.1　通用要求

5.6.1.1　水电解制氢系统的安装、组装应按设备制造厂的设计图纸、技术要求或工程设计图纸进行。

5.6.1.2　水电解制氢系统的安装、组装及试验,应符合 GB 50177 的要求。

5.6.2　水电解槽的安装

5.6.2.1　水电解槽的安装方式有:整体安装和分散安装。

5.6.2.1.1　压力型水电解槽,一般采用整体安装方式,即在制造工厂进行槽体组装后,运至使用现场整体安装。根据水电解槽的规格、尺寸和重量制定吊装、就位方案,在进行充分准备后就位安装。然后按设计图纸和技术要求进行气密检查。

5.6.2.1.2　常压型水电解槽,一般采用分散式安装,即将电解槽的极框、主副极板、隔膜和气道、液道等零部件运至使用现场,在现场按制造厂的设计图纸、技术要求进行组装。组装工作由制造厂家和用户共同进行或在制造厂的技术人员的指导下进行,并按合同各自完成自己的职责。

5.6.2.2　安装后的检查

5.6.2.2.1　整体安装的水电解槽,安装后进行各种相关尺寸、连接管线准确性的检查;电气接地电阻的检查,水电解槽正负极连接的检查等。

5.6.2.2.2　分散安装的水电解槽,组装完成后,首先检查各种相关尺寸、连接管线的准确性;接通蒸汽进行蒸煮、夹紧和槽体的气密性试验;检查电气接地的正确性和接地电阻;水电解槽正负极连接的检查等。新水电解槽的组装、检查工作,制造厂家应派技术人员驻现场,并负责解决有关设备质量及其相关问题。

5.6.3　氢气压缩机的安装

5.6.3.1　氢气压缩机安装前应检查制造厂提供的出厂合格证,熟悉技术说明书和相关图纸资料。

5.6.3.2　氢气压缩机的安装和验收应符合 GB50275 的规定,并按压缩机的有关标准和制造厂的技术说明书中的要求进行。

5.6.3.3　氢气压缩机在接入水电解制氢系统试运行前,应进行下列工作。

5.6.3.3.1　检查电气接线和接地的准确性;

5.6.3.3.2　进行单机空负荷试车,并对各类零部件的运转、活动情况和各部分气密性及安全装置进行检查;

5.6.3.3.3　采用含氧量小于 0.5% 的氮气进行吹扫置换。

5.6.4　氢气罐的安装

5.6.4.1　氢气罐的安装前,应按《压力容器安全技术监察规程》和设计图纸要求,核对、检查出厂合格证、压力容器检验文件和各种技术资料的完整性。

5.6.4.2　根据氢气罐的规格尺寸、重量和现场情况,制定安装就位方案和相关安全措施。按设计图纸、技术说明文件进行罐内外和各相关尺寸检查。在认真进行各项准备工作后,方可进行安装就位。

5.6.4.3　安装就位后,按设计图纸和技术说明文件核对安装位置和各相关尺寸,合格后进行各种管线、附件的安装。

5.6.4.4　安装完成后,应进行各种相关尺寸、连接管线连接准确性的检查;接地电阻的检查等。

5.6.5　氢气/氧气管道、阀门及附件的安装

5.6.5.1　氢气/氧气管道、阀门附件的安装应符合 GB 50316,GB 50235 的要求。

5.6.5.2　氢气/氧气管道的管材、阀门附件,应符合 GB/T 8163 和 GB/T 14975 的规定,GB/T 8163 和 GB/T 14975 无规定的管材、阀门附件应符合阀门、附件制造厂家企业标准的规定。

5.6.5.3　各类阀门应有可靠的支承,确保阀门的正确动作,并不得引起管路的振动或影响单体设备连接处的强度等。

5.6.5.4　氢气/氧气管道安装后,应进行强度试验、气密性试验和泄漏量试验,此类试验应按 GB 50177,GB 50030,GB 50235 的规定进行。氧气管道及其阀门、附件的脱脂应符合 GB50030,HGJ 202 的规定。

6　试验检测

6.1　试验

6.1.1　试验前的准备

6.1.1.1　试验前,应检查所有制造厂提供的各种合格证、技术文件、包括全部例行试验记录和证书、图纸资料、压力容器产品安全质量监督检验证书等,这些文件、资料齐全,并逐一进行核对无误后,才能进行试验。

6.1.1.2　外观检查,整套水电解制氢系统组装完成后进行,主要是检查外观和各种相关尺寸;检查各类液体、气体管路和电气线路的连接的准确性等。

6.1.2　试验方法

6.1.2.1　气密性试验,对压力型水电解制氢系统以洁净空气或氮气进行气密性试验。气密性试验压力为设计压力,试验开始后逐渐升压,达到规定压力后,保持 30 分钟,检查所有连接处、焊缝、法兰、垫片等处,以无漏气为合格。

对常压型水电解制氢系统的气密性试验压力为 0.05 MPa 或注满水静置试验。

6.1.2.2　泄漏量试验。水电解制氢系统在气密性试验合格后,以洁净空气或氮气进行泄漏量试验。试验压力为系统设计压力;试验时间为 24 h。泄漏量试验过程应认真记录系统内气体的温度、压力。以平均每小时泄漏率不超过 0.5％/小时为合格。平均每小时泄漏率 A 按式(1)计算:

$$A = \frac{100}{t}\left(1 - \frac{p_2}{p_1}\frac{T_1}{T_2}\right) \tag{1}$$

式中:A——平均每小时泄漏率,用(％/h)表示;

t——试验时间,单位为小时(h);

p_1、p_2——试验开始、结束时的绝对压力,单位为兆帕(MPa);

T_1、T_2——试验开始、结束时的气体绝对温度,单位为开尔文(K)。

6.1.2.3　氢气压缩机、泵类等运动类设备,应按相关的标准进行负荷试车。

6.1.2.4　压力型氢气罐等压力容器,应按《压力容器安全技术监察规程》和设计图纸进行焊接质量检查和强度试验等,并由有资格的检测部门出具证书。

6.1.2.5　外壳通风试验

6.1.2.5.1　移动式水电解制氢系统的防护罩的通风量测试,应在开启排气通风机后,检查每小时的换气次数;并由防护罩内的氢气报警装置测定外壳内各部分的通风状况。

6.1.2.5.2　当水电解制氢系统的电气柜未采用防爆型电器,配线时,应对电气柜外壳进行压力试验,宜在 1.0 kPa 气压下进行检查,不泄漏为合格。

6.2　检测

6.2.1　检测前的准备

6.2.1.1　对水电解制氢系统的氢气管路进行吹扫置换,吹除置换后系统内含氧量<0.5％。

6.2.1.2　整套系统的原料水、电解液、电源和自控系统均应符合设计要求,达到开车所应具备的条件。

6.2.1.3　检测现场的生产环境符合设计要求,各种生产辅助系统均应达到开车所应具备的条件。

6.2.1.4　开车后,逐渐增加负荷直至氢气/氧气纯度、工作压力、工作温度、氢气产量达到设计工况,并稳定运行后,开始进行检测、记录。

6.2.1.5 性能参数检测内容有:氢气产量、氢气/氧气纯度、直流电压和电流、单位制氢电耗等。进行上述检测的同时,并记录系统工作压力、工作温度、环境温度、原料水耗量和水质、电解液浓度等。

6.2.2 性能参数检测

6.2.2.1 氢气产量的检测

6.2.2.1.1 水电解制氢系统的氢气产量检测方法有容积法和直流电流测试值计算法。本标准推荐采用直流电流测试值计算法。

6.2.2.1.2 直流电流测试值计算见附录 A;容积法见附录 B。

6.2.2.2 氢气/氧气纯度的检测

6.2.2.2.1 普通氢气纯度和氢中杂质含量采用连续分析仪器检测,见附录 C。纯氢中杂质含量应符合GB/T 3634,GB/T 7445 的要求;采用 GB/T 5831,GB/T 5832.1,GB/T 5832.2,GB/T 6285,GB/T 8984.1,GB/T 8984.2 的方法进行检测。

6.2.2.2.2 普通氧气纯度和氧中杂质含量采用连续分析仪器检测,见附录 C。纯氧中杂质含量应符合GB/T 3863,GB/T 14599 的要求;采用 GB/T 5832.1,GB/T 5832.2 的方法进行检测。

6.2.2.2.3 普通氢气/氧气的纯度检测的取样点,应在水电解制氢系统中气体冷却器之后,氢气储罐之前。

6.2.2.3 直流电压、电流的检测

6.2.2.3.1 水电解槽的总直流电流(槽电流)用直流电流表检测。电流表的精度等级不低于 0.5 级。

6.2.2.3.2 水电解槽的总直流电压(槽电压)用直流电压表检测。检测位置在水电解槽的阳极、阴极端板处。电压表的精度等级不低于 0.5 级。

6.2.2.3.3 每个电解小室电压用万用表或专用电压表检测。仪器精度等级不低于 0.5 级。水电解槽的各个电解小室电压应分布均匀。

6.2.2.4 单位制氢的电耗

6.2.2.4.1 水电解制氢系统单位制氢的直流电耗(W_{H_2})按式(2)计算:

$$W_{H_2} = \frac{IUT}{Q_{H_2} \times 10^3} \tag{2}$$

式中:

W_{H_2}——单位制氢直流电耗,单位为千瓦时每立方米(kW·h/m³);

I——水电解槽的总直流电流,单位为安培(A);

U——水电解槽的总直流电压,单位为伏特(V);

Q_{H_2}——检测期间氢气产量,单位为立方米每小时(m³/h);

T——检测时间,单位为小时(h)。

6.2.2.4.2 直流电流、直流电压按 6.2.2.3 的检测方法进行,应取检测期间的平均值计算。

6.2.3 检测要求

6.2.3.1 在用户现场进行检测的项目、检测要求和合格标准应在供货合同中明确规定,并作为设备验收的依据。

6.2.3.2 制造厂家应向设备用户提供下列检测记录、资料和报告。

6.2.3.2.1 所订购设备在制造工厂的检测试验资料或报告。

6.2.3.2.2 订货合同规定的所有检测项目的检测记录、资料和报告。

6.2.3.3 检测用仪器、仪表和所有相关材料,均应符合有关标准或合同的规定。检测用仪器、仪表均应在有效认证时限内。

7 标志

7.1 通用要求

7.1.1 水电解制氢系统及其单体设备的标志制作、安装位置,应符合 GB/T 13306 的规定。

7.1.2 标志的内容应简洁、明确,显示主要性能参数、指标和要求。标志应固定在易于观察的明显位置。

7.1.3 每套水电解制氢系统应设标志牌;主要单体设备,根据需要分别设标志牌。

7.2 标志牌内容

7.2.1 移动式水电解制氢系统标志牌应包括下列内容。

7.2.1.1 制造厂家名称、地址。

7.2.1.2 产品型号和商标

7.2.1.3 制造日期、编号。

7.2.1.4 主要技术参数:
- a) 氢气产量(m^3/h 或 kg/h);

    氧气产量(m^3/h 或 kg/h);
- b) 氢气纯度(%)或杂质含量(10^{-6});

    氧气纯度(%)或杂质含量(10^{-6});
- c) 氢气压力(MPa);

    氧气压力(MPa);
- d) 电气输入:电压(V),电流(A),频率(Hz/相);
- e) 环境工作温度(℃);
- f) 工作场所,室内或室外;
- g) 易燃易爆警示或要求(移动式);
- h) 设备外形尺寸(mm)、质量(kg)等。

7.2.2 水电解槽标志牌应包括下列内容。

7.2.2.1 制造厂家名称、地址。

7.2.2.2 产品型号和商标。

7.2.2.3 制造日期、编号。

7.2.2.4 主要技术参数:
- a) 氢气产量(m^3/h 或 kg/h);

    氧气产量(m^3/h 或 kg/h);
- b) 氢气纯度(%)或杂质含量(10^{-6});

    氧气纯度(%)或杂质含量(10^{-6});
- c) 氢气压力(MPa);

    氧气压力(MPa);
- d) 直流电输入:电压(V),电流(A);
- e) 环境工作温度(℃);
- f) 工作场所,室内或室外;
- g) 设备外形尺寸(mm)、质量(kg)等。

7.2.3 压力容器标志牌应遵照《压力容器安全技术监察规程》的要求进行。

7.3 包装箱图示

包装箱储运图示标志应符合 GB/T 191 的规定。

8 产品随机文件

8.1 搬运、吊装要求

制造厂家应提供水电解制氢系统各类单体设备、组件的安全搬运、吊装说明;必要时以图示说明吊装、搬运方法。

8.2 系统、设备图纸

8.2.1 制造厂家应提供水电解制氢系统在安装、运行维护中所需的各种系统流程,设备构造和电气自控等图纸。

8.2.2 需提供的图纸应包括下列内容。

    a) 工艺流程图,带控制点、管径等;

    b) 各类电气原理图和水电解制氢系统或组件的电气接线图、布线图;

    c) 单体设备总图(应有接管、接线标注);

    d) 组件内设备及管线图;

    e) 需土建施工的基础条件图。

8.3 使用手册

8.3.1 制造厂家应提供启动、停机程序的指导性要求或说明。

8.3.2 安全使用须知的提示,一般应包括下列内容。

8.3.2.1 氢气生产的环境有关防爆、防泄漏和安全运行的提示。

8.3.2.2 电解液的制备、防泄漏及其安全保护措施。

8.3.2.3 氢气排入不通风或通风不良的房间内,形成富氢环境的危害的提示。

8.3.3 当水电解制氢系统设有远距离监控系统时,制造厂家应提供相关的程序说明,并详细说明计算机的操作运行要求。

8.4 安装维护手册

8.4.1 制造厂家应提供安装、维护的要求和指导原则。包括:水电解制氢系统的现场布置和设计必须遵循 GB 50177 的规定,氢气的使用必须遵循 GB 4962 的规定。

8.4.2 安装维护手册主要应包括下列内容。

8.4.2.1 安装要求提示,包括设备基础、设备就位、电气接线、自控仪表和控制阀等的安装要求。

8.4.2.2 有爆炸危险的氢气生产场所,对防爆电器及其配线安装的要求。有爆炸危险的氢气生产场所的运行维护管理要求,包括通风、易燃材料和明火管制的要求等。

8.4.2.3 各种需定期更换或清洗的零部件的说明,并提出更换、清洗的要求。

9 包装

9.1 水电解制氢系统的包装应符合 GB/T 13384 的规定。并按装箱单的编号、项目名称和件数进行装箱。

9.2 压力容器的包装、运输应符合 JB 2536 的规定。

9.3 产品出厂时,应进行充氮保护,充氮压力≥0.05 MPa。此类设备的开口处应进行封堵。

附　录　A

(规范性附录)

电流测试值计算气体产量

A.1　原理摘要

依据电解定律——任何物质在电解过程中,数量上的变化服从法拉第定律。

A.2　水电解制氢时的法拉第定律

在标准状况下,用 2×96500 C 电量,可电解 1 mol 水制取 1 mol 氢和 1/2 mol 氧。

1 mol 氢气在标准状况下的体积为 22.43×10^{-3} m³;

故在标准状况下,制取 1 m³ 氢所需理论电量为式(A.1):

$$\frac{2 \times 96500 \times 1000}{3600 \times 22.43} = 2390 \text{ A} \cdot \text{h/m}^3 \tag{A.1}$$

A.3　电流测试值计算气体产量

电流测试值计算气体产量按式(A.2)进行。

$$Q = \frac{In\eta}{2390} \tag{A.2}$$

式中:Q——氢气产量,单位为立方米每小时(m³/h);

I——通过电解小室的直流工作电流,单位为安培(A);

n——电解小室数;

η——电流效率(设计选定),单位用(%)表示。

附 录 B

（规范性附录）

容积法测试气体产量

B.1 容积法测试系统流程如图 B.1 所示。

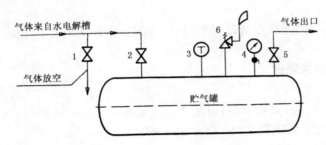

1——阀-1；

2——阀-2；

3——温度计；

4——压力表；

5——阀-3；

6——安全阀。

图 B.1 容积法测试系统示意图

B.2 测试方法

B.2.1 测试前应对贮气罐的结构容积进行实测。

B.2.2 开阀-1，关闭阀-2，阀-3，准确记录贮气罐内气体的起始压力和温度。

B.2.3 开阀-2，关闭阀-1，阀-3，记录起始时间。

B.2.4 经一定时间充灌气体后，关闭阀-2，开阀-1，记录终止时间、贮气罐内压力和温度。

B.2.5 气体产量 Q(m³/h) 按式(B.1)计算。

$$Q = \frac{T_0 V}{t p_0} \left(\frac{p_2}{T_2} - \frac{p_1}{T_1} \right) \qquad (B.1)$$

式中：Q ——标准状况下气体产量，单位为立方米每小时（m³/h）；

p_0 ——标准状况下气体压力（0.101325），单位为兆帕（MPa）；

p_1 ——起始时贮气罐内气体绝对压力，单位为兆帕（MPa）；

p_2 ——终止时贮气罐内气体绝对压力，单位为兆帕（MPa）；

T_0 ——标准状况下气体温度，单位为开尔文（K）；

T_1 ——起始时贮气罐内气体温度，单位为开尔文（K）；

T_2 ——终止时贮气罐内气体温度，单位为开尔文（K）；

V ——贮气罐结构容积，单位为立方米（m³）；

t ——测试时间，单位为小时（h）。

附　录　C

(规范性附录)

分析仪器测试气体纯度

C.1　氢气纯度

C.1.1　测试仪器

分析氢气中氧含量的氧分析仪,按 GB/T 3634 中对氧气含量采用同手工分析或气相色谱仪比对过的仪表进行分析。

分析仪的量程 $0\sim1\%O_2$,刻度值小于 0.01%。

C.1.2　测试方法

将氢气送入分析仪进口接头,分析仪就直接显示出体积氧含量值。

C.1.3　氢气纯度按式(C.1)计算(仅对氧含量规定):

$$C_{H_2} = (1 - C_{XO}) \times 100 \tag{C.1}$$

式中:C_{H_2}——氢气纯度,用(%)表示;

C_{XO}——仪表显示氧含量值。

C.2　氧气纯度

C.2.1　测试仪器

分析氧气中氢含量的氢分析仪,按 GB/T 3863 中对氢气含量采用同铜氨溶液吸收法或气相色谱仪比对过的仪表进行分析。

分析仪的量程在 $0\sim2\%H_2$,刻度值小于 0.01%。

C.2.2　测试方法

将氧气送入分析仪进口接头,分析仪就直接显示出体积氢含量值。

C.2.3　氧气纯度按式(C.2)计算:

$$C_{O_2} = (1 - C_{XH}) \times 100 \tag{C.2}$$

式中:C_{O_2}——氧气纯度,用(%)表示;

C_{XH}——仪表显示氢含量值。

ICS 71. 100. 20
J 76

中华人民共和国国家标准

GB 14194—2006
代替 GB 14194—1993

永久气体气瓶充装规定

Rules for filling of permanent gas cylinders

2006-07-19 发布

2007-02-01 实施

中华人民共和国国家质量监督检验检疫总局
中国国家标准化管理委员会 发 布

前　　言

本标准的全部技术内容为强制性。

本标准是 GB 14194—1993《永久气体气瓶充装规定》的修订本。

《气瓶安全监察规定》和《气瓶安全监察规程》2000 年修订版发布和实施对《气瓶安全监察规程》1989 年版进行了补充和修订。以 1989 年版《气瓶安全监察规程》为纲制定的 GB 14194—1993《永久气体气瓶充装规定》相应也应作补充和修订。

这次修订保留了 GB 14194—1993 的相关技术内容,同时要增加和修订主要的内容有:

——GB 14194《永久气体气瓶充装规定》对照《气瓶安全监察规定》和《气瓶安全监察规程》2000 年
修订版相应作了补充和修改。

——根据 GB/T 1.1—2000《标准化工作导则　第 1 部分:标准的结构和编写规则》和《国家标准编
写模板》修订了标准的结构。

——将低温液化永久气体气化后的气瓶充装规定补充到本标准中。

——增加了"本标准不适用于汽车用压缩天然气气瓶"。

本标准由国家质量监督检验检疫总局压力容器安全监察局提出并归口。

本标准由首都经贸大学、北京普莱克斯实用气体有限公司、广州气体厂、杭州气体厂负责起草。

本标准主要起草人:吴粤燊、郝澄、王耀宗、汤伟华、沈建林。

本标准委托全国气瓶标准化技术委员会负责解释。

永久气体气瓶充装规定*

1 范围

本标准规定了永久气体气瓶充装的基本原则和安全技术要求。

本标准适用于工业用永久气体气瓶的充装,也适用于低温液化永久气体气化后的气瓶充装。

其他特殊用途的永久气体气瓶的充装,如医用氧亦可参照使用。

本标准不适用于汽车用压缩天然气气瓶的充装。

2 规范性引用文件

下列文件中的条款通过本标准的引用而成为本标准的条款。凡是注日期的引用文件,其随后所有的修改单(不包括勘误的内容)或修订版均不适用于本标准,然而,鼓励根据本标准达成协议的各方研究是否可使用这些文件的最新版本。凡是不注日期的引用文件,其最新版本适用于本部分。

GB 5099 钢质无缝气瓶

GB 7144 气瓶颜色标志

GB 15383 气瓶阀出气口连接型式和尺寸

GB 16804 气瓶警示标签

3 术语和定义

下列术语和定义适用于本标准。

3.1

低温液化永久气体 low temperature liquefied permanent gas

指临界温度低于-10 ℃的气体经低温处理后所形成的气、液两相共存的介质。如:液氧、液氮、液氩。

3.2

充装温度 filling temperature

气瓶充装气体结束时瓶内气体的实际温度。

3.3

充装压力 filling pressure

气瓶充装气体结束时瓶内气体的压强。

3.4

剩余压力 remaining pressure

气瓶充装前瓶内所剩余的气体压强。

4 充装前的检查与处理

4.1 充装前的气瓶应由专人负责,逐只进行检查,检查内容至少应包括:

---

* 注:永久气体气瓶充装规定(GB 14194—2006)(摘录)

a) 国产气瓶是否是由具有"气瓶制造许可证"的单位生产的,并有监督检验标记;

b) 进口气瓶是否经安全监察机构批准的;

c) 将要充装的气体是否与气瓶制造钢印标记中充装气体名称或化学分子式相一致;

d) 根据 GB 16804 规定制作的警示标签上印有的瓶装气体的名称及化学分子式是否与气瓶制造钢印标记中的相一致。

e) 将要充装的气瓶是否是本充装站的自有产权气瓶和托管气瓶;

f) 气瓶外表面的颜色标记是否与所装气体的规定标记相符;

g) 气瓶瓶阀的出气口螺纹型式是否符合 GB 15383 的规定,即可燃气体用的瓶阀,出气口螺纹应是内螺纹(左旋),其他气体用的瓶阀,出气口螺纹应是外螺纹(右旋);

h) 气瓶内有无剩余压力。当气瓶无剩余压力或有不明剩余气体时,应按 4.3 和 4.4 进行处理;

i) 气瓶外表面有无裂纹、严重腐蚀、明显变形及其他严重外部损伤缺陷;

j) 气瓶是否在规定的检验期限内;

k) 气瓶的安全附件是否齐全和符合安全要求;

l) 盛装氧气或强氧化性气体的气瓶,其瓶体、瓶阀是否沾染油脂或其他可燃物。

4.2　具有下列情况之一的气瓶,禁止充装:

a) 不具有"气瓶制造许可证"的单位生产的;

b) 进口气瓶未经安全监察机构批准认可的;

c) 将要充装的气体与气瓶制造钢印标记中充装气体名称或化学分子式不一致的;

d) 警示标签上印有的瓶装气体名称及化学分子式与气瓶制造钢印标记中不一致的;

e) 将要充装的气瓶不是本充装站自有产权的,气瓶技术档案不在本充装单位的;

f) 原始标记不符合规定,或钢印标志模糊不清的、无法辨认的;

g) 颜色标记不符合 GB 7144 气瓶颜色标志的规定,或者严重污损、脱落、难以辨认的;

h) 气瓶使用年限超过 30 年的;

i) 超过检验期限的;

j) 附件不全,损坏或不符合规定的;

k) 氧气瓶或强氧化性气体气瓶瓶体或瓶阀沾有油脂的;

l) 气瓶生产国的政府已宣布报废的气瓶;

m) 经过改装的气瓶。

4.3　颜色或其他标记以及瓶阀出口螺纹与所装气体的规定不相符及有不明剩余气体的气瓶,除不予充气外,还应查明原因,报告上级主管部门和安全监察机构,进行处理。

4.4　无剩余压力的气瓶,充装前应充入氮气置换后,抽真空。之后如发现瓶阀出口处有污迹和油迹,应卸下瓶阀,进行内部检查或脱脂。确认瓶内无异物,按 4.5 的规定检查合格方可充气。

4.5　新投入使用或经内部检验后首次充气的气瓶,充气前都应按规定先置换,除去瓶内的空气及水分,经分析合格后方能充气。

4.6　在检验有效期限内的气瓶,如外观检查发现有重大缺陷或对内部状况有怀疑的气瓶、发生交通事故后,车上运输的气瓶、瓶阀及其他附件,应先送检验机构,按规定进行技术检验与评定,检验合格后方可重新使用。库存和停用时间超过一个检验周期的气瓶,启用前应进行检验。

4.7　国外进口的气瓶,外国飞机、火车、轮船上使用的气瓶,要求在我国境内充气时,应先由安全监察机构认可和检验机构进行检验。

4.8　发现氧气瓶内有积水时,充气前应将气瓶倒置,轻轻开启瓶阀,完全排除积水后方可充气。

4.9　经检查不合格(包括待处理)的气瓶应与合格气瓶隔离存放,并作出明显标记,以防止相互混淆。

4.10　气瓶水压试验有效期前 1 个月应向气瓶检验机构提出定期检验要求。

5　充装

5.1　气瓶充装系统用压力表,精度不应低于 1.5 级,表盘直径不应小于 150 mm。校验周期不应大于半年。

5.2　瓶装气中的杂质含量应符合相应气体标准的要求,下列气体禁止装瓶:

  a)　氧气中的乙炔、乙烯及氢的总含量达到或超过 2×10^{-2}(体积分数,下同)或易燃性气体的总含量达到或超过 4×10^{-2} 者;

  b)　氢气中的氧含量达到或超过 0.5×10^{-2} 者;

  c)　其他易燃性气体中的氧含量达到或超过 4×10^{-2} 者。

5.3　气瓶充装气体时,必须严格遵守下列各项规定:

  a)　充气前必须检查确认气瓶是经过检查合格(应有记录)或妥善处理(应有记录)的;

  b)　用防错装接头进行充装时,应认真检查瓶阀出气口的螺纹与所充装气体所规定的螺纹型式是否相符,防错装接头零部件是否灵活好用;

  c)　开启瓶阀时应缓慢操作,并应注意监听瓶内有无异常音响;

  d)　充装易燃气体的操作过程中,禁止用扳手等金属器具敲击瓶阀和管道;

  e)　在瓶内气体压力达到 7 MPa 以前应逐只检查气瓶的瓶体温度是否大体一致,在瓶内气体压力达到 10 MPa 时应检查瓶阀的密封是否良好。发现异常时应及时妥善处理;

  f)　气瓶的充装流量,不得大于 8 m³/h(标准状态气体)且充装时间不得小于 30 分钟;

  g)　用充气汇流排充装气瓶时,在瓶组压力达到充装压力的 10% 以后,禁止再插入空瓶进行充装。

5.4　气瓶的充装量应严格控制,确保气瓶在最高使用温度(国内使用的,定为 60 ℃)下,瓶内气体的压力不超过气瓶的许用压力。根据 GB 5099 的规定,国产钢瓶的许用压力为水压试验压力的 0.8 倍

5.5　用国产气瓶充装的各种常用永久气体,气瓶的最高充装压力(表压)不得超过表 1 的规定。

表 1　常用永久气体在不同充装温度下气瓶的最高充装压力

气体名称	充装温度/℃	在不同公称工作压力(MPa)下气瓶的最高充装压力/MPa	
		15 MPa	20 MPa
氢气	5	14.7	19.7
	10	15.0	20.1
	15	15.3	20.4
	20	15.6	20.8
	25	15.9	21.2
	30	16.2	21.6
	35	16.5	22.0
	40	16.8	22.4
	45	17.1	22.8
	50	17.4	23.2

5.6　充装温度应按下列方法确定

  取充气车间的环境室温加上充气温差(指在测温试验时实际测定得出的气体充装温度与室温之差)

作为气瓶的充装温度。充气温差应在规定的充气速度下，由实验测定。实验结果应挂贴上墙。

5.7　低温液化永久气体气化后的气瓶充装过程中还应遵守以下规定：

  a) 充装前，应检查低温液体汽化器气体出口温度、压力控制装置是否处于正常状态；

  b) 低温液体泵开启前，要有冷泵过程（冷泵时间参照泵的使用说明书定）；

  c) 气瓶充装过程中，低温液体汽化器出口温度不得低于 0 ℃，若出现上述现象应及时妥善处理；

  d) 低温液体加压气化充瓶装置中，低温泵排液量与汽化器的换热面积及充装量应匹配，应使每瓶气的充装时间不得小于 30 分钟；汽化器的出口温度低于 0 ℃及超压时应有系统报警及连锁停泵装置；

  e) 低温液体充装站的操作人员应配戴可靠的防冻伤的劳保用品。

5.8　充装后的气瓶，应有专人负责，逐只进行检查。不符合要求时，应进行妥善处理，检查内容包括：

  a) 瓶内压力（充装量）及质量是否符合安全技术规范及相关标准的要求；

  b) 瓶阀及其与瓶口连接的密封是否良好；

  c) 气瓶充装后是否出现鼓包变形或泄漏等严重缺陷；

  d) 瓶体的温度是否有异常升高的迹象；

  e) 气瓶的瓶帽、防震圈、充装标签和警示标签是否完整。

6　充装记录

6.1　充气单位应有专人负责填写气瓶充装记录，记录的内容至少应包括充气日期、瓶号、室温、充装压力、充装起止时间、充装人、气瓶充装前剩余气体是否与将要充装的气体相同、不明剩余气体的气瓶是如何处理的、有无发现异常情况等。

6.2　充气单位应负责妥善保管气瓶充装记录，保存时间不应少于 2 年。

ICS 23. 020. 30
J 74

中华人民共和国国家标准

GB 7144—1999

气 瓶 颜 色 标 志

Coloured cylinder mark for gases

1999-12-17发布
2000-10-01实施

国家质量技术监督局 发布

前 言

本标准是 GB 7144—1986《气瓶颜色标记》的修订本。主要有四处变动:舍弃"特种气体类"的气瓶色标;增列 17 种气体的气瓶色标;二氧化氮气瓶和硫化氢气瓶互换瓶色;更改液化石油气瓶的色标。此外,从 1989 年版《气瓶安全监察规程》引入气瓶检验色标。

本标准从实施之日起代替 GB 7144—1986。

本标准由全国气瓶标准化技术委员会提出并归口。

本标准起草单位:上海高压容器有限公司。

本标准主要起草人:陈保仪、陈伟明。

本标准于 1986 年 12 月首次发布,1999 年 12 月首次修订。

气瓶颜色标志[*]

1 范围

本标准规定了作为充装气体识别标志的气瓶外表面涂色和字样。

本标准适用于公称工作压力不大于 30 MPa、公称容积不大于 1 000 L、移动式可重复使用的气瓶。

本标准不适用于灭火用的气瓶、车辆燃料气瓶和机器设备上附属的气瓶。

进口气瓶应按本标准的要求涂敷(或改涂、复涂)颜色标志。

2 引用标准

下列标准所包含的条文,通过在本标准中引用而构成为本标准的条文。本标准出版时,所示版本均为有效。所有标准都会被修订,使用本标准的各方应探讨使用下列标准最新版本的可能性。

GB/T 3181—1995 　　漆膜颜色标准

GSB G51001—1995 　　漆膜颜色标准样卡

3 定义

本标准采用下列定义。

3.1

气瓶颜色标志 coloured cylinder mark for gas

气瓶外表面涂敷的字样内容、色环数目和涂膜颜色按充装气体的特性作规定的组合,是识别充装气体的标志。

3.2

色环 colour ring

公称工作压力不同的气瓶充装同一种气体而具有不同充装压力或不同充装系数的识别标志。

3.3

色卡 colour chip

表示一定颜色的标准样品卡(GB/T 3181—1995 中 3.10)。

4 气瓶的涂膜颜色名称和鉴别

4.1 气瓶的漆膜颜色应符合 GB/T 3181 的规定(铝白、黑、白除外)。

4.2 气瓶的漆膜颜色编号、名称和色卡见表 1。

4.3 选用漆膜以外方法涂敷的气瓶,其涂膜颜色均应符合表 1 的规定。

4.4 颜色和色卡应按 GB/T 3181 的要求鉴别。

---

[*] 注:气瓶颜色标志(GB 7144—1999)(摘录)

表1 气瓶的漆膜颜色编号、名称和色卡

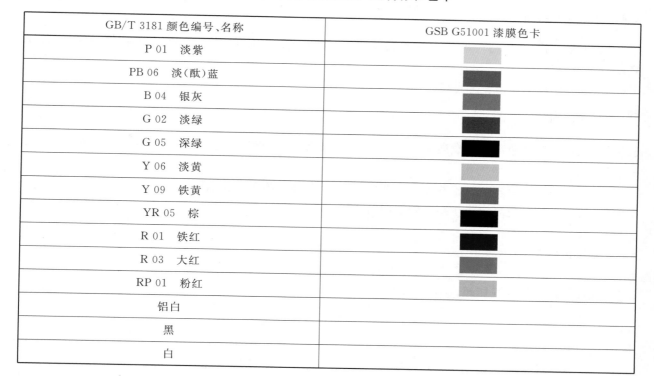

GB/T 3181 颜色编号、名称	GSB G51001 漆膜色卡
P 01 淡紫	
PB 06 淡(酞)蓝	
B 04 银灰	
G 02 淡绿	
G 05 深绿	
Y 06 淡黄	
Y 09 铁黄	
YR 05 棕	
R 01 铁红	
R 03 大红	
RP 01 粉红	
铝白	
黑	
白	

5 气瓶的字样和色环

气瓶的字样、色环彼此间应避免叠合,不占防震圈的位置。

5.1 字样

5.1.1 字样是指气瓶的充装气体名称(也可含气瓶所属单位名称和其他内容,如溶解乙炔气瓶的"不可近火"等)。

5.1.2 充装气体名称一般用汉字表示。凡属液化气体,气体名称应冠以"液"或"液化"字样;凡属医用或呼吸用气体,在气体名称前应分别加注"医用"或"呼吸用"字样。

对于小容积气瓶,充装气体名称可用化学式表示。

5.1.3 汉字字样采用仿宋体。公称容积40 L的气瓶,字体高度为80~100 mm;其他规格的气瓶,字体大小宜适当调整。

5.2 字样排列

5.2.1 立式气瓶的充装气体名称应按瓶的环向横列于瓶高3/4处;单位名称应按瓶的轴向竖列于气体名称居中的下方或转向180°的瓶面。

5.2.2 卧式气瓶的充装气体名称和单位名称应以瓶的轴向从瓶阀端向右(瓶阀在视者左方)分行横列于瓶中部;单位名称应位于气体名称之下,行间距为简体周长的1/4或1/2。

5.3 色环

5.3.1 在符合3.2的条件下,公称工作压力比规定起始级高一级的气瓶涂一道色环(简称单环,下同),高二级的涂两道色环(简称双环,下同)。

5.3.2 充装同一种气体的气瓶,其公称工作压力分级按《气瓶安全监察规程》执行,本标准引用于表2。

5.4 色环宽度和间距

5.4.1 公称容积 40 L 的气瓶,单环宽度为 40 mm,双环的各环宽度为 30 mm。其他规格的气瓶,色环宽度宜适当调整。

5.4.2 双环的环间距等于环宽度。

5.5 色环排列

5.5.1 色环应于气瓶环向涂成连续一圈、边缘整齐且等宽的色带,不应呈现螺旋状、锯齿状或波状,双环应平行。

5.5.2 立式气瓶的色环应位于瓶高约 2/3 处,且介于气体名称和单位名称之间。

5.5.3 卧式气瓶的色环应位于距瓶阀端约筒体长度的 1/4 处。

6 气瓶颜色标志

6.1 充装常用气体的气瓶颜色标志见表2。

表 2 气瓶颜色标志一览表

序号	充装气体名称		化学式	瓶色	字样	字色	色环
1	乙炔		$CH\equiv CH$	白	乙炔不可近火	大红	
2	氢		H_2	淡绿	氢	大红	$P=20$,淡黄色单环 $P=30$,淡黄色双环
3	氧		O_2	淡(酞)兰	氧	黑	$P=20$,白色单环 $P=30$,白色双环
4	氮		N_2	黑	氮	淡黄	
5	空气			黑	空气	白	
6	二氧化碳		CO_2	铝白	液化二氧化碳	黑	$P=20$,黑色单环
39	液化石油气	工业用		棕	液化石油气	白	
		民用		棕	家用燃料(LPG)	白	
47	氩		Ar	银灰	氩	深绿	$P=20$,白色单环 $P=30$,白色双环
48	氦		He	银灰	氦	深绿	
49	氖		Ne	银灰	氖	深绿	
50	氪		Kr	银灰	氪	深绿	

注1 色环栏内的 P 是气瓶的公称工作压力,MPa。

2 序号39,民用液化石油气瓶上的字样应排成二行,"家用燃料"居中的下方为"(LPG)"。

6.3 瓶帽、护罩、瓶耳、底座等的涂膜颜色应与瓶色一致。

7 气瓶检验色标

7.1 在气瓶检验钢印标志上应按检验年份涂检验色标。检验色标的式样见表4,10 年一循环。

小容积气瓶和检验标志环的检验钢印标志上可以不涂检验色标。

7.2 公称容积 40 L 气瓶的检验色标,矩形约为 80 mm×40 mm;椭圆形的长短轴分别约为 80 mm 和 40 mm。其他规格的气瓶,检验色标的大小宜适当调整。

表 4　气瓶检验色标的涂膜颜色和形状

检验年份	颜色	形状
1999	深绿	矩形
2000	粉红	椭圆形
2001	铁红	
2002	铁黄	
2003	淡紫	
2004	深绿	
2005	粉红	矩形
2006	铁红	
2007	铁黄	
2008	淡紫	
2009	深绿	

ICS 13. 260
C 66

中华人民共和国国家标准

GB 12158—2006
代替 GB 12158—1990

防 止 静 电 事 故 通 用 导 则

General guideline for preventing electrostatic accidents

2006-06-22 发布   2006-12-01 实施

中华人民共和国国家质量监督检验检疫总局
中国国家标准化管理委员会 发布

防止静电事故通用导则*

1 范围

本标准描述了静电放电与引燃，规定了静电防护措施、静电危害的安全界限及静电事故的分析和确定。

本标准适用于存在静电引燃（爆）等静电危害场所的设计和管理。其他的静电危害（如静电干扰、静电损坏电子元件）可以参考本标准的有关条款。

本标准不适用于火炸药、电火工品的静电危害防范。

2 规范性引用文件

下列文件中的条款通过本标准的引用而成为本标准的条款。凡是注日期的引用文件，其随后所有的修改单（不包括勘误的内容）或修订版均不适用于本标准，然而，鼓励根据本标准达成协议的各方研究是否可使用这些文件的最新版本。凡是不注日期的引用文件，其最新版本适用于本标准。

GB 6950 轻质油品安全静止电导率

GB 6951 轻质油品装油安全油面电位值

GB 12014 防静电工作服

GB/T 15463—1995 静电安全术语

3 术语和定义

下列术语和定义适用于本标准。

3.1

静电导体 static conductor

在任何条件下，体电阻率小于或等于 1×10^6 $\Omega \cdot m$（即电导率等于或大于 1×10^{-6} S/m）的物料及表面电阻率等于或小于 1×10^7 Ω 的固体表面。

3.2

静电亚导体 static sub-conductor

在任何条件下，体电阻率大于 1×10^6 $\Omega \cdot m$，小于 1×10^{10} $\Omega \cdot m$ 的物料及表面电阻率大于 1×10^7 Ω，小于 1×10^{11} Ω 的固体表面。

3.3

静电非导体 static non-conductor

在任何条件下，体电阻率大于或等于 1×10^{10} $\Omega \cdot m$（即电导率小于或等于 1×10^{-10} S/m）的物料及表面电阻率等于或大于 1×10^{11} Ω 固体表面。

3.4

最小点燃能量 minimum ignition energy

在常温常压条件下，影响物质点燃的各种因素均处于最敏感的条件，点燃该物质所需的最小电气能量。

---

* 注：防止静电事故通用导则（GB 12158—2006）（摘录）

3.5

间接接地 indirect static earthing

为使金属以外的静电导体、静电亚导体进行静电接地,将其表面的局部或全部与接地的金属体紧密相接的一种接地方式。

3.6

爆炸危险场所 explosion endangered places

爆炸性混合物(气体及粉尘)出现的或预期可能出现的数量达到足以要求对电气设备的结构、安装和使用采取预防措施的场所。

3.7

气体爆炸危险场所的区域等级 classification of hazardous areas

3.7.1 0区

在正常情况下,爆炸性气体(含蒸气和薄雾)混合物连续地、短时间频繁地出现或长时间存在的场所。

3.7.2 1区

在正常情况下,爆炸性气体(含蒸气和薄雾)混合物有可能出现的场所。

3.7.3 2区

在正常情况下,爆炸性气体混合物不能出现,仅在不正常情况下,偶尔短时间出现的场所。

注:正常情况是指设备的正常起动、停止、正常运行和维修。

3.8

缓和时间 relaxation time of charge

带电体上的电荷(或电位)消散至其初始值的 $1/e$(约37%)时所需的时间。

3.9

静置时间 time of repose;time of rest

在有静电危险的场所进行生产时,由设备停止操作到物料(通常为液体)所带静电消散至安全值以下,允许进行下一步操作所需要的间隔时间。

4 放电与引燃

4.1 典型静电放电的特点和其相对引燃能力见表1。

表1

放电种类	发生条件	特点及引燃性
电晕放电	当电极相距较远,在物体表面的尖端或突出部位电场较强处较易发生	有时有声光,气体介质在物体尖端附近局部电离,不形成放电通道。感应电晕单次脉冲放电能量小于20 μJ,有源电晕单次脉冲放电能量则较此大若干倍,引燃、引爆能力甚小
刷形放电	在带电电位较高的静电非导体与导体间较易发生	有声光,放电通道在静电非导体表面附近形成许多分叉,在单位空间内释放的能量较小,一般每次放电能量不超过 4 mJ,引燃、引爆能力中等

表 1(续)

放电种类	发生条件	特点及引燃性
火花放电	要发生在相距较近的带电金属导体间	有声光,放电通道一般不形成分叉,电极上有明显放电集中点,释放能量比较集中,引燃、引爆能力很强
传播型刷形放电	仅发生在具有高速起电的场合,当静电非导体的厚度小于 8 mm,其表面电荷密度大于或等于 2.7×10^{-4} C/m² 时较易发生	放电时有声光,将静电非导体上一定范围内所带的大量电荷释放,放电能量大,引燃、引爆能力强

4.2 在相同带电电位条件下,液体或固体表面带负电荷时发生的放电比带正电荷时发生的放电,对可燃气体的引燃能力可大一个数量级。

4.3 在下列环境下,更易发生引燃、引爆等静电危害。

——可燃物的温度比常温高;

——局部环境氧含量(或其他助燃气含量)比正常空气中高;

——爆炸性气体的压力比常压高;

——相对湿度较低。

5 静电防护管理措施

本章规定了在静电危险场所应采取的管理上的要求。

5.1 静电危害控制方案

在静电危险场所,应制定静电危害控制方案,并成为单位内部管理规范文件的一部分。其内容应包括:

——可能产生的静电危害;

——静电危害的表现形式;

——静电危害的产生原因;

——静电危害的控制措施;

——人员的培训计划;

——防静电措施的验证。

5.2 人员

在静电危险场所工作的人员,应定期的防静电危害培训。培训应同本单位的实际工作结合,培训的内容应包括法规的培训、防静电措施的执行方法、必要的演习及知识的补充。

对短期来访的外来人员,应配备公用的个体防静电装备。进入静电危害区域前,应由有经验的工作人员以适合的方式告知有关规定。

5.3 检查

任何技术措施都有可能随时间的推移而失效,在工作中应按照静电危害控制方案对采取的防静电措施进行定期检查。检查的频率取决于控制对象的用途、耐久性及失效的风险。

5.4 标志与记录

所有静电危险场所应设立明显的危险标志。静电危险场所必须有接地点、应使用的防静电物品、必备的衣物、静电危险区及运动方面的限制等标志。

所有的工作都应被记录在案并保存。

6 静电防护技术措施

各种防护措施应根据现场环境条件、生产工艺和设备、加工物件的特性以及发生静电危害的可能程度等予以研究选用。

6.1 基本防护措施

6.1.1 减少静电荷产生

对接触起电的物料,应尽量选用在带电序列中位置较邻近的,或对产生正负电荷的物料加以适当组合,使最终达到起电最小。静电起电极性序列表见附录 B。

在生产工艺的设计上,对有关物料应尽量做到接触面积和压力较小,接触次数较少,运动和分离速度较慢。

6.1.2 使静电荷尽快地消散

在静电危险场所,所有属于静电导体的物体必须接地。对金属物体应采用金属导体与大地做导通性连接,对金属以外的静电导体及亚导体则应作间接接地。

静电导体与大地间的总泄漏电阻值在通常情况下均不应大于 1×10^6 Ω。每组专设的静电接地体的接地电阻值一般不应大于 100 Ω,在山区等土壤电阻率较高的地区,其接地电阻值也不应大于 1 000 Ω。

对于某些特殊情况,有时为了限制静电导体对地的放电电流,允许人为地将其泄漏电阻值提高到 1×10^4 Ω~1×10^6 Ω,但最大不得超过 1×10^9 Ω。

局部环境的相对湿度宜增加至 50% 以上。增湿可以防止静电危害的发生,但这种方法不得用在气体爆炸危险场所 0 区。

生产工艺设备应采用静电导体或静电亚导体,避免采用静电非导体。

对于高带电的物料,宜在接近排放口前的适当位置装设静电缓和器。

在某些物料中,可添加适量的防静电添加剂,以降低其电阻率。

在生产现场使用静电导体制作的操作工具应接地。

6.1.3 带电体应进行局部或全部静电屏蔽,或利用各种形式的金属网,减少静电的积聚。同时屏蔽体或金属网应可靠接地。

6.1.4 在设计和制作工艺装置或装备时,应避免存在静电放电的条件,如在容器内避免出现细长的导电性突出物和避免物料的高速剥离等。

6.1.5 控制气体中可燃物的浓度,保持在爆炸下限以下。

6.1.6 限制静电非导体材料制品的暴露面积及暴露面的宽度。

6.1.7 在遇到分层或套叠的结构时避免使用静电非导体材料。

6.1.8 在静电危险场所使用的软管及绳索的单位长度电阻值应在 1×10^3~1×10^6 Ω/m 之间。

6.1.9 在气体爆炸危险场所禁止使用金属链。

6.1.10 使用静电消除器迅速中和静电

静电消除器是利用外部设备或装置产生需要的正或负电荷以消除带电体上的电荷。

静电消除器原则上应安装在带电体接近最高电位的部位。

消除属于静电非导体物料的静电,应根据现场情况采用不同类型的静电消除器。

静电危险场所要使用防爆型静电消除器。

6.2 固态物料防护措施

6.2.1 非金属静电导体或静电亚导体与金属导体相互联接时,其紧密接触的面积应大于 20 cm²。

6.2.2 架空配管系统各组成部分,应保持可靠的电气连接。室外的系统同时要满足国家有关防雷规程的要求。

6.2.3 防静电接地线不得利用电源零线、不得与防直击雷地线共用。

6.2.4 在进行间接接地时,可在金属导体与非金属静电导体或静电亚导体之间,加设金属箔,或涂导电性涂料或导电膏以减少接触电阻。

6.2.5 油罐汽车在装卸过程中应采用专用的接地导线(可卷式),夹子和接地端子将罐车与装卸设备相互联接起来。接地线的联接,应在油罐开盖以前进行;接地线的拆除应在装卸完毕,封闭罐盖以后进行。有条件时可尽量采用接地设备与启动装卸用泵相互间能联锁的装置。

6.2.6 在振动和频繁移动的器件上用的接地导体禁止用单股线及金属链,应采用 6 mm² 以上的裸绞线或编织线。

6.5 人体静电的防护措施

6.5.1 当气体爆炸危险场所的等级属 0 区和 1 区,且可燃物的最小点燃能量在 0.25 mJ 以下时,工作人员需穿防静电鞋、防静电服。当环境相对湿度保持在 50％ 以上时,可穿棉工作服。

6.5.2 静电危险场所的工作人员,外露穿着物(包括鞋、衣物)应具防静电或导电功能,各部分穿着物应存在电气连续性,地面应配用导电地面。

6.5.3 禁止在静电危险场所穿脱衣物、帽子及类似物,并避免剧烈的身体运动。

6.5.4 在气体爆炸危险场所的等级属 0 区和 1 区工作时,应佩戴防静电手套。

6.5.5 防静电衣物所用材料的表面电阻率＜5×10¹⁰ Ω,防静电工作服技术要求见 GB 12014。

6.5.6 可以采用安全有效的局部静电防护措施(如腕带),以防止静电危害的发生。

7 静电危害的安全界限

7.1 静电放电点燃界限

7.1.1 导体间的静电放电能量按式(3)计算:

$$W = \frac{1}{2}CV^2 \qquad (3)$$

式中:W——放电能量,单位为焦耳(J);

C——导体间的等效电容,单位为法拉(F);

V——导体间的电位差,单位为伏特(V)。

当其数值大于可燃物的最小点燃能量时,就有引燃危险。

7.1.2 当两导体电极间的电位低于 1.5 kV 时,将不会因静电放电使最小点燃能量大于或等于0.25 mJ 的烷烃类石油蒸气引燃。

7.1.3 在接地针尖等局部空间发生的感应电晕放电不会引燃最小点燃能量大于 0.2 mJ 的可燃气。

7.2 物体带电安全管理界限

7.2.1 当固体器件的表面电阻率或体电阻率分别在 1×10⁸ Ω 及 1×10⁶ Ω·m 以下时,除了与火炸药有关情况外,一般在生产中不会因静电积累而引起危害。对某些爆炸危险程度较低的场所(如环境湿度较高、可燃物最小点燃能量较高等情况)在正常情况下,表面电阻率或体电阻率分别低于 1×10^{11} Ω 和 1×10^{10} Ω·m 时,也不会因静电积累引起静电引燃危险。

7.2.2 用非金属材料制造液体贮存罐、输送管道时,材料表面电阻和体电阻率分别低于 1×10^{10} Ω 及 1×10^{8} Ω·m。

7.2.3 在气体爆炸危险场所外露静电非导体部件的最大宽度及表面积,参见表3。

表3

环境条件		最大宽度/cm	最大表面积/cm²
0区	Ⅱ类A组爆炸性气体	0.3	50
	Ⅱ类B组爆炸性气体	0.3	25
	Ⅱ类C组爆炸性气体	0.1	4
1区	Ⅱ类A组爆炸性气体	3.0	100
	Ⅱ类B组爆炸性气体	3.0	100
	Ⅱ类C组爆炸性气体	2.0	20

7.2.4 固体静电非导体(背面 15 cm 内无接地导体)的不引燃放电安全电位对于最小点燃能量大于 0.2 mJ 的可燃气是 15 kV。

7.2.5 轻质油品装油时,油面电位应低于 12 kV。

7.2.6 轻质油品安全静止电导率应大于 50 pS/m。

7.2.7 对于采取了基本防护措施的,内表面涂有静电非导体的导电容器,若其涂层厚度不大于 2 mm,并避免快速重复灌装液体,则此涂层不会增加危险。

7.3 引起人体电击的静电电位

7.3.1 人体与导体间发生放电的电荷量达到 2×10^{-7} C 以上时就可能感到电击。当人体的电容为 100 pF 时,发生电击的人体电位约 3 kV,不同人体电位的电击程度见附录C。

7.3.2 当带电体是静电非导体时,引起人体电击的界限,因条件不同而变化。在一般情况下,当电位在 30 kV 以上向人体放电时,将感到电击。

7.4 附录D给出了爆炸性气体、蒸气及悬浮粉尘的点燃危险性表。

8 静电事故的分析和确定

凡疑为静电引燃的事故,除按常规进行事故调查分析外还应按照下列规定进行分析及确认。

8.1 检查分析是否存在发生静电放电引燃的必要条件。

8.1.1 通过对有关的运转设备、物料性能、人员操作以及环境情况的分析,推测可能带有静电的设备、物体和带电程度,以及放电的物件、条件和类型。

8.1.2 收集和测取必要的有关技术参数,并估算可能的放电能量。

8.1.3 参考本标准第6章及第7章提出的有关界限,对是否属于静电放电火源作出倾向性意见,或对较为简单明显的情况作出相应的结论。

8.2 对于较复杂的情况,则应根据实际的需要和可能,选取以下部分或全部内容,作进一步的测试,并通过综合分析后,作出相应的结论。

8.2.1　充分收集或测取有关技术参数,主要包括环境温度湿度和通风情况、可燃物种类、释放源位置及可能的爆炸性气体浓度分布情况,已有的防火防爆措施及其实际作用,与静电有关的物料的流量流速和人员动作及操作情况,非静电的其他火源的可能性等。

8.2.2　遗留残骸件的分析检验,其方法是选出可能带有静电并发生放电的物件(主要是金属件)通过电子显微镜作微观形貌观察,查明是否存在类似"火山口"特征的高温熔融微坑。以确定静电放电的具体部位,肯定事故的原因。

8.2.3　物件的起电程度和放电能量难以用分析的方法予以定量或半定量确定时,需参考事故发生时的具体条件,进行实物模拟试验,加以验证。模拟试验可在现场或在其他适宜场所进行。

对有关情况数据作进一步综合分析,观察各种情况数据间的相互关系是否符合客观规律和是否存在矛盾,必要时还须对其他情况或数据(包括非静电技术方面的)作补充收集或测试,以便作出最终结论。

附 录 A

（规范性附录）

静电主要参数测量方法及其注意事项

A.1 范围

本附录规定了导体电位的测量、表面电位的测量、静电电量的测量、静电非导体绝缘电阻的测量方法和注意事项。

A.2 导体电位的测量

A.2.1 测量仪表的输入阻抗应大于 1×10^{12} Ω，仪表的量程应与被测电位相适应，一般宜用较高档量程先行试测。测量时将仪表的高压接线端接到被测的导体上，低压端（一般与机壳相通）接地。高压引线采用同轴电缆可防止环境电波的干扰，如无干扰可用一般绝缘导线。

A.2.2 物体的静电电位随其所处位置的对地电容值不同而变化，电容值较大时所测得的电位较低。

A.3 表面电位（静电导体和静电非导体）的测量

A.3.1 此项测量可用各种类型的静电计，如感应型、旋叶型、电离型和振动电极型等。测量前先将仪表的接地端子接地，然后将探头对着接地金属板调整仪表零位。

A.3.2 开始测量时先将仪表灵敏度调至较低档，并缓慢地将探头移近被测物体至规定的距离。取得大致的数据后，再调整相应的测量档。

A.3.3 当被测物体的平面表面积较小时，测得数据将比实际电位偏小。

A.3.4 当被测电位数值很高时，应使探头与带电体保持较大距离，以免引起意外放电。

A.4 静电电量（静电导体和静电非导体）的测量

通常采用法拉第筒法，如图 A.1 所示。用于测量内筒电位的静电计应符合 A.2.1 的要求。

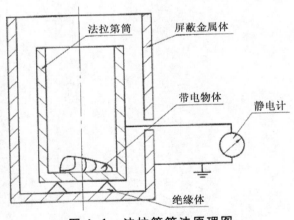

图 A.1 法拉第筒法原理图

A.4.1 除非用全封闭式法拉第筒（测量时内外筒都用上盖密封），否则内筒应大大高出被测带电体，外筒应比内筒高出 10% 以上。

A.4.2 被测带电体放入内筒过程中，须严防与其他物体碰触。

A.4.3 由于法拉第筒所测得的电量值是带电体上正负电荷的代数和，因而对同时存在正负两种电荷的带电体，不能测得某一极性的电量。

A.4.4　接于法拉第筒内外筒之间的电容宜选用绝缘性能良好的电容。

A.5　静电非导体绝缘电阻的测量

通常用高阻计进行测量,其测量电压应大于或等于 500 V,并避免对同一试样短时间进行反复测量,若测量电流在 10^{-9} A 以下,要对被测物体和测量系统进行屏蔽。

附 录 B

（资料性附录）

静电起电极性序列表

静电起电极性序列见表 B.1。

表 B.1

金属	纤维	天然物质	合成树脂
（＋）	（＋）	（＋）	（＋）
—	—	石棉	—
—	—	人毛、毛皮	—
—	—	玻璃	—
—	—	云母	—
—	羊毛	—	—
—	尼龙	—	—
铅	人造纤维	—	—
—	—	—	—
—	绢	—	—
—	木棉	棉	—
—	麻	—	—
锌	—	木材	—
铝	玻璃纤维	人的皮肤	—
—铬	乙酸酯	—	—
—铁	—	—	硬橡胶
铜	—	纸	—
镍	—	—	聚苯乙烯
金	—	橡胶	—
—铂	维尼纶	—	聚丙烯
—	聚酯	—	—
—	丙纶	—	聚乙烯
—	聚偏二氯乙烯	硝化纤维、象牙	—
—	—	玻璃纸	聚氯乙烯
—	—	—	聚四氟乙烯
（—）	（—）	（—）	（—）

注：表中列出的两种物质相互摩擦时，处在表中上面位置的物质带正电。下面位置的带负电（属于不同种类的物质相互摩擦时，也是如此），且其带电量数值与该两种物质在表中所处上下位置的间隔距离有关，即在同样条件下，两种物质所处的上下位置间隔越远，其摩擦带电量越大。

附　录　C

(资料性附录)
人体带电电位与静电电击程度的关系

人体带电电位与静电电击程度的关系见表 C.1。

表 C.1

人体电位/kV	电击程度	备　　注
1.0	完全无感觉	
2.0	手指外侧有感觉,但不疼	发出微弱的放电声
2.5	有针触的感觉,有哆嗦感,但不疼	
3.0	有被针刺的感觉,微疼	
4.0	有被针深刺的感觉,手指微疼	见到放电的微光
5.0	从手掌到前腕感到疼	指尖延伸出微光
6.0	手指感到剧疼,后腕感到沉重	
7.0	手指和手掌感到剧疼,稍有麻木感觉	
8.0	从手掌到前腕有麻木的感觉	
9.0	手腕子感到剧疼,手感到麻木沉重	
10.0	整个手感到疼,有电流过的感觉	
11.0	手指剧麻,整个手感到被强烈电击	
12.0	整个手感到被强烈打击	

注:人体的静电容量大约为 100 pF。

附 录 D

（资料性附录）

爆炸性气体、蒸气及悬浮粉尘的点燃危险性表

D.1 爆炸性气体、蒸气的点燃危险性（和空气混合）见表D.1。

表 D.1

序号	物质名称	闪点/℃	点燃极限				燃点/℃	分类和级别
			体积浓度/%		质量浓度/(mg/L)			
			下限	上限	下限	上限		
175	氢气 hydrogen	—	4.00	77.0	3.4	63	560	ⅡC

D.2 爆炸性气体、蒸气的点燃危险性（和氧混合）见表D.2。

表 D.2

序号	物质名称	最小点火电流/mA	分类和级别
175	氢气	21	ⅡC

D.3 各种爆炸性气体的点燃危险性（和氧混合）见表D.3。

表 D.3

| 物质名称 | 爆炸极限体积/% | | 最小点燃能量/mJ |
	下限	上限	
乙炔	2.8	100	0.0002
乙烷	3.0	66	0.0019
乙烯	3.0	80	0.0009
二乙醚	2.0	82	0.0012
氢	4.0	94	0.0012
丙烷	2.3	55	0.0021
甲烷	5.1	61	0.0027

UDC 620. 26. 004. 4:66. 0
C 67

中华人民共和国国家标准

GB 15603—1995

常用化学危险品贮存通则

Rule for storage of chemical dangers

1995-07-26 发布　　　　　　　　　　　1996-02-01 实施

国 家 技 术 监 督 局 发布

常用化学危险品贮存通则[*]

1 主题内容与适用范围

本标准规定了常用化学危险品(以下简称化学危险品)贮存的基本要求。
本标准适用于常用化学危险品(以下简称化学危险品)出、入库,贮存及养护。

2 引用标准

GB 190 危险货物包装标志
GB 13690 常用危险化学品的分类及标志
GB J16 建筑设计防火规范

3 定义

3.1 隔离贮存 segregated storage
在同一房间或同一区域内,不同的物料之间分开一定距离,非禁忌物料间用通道保持空间的贮存方式。

3.2 隔开贮存 cut-off storage
在同一建筑或同一区域内,用隔板或墙,将其与禁忌物料分离开的贮存方式。

3.3 分离贮存 detached storage
在不同的建筑物或远离所有建筑的外部区域内的贮存方式。

3.4 禁忌物料 incinpatible inaterals
化学性质相抵触或灭火方法不同的化学物料。

4 化学危险品贮存的基本要求

4.1 贮存化学危险品必须遵照国家法律、法规和其他有关的规定。

4.2 化学危险品必须贮存在经公安部门批准设置的专门的化学危险品仓库中,经销部门自管仓库贮存化学危险品及贮存数量必须经公安部门批准。未经批准不得随意设置化学危险品贮存仓库。

4.3 化学危险品露天堆放,应符合防火、防爆的安全要求,爆炸物品、一级易燃物品、遇湿燃烧物品、剧毒物品不得露天堆放。

4.4 贮存化学危险品的仓库必须配备有专业知识的技术人员,其库房及场所应设专人管理,管理人员必须配备可靠的个人安全防护用品。

4.5 化学危险品按 GB 13690 的规定分为八类:

  a. 爆炸品;

  b. 压缩气体和液化气体;

---

* 注:常用化学危险品贮存通则(GB 15603—1995)(摘录)

c. 易燃液体；

d. 易燃固体、自燃物品和遇湿易燃物品；

e. 氧化剂和有机过氧化物；

f. 毒害品；

g. 放射性物品；

h. 腐蚀品。

4.6　标志

贮存的化学危险品应有明显的标志，标志应符合 GB 190 的规定。同一区域贮存两种或两种以上不同级别的危险品时，应按最高等级危险物品的性能标志。

4.7　贮存方式

化学危险品贮存方式分为三种：

a. 隔离贮存；

b. 隔开贮存；

c. 分离贮存。

4.8　根据危险品性能分区、分类、分库贮存。

各类危险品不得与禁忌物料混合贮存，禁忌物料配置见附录 A（参考件）。

4.9　贮存化学危险品的建筑物、区域内严禁吸烟和使用明火。

5　贮存场所的要求

5.1　贮存化学危险品的建筑物不得有地下室或其他地下建筑，其耐火等级、层数、占地面积、安全疏散和防火间距，应符合国家有关规定。

5.2　贮存地点及建筑结构的设置，除了应符合国家的有关规定外，还应考虑对周围环境和居民的影响。

5.3　贮存场所的电气安装

5.3.1　化学危险品贮存建筑物、场所消防用电设备应能充分满足消防用电的需要；并符合 GBJ16 第十章第一节的有关规定。

5.3.2　化学危险品贮存区域或建筑物内输配电线路、灯具、火灾事故照明和疏散指示标志，都应符合安全要求。

5.3.3　贮存易燃、易爆化学危险品的建筑，必须安装避雷设备。

5.4　贮存场所通风或温度调节

5.4.1　贮存化学危险品的建筑必须安装通风设备，并注意设备的防护措施。

5.4.2　贮存化学危险品的建筑通排风系统应设有导除静电的接地装置。

5.4.3　通风管应采用非燃烧材料制作。

5.4.4　通风管道不宜穿过防火墙等防火分隔物，如必须穿过时应用非燃烧材料分隔。

5.4.5　贮存化学危险品建筑采暖的热媒温度不应过高，热水采暖不应超过 80 ℃，不得使用蒸汽采暖和机械采暖。

5.4.6　采暖管道和设备的保温材料，必须采用非燃烧材料。

6　贮存安排及贮存量限制

6.1　化学危险品贮存安排取决于化学危险品分类、分项、容器类型、贮存方式和消防的要求。

6.2　贮存量及贮存安排见表 1。

表1

贮存类别 贮存要求	露天贮存	隔离贮存	隔开贮存	分离贮存
平均单位面积贮存量,t/m²	1.0～1.5	0.5	0.7	0.7
单一贮存区最大贮量,t	2000～2400	200～300	200～300	400～600
垛距限制,m	2	0.3～0.5	0.3～0.5	0.3～0.5
通道宽度,m	4～6	1～2	1～2	5
墙距宽度,m	2	0.3～0.5	0.3～0.5	0.3～0.5
与禁忌品距离,m	10	不得同库贮存	不得同库贮存	7～10

6.3 遇火、遇热、遇潮能引起燃烧、爆炸或发生化学反应,产生有毒气体的化学危险品不得在露天或在潮湿、积水的建筑物中贮存。

6.4 受日光照射能发生化学反应引起燃烧、爆炸、分解、化合或能产生有毒气体的化学危险品应贮存在一级建筑物中。其包装应采取避光措施。

6.5 爆炸物品不准和其他类物品同贮,必须单独隔离限量贮存,仓库不准建在城镇,还应与周围建筑、交通干道、输电线路保持一定安全距离。

6.6 压缩气体和液化气体必须与爆炸物品、氧化剂、易燃物品、自燃物品、腐蚀性物品隔离贮存。易燃气体不得与助燃气体、剧毒气体同贮;氧气不得与油脂混合贮存,盛装液化气体的容器属压力容器的,必须有压力表、安全阀、紧急切断装置,并定期检查,不得超装。

6.7 易燃液体、遇湿易燃物品、易燃固体不得与氧化剂混合贮存,具有还原性的氧化剂应单独存放。

6.8 有毒物品应贮存在阴凉、通风、干燥的场所,不要露天存放,不要接近酸类物质。

6.9 腐蚀性物品,包装必须严密,不允许泄漏,严禁与液化气体和其他物品共存。

7 化学危险品的养护

7.1 化学危险品入库时,应严格检验物品质量、数量、包装情况、有无泄漏。

7.2 化学危险品入库后应采取适当的养护措施,在贮存期内,定期检查,发现其品质变化、包装破损、渗漏、稳定剂短缺等,应及时处理。

7.3 库房温度、湿度应严格控制、经常检查,发现变化及时调整。

8 化学危险品出入库管理

8.1 贮存化学危险品的仓库,必须建立严格的出入库管理制度。

8.2 化学危险品出入库前均应按合同进行检查验收、登记,验收内容包括:

    a.数量;

    b.包装;

    c.危险标志。

经核对后方可入库、出库,当物品性质未弄清时不得入库。

8.3 进入化学危险品贮存区域的人员、机动车辆和作业车辆,必须采取防火措施。

8.4 装卸、搬运化学危险品时应按有关规定进行,做到轻装、轻卸。严禁摔、碰、撞、击、拖拉、倾倒和滚动。

8.5　装卸对人身有毒害及腐蚀性的物品时,操作人员应根据危险性,穿戴相应的防护用品。

8.6　不得用同一车辆运输互为禁忌的物料。

8.7　修补、换装、清扫、装卸易燃、易爆物料时,应使用不产生火花的铜制、合金制或其他工具。

9　消防措施

9.1　根据危险品特性和仓库条件,必须配置相应的消防设备、设施和灭火药剂。并配备经过培训的兼职和专职的消防人员。

9.2　贮存化学危险品建筑物内应根据仓库条件安装自动监测和火灾报警系统。

9.3　贮存化学危险品的建筑物内,如条件允许,应安装灭火喷淋系统(遇水燃烧化学危险品,不可用水扑救的火灾除外),其喷淋强度和供水时间如下:

喷淋强度　　15 L/(min·m²);

持续时间　　90 min。

10　废弃物处理

10.1　禁止在化学危险品贮存区域内堆积可燃废弃物品。

10.2　泄漏或渗漏危险品的包装容器应迅速移至安全区域。

10.3　按化学危险品特性,用化学的或物理的方法处理废弃物品,不得任意抛弃、污染环境。

11　人员培训

11.1　仓库工作人员应进行培训,经考核合格后持证上岗。

11.2　对化学危险品的装卸人员进行必要的教育,使其按照有关规定进行操作。

11.3　仓库的消防人员除了具有一般消防知识之外,还应进行在危险品库工作的专门培训,使其熟悉各区域贮存的化学危险品种类、特性、贮存地点、事故的处理程序及方法。

B2　第 2 类　压缩气体和液化气体

B2.1　品名:氢

编号:21001

化学式:H_2

分子量:2.0162

特性:无色无臭气体,极微溶于水、乙醇、乙醚。无毒无腐蚀性,极易燃烧,燃烧时发出青色火焰并发生爆鸣,燃烧温度可达 2000 ℃,氢氧混合燃烧火焰温度达 2100～2500 ℃,与氟、氯等能引起猛烈反应。相对密度 0.0899;沸点 -252.8 ℃;熔点 -259.18 ℃;气压在 -214 ℃时为 10 个大气压;临界温度 -239 ℃,临界压力 1297 kPa;自燃点 400 ℃;爆炸极限 4.1%～74.2%,最大爆炸压力 740 kPa,产生最大爆炸压力浓度 32.3%,最小引燃能量 0.019 mJ。

包装:应使用耐压钢瓶盛装,钢瓶外部漆深绿色,并用红漆标明"氢气"字样。

贮存条件:贮存于阴凉通风,地面不易发生火花的库房内,远离火种、热源,避免日光直晒,防止雨淋、水湿,与氧气、压缩空气、氟、氯等隔离贮存,与其他化学药剂分别贮存,库温宜保持在 30 ℃以下,相对湿度不超过 80%。

养护：

1) 入库验收：核对品名，检查验瓶日期，逐瓶检查有无安全帽及防震胶圈，气阀处有无油污漏气。

2) 堆码苫垫：行列式直立放置在牢固的木箱内以防倾倒。如平放时则瓶口阀门应顺序排列，垫高10～15 cm，堆高 1～4 层，垛距 80～90 cm，墙距、柱距 30～50 cm。

3) 在库检查：每日下班前、上班后对货垛库内外环境进行一次检查，每三个月进行一次质量检查。

4) 温湿度管理：炎热季节要密封库房并根据温度变化进行通风和吸潮以控制库温不超过 30 ℃，相对湿度不超过 80％，可实行夜间作业。

5) 安全作业：装卸搬运要注意轻装轻卸，不得摔扔、撞击和在地面滚动。

6) 保管期限：1 年。

注意事项：火灾可用水、二氧化碳。

B8　第 8 类腐蚀品

B8.57　品名：氢氧化钾

编号：82002

别名：苛性钾

化学式：KOH

分子量：56.11

特性：白色无定形固体，质脆、味涩、易溶于水，微溶于醇，有极强碱性，在空气中易吸收二氧化碳和水而溶化，溶解时能产生大量热。相对密度 2.044；熔点 360 ℃；沸点 1320 ℃。有极强腐蚀性，接触皮肤能被腐蚀成严重灼伤，与各种酸均起剧烈反应，遇二氯乙烯、三氯乙烯能产生自燃及爆炸性氯乙炔、二氯乙炔气体，遇顺丁烯二酸酐能产生剧烈反应，遇四氢呋喃有发生爆炸可能，遇丙烯醛产生剧烈聚合反应。用于各种钾盐制造、碱电池、石油化工、印染、有机合成、化学试剂等。

包装：工业品为 200 kg，100 kg 铁桶包装，桶盖焊接牢固严格密封防止吸潮溶化，液碱 250 kg 厚铁桶装，桶盖严密不得渗漏。化学试剂，小量工业品用螺丝口玻璃瓶或塑料瓶装，瓶口严封，用蜡封后再套一层胶套，装入木箱或纸箱，箱内用聚乙烯气泡垫衬垫牢固，木箱外用铁皮或铁丝加固，纸箱外用塑料带捆紧。包装外标志明显。

贮存条件：铁桶装和液碱可以存放在货棚或露天货场，地面应高亢干燥无积水、排水畅通，垛底应垫高 15～30 cm，不得将包装直接接触地面，木箱及纸箱必须存放在干燥的库房内，库内相对湿度宜保持在 80％ 以下。与酸类、醛类特别是顺丁烯二酸酐，丙烯腈，烷类以及金属或其他有机物都应隔离存贮。

养护：

1) 入库验收：检查外包装是否有损坏、水湿、污染，包装内衬垫是否妥当，包装瓶口封口是否严密，物品有无吸湿结块或变色等现象。

2) 堆码苫垫：垛底应垫高 15～30 cm，直立堆码行列式垛，堆高二层，还可平放堆垛，压缝堆 5 桶高。液碱铁桶装立放堆 2 桶高，平放只能堆 3 层，露天货垛应苫蔗五层。木箱装或纸箱装堆高不超过 2.5 m。垛距 80 cm，液碱 90 cm，墙距、柱距 30 cm。

3) 在库检查：在库贮存期间每日上班后下班前应对货垛及库内外环境各进行一次检查，每三个月定期进行一次质量检查。

4) 温湿度管理：在库内贮存应注意湿度控制，使相对湿度保持在 80％ 以下。

5) 安全作业：搬运操作固体碱时应穿工作服戴手套，搬运液碱时应加穿胶围裙、戴胶手套护目镜。桶装体重，桶皮较薄易碰破吸湿溶化，宜使用机械搬运，使用人力时应注意轻装轻卸，严禁摔撞。

6) 保管期限：2 年。

注意事项：火灾可用水、砂土扑救。接触皮肤可立即用大量水冲洗，或用硼酸水或稀乙酸冲洗后，涂氧化锌软膏，腐蚀严重的立即送医院诊治。

TSG 特种设备安全技术规范

TSG R5002—2013

压力容器使用管理规则

Pressure Vessel Service Administration Regulation

中华人民共和国国家质量监督检验检疫总局颁布

2013 年 1 月 16 日

压力容器使用管理规则*

第一章　总　　则

第一条　为了规范压力容器使用安全管理,保障压力容器安全运行,根据《特种设备安全监察条例》,制定本规则。

第二条　本规则适用于《特种设备安全监察条例》范围内的固定式压力容器、移动式压力容器和氧舱,但是不包括气瓶。

第三条　压力容器使用单位应当按照本规则的规定对压力容器的使用实行安全管理并且办理压力容器使用登记,领取《特种设备使用登记证》(格式见附件 A,以下简称《使用登记证》)。

第四条　压力容器使用单位应当对压力容器的使用安全负责。

第五条　国家质量监督检验检疫总局(以下简称国家质检总局)负责全国压力容器使用的安全监察工作,县级以上地方质量技术监督部门负责本行政区域内压力容器使用的安全监察工作。直辖市或者设区的市的质量技术监督部门负责办理本行政区域内压力容器的使用登记。

第二章　使用安全管理

第六条　压力容器使用单位的主要职责如下:

(一)按照本规则和其他有关安全技术规范的要求设置安全管理机构,配备安全管理负责人和安全管理人员;

(二)建立并且有效实施岗位责任、操作规程、年度检查、隐患治理、应急救援、人员培训管理、采购验收等安全管理制度;

(三)定期召开压力容器使用安全管理会议,督促、检查压力容器安全工作;

(四)保障压力容器安全必要的投入。

第七条　安全管理负责人是指使用单位最高管理层中主管本单位压力容器使用安全的人员,按照有关规定协助最高管理者履行本单位压力容器安全领导职责,确保本单位压力容器安全使用。

安全管理人员作为具体负责压力容器使用管理的人员,其主要职责如下:

(一)贯彻执行国家有关法律、法规和安全技术规范,组织编制并且适时更新安全管理制度;

(二)组织制定压力容器安全操作规程;

(三)组织开展安全教育培训;

(四)组织压力容器验收,办理压力容器使用登记和变更手续;

(五)组织开展压力容器定期安全检查和年度检查工作;

(六)编制压力容器的年度定期检验计划,督促安排落实定期检验和隐患治理;

(七)组织制定压力容器应急预案并且组织演练;

---

*　注:压力容器使用管理规则(TSG R5002—2013)(摘录)

（八）按照压力容器事故应急预案,组织、参加压力容器事故救援;

（九）按照规定报告压力容器事故,协助进行事故调查和善后处理;

（十）协助质量技术监督部门实施安全监察,督促施工单位履行压力容器安装改造维修告知义务;

（十一）发现压力容器事故隐患,立即进行处理,情况紧急时,可以决定停止使用压力容器,并且报告本单位有关负责人;

（十二）建立压力容器技术档案;

（十三）纠正和制止压力容器操作人员的违章行为。

安全管理负责人和安全管理人员应当按照规定持有相应的特种设备作业人员证。

第八条　压力容器的操作人员应当按照规定持有相应的特种设备作业人员证,其主要职责如下:

（一）严格执行压力容器有关安全管理制度并且按照操作规程进行操作;

（二）按照规定填写运行、交接班等记录;

（三）参加安全教育和技术培训;

（四）进行日常维护保养,对发现的异常情况及时处理并且记录;

（五）在操作过程中发现事故隐患或者其他不安全因素,应当立即采取紧急措施,并且按照规定的程序,及时向单位有关部门报告;

（六）参加应急演练,掌握相应的基本救援技能,参加压力容器事故救援。

第九条　压力容器使用单位在采购压力容器时,应当向设计单位提供必要的设计条件,其所采购的压力容器应当是具有相应许可资质的单位设计、制造并且按照规定经监督检验合格的压力容器,产品安全性能应当符合有关安全技术规范及其相应标准的要求,产品技术资料应当符合有关安全技术规范的要求。使用的高耗能压力容器能效应当符合有关安全技术规范及其相应标准的规定。

使用单位不得采购报废和超过设计使用年限的压力容器。

第十条　压力容器使用单位应当选择具有相应资质的单位进行压力容器的安装、改造和维修,并且督促施工单位履行压力容器安装改造维修的告知义务。

第十一条　压力容器安装(主要指氧舱)改造与重大维修的施工过程,必须按照有关安全技术规范的规定,由具有相应资质的特种设备检验检测机构进行监督检验。未经监督检验或者监督检验不合格的压力容器不得投入使用。

第十二条　压力容器使用单位应当按照相关法律、法规和安全技术规范的要求建立健全压力容器使用安全管理制度。安全管理制度至少包括以下几个方面:

（一）相关人员岗位职责;

（二）安全管理机构职责;

（三）压力容器安全操作规程;

（四）压力容器技术档案管理规定;

（五）压力容器日常维护保养和运行记录规定;

（六）压力容器定期安全检查、年度检查和隐患治理规定;

（七）压力容器定期检验报检和实施规定;

（八）压力容器作业人员管理和培训规定;

（九）压力容器设计、采购、验收、安装、改造、使用、维修、报废等管理规定;

（十）压力容器事故报告和处理规定;

（十一）贯彻执行本规则以及有关安全技术规范和接受安全监察的规定。

第十三条　符合下列条件之一的压力容器使用单位,应当设置专门的安全管理机构,配备专职安全管理人员,逐台落实安全责任人,并且制定应急预案,建立相应的应急救援队伍,配置与之适应的救援装备,适时演练并且记录:

（一）使用超高压容器的;

（二）使用医用氧舱的；

（三）使用易爆介质、毒性程度为高度危害及其以上介质、液化气体介质的移动式压力容器的；

（四）使用设计压力与容积的乘积大于或者等于 1×10^{5} MPa·L 的第Ⅲ类固定式压力容器的；

（五）使用移动式压力容器、非金属及非金属衬里压力容器、第Ⅲ类固定式压力容器，并且设备数量合计达到 5 台以上（含 5 台）的；

（六）使用 100 台以上（含 100 台）压力容器的。

第十四条 符合下列条件之一的压力容器使用单位，应当配备专职安全管理人员，同时制定应急预案，适时演练并且记录：

（一）使用移动式压力容器、非金属及非金属衬里压力容器、第Ⅲ类固定式压力容器，并且设备数量合计在 5 台以下的；

（二）使用 10 台以上（含 10 台）第Ⅰ、Ⅱ类固定式压力容器的。

第十五条 使用 10 台以下第Ⅰ、Ⅱ类固定式压力容器的使用单位，可以聘用具有压力容器安全管理人员资格的人员负责使用安全管理，但是压力容器安全使用的责任主体仍然是使用单位。

第十六条 符合本规则第十五条规定的使用单位，其压力容器发生事故有可能造成严重后果或者产生重大社会影响的，应当制定应急预案，建立相应的应急救援队伍，配置与之适应的救援装备，适时演练并且记录。

第十七条 使用单位应当对压力容器本体及其安全附件、装卸附件、安全保护装置、测量调控装置、附属仪器仪表进行日常维护保养。对发现的异常情况及时处理并且记录，保证在用压力容器始终处于正常使用状态。

第十八条 压力容器定期安全检查每月进行一次，当年度检查与定期安全检查时间重合时，可不再进行定期安全检查。定期安全检查内容主要为安全附件、装卸附件、安全保护装置、测量调控装置、附属仪器仪表是否完好，各密封面有无泄漏，以及其他异常情况等。

第十九条 使用单位应当逐台建立压力容器技术档案并且由其管理部门统一保管。技术档案至少包括以下内容：

（一）《使用登记证》；

（二）《特种设备使用登记表》（见附件 B，以下简称《使用登记表》）；

（三）压力容器设计、制造技术文件和资料；

（四）压力容器安装、改造和维修的方案、图样、材料质量证明书和施工质量证明文件等技术资料；

（五）压力容器日常维护保养和定期安全检查记录；

（六）压力容器年度检查、定期检验报告；

（七）安全附件校验（检定）、修理和更换记录；

（八）有关事故的记录资料和处理报告。

第二十条 使用单位应当按照有关安全技术规范的要求，在压力容器定期检验有效期届满 1 个月前，向特种设备检验机构提出定期检验申请，并且做好定期检验相关的准备工作。

检验结论意见为符合要求或者基本符合要求时，使用单位应当将检验机构出具的检验标志粘贴在《使用登记证》上，并且按照检验结论确定的参数使用压力容器。

第二十一条 压力容器发生下列异常情况之一的，操作人员应当立即采取紧急措施，并且按照规定的程序，及时向本单位有关部门和人员报告：

（一）工作压力、介质温度超过规定值，采取措施仍不能得到有效控制的；

（二）受压元件发生裂缝、异常变形、泄漏、衬里层失效等危及安全的；

（三）安全附件失灵、损坏等不能起到安全保护作用的；

（四）垫片、紧固件损坏，难以保证安全运行的；

（五）发生火灾、交通事故等直接威胁到压力容器安全运行的；

（六）过量充装、错装的；

（七）液位异常，采取措施仍不能得到有效控制的；

（八）压力容器与管道发生严重振动，危及安全运行的；

（九）与压力容器相连的管道出现泄漏，危及安全运行的；

（十）真空绝热压力容器外壁局部存在严重结冰、介质压力和温度明显上升的；

（十一）其他异常情况的。

第二十二条 使用单位发生压力容器事故，应当立即采取应急措施，防止事故扩大，并且按照《特种设备事故报告和调查处理规定》的要求，向有关部门报告，同时协助事故调查和做好善后处理工作。

第二十三条 压力容器的改造、维修应当符合有关安全技术规范的规定。

固定式压力容器不得改作移动式压力容器使用。

第三章 使用登记和变更

第二十七条 以下压力容器在投入使用前或者投入使用后 30 日内，使用单位应当向所在地的直辖市或者设区的市的质量技术监督部门（以下简称登记机关）申请办理使用登记：

（一）《固定式压力容器安全技术监察规程》规定需要办理使用登记的压力容器；

（二）《移动式压力容器安全技术监察规程》（TSG R0005）适用范围内的压力容器；

（三）《超高压容器安全技术监察规程》（TSG R0002）适用范围内的压力容器；

（四）《非金属压力容器安全技术监察规程》（TSG R0001）适用范围内的压力容器；

（五）《医用氧舱安全管理规定》以及有关安全技术规范适用范围内的氧舱。

租赁或者承包场所使用的压力容器，可以由租赁或者承包合同所确定的承担主体安全责任的单位办理使用登记。

第二十八条 使用登记程序包括申请、受理、审查和颁发《使用登记证》。

第二十九条 使用单位申请办理压力容器使用登记时，应当逐台向登记机关提交以下相应资料，并且对其真实性负责：

（一）《使用登记表》（一式两份）；

（二）使用单位组织机构代码证或者个人身份证明（适用于公民个人所有的压力容器）；

（三）压力容器产品合格证（含产品数据表）；

（四）压力容器监督检验证书（适用于需要监督检验的）；

（五）压力容器安装质量证明资料；

（六）压力容器投入使用前验收资料；

（七）移动式压力容器车辆走行部分行驶证；

（八）医用氧舱设置批准书。

使用单位为承租或者承包方时，应当提供与产权所有者签订的明确安全责任的租赁或者承包合同。

对于特种设备安全技术规范没有规定提供产品数据表的压力容器，登记机关可以根据《固定式压力容器安全技术监察规程》附表 b 的格式，制定压力容器产品数据表，由使用单位根据产品出厂的相应资料填写。

第三十条 登记机关收到使用单位提交的申请资料后，按照以下规定办理使用登记：

（一）能够当场受理的，当场作出受理或者不予受理决定；不能当场受理的，应当在 5 个工作日内作出受理或者不予受理决定；对于不予受理的，应当一次性书面告知不予受理的理由；

（二）对准予受理的，自受理之日起 15 个工作日内完成审核和发证，对于一次申请登记数量超过 50 台的可以延长至 30 个工作日；对于不予登记的，出具不予登记的决定，并且一次性书面告知不予登记的理由。

需要对压力容器进行现场核查的,其核查的时间除外。

第三十一条 准予登记的压力容器,登记机关应当按照《特种设备使用登记证编号编制方法》(见附件 C)编制使用登记证编号,并且在《使用登记表》最后一栏签署意见、盖章,同时将压力容器基本信息录入特种设备动态管理信息系统,实施动态管理。登记机关办理移动式压力容器使用登记证时,同时激活记录制造信息和使用登记信息的"移动式压力容器 IC 卡"。

登记工作完成后,登记机关应当将《压力容器产品合格证》及其产品数据表复印一份,同《使用登记表》一同存档,同时将《使用登记证》和签署意见、盖章的《使用登记表》、使用单位申请登记时提交的资料,一同交还使用单位。采用信息化网络进行使用登记、能够按照特种设备信息化工作的要求建立和完善特种设备相关数据库的地区,可以不采用纸质的申报方式。

第三十二条 制造资料齐全的新压力容器安全状况等级为 1 级,进口压力容器安全状况等级由实施进口压力容器监督检验的特种设备检验机构评定。

压力容器一般应当在投用后 3 年内进行首次定期检验,但其他安全技术规范另有规定或者使用单位认为有必要缩短检验周期的除外。首次定期检验的日期由使用单位在办理使用登记时提出,登记机关按照有关要求审核确定。首次定期检验后的检验周期,由检验机构根据压力容器的安全状况等级按照有关规定确定。

特殊情况,不能按照前款要求进行首次定期检验时,由使用单位提出书面申请说明情况,经使用单位安全管理负责人批准,向登记机关备案后可适当延期,延长期限不得超过 1 年。

第三十三条 压力容器改造、长期停用、移装、变更使用单位或者使用单位更名,相关单位应当向登记机关申请变更登记。登记机关按照本章第二十九条、第三十条、第三十一条及第三十四至第四十条办理变更登记。

办理压力容器变更登记时,如果压力容器产品数据表中的有关数据发生变化,使用单位应当重新填写产品数据表,并且在《使用登记表》设备变更情况栏目中,填写变更情况。压力容器申请变更登记,其设备代码保持不变。

第三十四条 压力容器改造完成后,使用单位应当在投入使用前或者投入使用后 30 日内向登记机关提交原《使用登记证》、重新填写《使用登记表》(一式两份)和改造质量证明资料以及改造监督检验证书,申请变更登记,领取新的《使用登记证》。

第三十五条 压力容器拟停用 1 年以上的,使用单位应当封存压力容器,在封存后 30 日内向登记机关办理报停手续,并且将《使用登记证》交回登记机关。重新启用时,应当参照定期检验的有关要求进行检验。检验结论为符合要求或者基本符合要求的,使用单位到登记机关办理启用手续,领取新的《使用登记证》。

第三十六条 在登记机关行政区域内移装的压力容器,移装后应当参照定期检验的有关规定进行检验。检验结论为符合要求的,使用单位应当在投入使用前或者投入使用后 30 日内向登记机关提交原《使用登记证》、重新填写的《使用登记表》(一式两份)和移装后的检验报告,申请变更登记,领取新的《使用登记证》。

第三十七条 跨登记机关行政区域移装压力容器的,使用单位应当持原《使用登记证》和《使用登记表》向原登记机关申请办理注销。原登记机关应当注销《使用登记证》,并且在《使用登记表》上做注销标记,向使用单位签发《特种设备使用登记证变更证明》(见附件 D)。

移装完成后,应当参照定期检验的有关规定进行检验。检验结论为符合要求的,使用单位应当在投入使用前或者投入使用后 30 日内持《特种设备使用登记证变更证明》、标有注销标记的原《使用登记表》、重新填写的《使用登记表》(一式两份)和移装后的检验报告,向移装地登记机关申请变更登记,领取新的《使用登记证》。

第三十八条 压力容器需要变更使用单位,原使用单位应当持《使用登记证》、《使用登记表》和有效期内的定期检验报告到原登记机关办理注销手续。原登记机关应当注销《使用登记证》,并且在《使用登记表》上做注销标记，向原使用单位签发《特种设备使用登记证变更证明》。

原使用单位应当将《特种设备使用登记证变更证明》、标有注销标志的原《使用登记表》、历次定期检验报告和登记资料全部移交压力容器变更后的新使用单位。

第三十九条　压力容器变更使用单位但是不移装的，变更后的新使用单位应当在投入使用前或者投入使用后 30 日内持全部移交文件向原登记机关申请变更登记，重新填写《使用登记表》（一式两份）、领取新的《使用登记证》。

压力容器变更使用单位并且在原登记机关行政区域内移装的，变更后的新使用单位应当按照本规则第三十六条规定重新办理使用登记。

压力容器变更使用单位并且跨登记机关行政区域移装的，变更后的新使用单位应当按照本规则第三十七条规定重新办理使用登记。

第四十条　压力容器使用单位或者产权单位更名时，使用单位应当持原《使用登记证》、单位变更的证明资料，重新填写《使用登记表》（一式两份），到登记机关换领新的《使用登记证》。

第四十一条　压力容器有下列情形之一的，不得申请变更登记：

（一）在原使用地未按照规定进行定期检验的；

（二）在原使用地已经报废的；

（三）无技术资料的；

（四）超过设计使用年限或者使用超过 20 年的（使用单位或者产权单位更名的除外）；

（五）擅自变更使用条件进行过非法改造维修的；

（六）安全状况等级为 4 级或者 5 级的（使用单位或者产权单位更名的除外）。

其中（六）项在通过改造维修消除隐患后，可以申请变更登记。

第四十二条　压力容器报废时，使用单位应当将《使用登记证》交回登记机关，予以注销。

压力容器注销时，使用单位为租赁方的，需提供产权所有者的书面委托或者授权。

第四十三条　使用单位应当将《使用登记证》悬挂或者固定在压力容器显著位置。当无法悬挂或者固定时，可存放在使用单位的安全技术档案中，同时将使用登记证编号标注在压力容器产品铭牌上或者其他可见部位。

移动式压力容器的《使用登记证》及移动式压力容器 IC 卡应当随车携带。

第四章　年度检查

第四十四条　使用单位每年对所使用的压力容器至少进行 1 次年度检查，年度检查至少包括压力容器安全管理情况检查、压力容器本体及其运行状况检查和压力容器安全附件检查等。年度检查工作完成后，应当进行压力容器使用安全状况分析，并且对年度检查中发现的隐患及时消除。

年度检查工作可以由压力容器使用单位安全管理人员组织经过专业培训的作业人员进行，也可以委托有资质的特种设备检验机构进行。其中移动式压力容器中的汽车罐车、铁路罐车和罐式集装箱以及氧舱等按照《压力容器定期检验规则》（TSG R7001）有关规定进行年度检验的，不进行年度检查。

第四十五条　压力容器安全管理情况的检查至少包括以下内容：

（一）压力容器的安全管理制度是否齐全有效；

（二）压力容器安全技术规范规定的设计文件、竣工图样、产品合格证、产品质量证明文件、监督检验证书以及安装、改造、维修资料等是否完整；

（三）《使用登记表》《使用登记证》是否与实际相符；

（四）压力容器作业人员是否持证上岗；

（五）压力容器日常维护保养、运行记录、定期安全检查记录是否符合要求；

（六）压力容器年度检查、定期检验报告是否齐全，检查、检验报告中所提出的问题是否得到解决；

（七）安全附件校验（检定）、修理和更换记录是否齐全真实；

（八）移动式压力容器装卸记录是否齐全；

（九）是否有压力容器应急预案和演练记录；

（十）是否对压力容器事故、故障情况进行了记录。

第四十六条　压力容器本体及其运行状况的检查至少包括以下内容：

（一）压力容器的产品铭牌、漆色、标志、标注的使用登记证编号是否符合有关规定；

（二）压力容器的本体、接口（阀门、管路）部位、焊接接头等有无裂纹、过热、变形、泄漏、机械接触损伤等；

（三）外表面有无腐蚀，有无异常结霜、结露等；

（四）隔热层有无破损、脱落、潮湿、跑冷；

（五）检漏孔、信号孔有无漏液、漏气，检漏孔是否通畅；

（六）压力容器与相邻管道或者构件有无异常振动、响声或者相互摩擦；

（七）支承或者支座有无损坏，基础有无下沉、倾斜、开裂，紧固螺栓是否齐全、完好；

（八）排放（疏水、排污）装置是否完好；

（九）运行期间是否有超压、超温、超量等现象；

（十）罐体有接地装置的，检查接地装置是否符合要求；

（十一）监控使用的压力容器，监控措施是否有效实施；

（十二）快开门式压力容器安全联锁功能是否符合要求。

在符合本规则正文的基本要求外，长管拖车、管束式集装箱年度检查专项要求见附件 E，非金属及非金属衬里压力容器年度检查专项要求见附件 F。

第四十七条　安全附件（包括压力表、液位计、测温仪表、爆破片装置、安全阀）年度检查的具体项目、内容和要求见附件 G。

第四十八条　年度检查工作完成后，检查人员根据实际检查情况出具检查报告（报告格式参见附件 H），作出以下结论意见：

（一）符合要求，指未发现或者只有轻度不影响安全使用的缺陷，可以在允许的参数范围内继续使用；

（二）基本符合要求，指发现一般缺陷，经过使用单位采取措施后能保证安全运行，可以有条件的监控使用，结论中应当注明监控运行需要解决的问题及其完成期限；

（三）不符合要求，指发现严重缺陷，不能保证压力容器安全运行的情况，不允许继续使用，应当停止运行或者由检验机构进行进一步检验。

年度检查由使用单位自行实施时，其年度检查报告应当由使用单位安全管理负责人或者授权的安全管理人员审批。

第五章　监督管理

第四十九条　各级质量技术监督部门负责对本行政区域内使用单位贯彻执行本规则的情况进行监督检查，对压力容器实施信息化动态管理。对存在以下情况的压力容器进行重点监督检查：

（一）有重大事故隐患的；

（二）重点监控的以及公众聚集场所使用的；

（三）可能造成严重后果或者产生重大社会影响的；

（四）发生过事故的；

（五）风险评估结果为高风险的。

第五十条　有下列情况之一的压力容器使用单位，质量技术监督部门应当按照《特种设备安全监察条例》及相关法律、法规的规定进行处理。

（一）未按照规定办理使用登记和变更登记的；

（二）未建立压力容器安全管理制度和压力容器技术档案的；

（三）未按照规定进行日常维护保养和定期安全检查、年度检查的；

（四）未按照规定对安全附件进行校验（检定）、维修的；

（五）使用的压力容器未经定期检验或者检验结论为不符合要求的；

（六）未按照规定申报定期检验的；

（七）未按照规定设置安全管理机构、配备安全管理人员的；

（八）压力容器作业人员无证上岗的；

（九）未按照规定消除事故隐患，继续投入使用的；

（十）未按照规定制定应急预案的；

（十一）未按照规定报告压力容器事故的。

第六章 附 则

第五十一条　本规则所指的使用单位，是指有压力容器使用管理权的公民、法人和其他组织，一般是压力容器的产权单位，也可以是由合同关系确立的具有压力容器实际使用管理权者。产权单位出租或者由承包方使用压力容器时，应当在合同中约定安全责任主体。未约定的，由产权单位承担安全责任。

第五十二条　本规则由国家质检总局负责解释。

第五十三条　本规则自 2013 年 7 月 1 日起施行。2003 年 7 月 14 日国家质检总局颁布的《锅炉压力容器使用登记管理办法》（国质检锅〔2003〕207 号）中有关压力容器的规定同时废止。

附件 A

特种设备使用登记证(式样)

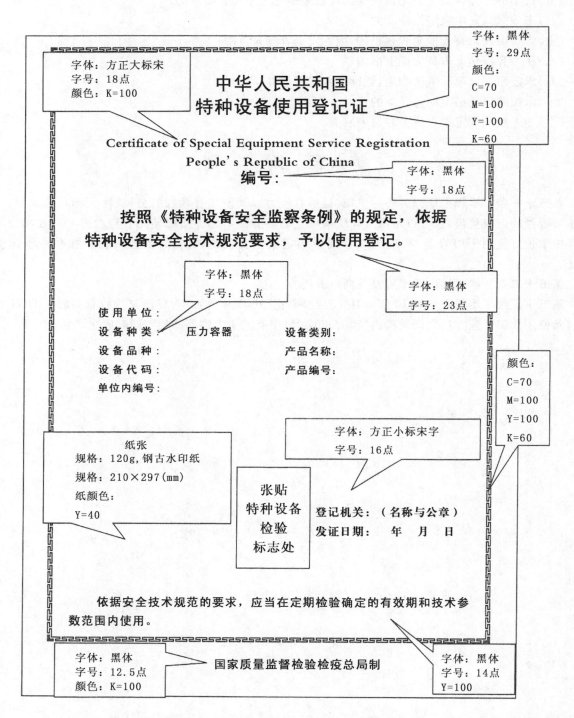

字体:黑体
字号:29点
颜色:
C=70
M=100
Y=100
K=60

字体:方正大标宋
字号:18点
颜色:K=100

中华人民共和国
特种设备使用登记证

Certificate of Special Equipment Service Registration
People's Republic of China
编号:

字体:黑体
字号:18点

按照《特种设备安全监察条例》的规定,依据
特种设备安全技术规范要求,予以使用登记。

字体:黑体
字号:18点

字体:黑体
字号:23点

使用单位:
设备种类: 压力容器   设备类别:
设备品种: 产品名称:
设备代码: 产品编号:
单位内编号:

颜色:
C=70
M=100
Y=100
K=60

纸张
规格:120g,钢古水印纸
规格:210×297(mm)
纸颜色:
Y=40

字体:方正小标宋字
字号:16点

张贴
特种设备
检验
标志处

登记机关: (名称与公章)
发证日期: 年 月 日

依据安全技术规范的要求,应当在定期检验确定的有效期和技术参
数范围内使用。

字体:黑体
字号:12.5点
颜色:K=100

国家质量监督检验检疫总局制

字体:黑体
字号:14点
Y=100

注:纸张规格、证头字和边框的规格、字体请参照国家质检总局印制的《特种设备制造许可证》的格式印制,颜色和字号按照本附件;其他内容(包括编号)字体,由登记机关采用计算机打印,字体、字号按照其标注。本注不印制。

附件 B

特种设备使用登记表

登记类别：

<table>
<tr><td rowspan="5">设备
基本
情况</td><td>设备种类</td><td>压力容器</td><td>设备类别</td><td></td></tr>
<tr><td>设备品种</td><td></td><td>产品名称</td><td></td></tr>
<tr><td>设备代码</td><td></td><td>设备型号</td><td></td></tr>
<tr><td>压力容器品种</td><td></td><td>主体结构型式</td><td></td></tr>
<tr><td>设计使用年限</td><td></td><td>固定资产值</td><td>万元</td></tr>
<tr><td rowspan="17">设备
使用
情况</td><td>使用单位名称</td><td colspan="3"></td></tr>
<tr><td>使用单位地址</td><td colspan="3"></td></tr>
<tr><td>组织机构代码</td><td></td><td>邮政编码</td><td></td></tr>
<tr><td>单位性质</td><td></td><td>所属行业</td><td></td></tr>
<tr><td>法定代表人</td><td></td><td>安全管理部门</td><td></td></tr>
<tr><td>安全管理人员</td><td></td><td>联系电话</td><td></td></tr>
<tr><td>单位内编号</td><td></td><td>设备使用地点</td><td></td></tr>
<tr><td>使用场所类别</td><td></td><td rowspan="3">设备
地理
信息</td><td>经度</td></tr>
<tr><td>运行状态</td><td></td><td>纬度</td></tr>
<tr><td>投入使用日期</td><td>年　月　日</td><td>海拔高度</td></tr>
<tr><td>产权单位名称</td><td colspan="3"></td></tr>
<tr><td>组织机构代码</td><td></td><td>联系电话</td><td></td></tr>
<tr><td>单位性质</td><td></td><td>所属行业</td><td></td></tr>
<tr><td rowspan="10">设备
制造
与监
检情
况</td><td>制造单位名称</td><td colspan="3"></td></tr>
<tr><td>制造许可证编号</td><td></td><td>产品编号</td><td></td></tr>
<tr><td>制造日期</td><td></td><td>产品合格证编号</td><td></td></tr>
<tr><td>设计单位名称</td><td colspan="3"></td></tr>
<tr><td>设计许可证编号</td><td></td><td>产品图号</td><td></td></tr>
<tr><td>型式试验机构</td><td colspan="3"></td></tr>
<tr><td>试验机构核准证编号</td><td></td><td>型式试验证书编号</td><td></td></tr>
<tr><td>制造监检机构</td><td colspan="3"></td></tr>
<tr><td>监检机构核准证编号</td><td></td><td>制造监检证书编号</td><td></td></tr>
</table>

共 2 页　第 1 页

续表

设备施工情况	施工单位名称			
	施工许可证编号		施工类别	
	施工告知日期		施工竣工日期	
设备工作参数	工作压力		工作温度	
	介质		充装量/额定人数	
设备保险情况	保险机构			
	保险险种		保险价值	万元
	保险费	万元	保险金额	万元
设备变更情况	变更项目	变更类别	变更原因	变更日期
设备检验情况	检验机构			
	组织机构代码		检验类别	
	检验日期		检验结论	
	检验报告编号		下次检验日期	

　　在此申明:所申报的内容真实;在使用过程中,将严格执行《特种设备安全监察条例》及其相关规定,并接受特种设备安全管理部门的监督管理。

　　附:产品数据表

　　使用单位填表人员:　　　　　　　日期:　　　　　　　　　　　　　使用单位(公章)
　　使用单位安全管理人员:　　　　　日期:　　　　　　　　　　　　　　年　月　日
　　　　　　　首次定期检验日期:　　　年　月　日

说明:
　　登记机关登记人员:　　　　　　　日期:　　　　　　　　　　　　登记机关(专用章)
　　　　　　　　　　　　　　　　　　　　　　　　　　　　　　　　　　年　月　日

　　安全状况等级:　　　　　　　监管类别:　　　　　　使用登记证编号:

附录 b

特种设备使用登记表填写说明

b1 登记类别

填写本次办理使用登记的事由,如新设备首次启用、停用后启用、改造、使用单位更名、使用地址变更、过户、移装等。

b2 设备基本情况

b2.1 设备种类

按照《特种设备目录》,直接印制为"压力容器"。

b2.2 设备类别

按照《特种设备目录》,填写"固定式压力容器""移动式压力容器"或者"氧舱"。

b2.3 设备品种

按照《特种设备目录》,填写相应的品种。固定式压力容器填超高压容器、高压容器、第Ⅲ类中压容器、第Ⅲ类低压容器、第Ⅱ类中压容器、第Ⅱ类低压容器、第Ⅰ类压力容器;移动式压力容器填铁路罐车、汽车罐车、长管拖车、罐式集装箱(包括管束式集装箱);氧舱填医用氧舱、高气压舱、再压舱、高海拔试验舱、潜水钟。

b2.4 产品名称

按照产品铭牌或者产品合格证、产品数据表的内容填写,也称设备名称。

b2.5 设备代码

按照产品数据表上的内容填写,该代码具有唯一性。如果该产品还没有实施编制设备代码,则使用单位可以空格,由登记机关按照设备代码的编制要求填写,其中制造单位代号改为登记机关的行政区划编码(会比制造单位代号多出一位)。

b2.6 设备型号

也称产品型号,按照产品数据表或者相应的设计文件填写,对一般固定式压力容器没有型号表示的可以不填写,划"—"。

b2.7 压力容器品种

由于压力容器的特殊情况,保留压力容器品种概念(不同于《特种设备目录》所定义的设备品种),为储存容器、分离容器、反应容器、换热容器,根据产品数据表或者竣工图提供的填写。

b2.8 主体结构型式

按照产品数据表填写。

b2.9 设计使用年限

按照产品数据表提供的数据填写。技术资料中未提供的,划"—"。

b2.10 固定资产值

填写该设备购置时的固定资产值(万元)。

b3 设备使用情况

b3.1 使用单位名称

填写使用单位名称(全称),如果属于公民个人,则填写姓名。

b3.2 使用单位地址

填写使用单位的详细地址,包括所在省(自治区)、市(地、州)、区(县)、街道(镇、乡)、小区(村)号等。

b3.3 组织机构代码

填写使用单位的组织机构代码。如果属于公民个人,则填写身份证编号。

b3.4 邮政编码

填写使用单位所在地的邮政编码。

b3.5 单位性质

填写单位经济类型(成分),按照国有、集体、私有、外商、港澳台、合资等。

b3.6 所属行业

参照 GB/T 4754《国民经济行业分类》,对于使用单位可以分为农(林、牧、渔)业、采矿业、制造业(可分通用设备、专用设备、食品制造、石油加工、化学、医药制造、化学冶炼、金属制品业、交通运输设备制造业、其他制造业)、电力、燃气、建筑业、交通运输业(可分铁路运输业、道路运输业、城市公共交通业、水上运输业、航空运输业、管道运输业、其他运输业)、其他行业等。按照括号外的大分类填写。

b3.7 法定代表人

填写使用单位的法人代表(负责人)或者个人企业的业主姓名。

b3.8 安全管理部门

填写使用单位负责压力容器安全管理的内部机构,如设备处(科)。没有安全管理部门的,可划"—"。如果安全管理委托专业技术服务机构负责,则填写委托的服务机构名称。

b3.9 安全管理人员

填写使用单位负责该台压力容器的专职或者兼职的安全管理人员姓名。如果聘用专业技术服务机构的人员负责安全管理,则填写该人员的姓名。

b3.10 联系电话

填写使用单位负责该台压力容器的专职或者兼职、聘用的安全管理人员的联系电话。

b3. 11　单位内编号

填写使用单位对设备进行管理自行编制的设备内部编号。

b3. 12　设备使用地点

填写设备安装在单位内的固定地点,如某某车间、某某场地等。移动式压力容器,填写"移动"。如果设备使用地点不在使用单位内的,应当按照 b3.2 填写设备使用地的详细地址。

b3. 13　使用场所类别

由使用单位填写,登记机关核实确定(登记机关可以根据具体情况进行更改)。按照分类监督管理方式,针对使用场所(环境)对设备安全运行性能的影响,包括管理、事故影响程度等。目前,由于没有安全技术规范予以规定,可以不填写而划"—",也可以根据当地的有关分类监管的要求进行分类。

b3. 14　运行状态

填写设备的用途和运行方式。用途包括自用、租赁和生产、生活,运行方式包括长期使用、间歇使用、备用。只有自用才填写生产、生活、长期使用、间歇使用、备用进行组合,中间可用"/"分开,如自用/生产/备用。

b3. 15　投入使用日期

填写办理登记的设备正式投入使用的开始日期(包括年、月、日)。

b3. 16　设备地理坐标

填写设备在使用单位内固定地点的地理坐标位置,包括经度、纬度、高度(海拔),以便建立特种设备的地理信息。使用单位如果没有条件填写,可先空格,由检验机构按照特种设备地理信息系统的建设工作进行完善。使用登记时,设备地理坐标没有完善前以及用于出租的压力容器和移动式压力容器可不填写。登记机关划"—"。

b3. 17　产权单位名称、组织机构代码、联系电话、单位性质、所属行业

填写拥有压力容器资产的单位名称、组织机构代码、联系电话、单位性质和所属行业,填写方式和使用单位相同。如果和使用单位为同一单位,则一栏中填写"同使用单位",其他相应栏中划"—"。

b4　设备制造与监检情况

b4. 1　制造单位名称

填写产品制造的单位名称,其名称与产品合格证和产品铭牌表述应当一致。

b4. 2　制造许可证编号

填写制造单位取得的质量技术监督部门颁布的《特种设备制造许可证》编号。

B4. 3　产品编号

按照产品合格证填写,有的产品表述为制造编号。

b4.4 制造日期

按照产品合格证、产品铭牌填写,有的产品表述为出厂日期。

b4.5 产品合格证编号

填写该产品出厂所附的产品合格证编号,该合格证上的设备代码、产品编号等应当和产品数据表、产品铭牌一致。

b4.6 设计单位名称

填写产品合格证上的设计单位名称。

b4.7 设计许可证编号

填写产品合格证上的设计许可证编号。

b4.8 产品图号

填写产品合格证上的产品图号。

b4.9 型式试验机构

填写产品型式试验证明书所表述的该类设备(如果可以覆盖,按照覆盖原则)进行型式试验的机构名称。安全技术规范没有规定型式试验的,划"—"。

b4.10 试验机构核准证编号

填写由质量技术监督部门核准的型式试验机构的核准证编号。核准证编号在型式试验机构出具的型式试验证书上注明。

b4.11 型式试验证书编号

填写型式试验机构出具的型式试验证明书(如果可以覆盖,按照覆盖原则)的编号。

b4.12 制造监检机构

填写负责该设备制造监督检验(以下简称监检)的特种设备检验机构名称,没有实施制造监检的设备,注明"不实施监检",将监检机构核准证编号、制造监检证书编号栏目划"—"。

b4.13 监检机构核准证编号

填写由质量技术监督部门核准的制造监检机构的核准证编号。核准证编号在监检机构出具的制造监检证书上注明。

b4.14 制造监检证书编号

填写负责制造监检机构出具的特种设备制造监督检验证书的编号。

b5 设备施工情况

施工包括安装、改造和维修。

b5.1　施工单位名称

填写从事安装、改造、维修的施工单位的名称。

b5.2　施工许可证编号

填写从事安装、改造、维修的施工单位持有的《特种设备安装改造维修许可证》或《特种设备制造许可证》编号。

b5.3　施工类别

填写设备使用登记时的设备的施工类别，包括安装、改造、维修等。

b5.4　施工告知日期

填写施工单位向质量技术监督部门履行告知的施工告知日期。

b5.5　施工竣工日期

填写施工完工并且履行了工程交付手续的日期。

b6　设备工作参数

填写使用单位实际使用（操作）的工作参数，包括工作压力、工作温度、工作介质，充装量只适用于有充装量要求的压力容器（如储存容器、移动式压力容器等），额定人数只适用于医用氧舱。

b7　设备保险情况

按照设备的保险情况填写，如果没有进行投保，可以全部划"—"。

b7.1　保险机构

填写投保的保险公司，即保险人的名称。

b7.2　保险险种

填写投保的保险险种。

b7.3　保险价值

填写具体的保险价值。保险价值是投保时与保险人订立保险合同约定的保险标定的实际价值。

b7.4　保险费

填写实际交纳的保险费。保险费指投保人为取得保险保障，按照合同约定向保险人支付的费用。

b7.5　保险金额

填写可以获得赔偿的最高金额。保险金额是保险人承担赔偿或者给付保险金责任的最高限额，也是投保人缴付保险费的依据。

b8 设备变更情况

因使用单位变更、使用地址变更、设备主要参数等变更需要重新办理登记手续的,应当填写重新登记时的变更情况。新设备首次办理使用登记,可全部划"—"。

b8.1 变更项目

按照"使用单位、使用地址、设备参数"等填写。

b8.2 变更类别

按照使用单位更名、变更使用单位、移装、改造、重大维修等填写。

b8.3 变更原因

按照转让、搬迁、提高能力、安全状况不合格等填写。

b8.4 变更日期

填写变更完成的日期。

b9 设备检验情况

办理使用登记时的设备检验情况(制造监检除外),包括安装、改造、重大维修监督检验、定期检验等。

b9.1 检验机构

填写从事检验的检验机构名称。

b9.2 组织机构代码

填写检验机构组织机构代码。

b9.3 检验类别

根据检验情况,填写使用登记时最后完成的检验类别,如安装监督检验、改造监督检验、重大维修监督检验、定期检验、基于风险检验、事故检验等。

b9.4 检验日期

填写进行检验的日期,一般是检验完成的日期,即报告出具日期(年、月)。

b9.5 检验结论

按照有关检验规则的要求填写,一般为符合要求、基本符合要求、不符合要求等。对以安全状况等级划分检验结论的,用安全状况等级表示。

b9.6 检验报告编号

填写检验机构检验所出具的检验报告的编号,没有要求出具检验报告的检验,可以只填写监检证书的编号。

b9.7　下次检验日期

首次定期检验日期由使用单位在首次登记时根据本规则和相关安全技术规范的规定填写,登记机关进行审核;对已经实施检验的,使用单位按照检验报告确定的下次检验日期填写;由于结构原因,设计文件规定无法实施定期检验的压力容器,使用单位填写"设计规定不实施定期检验"。

b10　使用单位申明和填表人员、单位盖章

本表所示的申明,作为使用单位的承诺,使用单位的填表人员和安全管理人员需要签字,并且注明签字日期(年、月、日),填表后盖单位公章,并且附压力容器产品数据表(复印件,并加盖使用单位公章)。

b11　登记情况

由登记机关填写。在说明的空白处填写对使用登记的审查情况,包括同意或者不受理、登记等意见。如果不予以受理、登记,应当注明原因和处理情况。

b11.1　登记机关登记人员

由负责登记受理、登记的人员签字,并且注明日期。

b11.2　登记机关(专用章)

盖负责特种设备登记的质量技术监督部门的特种设备安全监察专用章或者其他能代表登记机关的公章。

b11.3　安全状况等级

出厂资料齐全的新压力容器安全状况等级为1级,进口压力容器安全状况等级由特种设备检验机构对进口压力容器产品安全性能监督检验后评定。如果使用单位对压力容器安全性能有怀疑,可委托有资质的检验机构对压力容器进行检验后确定其安全状况等级。

b11.4　监管类别

按照分类监管原则,根据设备本质、使用场所、检验结论确定是否作为"一般监管"、"重点监管"对象。

b11.5　使用登记证编号

填写已经同意登记,所颁发的使用登记证的编号,使用登记证号编制方法见本规则附件C。

注:b-1:本登记表所列内容仅为压力容器进行使用登记时需要填写的基本数据,不代表特种设备动态管理信息化要求的数据,如事故数据、现场监督检查等。其他有关设备数据按照信息化建设的要求建立。

　b-2:移动式压力容器的地理信息,作为信息要求只是在进行运行监控时采用,使用登记时可不填写,划"—"。

附件 G

压力容器安全附件年度检查项目、内容和要求

G1 压力表

G1.1 检查内容和要求

压力表的检查至少包括以下内容：
(1)压力表的选型是否符合要求；
(2)压力表的定期检修维护、检定有效期及其封签是否符合规定；
(3)压力表外观、精度等级、量程是否符合要求；
(4)在压力表和压力容器之间装设三通旋塞或者针形阀时，其位置、开启标记及其锁紧装置是否符合规定；
(5)同一系统上各压力表的读数是否一致。

G1.2 检查结果处理

压力表检查时，发现以下情况之一的，使用单位应当限期改正并且采取有效措施确保改正期间的安全运行，否则应当暂停该压力容器使用：
(1)选型错误的；
(2)表盘封面玻璃破裂或者表盘刻度模糊不清的；
(3)封签损坏或者超过检定有效期限的；
(4)表内弹簧管泄漏或者压力表指针松动的；
(5)指针扭曲断裂或者外壳腐蚀严重的；
(6)三通旋塞或者针形阀开启标记不清或者锁紧装置损坏的。

G2 液位计

G2.1 检查内容和要求
液位计的检查至少包括以下内容：
(1)液位计的定期检修维护是否符合规定；
(2)液位计外观及其附件是否符合规定；
(3)寒冷地区室外使用或者盛装 0 ℃以下介质的液位计选型是否符合规定；
(4)用于易爆、毒性程度为极度或者高度危害介质的液化气体压力容器时，液位计的防止泄漏保护装置是否符合规定。

G2.2 检查结果处理

液位计检查时，发现以下情况之一的，使用单位应当限期改正并且采取有效措施确保改正期间的安全，否则应当暂停该压力容器使用：
(1)选型错误的；
(2)超过规定的检修期限的；

(3)玻璃板(管)有裂纹、破碎的;

(4)阀件固死的;

(5)液位指示错误的;

(6)液位计指示模糊不清的;

(7)防止泄漏的保护装置损坏的。

G3　测温仪表

G3.1　检查内容和要求

测温仪表的检查至少包括以下内容:

(1)测温仪表的定期校验和检修是否符合规定;

(2)测温仪表的量程与其检测的温度范围是否匹配;

(3)测温仪表及其二次仪表的外观是否符合规定。

G3.2　检查结果处理

测温仪表检查时,凡发现以下情况之一的,使用单位应当限期改正并且采取有效措施确保改正期间的安全,否则暂停该压力容器使用:

(1)仪表量程选择错误的;

(2)超过规定校验、检修期限的;

(3)仪表及其防护装置破损的。

G4　爆破片装置

G4.1　检查内容和要求

爆破片装置的检查至少包括以下内容:

(1)爆破片是否超过产品说明书规定的使用期限;

(2)爆破片的安装方向是否正确,产品铭牌上的爆破压力和温度是否符合运行要求;

(3)爆破片装置有无渗漏;

(4)爆破片使用过程中是否存在未超压爆破或者超压未爆破的情况;

(5)与爆破片夹持器相连的放空管是否通畅,放空管内是否存水(或者冰),防水帽、防雨片是否完好;

(6)爆破片单独作泄压装置(见图 G-1),检查爆破片和容器间的截止阀是否处于全开状态,铅封是否完好;

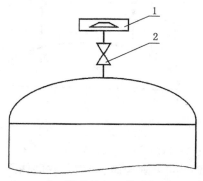

1—爆破片;2—截止阀

图 G-1　爆破片单独使用

(7)爆破片和安全阀串联使用,如果爆破片装在安全阀的进口侧(见图G-2),爆破片和安全阀之间装设的压力表有无压力显示,打开截止阀检查有无气体排出;

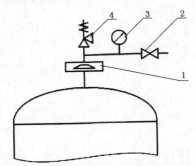

(爆破片装在安全阀进口侧)

1—爆破片;2—截止阀;3—压力表;4—安全阀

图 G-2 安全阀与爆破片串联使用

(8)爆破片和安全阀串联使用,如果爆破片装在安全阀的出口侧(见图G-3),爆破片和安全阀之间装设的压力表有无压力显示,如果有压力显示应当打开截止阀,检查能否顺利疏水、排气;

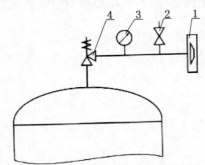

(爆破片装在安全阀出口侧)

1—爆破片;2—截止阀;3—压力表;4—安全阀

图 G-3 安全阀与爆破片串联使用

(9)爆破片和安全阀并联使用(见图G-4)时,爆破片与容器间装设的截止阀是否处于全开状态,铅封是否完好。

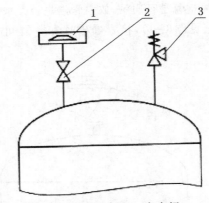

1—爆破片;2—截止阀;3—安全阀

图 G-4 安全阀、爆破片并联使用

G4.2　检查结果处理

爆破片装置检查时,凡发现以下情况之一的,使用单位应当限期更换爆破片装置并且采取有效措施确保更换期间的安全,否则暂停该压力容器使用:

(1)爆破片超过规定使用期限的;

(2)爆破片安装方向错误的;

(3)爆破片标定的爆破压力、温度和运行要求不符的;

(4)爆破片使用中超过标定爆破压力而未爆破的;

(5)爆破片和安全阀串联使用时,爆破片和安全阀之间的压力表有压力显示或者截止阀打开后有气体漏出的;

(6)爆破片单独作泄压装置或者爆破片与安全阀并联使用时,爆破片和容器间的截止阀未处于全开状态或者铅封损坏的;

(7)爆破片装置泄漏的。

G5　安全阀

G5.1　检查内容和要求

安全阀检查至少包括以下内容:

(1)选型是否正确;

(2)是否在校验有效期内使用;

(3)杠杆式安全阀的防止重锤自由移动和杠杆越出的装置是否完好,弹簧式安全阀的调整螺钉的铅封装置是否完好,静重式安全阀的防止重片飞脱的装置是否完好;

(4)如果安全阀和排放口之间装设了截止阀,截止阀是否处于全开位置及铅封是否完好;

(5)安全阀是否泄漏;

(6)放空管是否通畅,防雨帽是否完好。

G5.2　检查结果处理

安全阀检查时,凡发现以下情况之一的,使用单位应当限期改正并且采取有效措施确保改正期间的安全,否则暂停该压力容器使用:

(1)选型错误的;

(2)超过校验有效期的;

(3)铅封损坏的;

(4)安全阀泄漏的。

G5.3　安全阀校验

G5.3.1　校验周期

G5.3.1.1　基本要求

安全阀一般每年至少校验一次,符合 G5.3.1.2 的特殊要求,经过使用单位技术负责人批准可以按照其要求适当延长校验周期。凡是校验周期延长的安全阀,使用单位应当将延期校验情况书面告知登记机关。

G5.3.1.2　延长校验周期的特殊规定

G5.3.1.2.1　延长 3 年

弹簧直接载荷式安全阀满足以下条件时,其校验周期最长可以延长至 3 年:

（1）安全阀制造单位已取得国家质检总局颁发的制造许可证的；

（2）安全阀制造单位能提供证明，证明其所用弹簧按照《弹簧直接载荷式安全阀》（GB/T 12243）进行了强压处理或者加温强压处理，并且同一热处理炉同规格的弹簧取 10％（但不得少于 2 个）测定规定负荷下的变形量或者刚度，其变形量或者刚度的偏差不大于 15％的；

（3）安全阀内件材料耐介质腐蚀的；

（4）安全阀在正常使用过程中未发生过开启的；

（5）压力容器及其安全阀阀体在使用时无明显锈蚀的；

（6）压力容器内盛装非粘性并且毒性程度中度及中度以下介质的；

（7）使用单位建立、实施了健全的设备使用、管理与维护保养制度，并且有可靠的压力控制与调节装置或者超压报警装置的；

（8）使用单位建立了符合要求的安全阀校验站，具有安全阀校验能力的。

G5.3.1.2.2　延长 5 年

弹簧直接载荷式安全阀，在满足 G5.3.1.2.1 中（1）、（3）、（4）、（5）、（7）、（8）的条件下，同时满足以下条件时，其校验周期最长可以延长至 5 年：

（1）安全阀制造单位能提供证明，证明其所用弹簧按照《弹簧直接载荷式安全阀》（GB/T 12243）进行了强压处理或者加温强压处理，并且同一热处理炉同规格的弹簧取 20％（但不得少于 4 个）测定规定负荷下的变形量或者刚度，其变形量或者刚度的偏差不大于 10％的；

（2）压力容器内盛装毒性程度低度及低度以下的气体介质，工作温度不大于 200 ℃的。

G5.3.2　现场校验和调整

安全阀需要进行现场校验（在线校验）和压力调整时，使用单位压力容器安全管理人员和安全阀维修作业（校验）人员应当到场确认。调校合格的安全阀应当加铅封。校验及调整装置用压力表的精度应当不低于 1 级。在校验和调整时，应当有可靠的安全防护措施。

附件 H

压力容器年度检查报告

设 备 品 种:＿＿＿＿＿＿＿＿＿＿

产 品 名 称:＿＿＿＿＿＿＿＿＿＿

设 备 代 码:＿＿＿＿＿＿＿＿＿＿

单位内编号:＿＿＿＿＿＿＿＿＿＿

使 用 单 位:＿＿＿＿＿＿＿＿＿＿

检 查 日 期:＿＿＿＿＿＿＿＿＿＿

（检查单位名称）

压力容器年度检查结论报告

报告编号：

设备品种			产品名称		
设备代码			设备型号		
使用登记证编号			单位内编号		
使用单位名称					
设备使用地点					
安全管理人员			联系电话		
安全状况等级			下次定期检查日期		
检查依据	《压力容器使用管理规则》				
问题及其处理	检查发现的缺陷位置、性质、程度及处理意见（必要时附图或者附页）				

检查结论	（符合要求、基本符合要求、不符合要求）	允许（监控）使用参数			
		压　力	MPa	温　度	℃
		介　质			
	下次年度检查日期：　　年　　月				

说明	（监控运行需要解决的问题及完成期限）

检查：　　　　　日期：	
审核：　　　　　日期：	（检查单位检查专用章） 　　　年　　月　　日
审批：　　　　　日期：	

压力容器年度检查报告附页

报告编号：

序号	检查项目		检查结果	备注
1	安全管理	安全管理制度、安全操作规程		
2		设计、制造、安装、改造、维修等资料		
3		《使用登记表》《使用登记证》		
4		作业人员持证情况		
5		日常维护保养、运行、定期安全检查记录		
6		年度检查、定期检验报告及问题处理情况		
7		安全附件校验、修理和更换记录		
8		移动式压力容器装卸记录		
9		应急预案和演练记录		
10		压力容器事故、故障情况记录		
11	容器本体及运行情况	铭牌、漆色、标志和使用登记证编号的标注		
12		本体、接口(阀门、管路)部位、焊接接头缺陷情况检查		
13		外表面腐蚀、结霜、结露情况检查		
14		隔热层检查		
15		检漏孔、信号孔检查		
16		压力容器与相邻管道或者构件异常振动、响声或者相互摩擦情况检查		
17		支承或者支座、基础、紧固螺栓检查		
18		排放(疏水、排污)装置检查		
19		运行期间超压、超温、超量等情况检查		
20		接地装置检查		
21		监控措施是否有效实施情况检查		
22		快开门式压力容器安全联锁功能检查		

共　　页　第　　页

序号	检查项目与内容		检查结果	备注
23	安全附件	压力表		
24		液位计		
25		测温仪表		
26		爆破片装置		
27		安全阀		
28		易熔塞		
29		导静电装置		
30		紧急切断装置		
	专项要求			

注：(1)专项要求检查项目与内容按照《压力容器使用管理规则》附件 E、附件 F 确定。

(2)本表是压力容器年度检查的基本要求，使用单位可以根据本单位压力容器使用特性增加和调整有关检查项目。

(3)无问题或者合格的检查项目在检查结果栏打"√"；有问题或者不合格的检查项目在检查结果栏打"×"，并且在备注中说明；实际没有的检查项目在检查结果栏填写"无此项"，或者按照实际的检查项目编制；无法检查的项目在检查结果栏中划"—"，并且在备注栏中说明原因。

[(1)、(2)项注实际不印制，(3)印制时，可以删除项号(3)]

共　　页　第　　页

TSG 特种设备安全技术规范　　　　　　　　　TSG 21—2016

固定式压力容器安全技术
监察规程

Supervision Regulation on Safety Technology for
Stationary Pressure Vessel

中华人民共和国国家质量监督检验检疫总局颁布
2016 年 2 月 22 日

固定式压力容器安全技术监察规程*

1 总则

1.1 目的

为了保障固定式压力容器安全使用,预防和减少事故,保护人民生命和财产安全,促进经济社会发展,根据《中华人民共和国特种设备安全法》《特种设备安全监察条例》,制定本规程。

1.2 固定式压力容器

固定式压力容器是指安装在固定位置使用的压力容器(以下简称压力容器,注 1-1)。

注 1-1:对于为了某一特定用途、仅在装置或者场区内部搬动、使用的压力容器,以及可移动式空气压缩机的储气罐等按照固定式压力容器进行监督管理;过程装置中作为工艺设备的按压力容器设计制造的余热锅炉依据本规程进行监督管理。

1.3 适用范围

本规程适用于特种设备目录所定义的、同时具备以下条件的压力容器:

(1)工作压力大于或者等于 0.1 MPa(注 1-2);

(2)容积大于或者等于 0.03 m³ 并且内直径(非圆形截面指截面内边界最大几何尺寸)大于或者等于 150 mm(注 1-3);

(3)盛装介质为气体、液化气体以及介质最高工作温度高于或者等于其标准沸点的液体(注 1-4)。

注1-2 工作压力,是指在正常工作情况下,压力容器顶部可能达到的最高压力(表压力)。

注1-3 容积,是指压力容器的几何容积,即由设计图样标注的尺寸计算(不考虑制造公差)并且圆整。一般需要扣除永久连接在压力容器内部的内件的体积。

注1-4 容器内介质为最高工作温度低于其标准沸点的液体时,如果气相空间的容积大于或者等于 0.03 m³ 时,也属于本规程的适用范围。

1.6 压力容器范围的界定

本规程适用的压力容器,其范围包括压力容器本体、安全附件及仪表。

1.6.1 压力容器本体

压力容器的本体界定在以下范围内:

(1)压力容器与外部管道或者装置焊接(粘接)连接的第一道环向接头的坡口面、螺纹连接的第一个螺纹接头端面、法兰连接的第一个法兰密封面、专用连接件或者管件连接的第一个密封面;

(2)压力容器开孔部分的承压盖及其紧固件;

(3)非受压元件与受压元件的连接焊缝。

---

* 注:固定式压力容器安全技术监察规程(TSG 21—2016)(摘录)

压力容器本体中的主要受压元件,包括筒节(含变径段)、球壳板、非圆形容器的壳板、封头、平盖、膨胀节、设备法兰,热交换器的管板和换热管,M36以上(含M36)螺柱以及公称直径大于或者等于250 mm的接管和管法兰。

1.6.2 安全附件及仪表

压力容器的安全附件,包括直接连接在压力容器上的安全阀、爆破片装置、易熔塞、紧急切断装置、安全联锁装置。

压力容器的仪表,包括直接连接在压力容器上的压力、温度、液位等测量仪表。

1.7 压力容器分类

根据危险程度,本规程适用范围内的压力容器划分为Ⅰ,Ⅱ,Ⅲ类(注1-6),压力容器分类方法见附件A。

注1-6:本规程划分的第Ⅰ,Ⅱ,Ⅲ类压力容器等同于特种设备目录品种中的第一、二、三类压力容器,本规程中超高压容器划分为第Ⅲ类压力容器。

1.8 与技术标准、管理制度的关系

(1)本规程规定了压力容器的基本安全要求,有关压力容器的技术标准、管理制度等,不得低于本规程的要求;

(2)压力容器的设计、制造、安装、改造和修理应当同时符合本规程及相应压力容器产品标准(以下简称产品标准)的规定。

1.9 不符合本规程时的特殊处理规定

采用新材料、新技术、新工艺以及有特殊使用要求的压力容器,与本规程的要求不一致,或者本规程未作要求、可能对安全性能有重大影响的,相关单位应当提供有关设计、研究、试验的依据、数据、结果及其检验检测报告等技术资料,向国家质量监督检验检疫总局(以下简称国家质检总局)申报,由国家质检总局委托安全技术咨询机构或者相关专业机构进行技术评审,评审结果经过国家质检总局批准,方可投入生产、使用。

1.11 监督管理

压力容器的设计、制造、安装、改造、修理、使用单位和检验、检测等机构应当严格执行本规程,接受各级人民政府负责特种设备监督管理的部门(以下简称特种设备安全监管部门)的监督管理,并且按照特种设备信息化管理的规定,及时将所要求的数据输入特种设备信息化管理系统。

2 材料

2.1 材料通用要求

2.1.1 基本要求

(1)压力容器的选材应当考虑材料的力学性能、物理性能、工艺性能和与介质的相容性;

(2)压力容器材料的性能、质量、规格与标志,应当符合相应材料的国家标准或者行业标准的规定;

(3)压力容器材料制造单位应当在材料的明显部位作出清晰、牢固的出厂钢印标志或者采用其他可以追溯的标志;

(4)压力容器材料制造单位应当向材料使用单位提供质量证明书,材料质量证明书的内容应当齐

全、清晰并且印制可以追溯的的信息化标识,加盖材料制造单位质量检验章;

(5)压力容器制造、改造、修理单位从非材料制造单位取得压力容器材料时,应当取得材料制造单位提供的质量证明书原件或者加盖了材料经营单位公章和经办负责人签字(章)的复印件;

(6)压力容器制造、改造、修理单位应当对所取得的压力容器材料及材料质量证明书的真实性和一致性负责;

(7)非金属压力容器制造单位应当有可靠的方法确定原材料或者压力容器成型后的材质在腐蚀环境下使用的可靠性,必要时进行试验验证。

2.1.2 境外牌号材料的使用

2.1.2.1 境外材料制造单位制造的材料

(1)境外牌号材料应当是境外压力容器现行标准规范允许使用并且境外已有在相似工作条件下使用实例的材料,其使用范围应当符合相应标准规范的规定;

(2)境外牌号材料的性能不得低于本规程的基本要求(如磷、硫含量,冲击试样的取样部位、取样方向和冲击吸收能量指标,断后伸长率等);

(3)材料质量证明书应当满足本规程2.1.1的规定;

(4)压力容器制造、改造、修理单位应当对实物材料与材料质量证明书进行审查,并且对主要受压元件材料的化学成分和力学性能进行验证性复验,复验结果实测值符合本规程以及相应材料标准的要求后,方可投料使用;

(5)用于焊接结构压力容器受压元件的材料,压力容器制造、改造、修理单位在首次使用前,应当掌握材料的焊接性能并且进行焊接工艺评定;

(6)主要受压元件采用未列入本规程协调标准的标准抗拉强度下限值大于 540 MPa 的低合金钢,或者用于设计温度低于 $-40\ \text{℃}$ 的低合金钢,材料制造单位应当按照本规程1.9的规定通过新材料技术评审,方可允许使用。

2.1.2.2 境内材料制造单位制造的钢板(带)

境内材料制造单位制造的境外牌号钢板(带),应当符合本规程2.1.2.1的各项要求,并且应当制定企业标准。

2.1.2.3 境外牌号材料的选用

设计单位若选用境外牌号的材料,在设计文件中应当注明其满足2.1,2.1中的各项要求。

2.1.3 新材料的使用

2.1.3.1 未列入本规程协调标准的材料

主要受压元件采用未列入本规程协调标准的材料,试制前材料的研制单位应当进行系统的试验研究工作,并且按照本规程1.9的规定通过新材料技术评审。

2.1.3.2 材料制造单位首次制造的钢材

材料制造单位首次制造用于压力容器的标准抗拉强度下限值大于 540 MPa 的低合金钢,或者用于压力容器设计温度低于 $-40\ \text{℃}$ 的低合金钢,应当按照本规程1.9的规定通过新材料技术评审。

2.1.4 材料投用和标志移植

(1)压力容器制造、改造、修理单位应当保证所使用的压力容器材料符合本规程的要求,并且在材料进货检验时审查材料质量证明书和材料标志;对不能确定质量证明书的真实性或者对性能、化学成分有怀疑的主要受压元件材料,应当进行复验,确认符合本规程及相应材料标准的要求后,方可投料使用;

(2)对于外购的第Ⅲ类压力容器用Ⅳ级锻件,应当进行复验;

(3)用于压力容器受压元件的材料在分割前应当进行标志移植,保证材料具有可追溯性。

2.1.5 材料代用

压力容器制造、改造、修理单位对受压元件的材料代用,应当事先取得原设计单位的书面批准,并且在竣工图上做详细记录。

3 设计

3.1 设计通用要求

3.1.1 设计单位许可资质与责任

(1)设计单位及其主要负责人对压力容器的设计质量负责;

(2)压力容器设计单位的资质、设计类别、品种和范围应当符合有关安全技术规范的规定;

(3)压力容器的设计应当符合本规程的基本安全要求,对于采用国际标准或者境外标准设计的压力容器,进行设计的单位应当向国家质检总局提供设计文件符合本规程基本安全要求的符合性申明及比照表;

(4)设计单位应当向设计委托方提供本规程3.1.4.1规定的设计文件。

3.1.2 设计专用章

(1)压力容器的设计总图上,必须加盖设计单位设计专用印章(复印章无效),已加盖竣工图章的图样不得用于制造压力容器;

(2)压力容器设计专用章中至少包括设计单位名称、相应资质证书编号、主要负责人、技术负责人等内容。

3.1.3 设计条件

压力容器的设计委托方应当以正式书面形式向设计单位提出压力容器设计条件。设计条件至少包含以下内容:

(1)操作参数(包括工作压力、工作温度范围、液位高度、接管载荷等);

(2)压力容器使用地及其自然条件(包括环境温度、抗震设防烈度、风和雪载荷等);

(3)介质组分与特性;

(4)预期使用年限;

(5)几何参数和管口方位;

(6)设计需要的其他必要条件。

3.1.4 设计文件

3.1.4.1 设计文件的内容

(1)压力容器的设计文件包括风险评估报告(需要时)、强度计算书或者应力分析报告、设计图样、制造技术条件,必要时还应当包括安装及使用维护保养说明等;

(2)装设安全阀、爆破片等超压泄放装置的压力容器,设计文件还应当包括压力容器安全泄放量、安全阀排量和爆破片泄放面积的计算书;利用软件模拟计算或者无法计算时,设计单位应当会同设计委托单位或者使用单位,协商选用超压泄放装置。

3.1.4.2 设计文件的审批

设计文件中的风险评估报告、强度计算书或者应自述报告、设计总图,至少进行设计、校核、审核3级签署;对于第Ⅲ类压力容器和分析设计的压力容器,还应当由压力容器设计单位技术负责人或者其授权人批准(4 级签署)。

3.1.4.3　保存期限

设计文件的保存期限不少于压力容器设计使用年限。

3.1.4.4　设计总图

3.1.4.4.1　总图主要内容

压力容器的设计总图上至少注明以下内容:

(1)压力容器名称、分类,设计、制造所依据的主要法规、产品标准;

(2)工作条件,包括工作压力、工作温度、介质特性(毒性和爆炸危害程度等);

(3)设计条件,包括设计温度、设计载荷(包含压力在内的所有应当考虑的载荷)、介质(组分)、腐蚀裕量、焊接接头系数、自然条件等,对储存液化气体的储罐还应当注明装量系数,对有应力腐蚀倾向的储存容器还应当注明腐蚀介质的限定含量;

(4)主要受压元件材料牌号与材料标准;

(5)主要特性参数(如压力容器容积、热交换器换热面积与程数等);

(6)压力容器设计使用年限(疲劳容器标明循环次数);

(7)特殊制造要求;

(8)热处理要求;

(9)无损检测要求;

(10)耐压试验和泄漏试验要求;

(11)预防腐蚀的要求(介质的腐蚀速率以及应力腐蚀倾向等);

(12)安全附件及仪表的规格和订购特殊要求(工艺系统已考虑的除外);

(13)压力容器铭牌的位置;

(14)包装、运输、现场组焊和安装要求。

3.1.4.4.2　特殊要求

以下情况对设计总图的特殊要求:

(1)多腔压力容器分别注明各腔的试验压力,有特殊要求时注明共用元件两侧允许的压力差值,以及试验步骤和试验要求;

(2)装有触媒的压力容器和装有填料的压力容器,注明使用过程中定期检验的技术要求;

(3)由于结构原因不能进行内部检验的压力容器,注明计算厚度、使用中定期检验的要求;

(4)不能进行耐压试验的压力容器,注明计算厚度和制造与使用的特殊要求;

(5)有隔热衬里的压力容器,注明防止受压元件超温的技术措施;

(6)要求保温或者保冷的压力容器,提出保温或者保冷措施。

5　安装、改造与修理

5.1　安装改造修理单位

(1)从事压力容器安装、改造或者重大修理的单位应当是取得相应资质的单位;安装改造修理单位应当按照相关安全技术规范的要求,建立质量保证体系并且有效运行,安装改造修理单位及其主要负责人对压力容器的安装、改造、修理质量负责;

(2)安装改造修理单位应当严格执行法规、安全技术规范及技术标准;

(3)安装改造修理单位应当向使用单位提供安装、改造、修理施工方案、图样和施工质量证明文件等技术资料;

(4)压力容器安装、改造与重大修理前,从事压力容器安装、改造与重大修理的单位应当向使用地的特种设备安全监管部门书面告知。

7　使用管理

7.1　使用安全管理

7.1.1　使用单位义务

压力容器使用单位应当按照《特种设备使用管理规则》的有关要求，对压力容器进行使用安全管理，设置安全管理机构，配备安全管理负责人、安全管理人员和作业人员，办理使用登记，建立各项安全管理制度，制定操作规程，并且进行检查。

7.1.2　使用登记

使用单位应当按照规定在压力容器投入使用前或者投入使用后 30 日内，向所在地负责特种设备使用登记的部门（以下简称使用登记机关）申请办理《特种设备使用登记证》（以下简称《使用登记证》）。办理使用登记时，安全状况等级和首次检验日期按照以下要求确定：

（1）使用登记机关确认制造资料齐全的新压力容器，其安全状况等级为 1 级；进口压力容器安全状况等级由实施进口压力容器监督检验的特种设备检验机构评定；

（2）压力容器首次定期检验日期按照本规程 8.1.6 和 8.1.7 的规定确定，产品标准或者使用单位认为有必要缩短检验周期的除外；特殊情况，需要延长首次定期检验日期时，由使用单位提出书面申请说明情况，经使用单位安全管理负责人批准，延长期限不得超过 1 年。

7.1.3　压力容器操作规程

压力容器的使用单位，应当在工艺操作规程和岗位操作规程中，明确提出压力容器安全操作要求。操作规程至少包括以下内容：

（1）操作工艺参数（含工作压力、最高或者最低工作温度）；

（2）岗位操作方法（含开、停车的操作程序和注意事项）；

（3）运行中重点检查的项目和部位，运行中可能出现的异常现象和防止措施，以及紧急情况的处置和报告程序。

7.1.4　经常性维护保养

使用单位应当建立压力容器装置巡检制度，并且对压力容器本体及其安全附件、装卸附件、安全保护装置、测量调控装置、附属仪器仪表进行经常性维护保养。对发现的异常情况及时处理并且记录，保证在用压力容器始终处于正常使用状态。

7.1.5　定期自行检查

压力容器的自行检查，包括月度检查、年度检查。

7.1.5.1　月度检查

使用单位每月对所使用的压力容器至少进行 1 次月度检查，并且应当记录检查情况；当年度检查与月度检查时间重合时，可不再进行月度检查。月度检查内容主要为压力容器本体及其安全附件、装卸附件、安全保护装置、测量调控装置、附属仪器仪表是否完好，各密封面有无泄漏，以及其他异常情况等。

7.1.5.2　年度检查

使用单位每年对所使用的压力容器至少进行 1 次年度检查，年度检查按照本规程 7.2 的要求进行。年度检查工作完成后，应当进行压力容器使用安全状况分析，并且对年度检查中发现的隐患及时消除。

年度检查工作可以由压力容器使用单位安全管理人员组织经过专业培训的作业人员进行，也可以委托有资质的特种设备检验机构进行。

7.1.6 定期检验

使用单位应当在压力容器定期检验有效期届满的 1 个月以前,向特种设备检验机构提出定期检验申请,并且做好定期检验相关的准备工作。

定期检验完成后,由使用单位组织对压力容器进行管道连接、密封、附件(含安全附件及仪表)和内件安装等工作,并且对其安全性负责。

7.1.7 达到设计使用年限使用的压力容器

达到设计使用年限的压力容器(未规定设计使用年限,但是使用超过 20 年的压力容器视为达到设计使用年限),如果要继续使用,使用单位应当委托有检验资质的特种设备检验机构参照定期检验的有关规定对其进行检验,必要时按照本规程 8.9 的要求进行安全评估(合于使用评价),经过使用单位主要负责人批准后,办理使用登记证书变更,方可继续使用。

7.1.8 异常情况处理

压力容器发生下列异常情况之一的,操作人员应当立即采取应急专项措施,并且按照规定的程序,及时向本单位有关部门和人员报告:
(1)工作压力、工作温度超过规定值,采取措施仍不能得到有效控制的;
(2)受压元件发生裂缝、异常变形、泄漏、衬里层失效等危及安全的;
(3)安全附件失灵、损坏等不能起到安全保护作用的;
(4)垫片、紧固件损坏,难以保证安全运行的;
(5)发生火灾等直接威胁到压力容器安全运行的;
(6)液位异常,采取措施仍不能得到有效控制的;
(7)压力容器与管道发生严重振动,危及安全运行的;
(8)与压力容器相连的管道出现泄漏,危及安全运行的;
(9)真空绝热压力容器外壁局部存在严重结冰、工作压力明显上升的;
(10)其他异常情况的。

7.1.9 装卸连接装置要求

在移动式压力容器和固定式压力容器之间进行装卸作业的,其连接装置应当符合以下要求:
(1)压力容器与装卸管道或者装卸软管使用可靠的连接方式;
(2)有防止装卸管道或者装卸软管拉脱的联锁保护装置;
(3)所选用装卸管道或者装卸软管的材料与介质、低温工况相适应,装卸高(低)压液化气体、冷冻液化气体和液体的装卸用管的公称压力不得小于装卸系统工作压力的 2 倍,装卸压缩气体的装卸用管公称压力不得小于装卸系统工作压力的 1.3 倍,其最小爆破压力大于 4 倍的公称压力;
(4)充装单位或者使用单位对装卸软管必须每年进行 1 次耐压试验,试验压力为 1.5 倍的公称压力,无渗漏无异常变形为合格,试验结果要有记录和试验人员的签字。

7.1.10 修理及带压密封安全要求

压力容器内部有压力时,不得进行任何修理。出现紧急泄漏需进行带压密封时,使用单位应当按照设计规定提出有效的操作要求和防护措施,并且经过使用单位安全管理负责人批准。

带压密封作业人员应当经过专业培训考核取得特种设备作业人员证书并且持证上岗。在实际操作时,使用单位安全管理部门应当派人进行现场监督。

7.1.11　简单压力容器和本规程 1.4 范围内压力容器的使用管理专项要求

简单压力容器和本规程 1.4 范围内压力容器不需要办理使用登记手续，在设计使用年限内不需要进行定期检验，使用单位负责其使用的安全管理，并且做好以下工作：

（1）建立设备安全管理档案，进行日常维护保养、定期自行检查并且记录存档，发现异常情况时，应当及时请特种设备检验机构进行检验；

（2）达到设计使用年限时应当报废，如需继续使用的，使用单位应当报特种设备检验机构参照本规程第 8 章的有关要求进行检验；

（3）发生事故时，事故发生单位应当迅速采取有效措施，组织抢救，防止事故扩大，并且按照《特种设备事故报告和调查处理规定》的要求进行报告和处理，不得迟报、谎报或者瞒报事故情况。

7.2　年度检查

年度检查项目至少包括压力容器安全管理情况、压力容器本体及其运行状况和压力容器安全附件检查等。

7.2.1　安全管理情况检查

压力容器安全管理情况检查至少包括以下内容。

（1）压力容器的安全管理制度是否齐全有效；

（2）本规程规定的设计文件、竣工图样、产品合格证、产品质量证明文件、安装及使用维护保养说明、监检证书以及安装、改造、修理资料等是否完整；

（3）《使用登记证》《特种设备使用登记表》（以下简称《使用登记表》）是否与实际相符；

（4）压力容器日常维护保养、运行记录、定期安全检查记录是否符合要求；

（5）压力容器年度检查、定期检验报告是否齐全，检查、检验报告中所提出的问题是否得到解决；

（6）安全附件及仪表的校验（检定）、修理和更换记录是否齐全真实；

（7）是否有压力容器应急专项预案和演练记录；

（8）是否对压力容器事故、故障情况进行了记录。

7.2.2　压力容器本体及其运行状况检查

7.2.2.1　基本要求

压力容器本体及其运行状况的检查至少包括以下内容：

（1）压力容器的产品铭牌及其有关标志是否符合有关规定；

（2）压力容器的本体、接口（阀门、管路）部位、焊接（粘接）接头等有无裂纹、过热、变形、泄漏、机械接触损伤等；

（3）外表面有无腐蚀，有无异常结霜、结露等；

（4）隔热层有无破损、脱落、潮湿、跑冷；

（5）检漏孔、信号孔有无漏液、漏气，检漏孔是否通畅；

（6）压力容器与相邻管道或者构件有无异常振动、响声或者相互摩擦；

（7）支承或者支座有无损坏，基础有无下沉、倾斜、开裂，紧固件是否齐全、完好；

（8）排放（疏水、排污）装置是否完好；

（9）运行期间是否有超压、超温、超量等现象；

（10）罐体有接地装置的，检查接地装置是否符合要求；

（11）监控使用的压力容器，监控措施是否有效实施。

7.2.2.2　非金属及非金属衬里压力容器年度检查专项要求

7.2.2.2.1 搪玻璃压力容器检查

(1)压力容器外表面防腐漆是否完好,是否有锈蚀、腐蚀现象;

(2)密封面是否有泄漏;

(3)夹套底部排净(疏水)口开闭是否灵活;

(4)夹套顶部放气口开闭是否灵活。

7.2.2.2.2 石墨及石墨衬里压力容器检查

(1)压力容器外表面防腐漆是否完好,是否有锈蚀、腐蚀现象;

(2)石墨件外表面是否有腐蚀、破损和开裂现象;

(3)密封面是否有泄漏。

7.2.2.2.3 纤维增强塑料及纤维增强塑料衬里压力容器检查

(1)压力容器外表面防腐漆是否完好,是否有腐蚀、损伤、纤维裸露、裂纹或者裂缝、分层、凹坑、划痕、鼓包、变形现象;

(2)管口、支撑件等连接部位是否有开裂、拉脱现象;

(3)支座、爬梯、平台等是否有松动、破坏等影响安全的因素;

(4)紧固件、阀门等零部件是否有腐蚀破坏现象。

(5)密封面是否有泄漏。

7.2.2.2.4 热塑性塑料衬里压力容器检查

(1)压力容器外表面防腐漆是否完好,是否有锈蚀、腐蚀现象。

(2)密封面是否有泄漏。

7.2.3 安全附件及仪表检查

安全附件的检查包括对安全阀、爆破片装置、安全联锁装置等的检查,仪表的检查包括对压力表、液位计、测温仪表等的检查。

7.2.3.1 安全阀

7.2.3.1.1 检查内容和要求

安全阀检查至少包括以下内容和要求:

(1)选型是否正确;

(2)是否在校验有效期内使用;

(3)杠杆式安全阀的防止重锤自由移动和杠杆越出的装置是否完好,弹簧式安全阀的调整螺钉的铅封装置是否完好,静重式安全阀的防止重片飞脱的装置是否完好;

(4)如果安全阀和排放口之间装设了截止阀,截止阀是否处于全开位置及铅封是否完好;

(5)安全阀是否有泄漏;

(6)放空管是否通畅,防雨帽是否完好。

7.2.3.1.2 检查结果处理

安全阀检查时,凡发现下列情况之一的,使用单位应当限期改正并且采取有效措施确保改正期间的安全,否则暂停该压力容器使用:

(1)选型错误的;

(2)超过校验有效期的;

(3)铅封损坏的;

(4)安全阀泄漏的。

7.2.3.1.3 安全阀校验周期

7.2.3.1.3.1 基本要求

安全阀一般每年至少校验一次,符合本规程7.2.3.1.3.2,7.2.3.1.3.3校验周期延长的特殊要求,经过使用单位安全管理负责人批准可以按照其要求适当延长校验周期。

7.2.3.1.3.2　校验周期延长至 3 年

弹簧直接载荷式安全阀满足以下条件时,其校验周期最长可以延长至 3 年:

(1)安全阀制造单位能提供证明,证明其所用弹簧按照《弹簧直接载荷式安全阀》(GB/T 12243)进行了强压处理或者加温强压处理,并且同一热处理炉同规格的弹簧取 10%(但不得少于 2 个)测定规定负荷下的变形量或者刚度,测定值的偏差不大于 15% 的;

(2)安全阀内件材料耐介质腐蚀的;

(3)安全阀在正常使用过程中未发生过开启的;

(4)压力容器及其安全阀阀体在使用时无明显锈蚀的;

(5)压力容器内盛装非粘性并且毒性危害程度为中度及中度以下介质的;

(6)使用单位建立、实施了健全的设备使用、管理与维护保养制度,并且有可靠的压力控制与调节装置或者超压报警装置的;

(7)使用单位建立了符合要求的安全阀校验站,具有安全阀校验能力的。

7.2.3.1.3.3　校验周期延长至 5 年

弹簧直接载荷式安全阀,在满足本规程 7.2.3.1.3.2 中第(2),(3),(4),(6),(7)项的条件下,同时满足以下条件时,其校验周期最长可以延长至 5 年:

(1)安全阀制造单位能提供证明,证明其所用弹簧按照 GB/T12243 进行了强压处理或者加温强压处理,并且同一热处理炉同规格的弹簧取 20%(但不得少于 4 个)测定规定负荷下的变形量或者刚度,测定值的偏差不大于 10% 的;

(2)压力容器内盛装毒性危害程度为轻度(无毒)的气体介质,工作温度不大于 200 ℃ 的。

7.2.3.1.4　现场检验和调整

安全阀需要进行现场校验(在线校验)和压力调整时,使用单位压力容器安全管理人员和安全阀检修(校验)人员应当到场确认。调校合格的安全阀应当加铅封。校验及调整装置用压力表的精度不得低于 1 级。在校验和调整时,应当有可靠的安全防护措施。

7.2.3.2　爆破片装置

7.2.3.2.1　检查内容和要求

爆破片装置的检查至少包括以下内容:

(1)爆破片是否超过规定使用期限;

(2)爆破片的安装方向是否正确,产品铭牌上的爆破压力和温度是否符合运行要求;

(3)爆破片装置有无渗漏;

(4)爆破片使用过程中是否存在未超压爆破或者超压未爆破的情况;

(5)与爆破片夹持器相连的放空管是否通畅,放空管内是否存水(或者冰),防水帽、防雨片是否完好;

(6)爆破片和压力容器间装设的截止阀是否处于全开状态,铅封是否完好;

(7)爆破片和安全阀串联使用,如果爆破片装在安全阀的进口侧,检查爆破片和安全阀之间装设的压力表有无压力显示,打开截止阀检查有无气体排出;

(8)爆破片和安全阀串联使用,如果爆破片装在安全阀的出口侧,检查爆破片和安全阀之间装设的压力表有无压力显示,如果有压力显示应当打开截止阀,检查能否顺利疏水、排气。

7.2.3.2.2　检查结果处理

爆破片装置检查时,凡发现下列情况之一的,使用单位应当立即更换爆破片装置并且采取有效措施确保更换期间的安全,否则暂停该压力容器使用:

(1)爆破片超过规定使用期限的;

(2)爆破片安装方向错误的;

（3）爆破片标定的爆破压力、温度和运行要求不符的；

（4）爆破片使用中超过标定爆破压力而未爆破的；

（5）爆破片和安全阀串联使用时，爆破片和安全阀之间的压力表有压力显示或者截止阀打开后有气体漏出的；

（6）爆破片单独作泄压装置或者爆破片与安全阀并联使用时，爆破片和压力容器间的截止阀未处于全开状态或者铅封损坏的；

（7）爆破片装置泄漏的。

7.2.3.3　安全联锁装置

检查快开门式压力容器的安全联锁装置是否完好，功能是否符合要求。

7.2.3.4　压力表

7.2.3.4.1　检查内容和要求

压力表的检查至少包括以下内容：

（1）压力表的选型是否符合要求；

（2）压力表的定期检修维护、检定有效期及其封签是否符合规定；

（3）压力表外观、精度等级、量程是否符合要求；

（4）在压力表和压力容器之间装设三通旋塞或者针形阀时，其位置、开启标记及其锁紧装置是否符合规定；

（5）同一系统上各压力表的读数是否一致。

7.2.3.4.2　检查结果处理

压力表检查时，发现下列情况之一的，使用单位应当限期改正并且采取有效措施确保改正期间的安全运行，否则停止该压力容器使用：

（1）选型错误的；

（2）表盘封面玻璃破裂或者表盘刻度模糊不清的；

（3）封签损坏或者超过检定有效期限的；

（4）表内弹簧管泄漏或者压力表指针松动的；

（5）指针扭曲断裂或者外壳腐蚀严重的；

（6）三通旋塞或者针形阀开启标记不清或者锁紧装置损坏的。

7.2.3.5　液位计

7.2.3.5.1　检查内容和要求

液位计的检查至少包括以下内容：

（1）液位计的定期检修维护是否符合规定；

（2）液位计外观及其附件是否符合规定；

（3）寒冷地区室外使用或者盛装 0 ℃以下介质的液位计选型是否符合规定；

（4）介质为易爆、毒性危害程度为极度或者高度危害的液化气体时，液位计的防止泄漏保护装置是否符合规定。

7.2.3.5.2　检查结果处理

液位计检查时，发现下列情况之一的，使用单位应当限期改正并且采取有效措施确保改正期间的安全，否则停止该压力容器使用：

（1）选型错误的；

（2）超过规定的检修期限的；

（3）玻璃板（管）有裂纹、破碎的；

（4）阀件固死的；

(5)液位指示错误的;

(6)液位计指示模糊不清的;

(7)防止泄漏的保护装置损坏的。

7.2.3.6　测温仪表

7.2.3.6.1　检查内容和要求

测温仪表的检查至少包括以下内容:

(1)测温仪表的定期校验和检修是否符合规定;

(2)测温仪表的量程与其检测的温度范围是否匹配;

(3)测温仪表及其二次仪表的外观是否符合规定。

7.2.3.6.2　检查结果处理

测温仪表检查时,凡发现下列情况之一的,使用单位应当限期改正并且采取有效措施确保改正期间的安全,否则停止该压力容器使用:

(1)仪表量程选择错误的;

(2)超过规定校验、检修期限的;

(3)仪表及其防护装置破损的。

7.2.4　检查报告及结论

年度检查工作完成后,检查人员根据实际检查情况出具检查报告(报告格式参见附件 H),作出以下结论意见:

(1)符合要求,指未发现或者只有轻度不影响安全使用的缺陷,可以在允许的参数范围内继续使用;

(2)基本符合要求,指发现一般缺陷,经过使用单位采取措施后能保证安全运行,可以有条件的监控使用,结论中应当注明监控运行需要解决的问题及其完成期限;

(3)不符合要求,指发现严重缺陷,不能保证压力容器安全运行的情况,不允许继续使用,应当停止运行或者由检验机构进行进一步检验。

年度检查由使用单位自行实施时,按照本节检查项目、要求进行记录,并且出具年度检查报告,年度检查报告应当由使用单位安全管理负责人或者授权的安全管理人员审批。

8　定期检验

8.1　定期检验通用要求

8.1.1　定期检验

压力容器定期检验,是指特种设备检验机构(以下简称检验机构)按照一定的时间周期,在压力容器停机时,根据本规程的规定对在用压力容器的安全状况所进行的符合性验证活动。

8.1.2　定期检验程序

定期检验工作的一般程序,包括检验方案制定、检验前的准备、检验实施、缺陷及问题的处理、检验结果汇总、出具检验报告等。

8.1.3　检验机构及人员

检验机构应当按照核准的检验范围从事压力容器的定期检验工作,检验和检测人员(以下简称检验人员)应当取得相应的特种设备检验检测人员证书。检验机构应当对压力容器定期检验报告的真实性、准确性、有效性负责(注 8-1)。

注 8-1:真实性表示报告以客观事实为基础,不作假证;准确性表示报告所涉及检测数据的精度等符合相关要求;有效性表示检验机构的资质、检验人员的资格符合要求,检验依据合法,报告审批程序符合要求。

8.1.4 报检

使用单位应当在压力容器定期检验有效期届满的 1 个月以前向检验机构申报定期检验。检验机构接到定期检验申报后,应当在定期检验有效期届满前安排检验。

8.1.5 安全状况等级

在用压力容器的安全状况分为 1 级至 5 级,应当根据检验情况,按照本规程 8.5,8.6 的有关规定进行评定。

8.1.6 检验周期

8.1.6.1 金属压力容器检验周期

金属压力容器一般于投用后 3 年内进行首次定期检验。以后的检验周期由检验机构根据压力容器的安全状况等级,按照以下要求确定:

(1)安全状况等级为 1,2 级的,一般每 6 年检验一次;

(2)安全状况等级为 3 级,一般每 3 年至 6 年检验一次;

(3)安全状况等级为 4 级的,监控使用,其检验周期由检验机构确定,累计监控使用时间不得超过 3 年,在监控使用期间,使用单位应当采取有效的监控措施;

(4)安全状况等级为 5 级的,应当对缺陷进行处理,否则不得继续使用。

8.1.6.2 非金属压力容器检验周期

非金属压力容器一般于投用后 1 年内进行首次定期检验。以后的检验周期由检验机构根据压力容器的安全状况等级,按照以下要求确定:

(1)安全状况等级为 1 级的,一般每 3 年检验一次;

(2)安全状况等级为 2 级的,一般每 2 年检验一次;

(3)安全状况等级为 3 级的,应当监控使用,累计监控使用时间不得超过 1 年;

(4)安全状况等级为 4 级的,不得继续在当前介质下使用;如果用于其他适合的腐蚀性介质时,应当监控使用,其检验周期由检验机构确定,但是累计监控使用时间不得超过 1 年;

(5)安全状况等级为 5 级的,应当对缺陷进行处理,否则不得继续使用。

8.1.7 检验周期的特殊规定

8.1.7.1 检验周期的缩短

有下列情况之一的压力容器,定期检验周期应当适当缩短:

(1)介质或者环境对压力容器器材料的腐蚀情况不明或者腐蚀情况异常的;

(2)具有环境开裂倾向或者产生机械损伤现象,并且已经发现开裂的(注 8-2);

(3)改变使用介质并且可能造成腐蚀现象恶化的;

(4)材质劣化现象比较明显的;

(5)超高压水晶釜使用超过 15 年的或者运行过程中发生超温的;

(6)使用单位没有按照规定进行年度检查的;

(7)检验中对其他影响安全的因素有怀疑的。

采用"亚铵法"造纸工艺,并且无有效防腐措施的蒸球,每年全少进行一次定期检验。

使用标准抗拉强度下限值大于 540 MPa 低合金钢制球形储罐,投用一年后应当进行开罐检验。

注 8-2：环境开裂主要包括应力腐蚀开裂、氢致开裂、晶间腐蚀开裂等；机械损伤主要包括各种疲劳、高温蠕变等，参见 GB/T30579《承压设备损伤模式识别》。

8.1.7.2　检验周期的延长

安全状况等级为 1,2 级的金属压力容器，符合下列条件之一的，定期检验周期可以适当延长：

（1）介质腐蚀速率每年低于 0.1 mm、有可靠的耐腐蚀金属衬里或者热喷涂金属涂层的压力容器，通过 1 次至 2 次定期检验，确认腐蚀轻微或者衬里完好的，其检验周期最长可以延长至 12 年；

（2）装有触媒的反应容器以及装有填料的压力容器，其检验周期根据设计图样和实际使用情况，由使用单位和检验机构协商确定（必要时征求设计单位的意见）。

8.1.7.3　无法进行或者不能按期进行定期检验的情况

无法进行定期检验或者不能按期进行定期检验的压力容器，按照以下要求处理：

（1）设计文件已经注明无法进行定期检验的压力容器，由使用单位在办理《使用登记证》时作出书面说明；

（2）因情况特殊不能按期进行定期检验的压力容器，由使用单位提出书面申请报告说明情况，经使用单位主要负责人批准，征得上次承担定期检验或者承担基于风险的检验（RBI）的检验机构同意（首次检验的延期除外），向使用登记机关备案后，可以延期检验；或者由使用单位提出申请，按照本规程 8.10 的规定办理。

对无法进行定期检验或者不能按期进行定期检验的压力容器，使用单位应当采取有效的监控与应急管理措施。

8.2　定期检验前的准备工作

8.2.1　检验方案

检验前，检验机构应当根据压力容器的使用情况、损伤模式及失效模式，依据本规程的要求制定检验方案，检验方案由检验机构技术负责人审查批准。对于有特殊情况的压力容器的检验方案，检验机构应当征求使用单位的意见。

检验人员应当严格按照批准的检验方案进行检验工作。

8.2.2　资料审查

检验前，检验人员一般需要审查以下资料：

（1）设计资料，包括设计单位资质证明，设汁、安装、使用说明书，设计图样，强度计算书等；

（2）制造（含现场组焊）资料，包括制造单位资质证明、产品合格证、质量证明文件、竣工图等，以及监检证书、进口压力容器安全性能监督检验报告；

（3）压力容器安装竣工资料；

（4）改造或者重大修理资料，包括施工方案和竣工资料，以及改造、重大修理监检证书；

（5）使用管理资料，包括《使用登记证》和《使用登记表》，以及运行记录、开停车记录、运行条件变化情况以及运行中出现异常情况的记录等；

（6）检验、检查资料，包括定期检验周期内的年度检查报告和上次的定期检验报告。

本条第（1）项至第（4）项的资料，在压力容器投用后首次定期检验时必须进行审查，以后的检验视需要（如发生移装、改造及重大修理等）进行审查。

资料审查发现使用单位未按照要求对压力容器进行年度检查，以及发生使用单位变更、更名使压力容器的现时状况与《使用登记表》内容不符，而末按照要求办理变更的，检验机构应当向使用登记机关报告。

资料审查发现压力容器未按照规定实施制造监督检验(进口压力容器未实施安全性能监督检验)或者无《使用登记证》,检验机构应当停止检验,并且向使用登记机关报告。

8.2.3　现场条件

8.2.3.1　通用要求

使用单位和相关的辅助单位,应当按照要求做好停机后的技术性处理和检验前的安全检查,确认现场条件符合检验工作要求,做好有关的准备工作。检验前,现场至少具备以下条件:

(1)影响检验的附属部件或者其他物体,按照检验要求进行清理或者拆除;

(2)为检验而搭设的脚手架、轻便梯等设施安全牢固(对离地面 2 m 以上的脚手架设置安全护栏);

(3)需要进行检验的表面,特别是腐蚀部位和可能产生裂纹缺陷的部位,彻底清理干净,露出金属本体;进行无损检测的表面达到 NB/T 47013 的有关要求;

(4)需要进入压力容器内部进行检验,将内部介质排放、清理干净,用盲板隔断所有液体、气体或者蒸气的来源,同时设置明显的隔离标志,禁止用关闭阀门代替盲板隔断;

(5)需要进入盛装易燃、易爆、助燃、毒性或者窒息性介质的压力容器内部进行检验,必须进行置换、中和、消毒、清洗,取样分析,分析结果达到有关规范、标准规定;取样分析的间隔时间应当符合使用单位的有关规定;盛装易燃、易爆、助燃介质的,严禁用空气置换;

(6)入孔和检查孔打开后,必须清除可能滞留的易燃、易爆、有毒、有害气体和液体,压力容器内部空间的气体含氧量保持在 0.195 以上;必要时,还需要配备通风、安全救护等设施;

(7)高温或者低温条件下运行的压力容器,按照操作规程的要求缓慢地降温或者升温,使之达到可以进行检验工作的程度;

(8)能够转动或者其中有可动部件的压力容器,必须锁住开关,固定牢靠;

(9)切断与压力容器有关的电源,设置明显的安全警示标志;检验照明用电电压不得超过 24 V,引入压力容器内的电缆必须绝缘良好、接地可靠;

(10)需要现场进行射线检测时,隔离出透照区,设置警示标志,遵守相应安全规定。

8.2.5　设备仪器检定校准

检验用的设备、仪器和测量工具应当在有效的检定或者校准期内。

8.2.6　检验工作安全要求

(1)检验机构应当定期对检验人员进行检验工作安全教育,并且保存教育记录;

(2)检验人员确认现场条件符合检验工作要求后方可进行检验,并且执行使用单位有关动火、用电、高空作业、压力容器内作业、安全防护、安全监护等规定;

(3)检验时,使用单位压力容器安全管理人员、作业和维护保养等相关人员应当到场协助检验工作,及时提供有关资料,负责安全监护,并且设置可靠的联络方式。

8.3　金属压力容器定期检验项目与方法

8.3.1　检验项目

金属压力容器定期检验项目,以宏观检验、壁厚测定、表面缺陷检测、安全附件检验为主,必要时增加埋藏缺陷检测、材料分析、密封紧固件检验、强度校核、耐压试验、泄漏试验等项目。

设计文件对压力容器定期检验项目、方法和要求有专门规定的,还应当从其规定。

8.3.2　宏观检验

宏观检验主要是采用目视方法(必要时利用内窥镜、放大镜或者其他辅助仪器设备、测量工具)检验压力容器本体结构、几何尺寸、表面情况(如裂纹、腐蚀、泄漏、变形),以及焊缝、隔热层、衬里等。宏观检验除本规程 8.3.3、8.3.4 的特殊要求外,一般包括以下内容(注:8-3):

(1)结构检验,包括封头型式,封头与简体的连接,开孔位置及补强,纵(环)焊缝的布置及型式,支承或者支座的型式与布置,排放(疏水、排污)装置的设置等;

(2)几何尺寸检验,包括简体同一断面上最大内径与最小内径之差,纵(环)焊缝对口错边量、棱角度、咬边、焊缝余高等;

(3)外观检验,包括铭牌和标志,压力容器内外表面的腐蚀,主要受压元件及其焊缝裂纹、泄漏、鼓包、变形、机械接触损伤、过热,工卡具焊迹,电弧灼伤,支承、支座或者基础的下沉、倾斜、开裂,直立容器和球形容器支柱的铅垂度,多支座卧式容器的支座膨胀孔,排放(疏水、排污)装置和泄漏信号指示孔的堵塞,腐蚀、沉积物、密封紧固件及地脚螺栓完好情况等。

结构和几何尺寸等检验项目应当在首次全面检验时进行,以后定期检验仅对承受皮带载荷的压力容器进行,并且重点是检验有问题部位的新生缺陷。

注 8-3:本规程对压力容器提出的检验、检查如果未明确说明其方法,一般为宏观检验。

8.3.12　安全附件检验

安全附件检验的主要内容如下:
(1)安全阀,检验是否在校验有效期内;
(2)爆破片装置,检验是否按期更换;
(3)快开门式压力容器的安全联锁装置,检验是否满足设计文件规定的使用技术要求。

8.3.13　耐压试验

定期检验过程中,使用单位或者检验机构对压力容器的安全状况有怀疑时,应当进行耐压试验。耐压试验的试验参数[试验压力、温度等以本次定期检验确定的允许(监控)使用参数为基础计算]、准备工作、安全防护、试验介质、试验过程、合格要求等按照本规程的相关规定执行。

耐压试验由使用单位负责实施,检验机构负责检验。

8.3.14　泄漏试验

对于介质毒性危害程度为极度、高度危害,或者设计上不允许有微量泄漏的压力容器,应当进行泄漏试验。泄漏试验包括气密性试验和氨、卤素、氦检漏试验。

试验方法的选择,按照压力容器设计图样的要求执行。

泄漏试验由使用单位负责实施,检验机构负责检验。

泄漏试验按照以下要求进行:

(1)气密性试验,气密性试验压力为本次定期检验确定的允许(监控)使用压力,其准备工作、安全防护、试验温度、试验介质、试验过程、合格要求等按照本规程的相关规定执行;如果本次定期检验需要进行气压试验,则气密性试验可以和气压试验合并进行;对大型成套装置中的压力容器,可以用系统密封试验代替气密性试验;

(2)氨、卤素、氦检漏试验,按照设计图样或者相应试验标准的要求执行。

8.5　金属压力容器安全状况等级评定

8.5.1　评定原则

(1)安全状况等级根据压力容器检验结果综合评定,以其中项目等级最低者为评定等级;

(2)需要改造或者修理的压力容器,按照改造或者修理结果进行安全状况等级评定;

(3)安全附件检验不合格的压力容器不允许投入使用。

8.5.2　材料问题

主要受压元件材料与原设计不符、材质不明或者材质劣化时,按照以下要求进行安全状况等级评定:

(1)用材与原设计不符,如果材质清楚,强度校核合格,经过检验未查出新生缺陷(不包括正常的均匀腐蚀),检验人员认为可以安全使用的,不影响定级;如果使用中产生缺陷,并且确认是用材不当所致,可以定为4级或者5级;

(2)材质不明,对于经过检验未查出新生缺陷(不包括正常的均匀腐蚀),强度校核合格的(按照同类材料的最低强度进行),在常温下工作的一般压力容器,可以定为3级或者4级;液化石油气储罐定为5级;

(3)发现存在表面脱碳、渗碳、石墨化、回火脆化等材质劣化现象以及蠕变、高温氢腐蚀现象,并且已经产生不可修复的缺陷或者损伤时,根据损伤程度,定为4级或者5级;如果损伤程度轻微,能够确认在规定的操作条件下和检验周期内安全使用的,可以定为3级。

8.5.3　结构问题

有不合理结构的,按照以下要求评定安全状况等级:

(1)封头主要参数不符合相应产品标准,但是经过检验未查出新生缺陷(不包括正常的均匀腐蚀),可以定为2级或者3级;如果有缺陷,可以根据相应的条款进行安全状况等级评定;

(2)封头与简体的连接,如果采用单面焊对接结构,而且存在未焊透时,按照本规程8.5.10的规定定级;如果采用搭接结构,可以定为4级或者5级;不等厚度板(锻件)对接接头,未按照规定进行削薄(或者堆焊)处理,经过检验未查出新生缺陷(不包括正常的均匀腐蚀)的,可以定为3级,否则定为4级或者5级;

(3)焊缝布置不当、“十”字焊缝或者焊缝间距不符合产品标准的要求,经过检验未查出新生缺陷(不包括正常的均匀腐蚀),可以定为3级;如果查出新生缺陷,并且确认是由于焊缝布置不当引起的,则定为4级或者5级;

(4)按照规定应当采用全焊透结构的角接焊缝或者接管角焊缝,而没有采用全焊透结构的,如果未查出新生缺陷(不包括正常的均匀腐蚀),可以定为3级,否则定为4级或者5级:

(5)如果开孔位置不当,经过检验未查出新生缺陷(不包括正常的均匀腐蚀),对于一般压力容器,可以定为2级或者3级;对于有特殊要求的压力容器,可以定为3级或者4级;如果开孔的几何参数不符合产品标准的要求,其计算和补强结构经过特殊考虑的,不影响定级,未作特殊考虑的,可以定为4级或者5级。

8.5.4　表面裂纹及凹坑

内、外表面不允许有裂纹。如果有裂纹,应当打磨消除,打磨后形成的凹坑在允许范围内的,不影响定级;否则,应当补焊或者进行应力分析,经过补焊合格或者应力分析结果表明不影响安全使用的,可以定为2级或者3级。

裂纹打磨后形成凹坑的深度,如果小于壁厚余量(壁厚余量=实测壁厚-名义厚度+腐蚀裕量),则该凹坑允许存在。否则,将凹坑按照其外接矩形规则化为长轴长度、短轴长度及深度分别为$2A$(mm)、$2B$(mm)及C(mm)的半椭球形凹坑,计算无量纲参数G_0,如果$G_0 < 0.10$,则该凹坑在允许范围内。

进行无量纲参数计算的凹坑应当满足如下条件:

(1)凹坑表面光滑、过渡平缓,凹坑半宽B不小于凹坑深度C的3倍,并且其周围无其他表面缺陷或者埋藏缺陷;

(2)凹坑不靠近几何不连续或者存在尖锐棱角的区域;

(3)压力容器不承受外压或者疲劳载荷;

(4)T/R小于0.18的薄壁圆筒壳或者T/R小于0.10的薄壁球壳;

(5)材料满足压力容器设计规定,未发现劣化;

(6)凹坑深度 C 小于壁厚 T 的 1/3 并且小于 12 mm,坑底最小厚度($T-C$)不小于 3 mm;

(7)凹坑半长 $A \leqslant 1.4 \sqrt{RT}$

凹坑缺陷无量纲参数按照公式(8-1)计算。

$$G_0 = \frac{C}{T} \times \frac{A}{\sqrt{RT}} \tag{8-1}$$

式中:T——凹坑所在部位压力容器的壁厚(取实测壁厚减去至下次检验日期的腐蚀量),mm;

R——压力容器平均半径,mm。

8.5.5 变形、机械接触损伤、工卡具焊迹及电弧灼伤

变形、机械接触损伤、工卡具焊迹、电弧灼伤等,按照以下要求评定安全状况等级:

(1)变形不处理不影响安全的,不影响等级;根据变形原因分析,不能满足强度和安全要求的,可以定为 4 级或者 5 级;

(2)机械接触损伤、工卡具焊迹、电弧灼伤等,打磨后按照本规程 8.5.4 的规定定级。

8.5.6 咬边

内表面焊缝咬边深度不超过 0.5 mm、咬边连续长度不超过 100 mm,并且焊缝两侧咬边总长度不超过该焊缝长度的 10% 时;外表面焊缝咬边深度不超过 1.0 mm、咬边连续长度不超过 100 mm,并且焊缝两侧咬边总长度不超过该焊缝长度的 15% 时,按照以下要求评定其安全状况等级:

(1)一般压力容器不影响定级,超过时应当予以修复;

(2)有特殊要求的压力容器,检验时如果未查出新生缺陷(例如焊趾裂纹),可以定为 2 级或者 3 级;查出新生缺陷或者超过本条要求的,应当予以修复。

低温压力容器不允许有焊缝咬边。

8.5.7 腐蚀

有腐蚀的压力容器,按照以下要求评定安全状况等级:

(1)分散的点腐蚀,如果腐蚀深度不超过名义壁厚扣除腐蚀裕量后的 1/3,不影响定级;如果在任意 200 mm 直径的范围内,点腐蚀的面积之和不超过 4500 mm²,或者沿任一直线的点腐蚀长度之和不超过 50 mm,不影响定级;

(2)均匀腐蚀,如果按照剩余壁厚(实测壁厚最小值减去至下次检验期的腐蚀量)强度校核合格的,不影响定级;经过补焊合格的,可以定为 2 级或者 3 级;

(3)局部腐蚀,腐蚀深度超过壁厚余量的,应当确定腐蚀坑形状和尺寸,并且充分考虑检验周期内腐蚀坑尺寸的变化,可以按照本规程 8.5.4 的规定定级;

(4)对内衬和复合板压力容器,腐蚀深度不超过衬板或者覆材厚度 1/2 的不影响定级,否则应当定为 3 级或者 4 级。

8.5.8 环境开裂和机械损伤

存在环境开裂倾向或者产生机械损伤现象的压力容器,发现裂纹,应当打磨消除,并且按照本规程 8.5.4 的要求进行处理,可以满足在规定的操作条件下和检验周期内安全使用要求的,定为 3 级,否则定为 4 级或者 5 级。

8.5.9 错边量和棱角度

错边量和棱角度超出产品标准要求,根据以下具体情况综合评定安全状况等级:

（1）错边量和棱角度尺寸在表 8-1 范围内，压力容器不承受疲劳载荷并且该部位不存在裂纹、未熔合、未焊透等缺陷时，可以定为 2 级或者 3 级；

表 8-1　错边量和棱角度尺寸范围　　　　　单位为 mm

对口处钢材实测厚度 t	错边量	棱角度（注 8-6）
t≤20	≤1/3t，且≤5	≤(1/10t＋3)，且≤8
20＜t≤50	≤1/4t，且≤8	
t＞50	≤1/6t，且≤20	
对所有厚度锻焊压力容器		≤1/6t，且≤8

注 8-6：测量棱角度所用样板按照产品标准的要求选取。

（2）错边量和棱角度不在表 8-1 范围内，或者在表 8-1 范围内的压力容器承受疲劳载荷或者该部位伴有未熔合、未焊透等缺陷时，应当通过应力分析，确定能台继续使用；在规定的操作条件下和检验周期内，能安全使用的定为 3 级或者 4 级。

8.5.10　焊缝埋藏缺陷

相应压力容器产品标准允许的焊缝埋藏缺陷，不影响定级；超出相应产品标准的，按照以下要求评定安全状况等级：

（1）单个圆形缺陷的长径大于壁厚的 1/2 或者大于 9 mm，定为 4 级或者 5 级；圆形缺陷的长径小于壁厚的 1/2 并且小于 9 mm，其相应的安全状况等级评定见表 8-2 和表 8-3；

表 8-2　规定只要求局部无损检测的压力容器（不包括低温压力容器）
圆形缺陷与相应的安全状况等级（注 8-7）

安全状况等级	不同评定区尺寸和实测厚度下的缺陷点数					
	评定区/mm					
	10×10			10×20		10×30
	实测厚度 t/mm					
	t≤10	10＜t≤15	15＜t≤25	25＜t≤50	50＜t≤100	t＞100
2 级或者 3 级	6～15	12～21	18～27	24～33	30～39	36～45
4 级或者 5 级	＞15	＞21	＞27	＞33	＞39	＞45

表 8-3　规定要求 100％无损检测的压力容器（包括低温压力容器）
圆形缺陷与相应的安全状况等级（注 8-7）

安全状况等级	不同评定区尺寸和实测厚度下的缺陷点数					
	评定区/mm					
	10×10			10×20		10×30
	实测厚度 t/mm					
	t≤10	10＜t≤15	15＜t≤25	25＜t≤50	50＜t≤100	t＞100
2 级或者 3 级	3～12	6～15	9～18	12～21	15～24	18～27
4 级或者 5 级	＞12	＞15	＞18	＞21	＞24	＞27

注 8-7：表 8-2、表 8-3 中圆形缺陷尺寸换算成缺陷点数，以及不计点数的缺陷尺寸要求，见 NB/T 47013 相应规定。

（2）非圆形缺陷与相应的安全状况等级评定，见表 8-4 和表 8-5；

表 8-4　一般压力容器非圆形缺陷与相应的安全状况等级(注 8-8)

缺陷位置	缺陷尺寸/mm			安全状况等级
	未熔合	未焊透	条状夹渣	
球壳对接焊缝;简体纵焊缝,以及与封头连接的环焊缝	$H \leqslant 0.1t$, 且 $H \leqslant 2$; $L \leqslant 2t$	$H \leqslant 0.15t$; 且 $H \leqslant 3$; $L \leqslant 3t$	$H \leqslant 0.2t$; 且 $H \leqslant 4$; $L \leqslant 6t$	3 级
简体环焊缝	$H \leqslant 0.15t$, 且 $H \leqslant 3$; $L \leqslant 4t$	$H \leqslant 0.2t$; 且 $H \leqslant 4$; $L \leqslant 6t$	$H \leqslant 0.25t$; 且 $H \leqslant 5$; $L \leqslant 12t$	

表 8-5　有特殊要求的压力容器非圆形缺陷与相应的安全状况等级(注 8-8)

缺陷位置	缺陷尺寸/mm			安全状况等级
	未熔合	未焊透	条状夹渣	
球壳对接焊缝;简体纵焊缝,以及与封头连接的环焊缝	$H \leqslant 0.1t$, 且 $H \leqslant 2$; $L \leqslant t$	$H \leqslant 0.15t$; 且 $H \leqslant 3$; $L \leqslant 2t$	$H \leqslant 0.2t$; 且 $H \leqslant 4$; $L \leqslant 3t$	3 级或者 4 级
简体环焊缝	$H \leqslant 0.15t$, 且 $H \leqslant 3$; $L \leqslant 2t$	$H \leqslant 0.2t$; 且 $H \leqslant 4$; $L \leqslant 4t$	$H \leqslant 0.25t$; 且 $H \leqslant 5$; $L \leqslant 6t$	

注 8-8:表 8-4、表 8-5 中 H 是指缺陷在板厚方向的尺寸,亦称缺陷高度;L 是指缺陷长度;t 为实测厚度。对所有超标非圆形缺陷均应当测定其高度和长度,并且在下次检验时对缺陷尺寸进行复验。

(3)如果能采用有效方式确认缺陷是非活动的,则表 8-4、表 8-5 中的缺陷长度容限值可以增加 50%。

8.5.11　母材分层

母材有分层的,按照以下要求评定安全状况等级:

(1)与自由表面平行的分层,不影响定级;

(2)与自由表面夹角小于 10°的分层,可以定为 2 级或者 3 级;

(3)与自由表面夹角大于或者等于 10°的分层,检验人员可以采用其他检测或者分析方法进行综合判定,确认分层不影响压力容器安全使用的,可以定为 3 级,否则定为 4 级或者 5 级。

8.5.12　鼓包

使用过程中产生的鼓包,应当查明原因,判断其稳定状况,如果能查清鼓包的起因并且确定其不再扩展,不影响压力容器安全使用的,可以定为 3 级;无法查清起因时,或者虽查明原因但是仍然会继续扩展的,定为 4 级或者 5 级。

8.5.13　绝热性能

固定式真空绝热压力容器,真空度及日蒸发率测量结果在表 8-6 范围内,不影响定级;大于表 8-6 规定指标,但不超出其 2 倍时,可以定为 3 级或者 4 级;否则定为 4 级或者 5 级。

表 8-6 真空度及日蒸发率测量

绝热方式	真空度		日蒸发率测量
	测量状态	数值/Pa	
粉末绝热	未装介质	≤65	实测日蒸发率数值小于 2 倍额定日蒸发率指标
	装有介质	≤10	
多层绝热	未装介质	≤20	
	装有介质	≤0.2	

8.5.14 耐压试验

属于压力容器本身原因,导致耐压试验不合格的,可以定为 5 级。

8.5.15 超高压容器评级专项要求

符合下列情况之一的超高压容器应当定为 5 级:

(1)主要受压元件材质不清;

(2)主要受压元件内、外表面发现裂纹,未做修磨和修磨后强度校核不能满足要求;

(3)主要受压元件发现穿透性裂纹;

(4)主要受压元件材质发生劣化,已无法安全运行;

(5)存在其他严重缺陷(例如筒体局部或者整体严重变形、存在发生扩展的埋藏缺陷等),已经无法安全运行。

8.7 定期检验结论及报告

8.7.1 检验结论

8.7.1.1 金属压力容器检验结论

综合评定安全状况等级为 1 级至 3 级的金属压力容器,检验结论为符合要求,可以继续使用;安全状况等级为 4 级的,检验结论为基本符合要求,有条件的监控使用;安全状况等级为 5 级的,检验结论为不符合要求,不得继续使用。

8.7.1.2 非金属压力容器检验结论

综合评定安全状况等级为 1,2 级的非金属压力容器,检验结论为符合要求,可以继续使用;安全状况等级为 3,4 级的,检验结论为基本符合要求,有条件的监控使用,安全状况等级为 4 级的,如果是腐蚀原凶造成,则不能继续在当前介质下使用;安全状况等级为 5 级的,检验结论为不符合要求,不得继续使用。

8.7.2 检验报告

检验机构应当保证检验作质量,检验时必须有记录,检验后出具报告,报告的格式应当符合本规程附件 J 的要求(单项检验报告的格式由检验机构在其质量管理体系文件中规定)。检验记录应当详尽、真实、准确,检验记录记载的信息量不得少于检验报告的信息量。检验机构应当妥善保管检验记录和报告,保存期至少 6 年并且不少于该台压力容器的下次检验周期。

检验报告的出具应当符合以下要求:

(1)检验工作结束后,检验机构一般在 30 个工作日内出具报告,交付使用单位存入压力容器技术

档案;

(2)压力容器定期检验结论报告应当有编制、审核、批准三级人员签字,批准人员为检验机构的技术负责人或者其授权签字人;

(3)因设备使用需要,检验人员可以在报告出具前,先出具《特种设备定期检验意见通知书(1)》(见附件K),将检验初步结论书面通知使用单位,检验人员对检验意见的正确性负责;

(4)检验发现设备存在需要处理的缺陷,由使用单位负责进行处理,检验机构可以利用《特种设备定期检验意见通知书(2)》(见附件K)将缺陷情况通知使用单位,处理完成并且经过检验机构确认后,再出具检验报告;使用单位在约定的时间内未能完成缺陷处理工作的,检验机构可以按照实际检验情况先行出具检验报告,处理完成并且经过检验机构确认后再次出具报告(替换原检验报告);经检验发现严重事故隐患,检验机构应当使用《特种设备检验意见通知书(2)》将情况及时告知使用登记机关。

8.7.3　检验信息管理

(1)使用单位、检验机构应当严格执行本规程的规定,做好压力容器的定期检验工作,并且按照特种设备信息化工作规定,及时将所要求的检验更新数据上传至特种设备使用登记和检验信息系统;

(2)检验机构应当按照规定将检验结果汇总上报使用登记机关。

8.7.4　检验案例

凡在定期检验过程中,发现压力容器存在影响安全的缺陷或者损坏,需要重大修理或者不允许使用的,检验机构按照有关规定逐台填写检验案例,并且及时上报、归档。

8.7.5　检验标志

检验结论意见为符合要求或者基本符合要求时,检验机构应当按规定出具检验标志。

8.9　合于使用评价

监控使用期满的压力容器,或者定期检验发现严重缺陷可能导致停止使用的压力容器,应当对缺陷进行处理。缺陷处理的方式包括采用修理的方法消除缺陷或者进行合于使用评价。

合于使用评价工作应当符合以下要求:

(1)承担压力容器合于使用评价的检验机构应当经过核准,具有相应的检验资质并且具备相应的专业评价人员和检验能力,具有评价经验,参加相关标准的制修订工作,具备材料断裂性能数据测试能力、结构应力数值分析能力以及相应损伤模式的试验测试能力;

(2)压力容器使用单位应当向具有评价能力的检验机构提出进行合于使用评价的申请,同时将需评价的压力容器基本情况书面告知使用登记机关;

(3)压力容器的合于使用评价参照《在用含缺陷压力容器安全评定》(GB/T19624)等相应标准的要求进行,承担压力容器合于使用评价的检验机构,根据缺陷的性质、缺陷产生的原因,以及缺陷的发展预测在评价报告中给出明确的评价结论,说明缺陷对压力容器安全使用的影响;

(4)压力容器合于使用评价报告,由具有相应经验的评价人员出具,并且经过检验机构法定代表人或者技术负责人批准,承担压力容器合于使用评价的检验机构对合于使用评价结论的正确性负责;

(5)负责压力容器定期检验的检验机构根据合于使用评价报告的结论和其他检验项目的检验结果出具检验报告,确定压力容器的安全状况等级、允许运行参数和下次检验日期;

(6)使用单位将压力容器合于使用评价的结论报使用登记机关备案,并且严格按照检验报告的要求控制压力容器的运行参数,落实监控和防范措施,加强年度检查。

8.10 基于风险的检验(RBI)

8.10.1 应用条件

申请应用基于风险的检验的压力容器使用单位应当经上级主管单位或者第三方机构(应当具有专业性、非营利性特点并且与申请单位、检验机构无利害关系的全国性社会组织)进行压力容器使用单位安全管理评价,证明其符合以下条件:

(1)具有完善的管理体系和较高的管理水平;

(2)建立健全应对各种突发事件的应急专项预案,并且定期进行演练;

(3)压力容器、压力管道等设备运行良好,能够按照有关规定进行检验和维护;

(4)生产装置及其重要设备资料齐全、完整;

(5)工艺操作稳定;

(6)生产装置采用数字集散控制系统,并且有可靠的安全联锁保护系统。

8.10.2 RBI 的实施

(1)承担 RBI 的检验机构须经过国家质检总局核准,取得基于风险的检验资质;从事 RBI 的人员应当经过相应的培训,熟悉 RBI 的有关国家标准和专用分析软件;

(2)压力容器使用单位应当向检验机构提出 RBI 的书面申请并且提交其通过安全管理评价的各项资料,并且告知使用登记机关,RBI 检验机构应当对收到的申请资料进行审查;

(3)承担 RBI 的检验机构,应当根据设备状况、失效模式、失效后果、管理情况等评估装置和压力容器的风险,依据风险可接受程度,按照 RBI 的有关国家标准进行风险评估,提出检验策略(包括检验时间、检验内容和检验方法);

(4)应用 RBI 的压力容器,使用单位应当根据所提出的检验策略制定具体的检验计划,承担 RBI 的检验机构依据其检验策略制定具体的检验方案并且实施检验,出具 RBI 报告;

(5)对于装置运行期间风险位于可接受水平之上的压力容器,应当采用在线检验等方法降低其风险;

(6)应用 RBI 的压力容器使用单位,应当将 RBI 结论报使用登记机关备案,使用单位应当落实保证压力容器安全运行的各项措施,承担安全使用主体责任。

8.10.3 检验周期的确定

实施 RBI 的压力容器,可以采用以下方法确定其检验周期:

(1)参照本规程 8.1.6.1 的规定确定压力容器的检验周期,根据压力容器风险水平延长或者缩短检验周期,但最长不得超过 9 年;

(2)以压力容器的剩余使用年限为依据,检验周期最长不得超过压力容器剩余使用年限的一半,并且不得超过 9 年。

9 安全附件及仪表

9.1 安全附件

9.1.1 通用要求

(1)制造安全阀、爆破片装置的单位应当持有相应的特种设备制造许可证;

(2)安全阀、爆破片、紧急切断阀等需要型式试验的安全附件,应当经过国家质检总局核准的型式试验机构进行型式试验并且取得型式试验证明文件;

(3)安全附件的设计、制造,应当符合相关安全技术规范的规定;

(4)安全附件出厂时应当随带产品质量证明文件,并且在产品上装设牢固的金属铭牌;

(5)安全附件实行定期检验制度,安全附件的定期检验按照本规程与相关安全技术规范的规定进行。

9.1.2 超压泄放装置的装设要求

(1)本规程适用范围内的压办容器,应当根据设计要求装设超压泄放装置,压力源来自压力容器外部,并且得到可靠控制时,超压泄放装置可以不直接安装在压力容器上;

(2)采用爆破片装置与安全阀组合结构时,应当符合压力容器产品标准的有关规定,凡串联在组合结构中的爆破片在动作时不允许产生碎片;

(3)易爆介质或者毒性危害程度为极度、高度或者中度危害介质的压力容器,应当在安全阀或者爆破片的排出口装设导管,将排放介质引至安全地点,并且进行妥善处理,毒性介质不得直接排入大气;

(4)压力容器设计压力低于压力源压力时,在通向压力容器进口的管道上应当装设减压阀,如因介质条件减压阀无法保证可靠工作时,可用调节阀代替减压阀,在减压阀或者调节阀的低压侧,应当装设安全阀和压力表;

(5)使用单位应当保证压力容器使用前已经按照设计要求装设了超压泄放装置。

9.1.3 超压泄放装置的安装要求

(1)超压泄放装置应当安装在压力容器液面以上的气相空间部分,或者安装在与压力容器气相空间相连的管道上;安全阀应铅直安装;

(2)压力容器与超压泄放装置之间的连接管和管件的通孔,其截面积不得小于超压泄放装置的进口截面积,其接管应当尽量短而直;

(3)压力容器一个连接口上安装两个或者两个以上的超压泄放装置时,则该连接口入口的截面积,应当至少等于这些超压泄放装置的进口截面积总和;

(4)超压泄放装置与压力容器之间一般不宜安装截止阀门;为实现安全阀的在线校验,可在安全阀与压力容器之间安装爆破片装置;对于盛装毒性危害程度为极度、高度、中度危害介质,易爆介质,腐蚀、粘性介质或者贵重介质的压力容器,为便于安全阀的清洗与更换,经过使用单位安全管理负责人批准,并且制定可靠的防范措施,方可在超压泄放装置与压力容器之间安装截止阀门,压力容器正常运行期间截止阀门必须保证全开(加铅封或者锁定),截止阀门的结构和通径不得妨碍超压泄放装置的安全泄放;

(5)新安全阀应当校验合格后才能安装使用。

9.1.4 安全阀、爆破片

9.1.4.1 安全阀、爆破片的排放能力

安全阀、爆破片的排放能力,应当大于或者等于压力容器的安全泄放量。排放能力和安全泄放量按照相应标准的规定进行计算,必要时还应当进行试验验证。对于充装处于饱和状态或者过热状态的气液混合介质的压力容器,设计爆破片装置时应当计算泄放口径,确保不产生空间爆炸。

9.1.4.2 安全阀的整定压力

安全阀的整定压力一般不大于该压力容器的设计压力。设计图样或者铭牌上标注有最高允许工作压力的,也可以采用最高允许工作压力确定安全阀的整定压力。

9.1.4.3 爆破片的爆破压力

压力容器上装有爆破片装置时,爆破片的设计爆破压力一般不大于该容器的设计压力,并且爆破片的最小爆破压力不得小于该容器的工作压力。当设计图样或者铭牌上标注有最高允许工作压力时,爆破片的设计爆破压力不得大于压力容器的最高允许工作压力。

9.1.4.4 安全阀的动作机构

杠杆式安全阀应当有防止重锤自由移动的装置和限制杠杆越出的导架,弹簧式安全阀应当有防止随便拧动调整螺钉的铅封装置,静重式安全阀应当有防止重片飞脱的装置。

9.1.4.5 安全阀的校验单位

安全阀校验单位应当具有与校验工作相适应的校验技术人员、校验装置、仪器和场地,并且建立必要的规章制度。校验人员应当取得安全阀校验人员资格。校验合格后,校验单位应当出具校验报告并且对校验合格的安全阀加装铅封。

9.2 仪表

9.2.1 压力表

9.2.1.1 压力表选用

(1)选用的压力表,应当与压力容器内的介质相适应;

(2)设计压力小于 1.6 MPa 压力容器使用的压力表的精度不得低于 2.5 级,设计压力大于或者等于 1.6 MPa 压力容器使用的压力表的精度不得低于 1.6 级;

(3)压力表表盘刻度极限值应当为工作压力的 1.5 倍~3.0 倍。

9.2.1.2 压力表检定

压力表的检定和维护应当符合国家计量部门的有关规定,压力表安装前应当进行检定,在刻度盘上应当划出指示工作压力的红线,注明下次检定日期。压力表检定后应当加铅封。

9.2.1.3 压力表安装

(1)安装位置应当便于操作人员观察和清洗,并且应当避免受到辐射热、冻结或者震动等不利影响;

(2)压力表与压力容器之间,应当装设三通旋塞或者针形阀(三通旋塞或者针形阀上应当有开启标记和锁紧装置),并且不得连接其他用途的任何配件或者接管;

(3)用于蒸汽介质的压力表,在压力表与压力容器之间应当装有存水弯管;

(4)用于具有腐蚀性或者高粘度介质的压力表,在压力表与压力容器之间应当安装能隔离介质的缓冲装置。

9.2.2 液位计

9.2.2.1 液位计通用要求

压力容器用液位计应当符合以下要求:

(1)根据压力容器的介质、设计压力(或者最高允许工作压力)和设计温度选用;

(2)在安装使用前,设计压力小于 10 MPa 的压力容器用液位计,以 1.5 倍的液位计公称压力进行液压试验;设计压力大于或者等于 10 MPa 的压力容器用液位计,以 1.25 倍的液位计公称压力进行液压试验;

(3)储存 0 ℃以下介质的压力容器,选用防霜液位计;

(4)寒冷地区室外使用的液位计,选用夹套型或者保温型结构的液位计;

(5)用于易爆、毒性危害程度为极度或者高度危害介质以及液化气体压力容器上的液位计,有防止泄漏的保护装置;

(6)要求液面指示平稳的,不允许采用浮子(标)式液位计。

9.2.2.2 液位计安装

液位计应当安装在便于观察的位置,否则应当增加其他辅助设施。大型压力容器还应当有集中控制的设施和警报装置。液位计上最高和最低安全液位,应当作出明显的标志。

9.2.3　壁温测试仪表

需要控制壁温的压力容器,应当装设测试壁温的测温仪表(或者温度计)。测温仪表应当定期校准。

10　附则

10.1　解释权限

本规程由国家质检总局负责解释。

10.2　施行时间

本规程自 2016 年 10 月 1 日起施行。2004 年 6 月 28 日国家质检总局 2004 年第 79 号公告颁布的《非金属压力容器安全技术监察规程》(TSG R0001—2004),2005 年 11 月 8 日国家质检总局 2005 年第 160 号公告颁布的《超高压容器安全技术监察规程》(TSG R0002—2005),2007 年 1 月 24 日国家质检总局 2007 年第 18 号公告颁布的《简单压力容器安全技术监察规程》(TSG R0003—2007),2009 年 8 月 31 日国家质检总局 2009 年第 83 号公告颁布的《固定式压力容器安全技术监察规程》(TSG R0004—2009)及其 2010 年第 1 号修改单同时废止。固定式压力容器的定期检验、监督检验不再执行 2013 年 1 月 16 日国家质检总局 2013 年第 10 号公告颁布的《压力容器定期检验规则》(TSG R7001—2013),2013 年 12 月 31 日国家质检总局 2013 年第 191 号公告颁布的《压力容器监督检验规则》(TSG R7004—2013)。

附件 B

压力容器产品合格证

编号：

制造单位			
制造单位 统一社会信用代码		制造许可证编号	
产品名称		制造许可级别	
产品编号		设备代码	
产品图号		压力容器类别	
设计单位			
设计单位 统一社会信用代码		设计许可证编号	
设计日期	年 月 日	制造日期	年 月 日

本产品在制造过程中经过质量检验,符合《固定式压力容器安全技术监察规程》(TSG 21—2016)及其设计图样、相应技术标准和订货合同的要求。

检验责任工程师(签章)　　　　　　　　　　　日期：

质量保证工程师(签章)　　　　　　　　　　　日期：

（产品质量检验专用章）
年　　月　　日

注:本合格证包括所附的压力容器产品数据表。

附件 b

固定式压力容器产品数据表

编号：

产品名称				设备品种		
产品标准				产品编号		
设备代码				设计使用年限		

主要参数	容器容积		m³	容器内径		mm	容器高（长）		mm
	材料	简体（球壳）		厚度	简体（球壳）	mm	容器自重		kg
		封头			封头	mm			
		衬里			衬里	mm	盛装介质重量		kg
		夹套			夹套	mm			
	设计压力	壳程	MPa	设计温度	壳程	℃	最高允许工作压力	壳程	MPa
		管程	MPa		管程	℃		管程	MPa
		夹套	MPa		夹套	℃		夹套	MPa
	壳程介质			管程介质			夹套介质		

结构型式	主体结构型式		安装型式	（填立式、卧式）
	支座型式		保温绝热方式	（有填方式、无划"—"）
检验试验	无损检测方法		无损检测比例	%
	耐压试验种类		耐压试验压力	MPa
	泄漏试验种类		泄漏试验压力	MPa
	热处理种类		热处理温度	℃

安全附件与有关装置				
名称	型号	规格	数量	制造单位

制造监督检验情况	监督检验机构			
	监督检验机构统一社会信用代码		机构核准证编号	

附件 C

压力容器产品铭牌

(1)压力容器产品铭牌

监检标记

产品名称			
产品编号	压力容器类别	制造日期	年　月　日
设计压力　MPa	耐压试验压力　MPa	最高允许工作压力　MPa	
设计温度　℃	容器自重　kg	主体材料	
容积　m^3	工作介质	产品标准	
制造许可级别	制造许可证编号		
制造单位			
设备代码			

铭牌的拓印件或者复印件存于压力容器产品质量证明文件中

附件 E

特种设备监督检验联络单

编号：

_____（受检单位名称）_____ ：

　　经监督检验，发现你单位在（填写产品名称、产品批号、编号或者位号）的（制造、改造、重大修理）过程中，存在以下影响安全性能的问题，请于　　年　　月　　日前将处理结果报送监督检验机构：

问题和意见：
监督检验人员：　　　　　　　　日期： 受检单位接收人：　　　　　　日期：
处理结果：
受检单位主管负责人：　　　日期：　　　　（受检单位公章） 　　　　　　　　　　　　　　　　　　　　　　　年　　月　　日

　　注：本联络单一式三份，一份监督检验机构存档，两份送受检单位，其中一份受检单位应当在要求的日期内返回监督检验机构。

附件 F

特种设备监督检验意见通知书

编号:

<u>　　（受检单位名称）　　</u>:

　　经监督检验,发现你单位在<u>(填写产品名称、产品批号、编号或者位号)</u>的<u>(制造、改造、重大修理)</u>过程中,存在以下影响安全性能的问题,请于　　年　　月　　日前将处理结果报送监督检验机构:

问题和意见:
监督检验人员:　　　　　　　　日期: 监督检验机构技术负责人:　　　日期:　　　　　　　(监督检验机构检验专用章) 　　　　　　　　　　　　　　　　　　　　　　　　　　　　年　　月　　日   受检单位接收人:　　　　　　日期
处理结果: 受检单位主管负责人:　　　　日期:　　　　(受检单位公章) 　　　　　　　　　　　　　　　　　　　　　　　　　　　　　年　　月　　日

　　注:本通知单一式四份,一份报所在地设区的市级特种设备安全监督管理部门或者省级特种设备安全监督管理部门,一份监督检验机构存档,两份送受检单位,其中一份受检单位应当在要求的日期内返回监督检验机构。

附件 G

特种设备监督检验证书(样式)

特种设备制造监督检验证书
(压力容器)

编号：

制造单位			
制造许可级别		制造许可证编号	
设备类别	固定式压力容器	产品名称	
产品编号		设备代码	
设计单位			
设计许可证编号		产品图号	
设计日期	年 月 日	制造日期	年 月 日

　　按照《中华人民共和国特种设备安全法》《特种设备安全监察条例》的规定,该台压力容器产品经我机构实施监督检验,安全性能符合《固定式压力容器安全技术监察规程》(TSG 21—2016)的要求,特发此证书,并且在该台压力容器产品铭牌上打有如下监督检验标志。

（TS）

监督检验人员：　　　　　　　　　　　　　　日期：

审　核：　　　　　　　　　　　　　　　　　日期：

批　准：　　　　　　　　　　　　　　　　　日期：

监督检验机构：　　　　　　　　　　（监督检验机构检验专用章）

　　　　　　　　　　　　　　　　　　　　　年　　月　　日

监督检验机构核准证号：

　　注：本证书一式三份,一份监督检验机构存档,两份送制造单位,其中一份由制造单位随产品出厂资料交付。

附件 H

压力容器年度检查报告

报告编号：

设备名称		容器类别	
使用登记证编号		单位内编号	
使用单位名称			
设备使用地点			
安全管理人员		联系电话	
安全状况等级		下次定期检验日期	年 月

检查依据	《固定式压力容器安全技术监察规程》(TSG 21—2016)				
问题及其处理	检查发现的缺陷位置、性质、程度及处理意见(必要时附图或者附页)				
检查结论	(符合要求、基本符合要求、不符合要求)	允许(监控)使用参数			
		压 力	MPa	温度	℃
		介质			
	下次年度检查日期： 年 月				
说明	(监控运行需要解决的问题及完成期限)				

检查：	日期：	(检查单位检查专用章或者公章)
审核：	日期：	年 月 日
审批：	日期：	

附件 J

压力容器定期检验报告

	设备名称		检验类别	（首次、定期检验）	
	容器类别		设备代码		
	单位内编号		使用登记证编号		
	制造单位				
	安装单位				
	使用单位				
	使用单位地址				
	设备使用地点				
	使用单位统一社会信用代码		邮政编码		
	安全管理人员		联系电话		
	设计使用年限	年	投入使用日期		年 月
	主体结构型式		运行状态		
性能参数	容积	m³	内径		mm
	设计压力	MPa	设计温度		℃
	使用压力	MPa	使用温度		℃
	工作介质				
检验依据	《固定式压力容器安全技术监察规程》(TSG 21—2016)				
问题及其处理	[检验发现的缺陷位置、性质、程度及处理意见（必要时附图或者附页，也可以直接注明见某单项报告）]				

检验结论	压力容器的安全状况等级评定为 级			
	（符合要求、基本符合要求、不符合要求）	允许（监控）使用参数		
		压力	MPa	温度 ℃
		介质		其他
	下次定期检验日期： 年 月			
说明	（包括变更情况）			

检验人员：

编制：	日期：	检验机构核准证编号：	
审核：	日期：	（检验机构检验专用章或者公章）	
批准：	日期：	年 月 日	

压力容器定期检验报告附页

报告编号：

序号	检验项目	检验结果	说　明
1	□压力容器资料审查		
2	□宏观检验		
3	□壁厚测定		
4	□强度校核		
5	□射线检测		
6	□超声检测		
7	□衍射时差法（TOFD）超声检测		
8	□磁粉检测		
9	□渗透检测		
10	□声发射检测		
11	□材料成分分析		
12	□硬度检测		
13	□金相分析		
14	□安全附件检验		
15	□耐压试验		
16	□气密性试验		
17	□氨检漏试验		
18	□氦、卤素检漏试验		

共　页　第　页

附件 K

特种设备定期检验意见通知书(1)

编号:

使用单位			
设备品种 (名称)	设备代码或者 单位内编号	使用登记证 编号	检验结论意见

有关情况说明:

本通知的有效期: 年 月 日止

检验人员:	日期	(检验机构检验专用章)
		年 月 日
使用单位代表:	日期:	

注:本通知书只用于检验结论不存在问题,或者虽然存在问题但不需要使用单位回复意见,是在检验报告出具前对
　　检验结果出具的有效结论意见,一式两份,检验机构、使用单位各一份,本通知在有效期内有效。

特种设备定期检验意见通知书(2)

编号:

_____(填写使用单位名称)_____:

经检验,你单位___(填写设备种类)___(设备名称:_____,

设备品种:_____,设备代码:_____,单位内

编号:_____,使用登记证编号:_____),存在以下问题,请

于 年 月 日前将处理结果报送我机构。

问题和意见:
检验人员:　　　　　　　　　日期:　　　　　　　(检验机构检验专用章)
检验机构技术负责人:　　　　　日期:　　　　　　　　年　月　日
使用单位接收人:　　　　　　　日期:
处理结果:
使用单位安全管理负责人:　　　日期:　　　　　　(使用单位公章或者专用章)
年　月　日

注:本通知书是作为检验中心发现问题,需要使用单位进行处理而出具,一式三份,一份检验机构存档,两份送使用
　　单位,其中一份使用单位应当在要求的时间内返回检验机构。当发现严重事故隐患时,可以增加一份报压力容
　　器使用登记机关。

TSG 特种设备安全技术规范

气瓶安全技术监察规程

Supervision Regulation on Safety Technology for Gas Cylinder

中华人民共和国国家质量监督检验检疫总局颁布
2014 年 9 月 5 日

气瓶安全技术监察规程*

1 总则

1.1 目的

为了保障气瓶安全,保护人民生命和财产安全,促进国民经济的发展,根据《特种设备安全法》《特种设备安全监察条例》,制定本规程。

1.2 适用范围

本规程适用于正常环境温度(−40~60 ℃,注1-1)下使用、公称容积为0.4~3000 L、公称工作压力为0.2~35 MPa(表压,下同)且压力与容积的乘积大于或者等于1.0 MPa·L,盛装压缩气体、高(低)压液化气体、低温液化气体、溶解气体、吸附气体、标准沸点等于或者低于60 ℃的液体以及混合气体(两种或者两种以上气体)的无缝气瓶、焊接气瓶、焊接绝热气瓶、缠绕气瓶、内部装有填料的气瓶以及气瓶附件。

消防灭火器用气瓶以及长管拖车、管束式集装箱用或者盛装电子气体用大容积气瓶的材料、设计、制造按照本规程。

本规程所覆盖的主要气瓶品种、品种代号及相应的产品标准见附件A。

注1-1:车用气瓶、消防灭火器用气瓶的环境温度范围,按相关标准的规定。

1.3 适用范围的特殊规定

本规程1.2中适用范围内的气瓶附件,除符合本规程外,还应当符合《气瓶附件安全技术监察规程》(TSG RF001)的规定;车用气瓶(注1-2),除符合本规程外,还应当符合《车用气瓶安全技术监察规程》(TSG R0009)的规定。

注1-2:本规程中涉及的车用气瓶,是指用于盛装车辆燃料(如压缩天然气、液化天然气、氢气、液化石油气、液化二甲醚等)的气瓶。

1.4 不适用范围

本规程不适用于仅在灭火时承受瞬时压力而储存时不承受压力的消防灭火器用气瓶、固定使用的瓶式压力容器以及军事装备、核设施、航空航天器、铁路机车、海上设施和船舶、民用机场专用设备使用的气瓶。

1.5 与标准和管理制度关系

本规程规定了气瓶的基本安全要求,有关气瓶的技术标准、管理制度等,应当符合本规程的规定。

气瓶(含气瓶附件)的设计、制造、充装和检验应当符合满足本规程规定的相应标准。由于采用新材料、新技术、新工艺,出现未制定国家标准、行业标准或者超出现行国家标准、行业标准规定情况的,应当制定企业标准。企业标准应当采用或者参照国际标准(或者国外先进标准)制定,并且符合中国法律法规和安全技术规范要求,充分征求有关主管部门和制造、充装、检验、使用等相关单位和机构的意见。企业标准超出本规程规定的内容应当由全国气瓶标准化技术机构进行标准评审,并且按照本规程附件A

---

* 注:气瓶安全技术监察规程(TSG R0006—2014)(摘录)

明确气瓶的品种代号。

1.6　与本规程不一致时的特殊处理

采用新材料、新技术、新工艺以及有特殊使用要求的气瓶,与本规程规定不一致时,制造单位应当向国家质检总局申报,申报资料至少包括有关的设计、研究、试验的依据、数据、结果以及经评审的企业标准及其型式试验报告。国家质检总局委托相关专业技术机构进行技术评审,评审结果经国家质检总局批准后,方可正式投入生产、使用。产品生产和型式试验所依据的产品标准应当符合本规程 1.5 的规定。

1.7　设计文件鉴定与型式试验

气瓶产品应当按照《气瓶设计文件鉴定规则》(TSGR1003),《气瓶型式试验规则》(TSGR7002)的规定,进行气瓶产品设计文件鉴定和型式试验,合格后其设计文件方可用于制造。气瓶上所配置的气瓶附件,安全技术规范及相应标准有规定的,应当先进行气瓶附件的型式试验,再进行气瓶型式试验。

1.8　进口气瓶

进口气瓶除应当符合进出口商品检验的有关规定外,还应当满足本节规定。

1.8.1　制造许可

进口气瓶的境外制造单位,应当满足本规程 1.7 的规定并取得相应的中国特种设备制造许可。

1.8.2　设计制造遵循的规范及相应标准

在中国境内使用的各类进口气瓶,应当符合以下要求:
(1)设计、制造符合中国的安全技术规范;
(2)对于没有中国国家标准的气瓶产品,或者其所采用标准的适用范围及技术要求等与中国国家标准存在差异时,气瓶产品标准应当由国家质检总局委托相关专业技术机构进行评审。

1.8.3　进门气瓶的安全性能监督检验

进口气瓶应当经核准的具有监督检验资质的特种设备检验机构(以下称监检机构)进行安全性能监督检验并且出具检验报告,检验所依据的标准应当符合本规程 1.8.2 的规定,其中进口气瓶的制造标志、出厂资料和文件还应当分别符合本规程 1.14.1,4.10 的规定。

1.8.4　临时进口气瓶

临时进口气瓶,是指进口到境内并且在境内充装后出口到境外,或者在境外充装后进口到境内并在瓶内气体用完后再出境的境外企业制造的气瓶,应当符合以下要求:
(1)办理临时进口气瓶的单位,需要向进口地监检机构提供气瓶产权所在国家(或者地区)官方认可的检验机构出具的安全性能合格证明文件;
(2)由监检机构对临时进口气瓶进行安全性能检验并出具检验报告;对需多次入境但入境时无法实施安全性能检验的气瓶,应当在气瓶内气体用尽后再对其进行安全性能检验;因气体特性等原因无法进行内部检验的气瓶,进口单位应当提供气瓶产权所在国家(或者地区)检验机构出具的定期检验合格有效证明文件,经监检机构确认后可仅进行外观检查和壁厚测定,并出具相应的检验报告;检验(或者外观检查、壁厚测定)不合格的气瓶,不得在境内使用;
(3)在监检机构出具的安全性能检验报告有效期内的气瓶,在出境或者再次入境时可不再进行安全性能检验;

(4)对仅进行了外观检查和壁厚测定的气瓶,再次入境时应当按照本条第(2)项的要求进行安全性能检验或者外观检查和壁厚测定;

(5)涉及临时进口气瓶的单位,应当建立临时进口气瓶档案。

1.9 出口返销气瓶

出口气瓶返销中国境内使用的,其制造单位应当取得相应的中国特种设备制造许可,并满足本规程1.5和1.8有关进口气瓶产品的标准评审、气瓶设计文件鉴定和型式试验的规定。

1.10 瓶装气体介质

瓶装气体介质分为以下几种:

(1)压缩气体,是指在-50 ℃时加压后完全是气态的气体,包括临界温度(T_c)低于或者等于-50 ℃的气体,也称永久气体;

(2)高(低)压液化气体,是指在温度高于-50 ℃时加压后部分是液态的气体,包括临界温度(T_c)在-50～65 ℃的高压液化气体和临界温度(T_c)高于 65 ℃的低压液化气体;

(3)低温液化气体,是指在运输过程中由于深冷低温而部分呈液态的气体,临界温度(T_c)一般低于或者等于-50 ℃,也称为深冷液化气体或者冷冻液化气体;

(4)溶解气体,在压力下溶解于溶剂中的气体;

(5)吸附气体,在压力下吸附于吸附剂中的气体。

1.11 气瓶公称工作压力

(1)盛装压缩气体气瓶的公称工作压力,是指在基准温度(20 ℃)下,瓶内气体达到完全均匀状态时的限定(充)压力;

(2)盛装液化气体气瓶的公称工作压力,是指温度为 60 ℃时瓶内气体压力的上限值;

(3)盛装溶解气体气瓶的公称工作压力,是指瓶内气体达到化学、热量以及扩散平衡条件下的静置压力(15 ℃时);

(4)焊接绝热气瓶的公称工作压力,是指在气瓶正常工作状态下,内胆顶部气相空间可能达到的最高压力;

(5)盛装标准沸点等于或者低于 60 ℃的液体以及混合气体气瓶的公称工作压力,按照相应标准规定。

气瓶公称工作压力的选取应当符合本规程 3.6 的规定。

1.12 气瓶分类

1.12.1 按照公称工作压力划分

气瓶按照公称工作压力分为高压气瓶、低压气瓶:

(1)高压气瓶是指公称工作压力大于或者等于 10 MPa 的气瓶;

(2)低压气瓶是指公称工作压力小于 10 MPa 的气瓶。

1.12.2 按照公称容积划分

气瓶按照公称容积分为小容积、中容积、大容积气瓶:

(1)小容积气瓶是指公称容积小于或者等于 12 L 的气瓶;

(2)中容积气瓶是指公称容积大于 12 L 并且小于或者等于 150 L 的气瓶;

(3)大容积气瓶是指公称容积大于 150 L 的气瓶。

1.13　气瓶专用要求

盛装单一气体的气瓶必须专用，只允许充装与制造标志规定相一致的气体，不得更改气瓶制造标志及其用途，也不得混装其他气体或者加入添加剂。

盛装混合气体的气瓶必须按照气瓶标志确定的气体特性充装相同特性（注 1-3）的混合气体，不得改装单一气体或者不同特性的混合气体。

注 1-3：气体特性是指毒性（T）、氧化性（O）、燃烧性（F）和腐蚀性（C）。

1.14　气瓶标志

气瓶标志包括制造标志和定期检验标志。制造标志通常有制造钢印标记（含铭牌上的标记）、标签标记（粘贴于瓶体上或者透明的保护层下）、印刷标记（印刷在瓶体上）以及气瓶颜色标志等；定期检验标志通常有检验钢印标记、标签标记、检验标志环以及检验色标等。在用于出租车车用燃料的气瓶上，应当有永久性的出租车识别标志（注 1-4）。

注 1-4：对用于出租车车用燃料的气瓶，气瓶制造单位、安装单位或者定期检验机构在确认气瓶用途后，应当在气瓶标志的显著位置做出永久性的代表出租汽车的"TAXI"标志（钢质气瓶采用打钢印，缠绕气瓶采用树脂覆盖的标签粘贴等方法）。

1.14.1　气瓶制造标志

1.14.1.1　气瓶的钢印标记、标签标记或者印刷标记

气瓶的制造标志是识别气瓶的依据，标记的排列方式和内容应当符合本规程附件 B 及相应标准的规定，其中，制造单位代号（如字母、图案等标记）应当报中国气瓶标准化机构备查。

制造单位应当按照相应标准的规定，在每只气瓶上做出永久性制造标志。钢质气瓶或者铝合金气瓶采用钢印，缠绕气瓶采用塑封标签，非重复充装焊接气瓶采用瓶体印字，焊接绝热气瓶（含车用焊接绝热气瓶）、液化石油气钢瓶采用压印凸字或者封焊铭牌等方法进行标记。

不能采用前款方法进行标记的其他产品，应当采用符合相应气瓶产品标准的标记方法。制造单位应当在设计时考虑气瓶信息化标签（条码、二维码或者射频标签等）的安放需求。

鼓励气瓶制造单位或者充装单位采用信息化手段对气瓶实行全寿命周期安全管理。

1.14.1.2　气瓶外表面的颜色标志、字样和色环

气瓶外表面的颜色标志、字样和色环，应当符合《气瓶颜色标志》（GB 7144）的规定；对颜色标志、字样和色环有特殊要求的，应当符合相应气瓶产品标准的规定。盛装未列入国家标准的气体和混合气体的气瓶的颜色、字样和色环由全国气瓶标准化技术机构负责明确，并按照本规程 1.5 的规定执行。

液化石油气充装单位采用信息化标签进行管理并且自有产权液化石油气气瓶超过 30 万只需要使用专用气瓶的，专用气瓶应在上封头压制明显凸起的产权单位标识，产权单位应当制定专用气瓶颜色标识或者特殊结构形式的阀门及螺纹等企业标准，由全国气瓶标准化技术机构进行标准评审。

1.14.1.3　焊接绝热气瓶（含车用焊接绝热气瓶）标志

（1）充装液氧（O_2）、氧化亚氮（N_2O）和液化天然气（LNG）的气瓶，在外胆上封头便于观察的部位，应当压制明显凸起的"O_2""N_2O"或者"LNG"等介质符号；

（2）产品铭牌应当牢固地焊接在不可拆卸的附件上；

（3）瓶体上需粘贴与铭牌介质一致的产品标签，标签的底色和字色应当与 GB 7144 中相应介质的瓶体颜色和字色相一致。

1.14.2　气瓶定期检验标志

气瓶的定期检验钢印标记、标签标记、检验标志环和检验色标，应当符合本规程附件 B 的规定。气

瓶定期检验机构应当在检验合格的气瓶上逐只打印检验合格钢印或者在气瓶上做出永久性的检验合格标志。

1.15 监督管理

(1)国家质检总局和各级质监部门负责气瓶安全监察工作,监督本规程的执行;

(2)气瓶(含气瓶附件)的设计、制造、充装、检验、使用等,均应当严格执行本规程的规定;

(3)气瓶制造、充装单位和检验机构等,应当按照安全技术规范及相应标准的规定,及时将有关制造、使用登记、充装、检验等数据输入有关特种设备信息化管理系统。

2 材料

2.1 基本要求

(1)气瓶材料选用应当考虑材料的力学性能、化学性能、工艺性能及与介质的相容性;

(2)气瓶材料选用应当满足相应气瓶产品标准对材料的限定要求,气瓶材料还应当符合相应材料标准的规定(注2-1);

(3)选用未列入国家标准的金属材料制造气瓶的主体材料,应当按照本规程1.6的规定进行技术评审,评审内容包括材料的相关检测、试验数据和材料的试制技术文件(包括供货技术条件)等;

(4)材料制造单位应当在材料的明显部位作出清晰、牢固的钢印标记或者采用其他方法的标志;

(5)材料制造单位应当向材料使用单位提供材料质量证明书,材料质量证明书的内容应当齐全、清晰,并且盖有材料制造单位质量检验章;

(6)气瓶制造单位从非材料制造单位取得气瓶用材料时,应当取得材料制造单位提供的质量证明书原件或者加盖材料供应单位检验公章和经办人章的复印件;

(7)气瓶制造单位应当对所选用的气瓶材料及材料质量证明书的真实性、可追溯性与一致性负责。

注2-1:本规程中所提及的相应标准,是指相应国家标准、行业标准或者经评审的企业标准。

2.2 境外牌号材料的使用

(1)境外牌号材料应当是境外压力容器或者气瓶安全技术规范及相应标准允许使用并且境外已有使用实例的材料,有相应的技术要求、性能数据和工艺资料,材料的技术要求不得低于境内材料标准中相近牌号材料的技术要求(如磷、硫含量,冲击试样的取样部位、取样方向和冲击功指标、断后伸长率等),同时应当不低于本规程和中国相应气瓶标准的规定;

(2)境外牌号材料的使用范围应当符合境外相应产品标准的规定,同时还应当符合境内材料标准中相近牌号材料的使用规定;

(3)材料质量证明书应当符合本规程2.1的规定;

(4)使用境外材料制造气瓶之前,气瓶制造单位应当根据相应产品制造工艺要求进行工艺试验(如冷热加工工艺试验、焊接及热处理工艺评定),并且制订出相应的工艺文件;

(5)对已有成熟使用经验的境外牌号材料,如果已在境内广泛使用,可直接纳入相应气瓶产品标准。

2.3 材料使用和标志移植

2.3.1 基本要求

(1)气瓶制造单位应当对进厂材料的材料质量证明书和材料标志进行审核,并且按炉罐号对制造气瓶瓶体的金属材料进行化学成分验证分析,按批号进行力学性能验证检验(钢管、钢坯等由热处理最终确定材料力学性能的除外),按照相关标准的规定进行无损检测(对无缝钢管,钢厂已进行100%超声波

无损检测的除外)、低倍组织验证检查;

(2)各项检验和试验符合本规程及其相应材料标准的规定后方可投料使用;

(3)用于制造气瓶受压元件的材料应当按照有关规定进行标志移植。

2.3.2　性能要求

2.3.2.1　一般要求

(1)瓶体材料的化学成分和力学性能应当满足相应气瓶产品标准的规定;

(2)钢质气瓶瓶体及钢质内胆用材,应当是电炉或者氧气转炉冶炼的无时效性镇静钢;

(3)铝合金气瓶瓶体及铝合金内胆用材,应当具有良好的抗晶间腐蚀性能,并且符合相应标准的规定;

(4)用于无缝气瓶的优质碳素钢、合金钢或者铝合金坯料,应当适合压力加工;

(5)用于焊接气瓶的瓶体材料,应当具有良好的压延和焊接性能;

(6)钢质气瓶用材的低温冲击性能应当符合相应标准的规定;

(7)盛装有应力腐蚀倾向介质的钢质气瓶用材,应当控制材料的实际抗拉强度不大于 880 MPa;

(8)盛装氢气或者其他致脆性介质的钢质气瓶用材,应当控制材料的实际抗拉强度不大于 880 MPa;当实际屈强比不大于 0.9 时,如果气瓶的公称工作压力不大于 20 MPa,允许材料的实际抗拉强度提高到 950 MPa。

2.3.3　材料相容性要求

(1)所有与盛装气体接触的金属或者非金属气瓶材料应当与其所充装气体具有相容性;

(2)盛装氯、溴化氢、碳酰二氯、氟化氢、氯甲烷、溴甲烷气体不得采用铝合金气瓶;

(3)盛装一氧化碳的气瓶应当优先采用铝合金气瓶或者不锈钢气瓶,如果采用碳钢气瓶,充装单位必须有确保控制所充装介质的水分和二氧化碳含量的措施且保证在 20 ℃时的限定充装压力不大于其公称工作压力的 50%;

(4)盛装氟或者二氟化氧的气瓶应当采用钢质无缝气瓶;

(5)盛装医用氧气的气瓶应当优先采用铝合金气瓶或者不锈钢气瓶。

3　设计

3.1　瓶体厚度

确定气瓶瓶体壁厚所采用的设计方法,应当符合相应标准的规定。纤维缠绕气瓶的瓶体设计应当采用应力分析设计方法。

3.2　气瓶水压试验压力和气压试验压力

(1)气瓶水压试验压力一般为公称工作压力的 1.5 倍,当相应标准对试验压力有特殊规定时,按其规定执行;

(2)对不能进行水压试验的气瓶,若采用气压试验,其试验压力按照相应标准的规定。

3.3　气瓶气密性试验压力

气瓶气密性试验压力一般为公称工作压力,当相应标准对气密性试验压力有特殊规定时,按其规定执行。

3.4　气瓶实际爆破安全系数

气瓶实际爆破安全系数为实际水压爆破试验压力与公称工作压力的比值,其应当大于或者等于表

3-1 的规定。

表 3-1 气瓶的实际爆破安全系数(注 3-1)

主要品种	实际爆破安全系数
钢质无缝气瓶(包括车用压缩天然气钢瓶、消防灭火器用钢质无缝气瓶)	2.4
铝合金无缝气瓶(包括消防灭火器用铝合金无缝气瓶)	
长管拖车、管束式集装箱用大容积钢质无缝气瓶	2.5
车用钢质内胆玻璃纤维环向缠绕气瓶	
工业用非重复充装焊接钢瓶	2.0(注 3-2)
呼吸器用铝合金内胆碳纤维全缠绕气瓶	3.4
钢质焊接气瓶(包括消防灭火器用钢质焊接气瓶,不含焊接绝热气瓶)	3.0(注 3-3)
车用铝合金内胆碳纤维全缠绕气瓶	2.35
车用钢质内胆碳纤维及芳纶纤维环向缠绕气瓶	

注3-1:表 3-1 中未列入的气瓶品种按照相应标准确定。

3-2:为实际爆破压力/试验压力。

3-3:实际爆破压力不小于 5 MPa。

3.5 瓶体金属材料的屈服强度和抗拉强度

设计气瓶时,瓶体金属材料的屈服强度和抗拉强度应当选用材料标准规定的下限值或者热处理保证值。屈服强度的设计选用值与抗拉强度的比值(屈强比),应当不大于表 3-2 的规定,对超出表 3-2 范围的,按相应标准的规定。

表 3-2 瓶体金属材料屈服强度的设计选用值与抗拉强度的比值

结构型式及材质		热处理方式	屈服强度/抗拉强度
无缝结构	钢质	正火或者正火+回火	0.75
		淬火+回火	0.85(注 3-4)
	铝合金	固熔处理	0.85
	车用环缠绕气瓶的钢内胆	淬火+回火	0.90
焊接结构	钢质	正火或者退火	0.80

注 3-4:长管拖车、管束式集装箱用大容积钢质无缝气瓶或者其钢内胆按照相应标准的规定。

3.6 公称工作压力

3.6.1 一般规定

设计气瓶时,公称工作压力的选取一般要优先考虑整数系列。盛装常用气体气瓶的公称工作压力如表 3-3 及表 3-4 规定,对用于特殊需求的气瓶,允许其公称工作压力超出表 3-3 及表 3-4 规定的压力等级,但是应当满足本规程 3.6.2 的规定。

表 3-3　盛装常用气体气瓶的公称工作压力

气体类别	公称工作压力（MPa）	常用气体
压缩气体 $T_c \leqslant -50$ ℃	35	空气、氢、氮、氩、氦、氖等
	30	空气、氢、氮、氩、氦、氖、甲烷、天然气等
	20	空气、氧、氢、氮、氩、氦、氖、甲烷、天然气等
	15	空气、氧、氢、氮、氩、氦、氖、甲烷、一氧化碳、一氧化氮、氪、氘（重氢）、氟、二氟化氧等
高压液化气体 -50 ℃ $<$ $T_c \leqslant 65$ ℃	20	二氧化碳（碳酸气）、乙烷、乙烯
	15	二氧化碳（碳酸气）、一氧化二氮（笑气、氧化亚氮）、乙烷、乙烯、硅烷（四氢化硅）、磷烷（磷化氢）、乙硼烷（二硼烷）等
	12.5	氙、一氧化二氮（笑气、氧化亚氮）、六氟化硫、氯化氢（无水氢氯酸）、乙烷、乙烯、三氟甲烷（R23）、六氟乙烷（R116）、1,1－二氟乙烯（偏二氟乙烯、R1132a）、氟乙烯（乙烯基氟、R1141）、三氟化氮等
低压液化气体及混合气体 $T_c > 65$ ℃	5	溴化氢（无水氯溴酸）、硫化氢、碳酰二氯（光气）、硫酰氟等
	4	二氟甲烷（R32）、五氟乙烷（R125）、溴三氟甲烷（R13B1）、R410A 等
	3	氨、氯二氟甲烷（R22）、1,1,1－三氟乙烷（R143a）、R407C、R404A、R507A 等
	2.5	丙烯
	2.2	丙烷
	2.1	液化石油气
	2	氯、二氧化硫、二氧化氮（四氧化二氮）、氟化氢（无水氢氟酸）、环丙烷、六氟丙烯（R1216）、偏二氟乙烷（R152a）、氯三氟乙烯（R1113）、氯甲烷（甲基氯）、溴甲烷（甲基溴）、1,1,1,2－四氟乙烷（R134a）、七氟丙烷（R227e）、2,3,3,3－四氟丙烯（R1234yf）、R406A、R401A 等
	1.6	二甲醚
	1	正丁烷（丁烷）、异丁烷、异丁烯、1－丁烯、1,3－丁二烯（联丁烯）、二氯氟甲烷（R21）、氯二氟乙烷（R142b）、溴氯二氟甲烷（R12B1）、氯乙烷（乙基氯）、氯乙烯、溴乙烯（乙烯基溴）、甲胺、二甲胺、三甲胺、乙胺（氨基乙烷）、甲基乙烯基醚（乙烯基甲醚）、环氧乙烷（氧化乙烯）、（顺）2－丁烯、（反）2－丁烯、八氟环丁烷（RC318）、三氯化硼（氯化硼）、甲硫醇（硫氢甲烷）、氯三氟乙烷（R133a）等
低温液化气体 $T_c \leqslant -50$ ℃	—	液化空气、液氩、液氪、液氖、液氮、液氧、液氢、液化天然气

表 3-4 盛装常用气体的消防灭火用气瓶公称工作压力

气体类别	公称工作压力（MPa）	常用气体
压缩气体及混合气体	23.2	IG－01(氩气),IG－100(氮气),IG－55(氩气、氮气),IG－541(氩气、氮气、二氧化碳)
	17.2	IG－01(氩气),IG－100(氮气),IG－55(氩气、氮气),IG－541(氩气、氮气、二氧化碳)
	2.0	干粉灭火剂＋氮
	1.4	
高压液化气体	15	二氧化碳
	13.7	三氟甲烷
低压液化气体及混合气体	8.0	七氟丙烷＋氮
	6.7	
	5.3	
	4.2	
	2.5	
	4.0	六氟丙烷＋氮
	3.2	
	2.6	
	1.3	
低压液化气体及混合气体	4.3	卤代烷 1301＋氮
	3.2	
	2.8	

3.6.2 特殊规定

（1）盛装高压液化气体的气瓶,在规定充装系数下,其公称工作压力不得小于所充装气体在 60 ℃时的最高温升压力,且不得小于 10 MPa;盛装低压液化气体的气瓶,其公称工作压力不得小于所充装气体在 60 ℃时的饱和蒸气压且不得小于 1 MPa;盛装毒性为剧毒的低压液化气体的气瓶,其公称工作压力的选取一般要参考附件 C 中 LC_{50} 的大小,在 60 ℃时饱和蒸气压值之上再适当提高;

（2）低压液化气体 60 ℃时的饱和蒸气压值按附件 C 或者相应气体标准的规定,附件 C 或者相应气体标准没有规定时,可按照气体制造单位或者供应单位所提供的并且经正式确认的相关数据;

（3）盛装低温液化气体的气瓶,其公称工作压力按工艺要求确定,但应当大于或者等于 0.2 MPa,且小于或者等于 3.5 MPa;

（4）对低压液化气体的混合气体,应当根据相应气体标准确定混合气体在 60 ℃的饱和蒸气压;对用于消防灭火系统的压缩气体与低压液化气体组成的混合气体,其公称工作压力应当不小于相应标准规定的灭火系统在相应温度下的最大工作压力;

（5）盛装氟和二氟化氧的气瓶,公称工作压力应当不小于 15 MPa。

3.7　缠绕气瓶内胆与缠绕材料

（1）盛装可燃气体的高压缠绕气瓶内胆应当选用钢或者铝合金等金属材料；缠绕材料应当选用玻璃纤维、芳纶纤维或者碳纤维；

（2）缠绕气瓶承载层应当采用单一纤维环向缠绕或者全缠绕，不得采用两种以上（包括两种）类型的纤维混缠。

3.8　设计使用年限

制造单位应当明确气瓶的设计使用年限并将其注明在气瓶的设计文件和气瓶标记上，气瓶的设计使用年限应当不小于表3-5的规定。如果制造单位确定的设计使用年限超出表3-5的规定，应当通过相应的型式试验、腐蚀试验进行验证，或者增加设计腐蚀裕量并且进行验证。

表 3-5　常用气瓶设计使用年限（注 3-5）

序号	气瓶品种	设计使用年限（年）
1	钢质无缝气瓶	30
2	钢质焊接气瓶（注 3-6）	20
3	铝合金无缝气瓶	
4	长管拖车、管束式集装箱用大容积钢质无缝气瓶	
5	溶解乙炔气瓶及吸附式天然气焊接钢瓶	
6	车用压缩天然气钢瓶	
7	车用液化石油气钢瓶及车用液化二甲醚钢瓶	
8	钢质内胆玻璃纤维环向缠绕气瓶	5
9	铝合金内胆纤维全缠绕气瓶	
10	铝合金内胆纤维环向缠绕气瓶	
11	盛装腐蚀性气体或者在海洋等易腐蚀环境中使用的钢质无缝气瓶、钢质焊接气瓶	12

注3-5：表3-5中未列入的气瓶品种按相应标准确定。

3-6：不包括液化石油气钢瓶、液化二甲醚钢瓶。

3.9　瓶体结构

3.9.1　基本要求

（1）高压气瓶瓶体及缠绕气瓶的金属内胆应当采用无缝结构，低压气瓶瓶体采用焊接结构或者无缝结构；

（2）无缝气瓶瓶体与不可拆附件的连接不得采用焊接方式，焊接气瓶瓶体与不可拆附件的连接应当采用焊接方式。

3.9.2　无缝气瓶的底部结构

无缝气瓶的底部结构型式和尺寸，除应当符合相应国家标准的规定外，还应当满足以下要求：

（1）凸形底与筒体的连接部位圆滑过渡，其厚度不得小于筒体设计厚度值；

（2）凹形底的环壳与筒体之间有过渡段，过渡段与筒体的连接圆滑过渡。

3.9.3　焊接气瓶瓶体结构

钢质焊接气瓶的纵向焊缝不多于一条,环向焊缝不多于二条。瓶体焊缝(包括纵向和环向焊缝)的焊接接头形式应当符合相应标准的规定。

3.9.4　高压气瓶用于充装低压液化气体

气瓶设计要求和气瓶标志应当符合相应标准对高压气瓶的规定。

3.9.5　长管拖车及管束式集装箱用大容积气瓶

应当满足以下要求:

(1)气瓶与走行机构或者集装箱框架的连接不得采用焊接结构,必须采取可靠措施防止瓶体在使用过程中发生周向转动和轴向移动;

(2)气瓶之间的支撑和固定装置具有足够的刚性,同时避免热胀冷缩对瓶体受力产生不利影响。

3.9.6　车用液化天然气焊接绝热气瓶

应当采用本规程1.12.2所规定的大容积气瓶。

4　制造

4.1　制造条件

气瓶制造单位应当取得相应的特种设备制造许可。中、小容积气瓶的制造单位应当具备气瓶生产流水线,大容积气瓶的制造单位应当具备独立的气瓶制造场地和设施。

4.2　气瓶的分批与批量

4.2.1　分批

气瓶应当按批制造,气瓶的分批应当符合以下规定:

(1)无缝气瓶,按照同一设计、同一炉罐号材料,同一制造工艺以及同一热处理规范同炉或者连续进行热处理为条件分批;

(2)焊接气瓶,按照同一设计、同一材料牌号、同一焊接工艺以及按同一热处理规范进行热处理为条件分批;

(3)缠绕气瓶,金属内胆按照本条第(1)项规定分批;成品瓶按照同一规格、同一设计、同一制造工艺,同一复合材料型号、连续制造为条件分批;

(4)焊接绝热气瓶(含车用焊接绝热气瓶),按照同一设计、同一材料牌号、同一焊接工艺、同一绝热工艺为条件分批;

(5)溶解乙炔气瓶的瓶体,按本条第(1)或者(2)项规定分批;溶解乙炔气瓶按同一设计、同一规格、同一填料配方、同一制造工艺,连续制造为条件分批。

4.2.2　批量

(1)小容积气瓶的批量,一般不得大于200只加上用于破坏性试验验数量;

(2)中容积气瓶的批量,一般不得大于500只加上用于破坏性试验的数量;

(3)大容积气瓶的批量,一般不得大于50只加上用于破坏性试验的数量。

产品标准有特殊规定的,按产品标准的规定执行。

4.3 管制瓶收底与收口

采用管制收底的钢质无缝气瓶应当进行工艺评定,在收底成型过程中不得添加金属。对相应标准规定可以不进行气瓶整体气密性试验的管制瓶,应当在收口前以可靠的方式进行底部气密性试验。

4.4 焊接

(1)焊接瓶体的纵、环焊缝以及瓶阀阀座与瓶体等承压焊缝,应当采用自动焊;

(2)气瓶的焊接工作,应当在相对湿度不大于90%,温度不低于0℃的室内进行;

(3)制造单位应当进行焊接工艺评定,并制定出焊接工艺规程和焊缝返修工艺要求,且应当符合相应标准的规定;

(4)从事气瓶施焊工作的焊工,应当按照《特种设备焊接操作人员考核细则》(TSG Z6002)考试合格,取得相应项目的焊接资格。

4.5 热处理

(1)气瓶的热处理应当采用整体热处理,热处理装置应当保证有效加热区温度分布的均匀性;

(2)制造单位应当进行热处理工艺评定,并制定出热处理工艺规程和重复热处理工艺要求,并且应当符合相应标准的规定;

(3)对需通过热处理保证瓶体材料力学性能的气瓶,其热处理工艺应当保证同一产品不同部位性能的一致性;

(4)需经消除应力热处理的焊接气瓶,如果再施焊,应当重新进行热处理。

4.6 缠绕气瓶

4.6.1 纤维缠绕气瓶的固化

(1)纤维缠绕气瓶应当进行固化制度或者固化工艺的评定,并按照相应标准的规定制定固化工艺规程;

(2)不得擅自更改经型式试验确定的树脂体系及固化制度;

(3)对铝合金内胆气瓶,其固化温度和时间不得影响内胆的性能。

4.6.2 缠绕气瓶制造的特殊要求

缠绕气瓶的制造单位应当具备生产内胆的能力,缠绕气瓶所用内胆性能应当与气瓶型式试验用内胆性能相一致,不得使用外购的未经许可和型式试验的内胆生产缠绕气瓶。

4.8 无损检测

(1)焊接气瓶瓶体焊缝的无损检测应当采用X射线拍片或者X射线数字成像检测方法,检测比例和合格级别应当符合相应标准的规定;采用局部无损检测时,制造单位也应当对未检测部分的质量负责;

(2)钢质无缝气瓶的无损检测应当采用在线超声自动检测(相应标准另有规定的除外),其方法及检测灵敏度等要求应当符合相应标准的规定;检测范围应当覆盖全部可检部位,不能覆盖的部分应当采用磁粉检测;

(3)从事气瓶无损检测的人员,应当按照有关安全技术规范规定进行考核,取得相应资格证书后,方能承担与资格证书的种类和等级相对应的无损检测工作。

4.9 制造质量的检验、检测

气瓶制造质量的检验和检测项目与要求,应当符合相应标准的规定,并且满足以下要求:

(1)各种试验装置(如 X 射线数字成像检测、外测法水压试验等设备)应当符合相应标准的要求;

(2)水压爆破试验应当采用能绘制压力——进水量曲线的自动采集和记录数据的试验装置;

(3)无缝气瓶(小容积气瓶除外)及金属内胆缠绕气瓶应当采用外测法(也称水套法)进行水压试验;试验前,应当根据有关标准的规定对试验系统进行校验,校验所使用的标准瓶应当经标定后使用;其他气瓶可以采用内测法进行水压试验;水压试验装置应当能实时自动记录瓶号、时间及试验结果。

4.10 出厂资料

气瓶出厂时,制造单位应当逐只出具产品合格证和按批出具批量检验产品质量证明书。产品合格证应当注明气瓶和所安装的气瓶阀门的制造单位名称和制造许可证编号。产品合格证和批量检验产品质量证明书的内容,应当符合相应产品标准的规定,并且经制造单位检验责任工程师签字或者盖章。

产品的质量记录、检验报告、批量检验产品质量证明书等文件应当按规定期限保存。对于车用气瓶一般不少于 15 年,其他气瓶不少于 7 年。鼓励制造单位采用信息技术建立可追溯性的出厂资料和文件档案及制造标志。

4.11 产品制造监督检验

气瓶产品的制造过程应当由监检机构进行安全性能监督检验,监检机构应当对经监督检验合格的气瓶按批出具《气瓶产品制造监督检验证书》。未经监督检验或者监督检验不合格的气瓶产品不得出厂、销售和充装。

5 气瓶附件

5.1 气瓶附件范围

气瓶附件包括气瓶瓶阀、紧急切断阀、安全泄压装置、限充及限流装置、瓶帽等。

5.2 气瓶附件设计

5.2.1 瓶阀

5.2.1.1 瓶阀结构

结构设计应当满足以下要求:

(1)瓶阀设计符合相应标准的规定;

(2)瓶阀上与气瓶连接的螺纹,与瓶体螺纹匹配并保证密封可靠性;

(3)瓶阀出气口的连接型式和尺寸,设计成能够防止气体错装、错用的结构,盛装助燃和不可燃气体瓶阀的出气口螺纹为右旋,可燃气体瓶阀的出气口螺纹为左旋;

(4)工业用非重复充装焊接气瓶瓶阀设计成不可重复充装的结构,瓶阀与瓶体的连接采用焊接方式;

(5)公称容积大于 100 L 的液化石油气瓶使用的气相瓶阀,宜设计成带有液位限定功能或者带有电子防伪识读功能的直阀或者角阀,液相瓶阀宜设计成单向阀。

5.2.1.2 瓶阀材料

瓶阀选材应当考虑以下因素:

(1)在规定的操作条件下,任何与气体接触的金属或者非金属瓶阀材料与气瓶内所充装的气体具有相容性；

(2)与乙炔接触的瓶阀材料,选用含铜量小于70％的铜合金(质量比)；

(3)盛装易燃气体的气瓶瓶阀的手轮,选用阻燃材料制造；

(4)盛装氧气或者其他强氧化性气体的气瓶瓶阀的非金属密封材料,具有阻燃性和抗老化性。

5.2.2　安全泄压装置

气瓶专用的安全泄压装置,有易熔合金塞装置、爆破片装置(或者爆破片)、安全阀、爆破片-易熔合金塞复合装置、爆破片-安全阀复合装置等类型。

5.2.2.1　安全泄压装置的设置原则

(1)车用气瓶或者其他可燃气体气瓶、呼吸器用气瓶、消防灭火器用气瓶、溶解乙炔气瓶、盛装低温液化气体的焊接绝热气瓶、盛装液化气体的气瓶集束装置、长管拖车及管束式集装箱用大容积气瓶,应当装设安全泄压装置；

(2)盛装剧毒气体的气瓶,禁止装设安全泄压装置；

(3)液化石油气钢瓶,不宜装设安全泄压装置。

前款所列以外的其他气瓶是否装设安全泄压装置,由气瓶制造单位在设计文件上做出规定。

5.2.2.2　安全泄压装置的选用原则

(1)盛装有毒气体的气瓶,不应当单独装设安全阀；盛装低压有毒气体的气瓶允许装设易熔合金塞装置；

(2)盛装溶解乙炔的气瓶,应当装设易熔合金塞装置；

(3)盛装易于分解或者聚合的可燃气体的气瓶,宜装设易熔合金塞装置；

(4)盛装液化天然气及其他可燃气体的焊接绝热气瓶(含车用焊接绝热气瓶),应当装设两级安全阀；盛装其他低温液化气体的焊接绝热气瓶应当装设爆破片和安全阀；

(5)机动车用液化石油气瓶,应当装设带安全阀的组合阀或者分立的安全阀；车用压缩天然气气瓶应当装设爆破片-易熔合金塞串联复合装置；其他车用气瓶的安全泄压装置应当符合相应标准的规定；安全泄压装置上气体泄放出口的设置不得对气瓶本体的安全性能造成影响；

(6)工业用非重复充装焊接钢瓶,应当装设爆破片装置；

(7)长管拖车、管束式集装箱用大容积气瓶,一般需要装设爆破片或者爆破片-易熔合金塞串联复合装置；

(8)爆破片-易熔合金塞复合装置或者爆破片-安全阀复合装置中的爆破片应当置于与瓶内介质接触的一侧。

5.2.2.3　安全泄压装置设计、材料选用和装设部位的基本要求
5.2.2.3.1　设计

(1)气瓶安全泄压装置的泄放量及泄放面积的设计计算应当符合相应标准的规定,其额定排量和实际排量均不得小于气瓶的安全泄放量；

(2)爆破片装置(或者爆破片)的公称爆破压力为气瓶的水压试验压力；

(3)安全阀的开启压力不得小于气瓶水压试验压力的75％或者相应标准的规定,也不得大于气瓶水压试验压力；安全阀的额定排放压力不超过气瓶的水压试验压力,其回座压力不小于气瓶在最高使用温度下的温升压力,且应当符合相应标准的规定；

(4)易熔合金塞的动作温度应当符合《气瓶用易熔合金塞装置》(GB 8337)及相关标准的规定；

(5)装置的结构应当与使用环境及使用条件相适应,在正常的使用条件下应当具有良好的密封性能；

(6)在安全泄压装置打开时产生的反作用力不应当对气瓶产生不良影响；

(7)盛装可燃气体的气瓶,其安全泄压装置的结构与装设都应当使所排出的气体直接排向大气空

间,不会被阻挡或者冲击到其他设备上。

5.2.2.3.2　材料选用

（1）制造安全泄压装置的材料,其化学成分与物理性能应当均匀;

（2）在规定的操作条件下,任何与充装气体接触的安全泄压装置的材料应当与气瓶内充装气体具有相容性;

（3）爆破片应当用质地均匀的纯金属片（如镍、紫铜）或者合金片（如镍铬不锈钢、黄铜、青铜）制造;

（4）易熔合金塞用易熔合金宜采用共晶合金,其配方应当符合 GB 8337 及相关标准的规定。

5.2.2.3.3　装设部位

（1）不应当妨碍气瓶的正常使用和搬运;

（2）无缝气瓶,应当装设在瓶阀上;

（3）焊接气瓶,可以装设在瓶阀上,也允许单独装设在气瓶的封头部位;

（4）工业用非重复充装焊接钢瓶,应当将爆破片直接焊接在气瓶封头部位;

（5）溶解乙炔气瓶,应当将易熔合金塞装设在气瓶上封头、阀座或者瓶阀上;

（6）长管拖车及管束式集装箱用大容积气瓶、集束装置上的气瓶,每个气瓶均应当装设安全泄压装置。

5.2.2.3.4　安全泄压装置标志

每个安全泄压装置都应当有明显的标志。

5.2.3　其他安全保护装置

气瓶上如果装设压力表、液位计、紧急切断装置、限充及限流装置等附件,应当符合相应标准的规定,所用的密封件不得与所盛装的介质发生化学反应。

5.2.4　瓶帽和保护罩

（1）公称容积大于等于 5 L 的钢质无缝气瓶,应当配有螺纹连接的快装式瓶帽或者固定式保护罩;

（2）公称容积大于等于 10 L 的钢质焊接气瓶（含溶解乙炔气瓶）,应当配有不可拆卸的保护罩或者固定式瓶帽;

（3）瓶帽应当有良好的抗撞击性,不得用灰口铸铁制造。

5.2.5　底座

不能靠瓶底直立的气瓶,应当配有底座（采用固定支架或者集装框架的气瓶除外）。

5.3　瓶阀制造与安装要求

5.3.1　瓶阀制造许可和使用年限

瓶阀制造单位应当取得相应的特种设备制造许可。瓶阀制造单位应当保证其瓶阀产品至少安全使用一个气瓶检验周期,瓶阀制造单位以外的其他人不得对瓶阀进行修理或者更换受压零部件。

5.3.2　瓶阀安装

应当采取适合的方法安装瓶阀,并且应当防止任何异物落入气瓶。安装时应当用适当的安装工具将瓶阀紧固在气瓶上,使用力矩扳手时,力矩大小应当符合相应标准的规定。

5.4　安全泄压装置的安装与维护

气瓶安全泄压装置的安装与维护应当符合相应标准的规定,并且应当满足以下要求:

(1)气瓶安全泄压装置与气瓶之间,以及泄压装置的出口侧不得装有截止阀,也不得装有妨碍装置正常动作的其他零件;

(2)气瓶充装前,应当认真检查安全泄压装置有无腐蚀、破损或者其他外部缺陷,通道有无被沙土、油漆或者污物等堵塞,易熔塞有无松动或者脱出现象,发现存在可能导致装置不能正常动作的问题时,不应当对气瓶充装;

(3)应当定期对气瓶上的安全阀进行清洗、检查和校验;

(4)爆破片装置(或者爆破片)应当定期更换(焊接绝热气瓶、非重复充装气瓶除外),整套组装的爆破片装置应当成套更换。爆破片的使用期限应当符合有关规定或者由制造单位确定,但不应当小于气瓶的定期检验周期;

(5)应当由专业人员按照相应标准的规定,进行气瓶安全泄压装置的更换。

6 充装使用

6.1 充装许可

气瓶充装单位应当按照《气瓶充装许可规则》(TSG R4001)的规定,取得气瓶充装许可。

6.2 气瓶使用登记

气瓶充装单位应当按照《气瓶使用登记管理规则》(TSG R5001)的规定申请办理气瓶使用登记。

6.3 固定充装制度

气瓶实行固定充装单位充装制度,气瓶充装单位应当充装本单位自有并且办理使用登记的气瓶(车用气瓶、非重复充装气瓶、呼吸器用气瓶以及托管气瓶除外)。气瓶充装单位应当在充装完毕验收合格的气瓶上牢固粘贴充装产品合格标签,标签上至少注明充装单位名称和电话、气体名称、充装日期和充装人员代号。无标签的气瓶不准出充装单位。

严禁充装超期未检气瓶、改装气瓶、翻新气瓶和报废气瓶。

气瓶充装单位发生暂停充装等特殊情况,应当向所在市级质监部门报告,可委托辖区内有相应资质的单位临时充装,并告知省级质监部门。

6.4 充装基本要求

6.4.1 涂敷标志

气瓶的充装单位负责在自有产权或者托管的气瓶瓶体上涂敷充装站标志,并负责对气瓶进行日常维护保养,按照原标志涂敷气瓶颜色和色环标志。

6.4.2 充装安全与管理制度

气瓶充装单位对气瓶的充装安全负责。气瓶充装单位作为气瓶的使用单位,应当及时申报自有或者托管气瓶的定期检验,并且负责对瓶装气体经销单位或者气体消费者进行安全宣传教育和指导,可通过签订协议等方式对气瓶进行安全管理。

气瓶充装单位应当制定相应的安全管理制度和安全技术操作规程,严格按照相应标准充装气瓶。

气瓶充装单位应当制定特种设备事故(特别是泄漏事故)应急预案和救援措施,并且定期演练。

6.4.3 气瓶档案

气瓶充装单位应当建立气瓶信息化管理数据库和气瓶档案,气瓶档案包括产品合格证、批量检验产品质量证明书等出厂资料、气瓶产品制造监督检验证书、气瓶使用登记资料、气瓶定期检验报告等。气瓶的档案应当保存到气瓶报废为止。

6.4.4　警示标签

气瓶充装单位应当在自有产权或者托管的气瓶上粘贴气瓶警示标签,警示标签的式样、制作方法及应用应当符合《气瓶警示标签》(GB 16804)的规定。

6.4.5　充装前后检查与记录

气瓶充装单位应当按照相应标准的规定,在气瓶充装前和充装后,由取得气瓶充装作业人员证书的人员对气瓶逐只进行检查,并做好检查记录和充装记录,检查记录和充装记录保存时间不少于 12 个月。气瓶发生事故后,充装单位应当提供真实、可追踪的检查记录和充装记录,不能提供检查记录和充装记录或者记录与实际不符的,应当依法追究气瓶充装单位的责任。

车用气瓶的充装单位应当采用信息化手段对气瓶充装进行控制和记录;鼓励其他气瓶充装单位采用信息化手段对气瓶及其充装、使用进行安全管理。

6.5　充装特殊规定

6.5.1　气体充装装置

(1)气体充装装置,必须能够保证防止可燃气体与助燃气体或者不相容气体的错装,无法保证时应当先进行抽空再进行充装;

(2)充装高(低)压液化气体、低温液化气体以及溶解乙炔气体时,所采用的称重计量衡器的最大称量值及校验期应当符合相关标准的规定。

6.5.2　充装压缩气体

(1)严格控制气瓶的充装量,充分考虑充装温度对最高充装压力的影响,气瓶充装后,在 20 ℃时的压力不得超过气瓶的公称工作压力;

(2)采用电解法制取氢气、氧气的充装单位,应当制定严格的定时测定氢、氧纯度的制度,设置自动测定氢、氧浓度和超标报警的装置,并且定期进行手动检测;当氢气中含氧或者氧气中含氢超过 0.5%(体积比)时,严禁充装,同时应当查明原因并妥善处置;

(3)充装氟或者二氟化氧的气瓶,应当符合本规程 2.3.3(4)和 3.6.2(5)的要求,且最大充装量不得大于 5 kg,在 20 ℃时的充装压力不得大于 3 MPa。瓶阀出气口上应当设置密封盖。

6.5.3　充装高(低)压液化气体

(1)应当采用逐瓶称重的方式进行充装,禁止无称重直接充装(车用气瓶除外);

(2)应当配备与其充装接头数量相适应的计量衡器;

(3)计量衡器的选用、规格及检定等应当符合有关安全技术规范及相应标准的规定,且计量衡器必须设有超装警报或者自动切断气源的装置;

(4)应当对充装量逐瓶复检(设复检用计量衡器),严禁过量充装,充装超量的气瓶不准出站并且应当及时处置。

6.5.4　充装低温液化气体及低温液体

应当对充装量逐瓶复检(车用焊接绝热气瓶除外),严禁过量充装。充装超量的气瓶不准出站并及时处置。

6.5.5　充装溶解乙炔

(1)充装前,按照有关标准规定测定溶剂补加量并补加溶剂;

(2)乙炔瓶的乙炔充装量及乙炔与溶剂的质量比(炔酮比)应当符合有关标准的规定;

(3)充装过程中,瓶壁温度不得超过 40 ℃,充装容积流速小于 0.015 m³/h·L;

(4)一般分两次充装,中间的间隔时间不少于 8 h;静置 8 h 后的瓶内压力应当符合有关标准的规定。

6.5.6　充装混合气体

(1)充装混合气体的气瓶应当采用加温、抽真空等适当方式进行预处理;

(2)气体充装前,应当根据混合气体的每一气体组分性质,确定各种气体组分的充装顺序;

(3)在充入每一气体组分之前,应用待充气体对充装配制系统管道进行置换;

(4)相关标准对充装混合气体的其他要求。

6.5.7　其他要求

气瓶充装还应当符合如下要求:

(1)禁止在充装站外由罐车等移动式压力容器直接对气瓶进行充装;禁止将气瓶内的气体直接向其他气瓶倒装;

(2)车用天然气瓶充装枪应当具有防伪识读信息化标签的功能,只能对可以识读的气瓶进行充装;

(3)车用液化天然气气瓶充装站应当具备向气瓶充装蒸汽压不小于 0.8 MPa 的饱和液体的能力。

6.6　液化气体的充装系数

液化气体的充装系数见附件 C,未列入附件 C 的其他液化气体或者混合气体的充装系数按照相应安全技术规范及相应标准的规定。临时进口气瓶在境内充装时,充装系数参照附件 C。

6.6.1　充装系数的确定原则

6.6.1.1　低压液化气体

(1)充装系数应当不大于在气瓶最高使用温度下液体密度的 97%;

(2)在温度高于气瓶最高使用温度 5 ℃时,瓶内不满液。

常用低压液化气体的充装系数应当不大于附件 C 的规定,其他低压液化气体的充装系数应当不大于由公式(6-1)计算确定的值。

$$F_r = 0.97\rho\left(1 - \frac{C}{100}\right) \tag{6-1}$$

式中:F_r——低压液化气体充装系数,kg/L;

ρ——低压液化气体在最高液相气体温度下的液体密度,kg/L;

C——液体密度的最大负偏差,一般情况,C 取 0~3。

由两种及两种以上的液化气体混合组成的气体,应当由试验确定其在最高使用温度下的液体密度,并且按照公式(6-1)确定充装系数的最大极限值。

6.6.1.2　高压液化气体

常用的高压液化气体的充装系数应当按照附件 C 的规定,其他高压液化气体的充装系数可按公式(6-2)确定其最大极限值。

$$F_r = \frac{PM}{ZRT} \tag{6-2}$$

式中:F_r——高压液化气体充装系数,kg/L;

    T——气瓶最高使用温度,K;

    M——气体分子量;

    R——气体常数,$R=8.314×10^{-3}$ MPa·m³/(kmol·K);

    Z——气体在压力为 P、温度为 T 时的压缩系数;

    P——气瓶许用压力(绝对),按有关标准的规定,取气瓶的公称工作压力,MPa。

6.7 气瓶及气体使用的安全规定

6.7.1 基本要求

气瓶充装单位应当向瓶装气体经销单位和消费者提供符合安全技术规范及相应标准要求的气瓶,并负责对其进行气瓶安全使用知识的宣传和培训,要求遵守以下要求:

(1)瓶装气体经销单位及消费者应当建立相应的安全管理制度和操作规程,配备必要的防护用品,指派掌握相关知识和技能的人员管理气瓶,并进行应急演练;发现气瓶出现异常情况时,应当及时与充装单位联系;

(2)禁止将盛装气体的气瓶置于人员密集或者靠近热源的场所使用(车用瓶除外),禁止用任何热源对气瓶进行加热;使用盛装燃气的气瓶,应当符合安全生产、公安消防以及燃气行业等有关法律法规、安全技术规范及相应标准的规定;

(3)瓶装气体经销单位和消费者应当经销和购买粘贴有符合本规程 6.3 要求的充装产品合格标签的瓶装气体,不得经销和购买超期未检气瓶或者报废气瓶盛装的气体;

(4)在可能造成气体回流的使用场合,设备上应当配置防止倒灌的装置,如单向阀、止回阀、缓冲罐等;瓶内气体不得用尽,压缩气体、溶解乙炔气气瓶的剩余压力应当不小于 0.05 MPa;液化气体、低温液化气体以及低温液体气瓶应当留有不少于 0.5%~1.0%规定充装量的剩余气体;

(5)运输气瓶时应当整齐放置,横放时,瓶端朝向一致;立放时,要妥善固定,防止气瓶倾倒;配戴好瓶帽(有防护罩的气瓶除外),轻装轻卸,严禁抛、滑、滚、碰、撞、敲击气瓶;吊装时,严禁使用电磁起重机和金属链绳;

(6)储存瓶装气体实瓶(注 6-1)时,存放空间内温度不得超过 40 ℃,否则应当采用喷淋等冷却措施;空瓶(注 6-2)与实瓶应当分开放置,并有明显标志;毒性气体实瓶和瓶内气体相互接触能引起燃烧、爆炸、产生毒物的实瓶,应当分室存放,并在附近配备防毒用具和消防器材;储存易起聚合反应或者分解反应的瓶装气体时,应当根据气体的性质控制存放空间的最高温度和规定储存期限。

  注6-1:实瓶是指充装有规定量气体的气瓶。

    6-2:空瓶是指包括气瓶出厂或者定期检验后相关单位按照定向气瓶内充入压力低于 0.275 MPa(21℃时)的氮气等保护性气体的气瓶。

7 定期检验

7.1 检验机构及其检验人员

气瓶定期检验机构应当按照《特种设备检验检测机构核准规则》(TSG Z7001)的规定,取得气瓶定期检验核准证,严格按照核准的检验范围从事气瓶定期检验工作,并接受质监部门的监督。

气瓶检验人员应当取得气瓶检验人员资格证书,气瓶无损检测人员应当取得相应无损检测资格证书。

7.2 气瓶检验机构的主要职责:

(1)对气瓶进行定期检验,出具检验报告,并且对其正确性负责;

（2）对可拆卸的气瓶瓶阀等附件进行更换，更换的瓶阀应当选择具有相应瓶阀制造许可证的单位制造的气瓶阀门产品；

（3）对气瓶表面涂敷颜色和色环，按照规定做出检验合格标志；

（4）受气瓶产权单位委托，对报废气瓶进行消除使用功能（压扁或者解体）处理；

（5）对超过设计使用年限的液化石油气瓶进行延长使用期的安全评定，并对其继续使用的结论负责。

7.3　检验工作安排

气瓶产权单位或者充装单位应当及时将到期需要检验的气瓶（包括车用气瓶、呼吸器用气瓶）或者其他符合本规程 7.5 规定的气瓶，送到有相应资质的气瓶定期检验机构进行定期检验。

气瓶定期检验机构接到送检气瓶后，应当及时进行检验。禁止对气瓶和气瓶瓶阀进行修理、焊接、挖补、拆解和翻新。

7.4　检验周期与报废年限

7.4.1　各类气瓶的检验周期

气瓶的检验周期不得超过本条规定。

7.4.1.1　钢质无缝气瓶、钢质焊接气瓶（注 7-1）、铝合金无缝气瓶：

（1）盛装氮、六氟化硫、惰性气体及纯度大于等于 99.999％ 的无腐蚀性高纯气体的气瓶，每 5 年检验 1 次；

（2）盛装对瓶体材料能产生腐蚀作用的气体的气瓶、潜水气瓶以及常与海水接触的气瓶，每 2 年检验 1 次；

（3）盛装其他气体的气瓶，每 3 年检验 1 次。

盛装混合气体的前款气瓶，其检验周期应当按照混合气体中检验周期最短的气体确定。

注 7-1：不含液化石油气钢瓶、液化二甲醚钢瓶、溶解乙炔气瓶、车用气瓶及焊接绝热气瓶。

7.4.2　超过设计使用年限的处理

气瓶使用期超过其设计使用年限时一般应当报废。出租车安装的车用压缩天然气瓶使用期达到 8 年应当报废；车用气瓶应当随出租车一同报废。对焊接绝热气瓶（含焊接绝热车用气瓶），如果绝热性能无法满足使用要求且无法修复的应当报废。对设计使用年限不清的气瓶，应当将表 3-5 规定的设计使用年限作为气瓶报废处理的依据。

对设计使用年限为 8 年的液化石油气钢瓶，允许在进行安全评定后延长使用期，使用期只能延长一次，且延长使用期不得超过气瓶的一个检验周期。对未规定设计使用年限的液化石油气钢瓶，使用年限达到 15 年的应当予以报废并且进行消除使用功能处理。

7.5　提前检验

使用过程中，发现气瓶有下列情况之一的，应当提前进行定期检验：

（1）有严重腐蚀、损伤或者对其安全可靠性有怀疑的；

（2）缠绕气瓶缠绕层有严重损伤的；

（3）库存或者停用时间超过一个检验周期后使用的；

（4）机动车发生可能影响车用气瓶安全使用的交通事故后重新投用的；

（5）气瓶检验标准规定需提前进行定期检验的其他情况以及检验人员（或者充装人员）认为有必要提前检验的。

7.6 气瓶检验前处理

气瓶进行定期检验前,应当对瓶内残余气体进行回收和处理。回收和处理至少符合以下要求:

(1)盛装毒性、可燃气体气瓶内的残余气体采取环保的方式回收处理,不得向大气排放;

(2)确认气瓶内压力降为零后,方可卸下瓶阀;

(3)盛装可燃气体的气瓶须经置换;盛装液化石油气等可燃液化气体的气瓶需经蒸汽吹扫或者采用其他不损伤瓶体材料、不降低瓶体材料性能的方法进行内部处理,达到规定的安全要求,否则,严禁用压缩空气进行气密性试验。

7.7 检验项目和要求

(1)各类气瓶定期检验的项目和要求应当符合有关安全技术规范及相应国家标准的规定;对未制定定期检验国家标准的气瓶产品,应当按照本规程1.5的规定进行;

(2)气瓶定期检验应当逐只进行,检验时发现进行过焊接、修理、挖补、拆解、翻新的气瓶或者瓶阀,应当予以报废;

(3)气瓶定期检验机构应当保证检验合格的气瓶及气瓶阀门能够在正常使用情况下安全使用一个检验周期,不能安全使用到下一个检验周期的气瓶,应当报废。不能保证安全使用到下一检验周期的气瓶阀门,应当更换。

7.8 检验记录和报告

气瓶定期检验机构应当认真填写检验记录,检验结束后应当对检验合格或者报废的气瓶及时出具气瓶检验报告(格式见附件D)。检验记录和检验报告应当真实、准确。

7.9 消除使用功能处理

消除报废气瓶使用功能的处理由当地质监部门指定单位负责。消除使用功能处理应当采用压扁或者将瓶体解体等不可修复的方式,不得采用钻孔或者破坏瓶口螺纹的方式。

承担气瓶消除使用功能处理的机构或者单位应当将消除使用功能处理的气瓶进行登记,并每年向所在市级质监部门报告。报废气瓶应当由气瓶产权单位办理气瓶使用登记注销手续。

为避免报废气瓶被修理或者翻新后重新使用,禁止气瓶充装单位或者检验机构将未进行消除使用功能处理的报废气瓶转卖他人。

8 附则

8.1 解释权

本规程由国家质检总局负责解释。

8.2 实施日期

本规程自2015年1月1日起施行。原国家质量技术监督局2000年12月31日颁发的《气瓶安全监察规程》(质技监局锅发〔2000〕250号)和原劳动部1993年3月27日颁发的《溶解乙炔气瓶安全监察规程》[劳锅字(1993)4号]同时废止。

附件 A

气瓶品种、品种代号及相应的产品标准

结构	气瓶品种	品种代号 (注 A-1)		产品标准(注 A-2)
无缝气瓶	钢质无缝气瓶、消防灭火器用无缝气瓶、汽车用压缩天然气钢瓶	B1	1	《钢质无缝气瓶》(GB 5099),《铝合金无缝气瓶》(GB 11640),《汽车用压缩天然气钢瓶》(GB 17258)
	铝合金无缝气瓶		2	《铝合金无缝气瓶》(GB 11640)
	不锈钢无缝气瓶		3	不锈钢无缝气瓶
	长管拖车、管束式集装箱用大容积钢质无缝气瓶		4	大容积钢质无缝气瓶
焊接气瓶	钢质焊接气瓶、消防灭火器用焊接气瓶、不锈钢焊接气瓶	B2	1	《钢质焊接气瓶》(GB 5100)、不锈钢焊接气瓶
	工业用非重复充装焊接钢瓶		2	《工业用非重复充装焊接钢瓶》(GB 17268)
	液化石油气钢瓶、液化二甲醚钢瓶、车用液化石油气钢瓶、车用液化二甲醚钢瓶		3	《液化石油气钢瓶》(GB 5842)、液化二甲醚钢瓶、《机动车用液化石油气钢瓶》(GB 17259)、车用液化二甲醚钢瓶
缠绕气瓶	小容积金属内胆纤维缠绕气瓶	B3	1	《呼吸器用复合气瓶》(GB 28053)、铝合金内胆玻璃纤维全缠绕气瓶、铝合金内胆玻璃纤维环向缠绕气瓶
	金属内胆纤维环缠绕气瓶(含车用)		2	《车用压缩天然气钢质内胆环向缠绕气瓶》(GB 24160)
	金属内胆纤维环全缠绕气瓶(含车用)		3	车用压缩天然气铝合金内胆碳纤维全缠绕气瓶、车用压缩氢气铝合金内胆碳纤维全缠绕气瓶
	长管拖车用金属内胆纤维缠绕气瓶		4	长管拖车用钢质内胆玻璃纤维环向缠绕气瓶
绝热气瓶	焊接绝热气瓶	B4	1	《焊接绝热气瓶》(GB 24159)
	车用液化天然气焊接绝热气瓶		2	车用液化天然气焊接绝热气瓶
内装填料气瓶	溶解乙炔气瓶、吸附气体气瓶	B5		《溶解乙炔气瓶》(GB 11638)、吸附式天然气焊接钢瓶

　　注 A-1:主要气瓶品种按其用途一般分为工业气体气瓶、医用气瓶、液化石油气气瓶、液化二甲醚气瓶、溶解乙炔(或者吸附气体)气瓶、车用气瓶、长管拖车及管束式集装箱用大容积气瓶、呼吸器用气瓶、消防灭火器用气瓶、非重复充装气瓶、低温液化气体气瓶、混合气体气瓶等。品种代号用于对气瓶品种分组,以区分气瓶产品标准对试验能力或者制造能力的不同要求,例如,B1 表示相应气瓶产品标准对同组的钢质无缝气瓶、消防灭火器用无缝气瓶、铝合金无缝气瓶、不锈钢无缝气瓶等产品的试验能力要求基本相同或者相近;B11 表示相应气瓶产品标准对同组的钢质无缝气瓶、消防灭火器用无缝气瓶、汽车用压缩天然气钢瓶产品的制造能力要求基本相同或者相近,适用于气瓶型式试验机构、气瓶制造单位或者相关单位对气瓶品种及结构的区分。

　　A-2:所列产品标准为已实施的产品标准,未列标准号的,目前尚无国家标准,本规程颁布时的标准状态为经气瓶标准化机构评审的企业标准。对本表中未包括的新品种,应当由气瓶标准化机构明确品种代号。

附件 B

气瓶标志

B1 无缝气瓶、焊接气瓶及焊接绝热气瓶(含车用焊接绝热气瓶)钢印标记

焊接气瓶中的工业用非重复充装焊接钢瓶除外。

B1.1 基本要求

(1)钢印标记应当准确、清晰、完整,打印在瓶肩或者铭牌、护罩等不可拆卸附件上;
(2)应当采用机械打印或者激光刻字等可以形成永久性标记的方法。

B1.2 标记方式

B1.2.1 钢印标记位置

气瓶的钢印标记,包括制造钢印标记和定期检验钢印标记。钢印标记打在瓶肩上时,其位置如图 B-1(a)所示,打在护罩上时,如图 B-1(b)所示,打在铭牌上时,如图 B-1(c)所示。

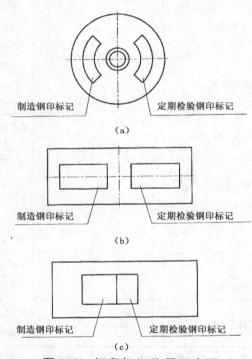

图 B-1 钢印标记位置示意图

B1.2.2 钢印标记的项目和排列

(1)制造钢印标记的项目和排列,如图 B-2(a)、图 B-2(b)、图 B-2(c)和图 B-2(d)所示,图 B-2(a)、图 B-2(b)、图 B-2(c)的具体形式和含义分别见表 B-1、表 B-2、表 B-3;

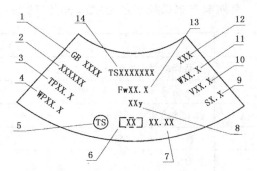

(a)气瓶制造钢印的项目和排列
(溶解乙炔气瓶及焊接绝热气瓶除外)

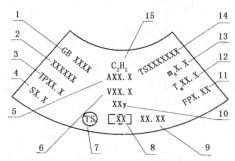

(b)溶解乙炔气瓶制造钢印标记的项目和排列

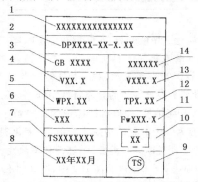

(c)焊接绝热气瓶制造钢印标记的项目和排列(竖版铭牌)

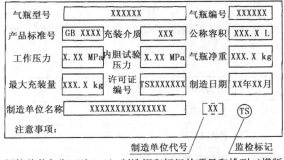

(d)焊接绝热气瓶(注B-1)制造钢印标记的项目和排列(横版铭牌)

图 B-2　制造钢印标记的项目和排列

注 B-1:对车用液化天然气焊接绝热气瓶,铭牌上合适位置应当加印注意事项;本气瓶的气相安全空间仅适用于充装蒸汽压不小于 0.8 MPa 的饱和液体。

表 B-1　气瓶制造钢印标记的形式和含义（注 B-2、注 B-3）

编号	钢印形式（例）	含　义
1	GB XXXX	产品标准号（注 B-4）
2	XXXXXX	气瓶编号
3	TPXX. X	水压试验压力，MPa
4	WPXX. X	公称工作压力，MPa
5	ⓣⓢ	监检标记
6	⌈XX⌉	制造单位代号
7	XX. XX	制造日期
8	XXy	设计使用年限，y
9	SX. X	瓶体设计壁厚，mm
10	VXX. X	实际容积，L
11	WXX. X	实际重量，kg
12	XXX	充装气体名称或者化学分子式
13	FwXX. X	液化气体最大充装量，kg
14	TSXXXXXXX	气瓶制造许可证编号

注 B-2：溶解乙炔气瓶及焊接绝热气瓶除外。

　　B-3：对焊接气瓶、液化石油气钢瓶、液化二甲醚钢瓶，实际重量和实际容积可以用理论重量和公称容积代替；对无缝气瓶，实际容积可以用公称容积代替；对充装液化气体的气瓶，应当打印液化气体最大充装量，车用液化石油气钢瓶和车用液化二甲醚钢瓶最大充装量以瓶体水容积的 80% 表示；对混合气体应当在气体名称处打充装气体主组分（含量最多的组分）名称或者化学分子式，后接 M 字母加上混合气体的介质特性字母，分子式及 M 之后用"—"隔开，介质特性字母分别为：T—毒性、O—氧化性、F—燃烧性、C—腐蚀性，介质特性标记的排列顺序应当为 T，O，F，C。有几种特性就加打几个字母。例如，焦炉气的成分约为 63% 的氢气＋25% 的甲烷＋6% 的一氧化碳＋4% 的氮气＋2% 的二氧化碳，则可表示为"H_2—M—TFC"，表示主组分是 H_2 的混合气体具有毒性、燃烧性和腐蚀性。

　　注 B-4：表 B-1、表 B-2、图 B-2(c)、图 B-2(d)、图 B-5 以及图 B-7 中，产品标准号为国家标准号或者经评审的企业标准号，若使用企业标准对相应的气瓶产品国家标准进行补充或者修订时，其标记方式应当为企业标准号加上（GB XXXX，MOD），例如：QB XXXX（GB XXXX，MOD）。

表 B-3　焊接绝热气瓶制造钢印标记的形式和含义（竖版铭牌）

编号	钢印形式（例）	含　义
1	XXXXXXXXXXXXXX	制造单位名称
2	DPXXXX-XX-X. XX	气瓶型号
3	GB XXXX	产品标准号
4	VXX. X	内胆公称容积，L
5	WPX. XX	公称工作压力，MPa
6	XXX	允许充装介质（仅限一种）
7	TSXXXXXXX	气瓶制造许可证编号
8	XX 年 XX 月	制造年月

表 B-3　焊接绝热气瓶制造钢印标记的形式和含义(竖版铭牌)(续)

编号	钢印形式(例)	含　　义
9	(TS)	监检标记
10	⌈XX⌋	制造单位代号
11	FwXXX.X	最大充装量,kg
12	TPX.XX	内胆试验压力,MPa
13	WXXX.X	气瓶实际重量,kg
14	XXXXXX	气瓶编号

(2)制造钢印标记,也可在瓶肩部沿一条或者两条圆周线排列,如图 B-3 所示,具体的形式和含义见表 B-1;对小容积气瓶,也可打在瓶体直线段靠近瓶肩部的圆周上;

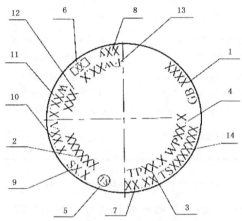

图 B-3　气瓶制造钢印的项目和排列
(溶解乙炔气瓶及焊接绝热气瓶等除外)

(3)定期检验钢印标记,可打在气瓶瓶体、铭牌或者护罩上,如图 B-4(a)所示;也可打在金属检验标志环上,如图 B-4(b)所示;

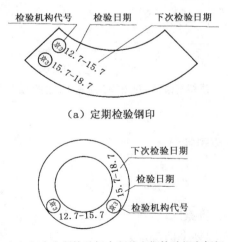

(a)定期检验钢印

(b)打在金属检验标志环上的定期检验钢印标记

图 B-4　定期检验钢印标记

（4）钢印标记应当排列整齐、清晰。钢印字体大小应当与气瓶大小相适应；例如，对公称容积 40 L 的气瓶，字体高度应当为 5～10 mm，深度为 0.5 mm。

B2　缠绕气瓶标签标记

B2.1　基本要求

（1）标签标记应当准确、清晰、完整；
（2）标记应当印刷在标签上，标签字体大小应当符合相应标准的规定。

B2.2　标记方式

应当在每只气瓶缠绕层的表面层或者防护层下面植入标签，形成永久性标记。制造标签标记的项目和排列，如图 B-5 所示；定期检验标签标记的项目和排列，如图 B-6 所示；对于金属内胆纤维环向缠绕气瓶，监检标记及定期检验标签标记也可以钢印标记的方式打在气瓶瓶肩金属表面上。

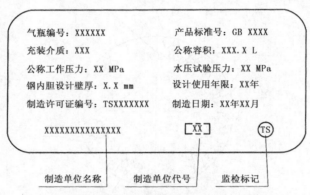

气瓶编号：XXXXXX　　　　产品标准号：GB XXXX
充装介质：XXX　　　　　　公称容积：XXX.X L
公称工作压力：XX MPa　　水压试验压力：XX MPa
钢内胆设计壁厚：X.X mm　设计使用年限：XX年
制造许可证编号：TSXXXXXXX　制造日期：XX年XX月

XXXXXXXXXXXXXX　　　[XX]　　　(TS)

制造单位名称　　　制造单位代号　　　监检标记

图 B-5　缠绕气瓶制造标签标记的项目和排列

注 B-5：图 B-5 中所示钢内胆设计壁厚适用于钢内胆环向缠绕气瓶；对于按照《呼吸器用复合气瓶》（GB 28053）标准设计制造的缠绕气瓶，该处标签标记内容应当为水压试验极限弹性膨胀量（REE）。

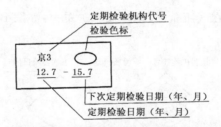

定期检验机构代号
检验色标
京3
12.7 － 15.7
下次定期检验日期（年、月）
定期检验日期（年、月）

图 B-6　缠绕气瓶定期检验标签标记的项目和排列

B3　工业用非重复充装焊接钢瓶印刷标记

B3.1　基本要求

（1）标记应当准确、清晰、持久、防擦洗；
（2）标记字体大小应当符合相应标准的规定。

B3.2 标记方式

标记应当以丝网印刷或者类似方式印刷在瓶体上，但不得损伤瓶体；标记的项目和排列，如图 B-7 所示。

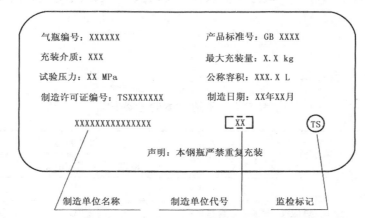

图 B-7 工业用非重复充装焊接钢瓶制造标记的项目和排列

B4 检验色标

在定期检验钢印标记上，应当按检验年份涂检验色标，缠绕气瓶的检验色标应当印刷在检验标签上；检验色标的颜色和形状如表 B-4 所示。

表 B-4 检验色标的颜色和形状（注 B-6）

检验年份	颜 色	形 状
2014	深绿色（G05）	椭圆形
2015	粉红色（RP01）	矩形
2016	铁红色（R01）	矩形
2017	铁黄色（Y09）	矩形
2018	淡紫色（P01）	矩形
2019	深绿色（G05）	矩形
2020	粉红色（RP01）	椭圆形
2021	铁红色（R01）	椭圆形
2022	铁黄色（Y09）	椭圆形
2023	淡紫色（P01）	椭圆形
2024	深绿色（G05）	椭圆形

注 B-6：(1)括号内的符号和数字表示该颜色的代号；

(2)涂在瓶体上的检验色标，大小应当与气瓶大小相适应，例如：对公称容积 40 L 的气瓶，椭圆形的长轴约为 80 mm，短轴约为 40 mm；矩形约为 80 mm×40 mm；

(3)检验色标每 10 年为一个循环周期。

附件 C

常用瓶装气体的饱和蒸气压、充装系数及物性

C4 压缩气体

压缩气体物性参数见表 C-5。

表 C-5 压缩气体物性参数

序号	气体名称	化学分子式	临界温度(℃)	气体毒性		气体腐蚀性
				毒性	LC_{50}($\times 10^{-6}$)	
1	空气	—	-140.6	无		无
2	氩	Ar	-122.4	无		无
3	氟	F_2	-129.0	剧毒	185	酸性腐蚀
4	氦	He	-268.0	无		无
5	氪	Kr	-63.8	无		无
6	氖	Ne	-228.7	无		无
7	一氧化氮	NO	-92.9	剧毒	115	酸性腐蚀
8	氮	N_2	-146.9	无		无
9	氧	O_2	-118.4	无		无
10	二氟化氧	OF_2	-58.0	剧毒	2.6	无
11	一氧化碳	CO	-140.2	毒	3760	无
12	氘(重氢)	D_2	-234.8	无		无
13	氢	H_2	-239.9	无		无
14	甲烷	CH_4	-82.5	无		无
15	天然气(压缩)	—	—	无		无

附件 D

气瓶定期检验报告

报告编号：

<u>（气瓶充装单位或者产权所有者）</u>：

　　根据《气瓶安全技术监察规程》（TSG R0006）及国家标准（GB＿＿＿＿＿＿）、企业标准（<u>企业标准号</u>）的规定，你单位送检的（<u>充装介质名称</u>）气瓶共＿＿＿＿＿＿＿＿＿＿＿只，经我机构实施定期检验（安全评定），下次检验日期为＿＿＿＿＿＿＿＿＿＿年＿＿＿＿月。其中＿＿＿＿＿＿＿＿＿＿只气瓶安全性能符合要求（详见附表1），＿＿＿＿＿＿＿＿＿＿只气瓶更换了由（<u>阀门制造单位名称</u>）生产的气瓶阀门，＿＿＿＿＿＿＿＿＿＿只气瓶已判报废（详见附表2），并且按照规定实施消除使用功能处理。

　　检验员：（签字）

　　批准：（签字）

　　　　　　　　　　　　　　　　　　　（检验机构公章或检验专用章）
　　　　　　　　　　　　　　　　　　　　年　　　月　　　日

附表 1　定期检验合格气瓶一览表

序号	气瓶编号	气瓶使用登记代码	序号	气瓶编号	气瓶使用登记代码

附表 2　报废气瓶一览表

序号	气瓶编号	气瓶使用登记代码	制造单位	报废原因	处理结果

　　注:本检验报告一式两份,气瓶定期检验机构存档一份,气瓶产权单位或者所有者一份。附表1及附表2中行数不够时可另加附页。

TSG

特种设备安全技术规范

TSG R6001—2011

压力容器安全管理人员和
操作人员考核大纲

Examination Requirements for Safety Administrator and
Operator of Pressure Vessel

中华人民共和国国家质量监督检验检疫总局颁布
2011 年 5 月 10 日

压力容器安全管理人员和操作人员考核大纲*

第一条 为了规范压力容器安全管理人员和操作人员的考核工作,保障压力容器安全运行,根据《特种设备作业人员监督管理办法》《特种设备作业人员考核规则》等规定,制定本大纲。

第二条 压力容器安全管理人员和操作人员是指《特种设备安全监察条例》规定范围内的压力容器使用单位从事压力容器安全技术、安全管理和直接从事操作工作,其管理和操作行为的后果会影响压力容器安全运行的人员。其中带压密封作业人员、医用氧舱维护管理人员和气瓶充装人员的考核按照相应考核大纲的要求进行。

第三条 压力容器操作人员分为固定式压力容器操作人员和移动式压力容器操作人员两类,压力容器安全管理人员不分类别。

需要取得《特种设备作业人员证》的固定式压力容器安全运行的操作人员,由压力容器使用单位确定,但是必须保证设备运行期间,每班(组)的班(组)长和进行压力容器操作的人员持有《特种设备作业人员证》。

简单压力容器中的移动式空气压缩机空气储罐和车辆用容器的操作人员不需要取得《特种设备作业人员证》。

第四条 安全管理人员应当具备以下条件:

(一)年龄在 20 周岁以上(含 20 周岁),男性年龄不超过 60 周岁,女性年龄不超过 55 周岁;

(二)身体健康,能够胜任本岗位工作;

(三)具有高中以上(含中专、高中)学历,并且具有 1 年以上(含 1 年)从事相关工作的经历;

(四)具有相应的压力容器基础知识、专业知识、安全管理知识和法规知识。

第五条 操作人员应当具备以下条件:

(一)年龄在 18 周岁以上(含 18 周岁),男性年龄不超过 60 周岁,女性年龄不超过 55 周岁;

(二)具有初中以上(含初中)学历,在本岗位从事相关操作的实习半年以上(含半年);

(三)身体健康,没有妨碍从事压力容器操作的疾病和生理缺陷;

(四)具有相应的压力容器基础知识、专业知识、安全管理知识和法规知识,具备一定的实际操作技能。

第六条 安全管理人员只进行理论知识考试,考试内容按照本大纲附件 A 的规定;操作人员考试分为理论知识和实际操作技能两部分,考试内容按照本大纲附件 B、附件 C、附件 D、附件 E 的规定。

第七条 安全管理人员理论知识考试各部分知识所占比例如下:

(一)基础知识,占 10%;

(二)专业知识,占 30%;

(三)安全管理知识,占 30%;

(四)法规知识,占 30%。

第八条 操作人员理论知识考试各部分所占比例如下:

(一)基础知识,占 10%;

(二)专业知识,占 30%;

(三)安全管理和安全操作知识,占 50%;

---

　* 注:压力容器安全管理人员和操作人员考核大纲(TSG R6001—2011)(摘录)

(四)法规知识,占 10%。

第九条　考试机构应当根据本大纲内容,结合实际情况制定具体的考试细则。

第十条　本大纲由国家质检总局负责解释。

第十一条　本大纲自 2011 年 11 月 1 日起施行。2008 年 2 月 21 日国家质量监督检验检疫总局颁布的《压力容器安全管理人员和操作人员考核大纲》(TSG R6001—2008)同时废止。

附件 A

安全管理人员理论知识

A1 基础知识

A1.1 危险品分类。

A1.2 容器内介质特性。

A1.3 气体的危险特性。

A1.4 常用介质的主要特性、用途及危害与防护。

A2 专业知识

A2.1 压力容器安全监察范围和压力容器分类。

A2.2 压力容器常见结构型式及技术参数,主要受压元件及其他部件。

A2.3 压力容器常用材料。

A2.4 压力容器的载荷、应力、强度、刚度和稳定性。

A2.5 压力容器常见失效模式及其控制。

A2.6 常见以压力容器为主要设备的生产工艺流程。

A2.7 压力容器安全附件。

A2.8 移动式压力容器管路和承压附件。

A2.9 移动式压力容器装卸用主要设备、计量器具与仪器仪表和主要设施。

A2.10 移动式压力容器常用装卸工艺流程。

A2.11 常用阀门及密封元件。

A3 安全管理知识

A3.1 压力容器使用单位安全管理体系(包括机构、人员职责、操作规程、管理制度及事故应急措施和预案等)。

A3.2 压力容器验收、使用登记和变更登记要求。

A3.3 压力容器安全使用管理要求。

A3.4 移动式压力容器充装与卸载安全管理要求。

A3.5 固定式压力容器安装、改造、维修及常见缺陷处理。

A3.6 移动式压为容器改造与维修及常见缺陷处理。

A3.7 压力容器年度检查与定期检验。

A3.8 安全附件安全使用和定期校验。

A3.9 压力容器事故报告与处理。

A3.10 压力容器事故应急预案。

A3.11 典型事故案例分析。

A3.12 压力容器节能减排技术。

A4　法规知识

A4. 1　《中华人民共和国安全生产法》。

A4. 2　《中华人民共和国节约能源法》。

A4. 3　《特种设备安全监察条例》。

A4. 4　《国务院关于特大安全事故行政责任追究的规定》。

A4. 5　《锅炉压力容器压力管道特种设备安全监察行政处罚规定》。

A4. 6　《特种设备作业人员监督管理办法》。

A4. 7　《特种设备作业人员考核规则》。

A4. 8　《特种设备事故报告和调查处理规定》。

A4. 9　《固定式压力容器安全技术监察规程》。

A4. 10　移动式压力容器安全技术监察规程。

A4. 11　《非金属压力容器安全技术监察规程》。

A4. 12　《超高压容器安全技术监察规程》。

A4. 13　《简单压力容器安全技术监察规程》。

A4. 14　压力容器使用管理规则。

A4. 15　《压力容器定期检验规则》。

A4. 16　《压力容器安装改造维修许可规则》。

A4. 17　《移动式压力容器充装许可规则》。

A4. 18　《安全阀安全技术监察规程》。

A4. 19　《爆破片装置安全技术监察规程》。

A4. 20　相关行业压力容器安全管理的有关规定。

附件 B

固定式压力容器操作人员理论知识

B1 基础知识

B1.1 容器内介质特性。

B1.2 气体的危险特性。

B1.3 常用介质的主要特性、用途及危害与防护。

B2 专业知识

B2.1 压力容器安全监察范围和固定式压力容器分类。

B2.2 固定式压力容器典型结构、主要受压元件、基本参数。

B2.3 固定式压力容器常用材料。

B2.4 常见工业生产工艺流程。

B2.5 固定式压力容器安全附件。

B2.6 常用阀门及密封元件。

B3 安全管理和安全操作知识

B3.1 压力容器使用单位安全管理体系。

B3.2 压力容器的使用登记和变更要求。

B3.3 固定式压力容器年度检查、定期检验要求。

B3.4 固定式压力容器安全附件的安全使用与定期校验。

B3.5 固定式压力容器安全操作的一般要求。

B3.6 固定式压力容器安全操作要点。

B3.7 固定式压力容器投用前的准备。

B3.8 固定式压力容器运行中工艺参数的控制。

B3.9 固定式压力容器开车、停车操作。

B3.10 固定式压力容器运行检查。

B3.11 固定式压力容器日常维护保养。

B3.12 固定式压力容器常见故障判断、处理和报告。

B3.13 压力容器事故报告。

B3.14 固定式压力容器事故应急预案和事故处理。

B3.15 典型事故案例分析。

B3.16 压力容器节能减排技术。

B4 法规知识

B4.1 《中华人民共和国安全生产法》。

B4.2　《中华人民共和国节约能源法》。

B4.3　《特种设备安全监察条例》。

B4.4　《国务院关于特大安全事故行政责任追究的规定》。

B4.5　《特种设备事故报告和调查处理规定》。

B4.6　《特种设备作业人员监督管理办法》。

B4.7　《特种设备作业人员考核规则》。

B4.8　《固定式压力容器安全技术监察规程》。

B4.9　《非金属压力容器安全技术监察规程》。

B4.10　《超高压容器安全技术监察规程》。

B4.11　压力容器使用管理规则。

B4.12　《压力容器定期检验规则》。

B4.13　相关行业压力容器安全操作的有关规定。

附件 C

固定式压力容器操作人员实际操作技能

C1　固定式压力容器典型结构、主要受压元件、基本参数、容器内介质特性
C2　固定式压力容器投用前检查、运行中安全检查和不安全因素排除
C3　典型或者成套装置压力容器启动、运行中和停运操作程序及安全注意事项
C4　固定式压力容器操作工艺参数调整
C5　固定式压力容器安全附件检查和维护
C6　固定式压力容器日常维护保养
C7　固定式压力容器常见故障和事故模拟排除操作
C8　固定式压力容器异常情况处理操作
C9　检修人员进罐作业要求

TSG 特种设备安全技术规范

TSG Z6001—2013

特种设备作业人员考核规则

Examination Rules for Special Equipment Operators

中华人民共和国国家质量监督检验检疫总局颁布

2013 年 1 月 16 日

特种设备作业人员考核规则[*]

第一章　总　　则

第一条　为了规范特种设备作业人员考核工作,根据《特种设备作业人员监督管理办法》(以下简称《办法》),制定本规则。

第二条　本规则适用于《办法》所规定的特种设备作业人员(以下简称作业人员)的考核工作。

作业人员的具体作业种类与项目按照《特种设备作业人员作业种类与项目》(以下简称《项目》)规定。

第三条　申请《特种设备作业人员证》(以下简称《作业人员证》)的人员应当先经考试合格,凭考试合格证明向负责发证的质量技术监督部门申请办理《作业人员证》后,方可从事相应的工作。

《作业人员证》有效期为 4 年。有效期满需要继续从事其作业工作的,应当按照本规则规定及时办理证件延续(本规则简称复审)。

第四条　作业人员考核工作由县级以上(含县级)质量技术监督部门组织实施。

国家质量监督检验检疫总局(以下简称国家质检总局)及省级质量技术监督部门根据考核范围和工作需要,按照统筹规划、合理布局的原则,指定考试机构及其考试基地。

《项目》中 A1,A2,A6,A7,G6,R3,D2,D3,S1,S2,S3,S4,Y1,F1,F2 管理和操作等作业人员的考试机构及其负责范围(含地区范围,下同)、考试基地及考点,由国家质检总局指定并且公布;其他项目的作业人员考试机构及其负责范围、考试基地及考点,由省级质量技术监督部门指定并且公布。

由国家质检总局指定的考试机构考试合格的,其《作业人员证》的发证部门为考试所在地的省级质量技术监督部门,或者其授权的质量技术监督部门;由省级质量技术监督部门指定的考试机构考试合格的,其《作业人员证》发证部门由省级质量技术监督部门确定。

第五条　特种设备管理人员只进行理论知识考试,其他作业人员的考试包括理论知识考试和实际操作技能考试两个科目,均实行百分制,60 分合格。具体的考试方式、内容、要求以及对作业人员的具体条件要求,按照国家质检总局制定的相关作业人员考核大纲或者细则(以下统称考核大纲)执行。

第七条　作业人员的用人单位(以下简称用人单位)应当对作业人员进行安全教育和培训,保证作业人员具备必要的特种设备安全作业知识、作业技能,及时进行知识更新。作业人员未能参加用人单位培训的,可以选择专业培训机构进行培训。

第八条　《作业人员证》有效期内,全国范围内有效。持有《作业人员证》的人员(以下简称持证人员)经用人单位雇(聘)用后,其《作业人员证》应当经用人单位法定代表人(负责人、雇主)或者其授权人签章后,方可在许可的项目范围内在该用人单位作业。

第二章 考试机构

第九条 考试机构应当满足下列条件:

(一)具有独立法人资质,有常设的组织管理部门和固定的办公场所,专职人员不少于3人;

(二)具备满足考试需要的基地,根据实际需要在一定地区范围内设立的分考点,也必须与基地相应项目条件一致;

(三)建立考试质量保证体系和考场纪律、监考考评人员守则、保密、考试管理、档案管理、财务管理、安全管理、应急预案等规章制度,并且能有效实施;

(四)根据相应考核大纲,制订考试作业指导书,明确理论考试的范围和实际操作技能考试的具体项目(科目)以及合格指标;

(五)按照理论知识考试"机考化"的原则配置资源和考试软件,并且满足相应考核大纲所要求的场所、设备设施条件和能力;考核大纲要求实际操作技能考试采取实物化(模拟化)的,应当具备考试实物化(模拟化)的条件;

(六)具有满足考试需要的专、兼职的监考、考评人员,配备考试机构技术负责人和各个分项的责任人,技术负责人和责任人应当由具备相关专业知识的工程师(或者高级技师)及以上职称的人员担任,考评人员应当由具有大专以上(含大专)学历、从事本专业5年以上(含5年)、具有丰富的实践操作经验并且熟悉考核程序、实际操作技能考核内容及评分细则的人员担任。

第十条 考试机构应当在本机构的考试基地及考点,对符合条件的报名人员进行理论知识考试和实际操作技能考试。实际操作技能考试,原则上不得在考试基地及考点以外进行;特殊情况或者特殊项目需要利用当地其他单位的条件和设施进行实际操作技能考试时,应当事先经过发证部门批准。

第十二条 考试机构不得强制要求申请人参加本考试机构组织的培训。禁止培训、辅导人员参与培训、辅导对象的命题和监考工作。

第三章 考试和审批发证

第十三条 作业人员考核程序,包括考试报名、申请资料审查、考试、考试成绩评定与通知;审批发证程序,包括领证申请、受理、审核和发证。

《作业人员证》的复审程序和要求按照本规则第四章要求进行。

第十四条 申请人应当符合下列条件:

(一)年龄在18周岁以上(含18周岁)、60周岁以下(含60周岁),具有完全民事行为能力;

(二)身体健康并满足申请从事的作业项目对身体的特殊要求;

(三)有与申请作业项目相适应的文化程度;

(四)具有相应的安全技术知识与技能;

(五)符合安全技术规范规定的其他要求。

第十五条 申请人应当在工作单位或者居住所在地就近报名参加考试。申请人报名参加作业人员考试时,应当向考试机构提交以下申请资料:

(一)《特种设备作业人员考核申请表》(见附件A,2份);

(二)身份证明(复印件,2份);

(三)照片(近期2寸、正面、免冠、白底彩色,3张);

(四)学历证明(毕业证复印件,2份);

(五)健康证明(考核大纲对身体状况有特殊要求时,由医院出具本年度的体检报告,1份);

(六)安全教育和培训的证明(符合考核大纲规定的课时,用人单位或者有关专业培训机构提供,1份);

（七）实习证明（符合考核大纲要求，与申请项目一致，由用人单位或者有关专业培训机构提供，1份）。

申请人也可通过发证部门或者指定的考试机构的网上报名系统填报申请，并且附前款要求提交的资料的扫描文件（PDF 格式或者 JPG 格式）。

第十六条 考试机构应当在收到报名申请资料后 15 个工作日内，完成对申请资料的审查。

对符合要求的，通知申请人按时参加考试；对不符合要求的，通知申请人及时补正申请资料或者说明不符合要求的理由。

第十七条 考试机构应当根据相应考核大纲的要求组织命题。

第十八条 考试机构应当在举行考试之日 2 个月前将考试报名时间、考试项目、科目、考试地点、考试时间等具体考试计划等事项向社会公布。需要更改考试项目、科目、考试地点、考试时间的，应当提前 30 日公布，并且及时通知申请人。

考试工作要严格执行保密、监考等各项规章制度，保证其公开、公正、公平、规范，确保考试工作的质量。

第十九条 考试机构应当在考试结束后的 20 个工作日内，完成考试成绩的评定，并且告知申请人。

考试成绩有效期为 1 年。单项考试科目不合格者，1 年内允许申请补考 1 次。两项均不合格或者补考仍不合格者，应当重新申请考试。

第二十条 考试机构应当将《特种设备作业人员考核申请表》、考试试卷、操作技能考试记录、成绩汇总表、考场记录等存档，保存期至少 5 年。

第二十一条 考试合格的人员，由考试机构按照合格人员委托，在考试结束后的 10 个工作日内，向发证部门申请办理《作业人员证》。也可以由本人凭考试合格证明和本规则第十五条（一）、（二）、（三）、（四）所列资料（1 份）向发证部门申请办理《作业人员证》。

第二十二条 发证部门只能受理本辖区内经指定的考试机构考试合格的人员的申请，不得受理未经指定的考试机构考试或者考试不合格人员的申请。

第二十三条 发证部门接到申请后，应当在 5 个工作日内对申请材料进行审查，并且作出是否受理的决定；不予受理的，应当告知申请人在 20 日内补正申请资料。能够当场审查的，应当当场办理。

对同意受理的申请，发证部门应当在 20 个工作日内完成审核批准手续。准予发证的，在 10 个工作日内向申请人颁发《作业人员证》；不予发证的，应当书面说明理由。

第四章 复 审

第二十四条 持证人员应当在持证项目的有效期届满 3 个月前，自行或者委托考试机构向发证部门提出复审申请。

申请复审时，持证人员应当提交以下材料：

（一）《特种设备作业人员复审申请表》（见附件 B，1 份）；

（二）《作业人员证》（原件）；

（三）持证期间用人单位或者专业培训等机构出具的安全教育和培训证明（内容和学时等要求符合安全技术规范，1 份）；

（四）医院出具的本年度的体检报告（考核大纲对身体状况有特殊要求时，1 份）；

（五）持证期间用人单位出具的中断所从事持证项目的作业时间未超过 1 年的证明（有关安全技术规范另有规定的，从其规定）；

（六）持证期间用人单位出具的没有违章作业等不良记录证明（1 份）；

有关安全技术规范规定复审必须参加考试的，还应当提交相应的考试合格证明。

第二十五条 满足下列所有要求的，准予复审合格：

(一)复审申请提交的资料齐全、真实的;

(二)年龄 60 周岁以下(含 60 周岁);

(三)在持证期间中断所从事持证项目的作业时间未超过 1 年的(有关安全技术规范中另有规定的,从其规定);

(四)无违章作业等不良记录、未造成事故的;

(五)符合有关安全技术规范规定条件的;

(六)按照有关安全技术规范要求参加考试,考试成绩合格的。

第二十六条　跨发证部门地区从业的作业人员,可向原发证部门申请复审,也可向其用人单位所在地的发证部门申请复审。发证部门在办理复审时,应当登录"全国特种设备公示信息查询系统"进行查询,确定原证件的有效性;在此信息查询系统未查询到的,要求回原发证机关处理。

第二十七条　发证部门应当在 5 个工作日内对复审资料进行审核,或者告知申请人补正申请资料,并且做出是否受理的决定。能够当场受理的,应当场办理。

对同意受理的复审申请,发证部门应当在 20 个工作日内完成办理复审。合格的在《作业人员证》上签章;不合格的,应当书面说明理由。

发证部门应当将《特种设备作业人员复审申请表》及相关复审资料存档,保存期至少 5 年。

第二十八条　复审不合格的持证人员可以重新申请取证。逾期未申请复审或者复审不合格的,其《作业人员证》中的该项目失效,不得继续从事该项目作业。

第五章　附　　则

第二十九条　发证部门应当在发证或者复审合格后 20 个工作日内,将作业人员相关信息录入"全国特种设备公示信息查询系统"。

第三十条　《作业人员证》遗失或者损毁的,持证人员应当及时向发证部门挂失,并且在市级以上(含市级)质量技术监督部门的官方网公共信息栏目中发布遗失声明,或者登报声明原《作业人员证》作废。如果一个月内无其他用人单位提出异议,持证人员可以委托原考试机构向发证部门申请补发。查证属实的,由发证部门补办《作业人员证》。原持证项目有效期不变,补发的《作业人员证》上注明"此证补发"字样。

第三十一条　用人单位应当根据本规则的规定,结合本单位的实际情况,制定作业人员管理办法,建立作业人员档案,为作业人员申请领证和复审提供客观真实的证明资料。

第三十二条　《作业人员证》分为作业人员通用证和安全管理人员专用证两种格式,其具体样式见附件 C,证书印制由国家质检总局统一规定。

第三十三条　本规则由国家质检总局负责解释。

第三十四条　本规则自 2013 年 6 月 1 日起施行,《特种设备作业人员考核规则》(TSG Z6001—2005)同时废止。

附件 A

特种设备作业人员考核申请表

姓名		性别		（照片）
通信地址				
学历		邮政编码		
身份证号		联系电话		
申请考核 作业种类		申请考核作业 项目（代号）		
是否委托考试机构申请办理领证手续：□是　□否				
工作 简历				
安全 教育 培训 和 实习 情况				
相关 资料	□身份证明（复印件，2 份） □照片（近期 2 寸、正面、免冠、白底彩色照片，3 张） □学历证明（毕业证复印件，2 份） □安全教育和培训证明（1 份） □实习证明（1 份） □体检报告（1 份） □其他 　　　　　声明：本人对所填写的内容和所提交资料的真实性负责。 　　　　　　　　　　　申请人（签字）：　　　年　　月　　日			

注："安全教育和培训证明、实习证明"由用人单位、专业培训机构或者实习单位提供。

附件 B

特种设备作业人员复审申请表

姓名		性别		（照片）
通信地址				
学历		邮政编码		
身份证号		联系电话		
申请复审 作业种类		申请复审作业 项目（代号）		
证件编号		首次领证日期		
是否委托考试机构申请办理复审手续:□是 □否				
用人单位				
单位地址				
单位联系人		联系电话		
工作 简历				
安全 教育 和 培训 情况				
复审 资料	□《特种设备作业人员证》（原件） □持证期间安全教育和培训证明 □持证期间从事该持证项目的证明 □体检证明 □没有违章作业等不良记录的证明 □其他 声明:本人对所填写的内容和所提交资料的真实性负责。 申请人（签字）: 年 月 日			

注: "安全教育和培训证明"由用人单位或者专业培训机构出具，"没有违章作业等不良记录证明"由领证时（指首次复审）或者上次复审以来的用人单位出具。

附件 C

特种设备作业人员证(样式)

(特种设备作业人员通用)

	说　明
中华人民共和国 特　种　设　备 作 业 人 员 证	1. 本证件应当加盖发证的质量技术监督局钢印和指定考试机构公章后有效。 2. 证件编号为持证人身份证号,档案编号为考试机构保存的个人考试档案编号。 3. 各级质量技术监督部门发现无效证件有权予以扣留。除质量技术监督部门外,其他部门和单位无权扣留此证。
封面	封二

（近期 2 寸正面 免冠白底彩色 照片） 照片骑缝未压印 质量技术监督部 门钢印无效 姓　　名：_____ 证件编号：_____ 档案编号：_____ 发证机关：_____	考试机构公章　　考试机构公章 年　月　日　　　年　月　日 考试机构公章　　考试机构公章 年　月　日　　　年　月　日
第 1 页	第 2 页

考试合格项目

作业项目代号	批准日期	经办人章
	有效日期	

第 3 页～第 5 页

复审记录

复审合格项目代号： 有效期至： 经办人章 复审机关盖章	复审合格项目代号： 有效期至： 经办人章 复审机关盖章
复审合格项目代号： 有效期至： 经办人章 复审机关盖章	复审合格项目代号： 有效期至： 经办人章 复审机关盖章

第 6 页～第 8 页

聘用记录

用人单位	聘用项目代号	聘用起止日期	法定代表人

第 9 页～第 10 页

特种设备作业人员作业种类与项目

序号	作业项目	项目代号
1	特种设备安全管理负责人	A1
2	特种设备质量管理负责人	A2
3	锅炉压力容器压力管道安全管理	A3
4	电梯安全管理	A4
5	起重机械安全管理	A5
6	客运索道安全管理	A6
7	大型游乐设施安全管理	A7
8	场（厂）内专用机动车辆安全管理	A8
9	一级锅炉司炉	G1
10	二级锅炉司炉	G2
11	三级锅炉司炉	G3
12	一级锅炉水处理	G4
13	二级锅炉水处理	G5
14	锅炉能效作业	G6
15	固定式压力容器操作	R1
16	移动式压力容器充装	R2
17	氧舱维护保养	R3
18	永久气体气瓶充装	P1
19	液化气体气瓶充装	P2
20	溶解乙炔气瓶充装	P3
21	液化石油气瓶充装	P4
22	车用气瓶充装	P5
23	压力管道巡检维护	D1
24	带压封堵	D2
25	带压密封	D3
26	电梯机械安装维修	T1
27	电梯电气安装维修	T2
28	电梯司机	T3

第 11 页

特种设备作业人员作业种类与项目		
序号	作业项目	项目代号
29	起重机械安装维修	Q1
30	起重机械电气安装维修	Q2
31	起重机械指挥	Q3
32	桥门式起重机司机	Q4
33	塔式起重机司机	Q5
34	门座式起重机司机	Q6
35	缆索式起重机司机	Q7
36	流动式起重机司机	Q8
37	升降机司机	Q9
38	机械式停车设备司机	Q10
39	客运索道安装	S1
40	客运索道维修	S2
41	客运索道司机	S3
42	客运索道编索	S4
43	大型游乐设施安装	Y1
44	大型游乐设施维修	Y2
45	大型游乐设施操作	Y3
46	水上游乐设施操作与维修	Y4
47	车辆维修	N1
48	叉车司机	N2
49	搬运车牵引车推顶车司机	N3
50	内燃观光车司机	N4
51	蓄电池观光车司机	N5
52	安全阀校验	F1
53	安全阀维修	F2
54	焊接操作	按 TSG Z6002

第 12 页

注意事项

作业项目有效期为四年,有效期满前三个月,持证人应申请办理复审。需要考试后复审的,凭考试合格成绩向考试场所所在地发证机关申请复审。复审不需要考试的,向原发证机关或作业所在地发证机关申请复审。逾期未复审或复审不合格,此证失效。

封三

（特种设备安全管理人员专用）

中华人民共和国

特 种 设 备

安

全

管

理

人

员

证

（封面）

注 C:特种设备作业人员证件,其封面分为作业人员证和安全管理人员证,其封二、三和第 1 页~第 12 页均相同。封面为作业人员证的,是作为特种设备作业人员的通用证件,其颜色为绿色;封面为安全管理人员证的,是作为特种设备安全管理人员专用的证件,其颜色为褚色。

第四部分
国家有关安全生产法规

中华人民共和国安全生产法[*]

(2002 年 6 月 29 日第九届全国人民代表大会常务委员会第二十八次会议通过　根据 2009 年 8 月 27 日第十一届全国人民代表大会常务委员会第十次会议关于《关于修改部分法律的决定》第一次修正　根据 2014 年 8 月 31 日第十二届全国人民代表大会常务委员会第十次会议《关于修改〈中华人民共和国安全生产法〉的决定》第二次修正)

第一章　总　则

第一条　为了加强安全生产工作,防止和减少生产安全事故,保障人民群众生命和财产安全,促进经济社会持续健康发展,制定本法。

第二条　在中华人民共和国领域内从事生产经营活动的单位(以下统称生产经营单位)的安全生产,适用本法;有关法律、行政法规对消防安全和道路交通安全、铁路交通安全、水上交通安全、民用航空安全以及核与辐射安全、特种设备安全另有规定的,适用其规定。

第三条　安全生产工作应当以人为本,坚持安全发展,坚持安全第一、预防为主、综合治理的方针,强化和落实生产经营单位的主体责任,建立生产经营单位负责、职工参与、政府监管、行业自律和社会监督的机制。

第四条　生产经营单位必须遵守本法和其他有关安全生产的法律、法规,加强安全生产管理,建立、健全安全生产责任制和安全生产规章制度,改善安全生产条件,推进安全生产标准化建设,提高安全生产水平,确保安全生产。

第五条　生产经营单位的主要负责人对本单位的安全生产工作全面负责。

第六条　生产经营单位的从业人员有依法获得安全生产保障的权利,并应当依法履行安全生产方面的义务。

第七条　工会依法对安全生产工作进行监督。

生产经营单位的工会依法组织职工参加本单位安全生产工作的民主管理和民主监督,维护职工在安全生产方面的合法权益。生产经营单位制定或者修改有关安全生产的规章 制度,应当听取工会的意见。

第八条　国务院和县级以上地方各级人民政府应当根据国民经济和社会发展规划制定安全生产规划,并组织实施。安全生产规划应当与城乡规划相衔接。

国务院和县级以上地方各级人民政府应当加强对安全生产工作的领导,支持、督促各有关部门依法履行安全生产监督管理职责,建立健全安全生产工作协调机制,及时协调、解决安全生产监督管理中存在的重大问题。

乡、镇人民政府以及街道办事处、开发区管理机构等地方人民政府的派出机关应当按照职责,加强

---

[*]　注:中华人民共和国主席令第十三号

对本行政区域内生产经营单位安全生产状况的监督检查,协助上级人民政府有关部门依法履行安全生产监督管理职责。

第九条 国务院安全生产监督管理部门依照本法,对全国安全生产工作实施综合监督管理;县级以上地方各级人民政府安全生产监督管理部门依照本法,对本行政区域内安全生产工作实施综合监督管理。

国务院有关部门依照本法和其他有关法律、行政法规的规定,在各自的职责范围内对有关行业、领域的安全生产工作实施监督管理;县级以上地方各级人民政府有关部门依照本法和其他有关法律、法规的规定,在各自的职责范围内对有关行业、领域的安全生产工作实施监督管理。

安全生产监督管理部门和对有关行业、领域的安全生产工作实施监督管理的部门,统称负有安全生产监督管理职责的部门。

第十条 国务院有关部门应当按照保障安全生产的要求,依法及时制定有关的国家标准或者行业标准,并根据科技进步和经济发展适时修订。

生产经营单位必须执行依法制定的保障安全生产的国家标准或者行业标准。

第十一条 各级人民政府及其有关部门应当采取多种形式,加强对有关安全生产的法律、法规和安全生产知识的宣传,增强全社会的安全生产意识。

第十二条 有关协会组织依照法律、行政法规和章程,为生产经营单位提供安全生产方面的信息、培训等服务,发挥自律作用,促进生产经营单位加强安全生产管理。

第十三条 依法设立的为安全生产提供技术、管理服务的机构,依照法律、行政法规和执业准则,接受生产经营单位的委托为其安全生产工作提供技术、管理服务。

生产经营单位委托前款规定的机构提供安全生产技术、管理服务的,保证安全生产的责任仍由本单位负责。

第十四条 国家实行生产安全事故责任追究制度,依照本法和有关法律、法规的规定,追究生产安全事故责任人员的法律责任。

第十五条 国家鼓励和支持安全生产科学技术研究和安全生产先进技术的推广应用,提高安全生产水平。

第十六条 国家对在改善安全生产条件、防止生产安全事故、参加抢险救护等方面取得显著成绩的单位和个人,给予奖励。

第二章 生产经营单位的安全生产保障

第十七条 生产经营单位应当具备本法和有关法律、行政法规和国家标准或者行业标准规定的安全生产条件;不具备安全生产条件的,不得从事生产经营活动。

第十八条 生产经营单位的主要负责人对本单位安全生产工作负有下列职责:

(一)建立、健全本单位安全生产责任制;

(二)组织制定本单位安全生产规章 制度和操作规程;

(三)组织制定并实施本单位安全生产教育和培训计划;

(四)保证本单位安全生产投入的有效实施;

(五)督促、检查本单位的安全生产工作,及时消除生产安全事故隐患;

(六)组织制定并实施本单位的生产安全事故应急救援预案;

(七)及时、如实报告生产安全事故。

第十九条 生产经营单位的安全生产责任制应当明确各岗位的责任人员、责任范围和考核标准等内容。

生产经营单位应当建立相应的机制,加强对安全生产责任制落实情况的监督考核,保证安全生产责任制的落实。

第二十条 生产经营单位应当具备的安全生产条件所必需的资金投入,由生产经营单位的决策机构、主要负责人或者个人经营的投资人予以保证,并对由于安全生产所必需的资金投入不足导致的后果承担责任。

有关生产经营单位应当按照规定提取和使用安全生产费用,专门用于改善安全生产条件。安全生产费用在成本中据实列支。安全生产费用提取、使用和监督管理的具体办法由国务院财政部门会同国务院安全生产监督管理部门征求国务院有关部门意见后制定。

第二十一条 矿山、金属冶炼、建筑施工、道路运输单位和危险物品的生产、经营、储存单位,应当设置安全生产管理机构或者配备专职安全生产管理人员。

前款规定以外的其他生产经营单位,从业人员超过一百人的,应当设置安全生产管理机构或者配备专职安全生产管理人员;从业人员在一百人以下的,应当配备专职或者兼职的安全生产管理人员。

第二十二条 生产经营单位的安全生产管理机构以及安全生产管理人员履行下列职责:

(一)组织或者参与拟订本单位安全生产规章 制度、操作规程和生产安全事故应急救援预案;

(二)组织或者参与本单位安全生产教育和培训,如实记录安全生产教育和培训情况;

(三)督促落实本单位重大危险源的安全管理措施;

(四)组织或者参与本单位应急救援演练;

(五)检查本单位的安全生产状况,及时排查生产安全事故隐患,提出改进安全生产管理的建议;

(六)制止和纠正违章指挥、强令冒险作业、违反操作规程的行为;

(七)督促落实本单位安全生产整改措施。

第二十三条 生产经营单位的安全生产管理机构以及安全生产管理人员应当恪尽职守,依法履行职责。

生产经营单位做出涉及安全生产的经营决策,应当听取安全生产管理机构以及安全生产管理人员的意见。

生产经营单位不得因安全生产管理人员依法履行职责而降低其工资、福利等待遇或者解除与其订立的劳动合同。

危险物品的生产、储存单位以及矿山、金属冶炼单位的安全生产管理人员的任免,应当告知主管的负有安全生产监督管理职责的部门。

第二十四条 生产经营单位的主要负责人和安全生产管理人员必须具备与本单位所从事的生产经营活动相应的安全生产知识和管理能力。

危险物品的生产、经营、储存单位以及矿山、金属冶炼、建筑施工、道路运输单位的主要负责人和安全生产管理人员,应当由主管的负有安全生产监督管理职责的部门对其安全生产知识和管理能力考核合格。考核不得收费。

危险物品的生产、储存单位以及矿山、金属冶炼单位应当有注册安全工程师从事安全生产管理工作。鼓励其他生产经营单位聘用注册安全工程师从事安全生产管理工作。注册安全工程师按专业分类管理,具体办法由国务院人力资源和社会保障部门、国务院安全生产监督管理部门会同国务院有关部门制定。

第二十五条 生产经营单位应当对从业人员进行安全生产教育和培训,保证从业人员具备必要的安全生产知识,熟悉有关的安全生产规章 制度和安全操作规程,掌握本岗位的安全操作技能,了解事故应急处理措施,知悉自身在安全生产方面的权利和义务。未经安全生产教育和培训合格的从业人员,不得上岗作业。

生产经营单位使用被派遣劳动者的,应当将被派遣劳动者纳入本单位从业人员统一管理,对被派遣劳动者进行岗位安全操作规程和安全操作技能的教育和培训。劳务派遣单位应当对被派遣劳动者进行必要的安全生产教育和培训。

生产经营单位接收中等职业学校、高等学校学生实习的,应当对实习学生进行相应的安全生产教育和培训,提供必要的劳动防护用品。学校应当协助生产经营单位对实习学生进行安全生产教育和培训。

生产经营单位应当建立安全生产教育和培训档案,如实记录安全生产教育和培训的时间、内容、参加人员以及考核结果等情况。

第二十六条　生产经营单位采用新工艺、新技术、新材料或者使用新设备,必须了解、掌握其安全技术特性,采取有效的安全防护措施,并对从业人员进行专门的安全生产教育和培训。

第二十七条　生产经营单位的特种作业人员必须按照国家有关规定经专门的安全作业培训,取得相应资格,方可上岗作业。

特种作业人员的范围由国务院安全生产监督管理部门会同国务院有关部门确定。

第二十八条　生产经营单位新建、改建、扩建工程项目(以下统称建设项目)的安全设施,必须与主体工程同时设计、同时施工、同时投入生产和使用。安全设施投资应当纳入建设项目概算。

第二十九条　矿山、金属冶炼建设项目和用于生产、储存、装卸危险物品的建设项目,应当按照国家有关规定进行安全评价。

第三十条　建设项目安全设施的设计人、设计单位应当对安全设施设计负责。

矿山、金属冶炼建设项目和用于生产、储存、装卸危险物品的建设项目的安全设施设计应当按照国家有关规定报经有关部门审查,审查部门及其负责审查的人员对审查结果负责。

第三十一条　矿山、金属冶炼建设项目和用于生产、储存、装卸危险物品的建设项目的施工单位必须按照批准的安全设施设计施工,并对安全设施的工程质量负责。

矿山、金属冶炼建设项目和用于生产、储存危险物品的建设项目竣工投入生产或者使用前,应当由建设单位负责组织对安全设施进行验收;验收合格后,方可投入生产和使用。安全生产监督管理部门应当加强对建设单位验收活动和验收结果的监督核查。

第三十二条　生产经营单位应当在有较大危险因素的生产经营场所和有关设施、设备上,设置明显的安全警示标志。

第三十三条　安全设备的设计、制造、安装、使用、检测、维修、改造和报废,应当符合国家标准或者行业标准。

生产经营单位必须对安全设备进行经常性维护、保养,并定期检测,保证正常运转。维护、保养、检测应当做好记录,并由有关人员签字。

第三十四条　生产经营单位使用的危险物品的容器、运输工具,以及涉及人身安全、危险性较大的海洋石油开采特种设备和矿山井下特种设备,必须按照国家有关规定,由专业生产单位生产,并经具有专业资质的检测、检验机构检测、检验合格,取得安全使用证或者安全标志,方可投入使用。检测、检验机构对检测、检验结果负责。

第三十五条　国家对严重危及生产安全的工艺、设备实行淘汰制度,具体目录由国务院安全生产监督管理部门会同国务院有关部门制定并公布。法律、行政法规对目录的制定另有规定的,适用其规定。

省、自治区、直辖市人民政府可以根据本地区实际情况制定并公布具体目录,对前款规定以外的危及生产安全的工艺、设备予以淘汰。

生产经营单位不得使用应当淘汰的危及生产安全的工艺、设备。

第三十六条　生产、经营、运输、储存、使用危险物品或者处置废弃危险物品的,由有关主管部门依照有关法律、法规的规定和国家标准或者行业标准审批并实施监督管理。

生产经营单位生产、经营、运输、储存、使用危险物品或者处置废弃危险物品,必须执行有关法律、法规和国家标准或者行业标准,建立专门的安全管理制度,采取可靠的安全措施,接受有关主管部门依法实施的监督管理。

第三十七条　生产经营单位对重大危险源应当登记建档,进行定期检测、评估、监控,并制定应急预案,告知从业人员和相关人员在紧急情况下应当采取的应急措施。

生产经营单位应当按照国家有关规定将本单位重大危险源及有关安全措施、应急措施报有关地方人民政府安全生产监督管理部门和有关部门备案。

第三十八条　生产经营单位应当建立健全生产安全事故隐患排查治理制度,采取技术、管理措施,及时发现并消除事故隐患。事故隐患排查治理情况应当如实记录,并向从业人员通报。

县级以上地方各级人民政府负有安全生产监督管理职责的部门应当建立健全重大事故隐患治理督办制度,督促生产经营单位消除重大事故隐患。

第三十九条　生产、经营、储存、使用危险物品的车间、商店、仓库不得与员工宿舍在同一座建筑物内,并应当与员工宿舍保持安全距离。

生产经营场所和员工宿舍应当设有符合紧急疏散要求、标志明显、保持畅通的出口。禁止锁闭、封堵生产经营场所或者员工宿舍的出口。

第四十条　生产经营单位进行爆破、吊装以及国务院安全生产监督管理部门会同国务院有关部门规定的其他危险作业,应当安排专门人员进行现场安全管理,确保操作规程的遵守和安全措施的落实。

第四十一条　生产经营单位应当教育和督促从业人员严格执行本单位的安全生产规章 制度和安全操作规程;并向从业人员如实告知作业场所和工作岗位存在的危险因素、防范措施以及事故应急措施。

第四十二条　生产经营单位必须为从业人员提供符合国家标准或者行业标准的劳动防护用品,并监督、教育从业人员按照使用规则佩戴、使用。

第四十三条　生产经营单位的安全生产管理人员应当根据本单位的生产经营特点,对安全生产状况进行经常性检查;对检查中发现的安全问题,应当立即处理;不能处理的,应当及时报告本单位有关负责人,有关负责人应当及时处理。检查及处理情况应当如实记录在案。

生产经营单位的安全生产管理人员在检查中发现重大事故隐患,依照前款规定向本单位有关负责人报告,有关负责人不及时处理的,安全生产管理人员可以向主管的负有安全生产监督管理职责的部门报告,接到报告的部门应当依法及时处理。

第四十四条　生产经营单位应当安排用于配备劳动防护用品、进行安全生产培训的经费。

第四十五条　两个以上生产经营单位在同一作业区域内进行生产经营活动,可能危及对方生产安全的,应当签订安全生产管理协议,明确各自的安全生产管理职责和应当采取的安全措施,并指定专职安全生产管理人员进行安全检查与协调。

第四十六条　生产经营单位不得将生产经营项目、场所、设备发包或者出租给不具备安全生产条件或者相应资质的单位或者个人。

生产经营项目、场所发包或者出租给其他单位的,生产经营单位应当与承包单位、承租单位签订专门的安全生产管理协议,或者在承包合同、租赁合同中约定各自的安全生产管理职责;生产经营单位对承包单位、承租单位的安全生产工作统一协调、管理,定期进行安全检查,发现安全问题的,应当及时督促整改。

第四十七条　生产经营单位发生生产安全事故时,单位的主要负责人应当立即组织抢救,并不得在事故调查处理期间擅离职守。

第四十八条　生产经营单位必须依法参加工伤保险,为从业人员缴纳保险费。

国家鼓励生产经营单位投保安全生产责任保险。

第三章　从业人员的安全生产权利义务

第四十九条　生产经营单位与从业人员订立的劳动合同,应当载明有关保障从业人员劳动安全、防止职业危害的事项,以及依法为从业人员办理工伤保险的事项。

生产经营单位不得以任何形式与从业人员订立协议,免除或者减轻其对从业人员因生产安全事故伤亡依法应承担的责任。

第五十条 生产经营单位的从业人员有权了解其作业场所和工作岗位存在的危险因素、防范措施及事故应急措施,有权对本单位的安全生产工作提出建议。

第五十一条 从业人员有权对本单位安全生产工作中存在的问题提出批评、检举、控告;有权拒绝违章指挥和强令冒险作业。

生产经营单位不得因从业人员对本单位安全生产工作提出批评、检举、控告或者拒绝违章 指挥、强令冒险作业而降低其工资、福利等待遇或者解除与其订立的劳动合同。

第五十二条 从业人员发现直接危及人身安全的紧急情况时,有权停止作业或者在采取可能的应急措施后撤离作业场所。

生产经营单位不得因从业人员在前款紧急情况下停止作业或者采取紧急撤离措施而降低其工资、福利等待遇或者解除与其订立的劳动合同。

第五十三条 因生产安全事故受到损害的从业人员,除依法享有工伤保险外,依照有关民事法律尚有获得赔偿的权利的,有权向本单位提出赔偿要求。

第五十四条 从业人员在作业过程中,应当严格遵守本单位的安全生产规章 制度和操作规程,服从管理,正确佩戴和使用劳动防护用品。

第五十五条 从业人员应当接受安全生产教育和培训,掌握本职工作所需的安全生产知识,提高安全生产技能,增强事故预防和应急处理能力。

第五十六条 从业人员发现事故隐患或者其他不安全因素,应当立即向现场安全生产管理人员或者本单位负责人报告;接到报告的人员应当及时予以处理。

第五十七条 工会有权对建设项目的安全设施与主体工程同时设计、同时施工、同时投入生产和使用进行监督,提出意见。

工会对生产经营单位违反安全生产法律、法规,侵犯从业人员合法权益的行为,有权要求纠正;发现生产经营单位违章 指挥、强令冒险作业或者发现事故隐患时,有权提出解决的建议,生产经营单位应当及时研究答复;发现危及从业人员生命安全的情况时,有权向生产经营单位建议组织从业人员撤离危险场所,生产经营单位必须立即做出处理。

工会有权依法参加事故调查,向有关部门提出处理意见,并要求追究有关人员的责任。

第五十八条 生产经营单位使用被派遣劳动者的,被派遣劳动者享有本法规定的从业人员的权利,并应当履行本法规定的从业人员的义务。

第四章 安全生产的监督管理

第五十九条 县级以上地方各级人民政府应当根据本行政区域内的安全生产状况,组织有关部门按照职责分工,对本行政区域内容易发生重大生产安全事故的生产经营单位进行严格检查。

安全生产监督管理部门应当按照分类分级监督管理的要求,制定安全生产年度监督检查计划,并按照年度监督检查计划进行监督检查,发现事故隐患,应当及时处理。

第六十条 负有安全生产监督管理职责的部门依照有关法律、法规的规定,对涉及安全生产的事项需要审查批准(包括批准、核准、许可、注册、认证、颁发证照等,下同)或者验收的,必须严格依照有关法律、法规和国家标准或者行业标准规定的安全生产条 件和程序进行审查;不符合有关法律、法规和国家标准或者行业标准规定的安全生产条 件的,不得批准或者验收通过。对未依法取得批准或者验收合格的单位擅自从事有关活动,负责行政审批的部门发现或者接到举报后应当立即予以取缔,并依法予以处理。对已经依法取得批准的单位,负责行政审批的部门发现其不再具备安全生产条 件的,应当撤销原批准。

第六十一条 负有安全生产监督管理职责的部门对涉及安全生产的事项进行审查、验收,不得收取费用;不得要求接受审查、验收的单位购买其指定品牌或者指定生产、销售单位的安全设备、器材或者其他产品。

第六十二条　安全生产监督管理部门和其他负有安全生产监督管理职责的部门依法开展安全生产行政执法工作,对生产经营单位执行有关安全生产的法律、法规和国家标准或者行业标准的情况进行监督检查,行使以下职权:

(一)进入生产经营单位进行检查,调阅有关资料,向有关单位和人员了解情况;

(二)对检查中发现的安全生产违法行为,当场予以纠正或者要求限期改正;对依法应当给予行政处罚的行为,依照本法和其他有关法律、行政法规的规定作出行政处罚决定;

(三)对检查中发现的事故隐患,应当责令立即排除;重大事故隐患排除前或者排除过程中无法保证安全的,应当责令从危险区域内撤出作业人员,责令暂时停产停业或者停止使用相关设施、设备;重大事故隐患排除后,经审查同意,方可恢复生产经营和使用;

(四)对有根据认为不符合保障安全生产的国家标准或者行业标准的设施、设备、器材以及违法生产、储存、使用、经营、运输的危险物品予以查封或者扣押,对违法生产、储存、使用、经营危险物品的作业场所予以查封,并依法做出处理决定。

监督检查不得影响被检查单位的正常生产经营活动。

第六十三条　生产经营单位对负有安全生产监督管理职责的部门的监督检查人员(以下统称安全生产监督检查人员)依法履行监督检查职责,应当予以配合,不得拒绝、阻挠。

第六十四条　安全生产监督检查人员应当忠于职守,坚持原则,秉公执法。

安全生产监督检查人员执行监督检查任务时,必须出示有效的监督执法证件;对涉及被检查单位的技术秘密和业务秘密,应当为其保密。

第六十五条　安全生产监督检查人员应当将检查的时间、地点、内容、发现的问题及其处理情况,做出书面记录,并由检查人员和被检查单位的负责人签字;被检查单位的负责人拒绝签字的,检查人员应当将情况记录在案,并向负有安全生产监督管理职责的部门报告。

第六十六条　负有安全生产监督管理职责的部门在监督检查中,应当互相配合,实行联合检查;确需分别进行检查的,应当互通情况,发现存在的安全问题应当由其他有关部门进行处理的,应当及时移送其他有关部门并形成记录备查,接受移送的部门应当及时进行处理。

第六十七条　负有安全生产监督管理职责的部门依法对存在重大事故隐患的生产经营单位做出停产停业、停止施工、停止使用相关设施或者设备的决定,生产经营单位应当依法执行,及时消除事故隐患。生产经营单位拒不执行,有发生生产安全事故的现实危险的,在保证安全的前提下,经本部门主要负责人批准,负有安全生产监督管理职责的部门可以采取通知有关单位停止供电、停止供应民用爆炸物品等措施,强制生产经营单位履行决定。通知应当采用书面形式,有关单位应当予以配合。

负有安全生产监督管理职责的部门依照前款规定采取停止供电措施,除有危及生产安全的紧急情形外,应当提前二十四小时通知生产经营单位。生产经营单位依法履行行政决定、采取相应措施消除事故隐患的,负有安全生产监督管理职责的部门应当及时解除前款规定的措施。

第六十八条　监察机关依照行政监察法的规定,对负有安全生产监督管理职责的部门及其工作人员履行安全生产监督管理职责实施监察。

第六十九条　承担安全评价、认证、检测、检验的机构应当具备国家规定的资质条件,并对其做出的安全评价、认证、检测、检验的结果负责。

第七十条　负有安全生产监督管理职责的部门应当建立举报制度,公开举报电话、信箱或者电子邮件地址,受理有关安全生产的举报;受理的举报事项经调查核实后,应当形成书面材料;需要落实整改措施的,报经有关负责人签字并督促落实。

第七十一条　任何单位或者个人对事故隐患或者安全生产违法行为,均有权向负有安全生产监督管理职责的部门报告或者举报。

第七十二条　居民委员会、村民委员会发现其所在区域内的生产经营单位存在事故隐患或者安全生产违法行为时,应当向当地人民政府或者有关部门报告。

第七十三条　县级以上各级人民政府及其有关部门对报告重大事故隐患或者举报安全生产违法行为的有功人员,给予奖励。具体奖励办法由国务院安全生产监督管理部门会同国务院财政部门制定。

第七十四条　新闻、出版、广播、电影、电视等单位有进行安全生产公益宣传教育的义务,有对违反安全生产法律、法规的行为进行舆论监督的权利。

第七十五条　负有安全生产监督管理职责的部门应当建立安全生产违法行为信息库,如实记录生产经营单位的安全生产违法行为信息;对违法行为情节严重的生产经营单位,应当向社会公告,并通报行业主管部门、投资主管部门、国土资源主管部门、证券监督管理机构以及有关金融机构。

第五章　生产安全事故的应急救援与调查处理

第七十六条　国家加强生产安全事故应急能力建设,在重点行业、领域建立应急救援基地和应急救援队伍,鼓励生产经营单位和其他社会力量建立应急救援队伍,配备相应的应急救援装备和物资,提高应急救援的专业化水平。

国务院安全生产监督管理部门建立全国统一的生产安全事故应急救援信息系统,国务院有关部门建立健全相关行业、领域的生产安全事故应急救援信息系统。

第七十七条　县级以上地方各级人民政府应当组织有关部门制定本行政区域内生产安全事故应急救援预案,建立应急救援体系。

第七十八条　生产经营单位应当制定本单位生产安全事故应急救援预案,与所在地县级以上地方人民政府组织制定的生产安全事故应急救援预案相衔接,并定期组织演练。

第七十九条　危险物品的生产、经营、储存单位以及矿山、金属冶炼、城市轨道交通运营、建筑施工单位应当建立应急救援组织;生产经营规模较小的,可以不建立应急救援组织,但应当指定兼职的应急救援人员。

危险物品的生产、经营、储存、运输单位以及矿山、金属冶炼、城市轨道交通运营、建筑施工单位应当配备必要的应急救援器材、设备和物资,并进行经常性维护、保养,保证正常运转。

第八十条　生产经营单位发生生产安全事故后,事故现场有关人员应当立即报告本单位负责人。

单位负责人接到事故报告后,应当迅速采取有效措施,组织抢救,防止事故扩大,减少人员伤亡和财产损失,并按照国家有关规定立即如实报告当地负有安全生产监督管理职责的部门,不得隐瞒不报、谎报或者迟报,不得故意破坏事故现场、毁灭有关证据。

第八十一条　负有安全生产监督管理职责的部门接到事故报告后,应当立即按照国家有关规定上报事故情况。负有安全生产监督管理职责的部门和有关地方人民政府对事故情况不得隐瞒不报、谎报或者迟报。

第八十二条　有关地方人民政府和负有安全生产监督管理职责的部门的负责人接到生产安全事故报告后,应当按照生产安全事故应急救援预案的要求立即赶到事故现场,组织事故抢救。

参与事故抢救的部门和单位应当服从统一指挥,加强协同联动,采取有效的应急救援措施,并根据事故救援的需要采取警戒、疏散等措施,防止事故扩大和次生灾害的发生,减少人员伤亡和财产损失。

事故抢救过程中应当采取必要措施,避免或者减少对环境造成的危害。

任何单位和个人都应当支持、配合事故抢救,并提供一切便利条件。

第八十三条　事故调查处理应当按照科学严谨、依法依规、实事求是、注重实效的原则,及时、准确地查清事故原因,查明事故性质和责任,总结事故教训,提出整改措施,并对事故责任者提出处理意见。事故调查报告应当依法及时向社会公布。事故调查和处理的具体办法由国务院制定。

事故发生单位应当及时全面落实整改措施,负有安全生产监督管理职责的部门应当加强监督检查。

第八十四条　生产经营单位发生生产安全事故,经调查确定为责任事故的,除了应当查明事故单位的责任并依法予以追究外,还应当查明对安全生产的有关事项负有审查批准和监督职责的行政部门的责任,对有失职、渎职行为的,依照本法第八十七条 的规定追究法律责任。

第八十五条　任何单位和个人不得阻挠和干涉对事故的依法调查处理。

第八十六条　县级以上地方各级人民政府安全生产监督管理部门应当定期统计分析本行政区域内发生生产安全事故的情况,并定期向社会公布。

第六章　法律责任

第八十七条　负有安全生产监督管理职责的部门的工作人员,有下列行为之一的,给予降级或者撤职的处分;构成犯罪的,依照刑法有关规定追究刑事责任:

（一）对不符合法定安全生产条件的涉及安全生产的事项予以批准或者验收通过的;

（二）发现未依法取得批准、验收的单位擅自从事有关活动或者接到举报后不予取缔或者不依法予以处理的;

（三）对已经依法取得批准的单位不履行监督管理职责,发现其不再具备安全生产条件而不撤销原批准或者发现安全生产违法行为不予查处的;

（四）在监督检查中发现重大事故隐患,不依法及时处理的。

负有安全生产监督管理职责的部门的工作人员有前款规定以外的滥用职权、玩忽职守、徇私舞弊行为的,依法给予处分;构成犯罪的,依照刑法有关规定追究刑事责任。

第八十八条　负有安全生产监督管理职责的部门,要求被审查、验收的单位购买其指定的安全设备、器材或者其他产品的,在对安全生产事项的审查、验收中收取费用的,由其上级机关或者监察机关责令改正,责令退还收取的费用;情节严重的,对直接负责的主管人员和其他直接责任人员依法给予处分。

第八十九条　承担安全评价、认证、检测、检验工作的机构,出具虚假证明的,没收违法所得;违法所得在十万元以上的,并处违法所得二倍以上五倍以下的罚款;没有违法所得或者违法所得不足十万元的,单处或者并处十万元以上二十万元以下的罚款;对其直接负责的主管人员和其他直接责任人员处二万元以上五万元以下的罚款;给他人造成损害的,与生产经营单位承担连带赔偿责任;构成犯罪的,依照刑法有关规定追究刑事责任。

对有前款违法行为的机构,吊销其相应资质。

第九十条　生产经营单位的决策机构、主要负责人或者个人经营的投资人不依照本法规定保证安全生产所必需的资金投入,致使生产经营单位不具备安全生产条件的,责令限期改正,提供必需的资金;逾期未改正的,责令生产经营单位停产停业整顿。

有前款违法行为,导致发生生产安全事故的,对生产经营单位的主要负责人给予撤职处分,对个人经营的投资人处二万元以上二十万元以下的罚款;构成犯罪的,依照刑法有关规定追究刑事责任。

第九十一条　生产经营单位的主要负责人未履行本法规定的安全生产管理职责的,责令限期改正;逾期未改正的,处二万元以上五万元以下的罚款,责令生产经营单位停产停业整顿。

生产经营单位的主要负责人有前款违法行为,导致发生生产安全事故的,给予撤职处分;构成犯罪的,依照刑法有关规定追究刑事责任。

生产经营单位的主要负责人依照前款规定受刑事处罚或者撤职处分的,自刑罚执行完毕或者受处分之日起,五年内不得担任任何生产经营单位的主要负责人;对重大、特别重大生产安全事故负有责任的,终身不得担任本行业生产经营单位的主要负责人。

第九十二条　生产经营单位的主要负责人未履行本法规定的安全生产管理职责,导致发生生产安全事故的,由安全生产监督管理部门依照下列规定处以罚款:

（一）发生一般事故的,处上一年年收入百分之三十的罚款;

（二）发生较大事故的，处上一年年收入百分之四十的罚款；

（三）发生重大事故的，处上一年年收入百分之六十的罚款；

（四）发生特别重大事故的，处上一年年收入百分之八十的罚款。

第九十三条 生产经营单位的安全生产管理人员未履行本法规定的安全生产管理职责的，责令限期改正；导致发生生产安全事故的，暂停或者撤销其与安全生产有关的资格；构成犯罪的，依照刑法有关规定追究刑事责任。

第九十四条 生产经营单位有下列行为之一的，责令限期改正，可以处五万元以下的罚款；逾期未改正的，责令停产停业整顿，并处五万元以上十万元以下的罚款，对其直接负责的主管人员和其他直接责任人员处一万元以上二万元以下的罚款：

（一）未按照规定设置安全生产管理机构或者配备安全生产管理人员的；

（二）危险物品的生产、经营、储存单位以及矿山、金属冶炼、建筑施工、道路运输单位的主要负责人和安全生产管理人员未按照规定经考核合格的；

（三）未按照规定对从业人员、被派遣劳动者、实习学生进行安全生产教育和培训，或者未按照规定如实告知有关的安全生产事项的；

（四）未如实记录安全生产教育和培训情况的；

（五）未将事故隐患排查治理情况如实记录或者未向从业人员通报的；

（六）未按照规定制定生产安全事故应急救援预案或者未定期组织演练的；

（七）特种作业人员未按照规定经专门的安全作业培训并取得相应资格，上岗作业的。

第九十五条 生产经营单位有下列行为之一的，责令停止建设或者停产停业整顿，限期改正；逾期未改正的，处五十万元以上一百万元以下的罚款，对其直接负责的主管人员和其他直接责任人员处二万元以上五万元以下的罚款；构成犯罪的，依照刑法有关规定追究刑事责任：

（一）未按照规定对矿山、金属冶炼建设项目或者用于生产、储存、装卸危险物品的建设项目进行安全评价的；

（二）矿山、金属冶炼建设项目或者用于生产、储存、装卸危险物品的建设项目没有安全设施设计或者安全设施设计未按照规定报经有关部门审查同意的；

（三）矿山、金属冶炼建设项目或者用于生产、储存、装卸危险物品的建设项目的施工单位未按照批准的安全设施设计施工的；

（四）矿山、金属冶炼建设项目或者用于生产、储存危险物品的建设项目竣工投入生产或者使用前，安全设施未经验收合格的。

第九十六条 生产经营单位有下列行为之一的，责令限期改正，可以处五万元以下的罚款；逾期未改正的，处五万元以上二十万元以下的罚款，对其直接负责的主管人员和其他直接责任人员处一万元以上二万元以下的罚款；情节严重的，责令停产停业整顿；构成犯罪的，依照刑法有关规定追究刑事责任：

（一）未在有较大危险因素的生产经营场所和有关设施、设备上设置明显的安全警示标志的；

（二）安全设备的安装、使用、检测、改造和报废不符合国家标准或者行业标准的；

（三）未对安全设备进行经常性维护、保养和定期检测的；

（四）未为从业人员提供符合国家标准或者行业标准的劳动防护用品的；

（五）危险物品的容器、运输工具，以及涉及人身安全、危险性较大的海洋石油开采特种设备和矿山井下特种设备未经具有专业资质的机构检测、检验合格，取得安全使用证或者安全标志，投入使用的；

（六）使用应当淘汰的危及生产安全的工艺、设备的。

第九十七条 未经依法批准，擅自生产、经营、运输、储存、使用危险物品或者处置废弃危险物品的，依照有关危险物品安全管理的法律、行政法规的规定予以处罚；构成犯罪的，依照刑法有关规定追究刑事责任。

第九十八条 生产经营单位有下列行为之一的，责令限期改正，可以处十万元以下的罚款；逾期未改正的,责令停产停业整顿,并处十万元以上二十万元以下的罚款,对其直接负责的主管人员和其他直接责任人员处二万元以上五万元以下的罚款;构成犯罪的,依照刑法有关规定追究刑事责任:

(一)生产、经营、运输、储存、使用危险物品或者处置废弃危险物品,未建立专门安全管理制度、未采取可靠的安全措施的;

(二)对重大危险源未登记建档,或者未进行评估、监控,或者未制定应急预案的;

(三)进行爆破、吊装以及国务院安全生产监督管理部门会同国务院有关部门规定的其他危险作业,未安排专门人员进行现场安全管理的;

(四)未建立事故隐患排查治理制度的。

第九十九条 生产经营单位未采取措施消除事故隐患的,责令立即消除或者限期消除;生产经营单位拒不执行的,责令停产停业整顿,并处十万元以上五十万元以下的罚款,对其直接负责的主管人员和其他直接责任人员处二万元以上五万元以下的罚款。

第一百条 生产经营单位将生产经营项目、场所、设备发包或者出租给不具备安全生产条件或者相应资质的单位或者个人的,责令限期改正,没收违法所得;违法所得十万元以上的,并处违法所得二倍以上五倍以下的罚款;没有违法所得或者违法所得不足十万元的,单处或者并处十万元以上二十万元以下的罚款;对其直接负责的主管人员和其他直接责任人员处一万元以上二万元以下的罚款;导致发生生产安全事故给他人造成损害的,与承包方、承租方承担连带赔偿责任。

生产经营单位未与承包单位、承租单位签订专门的安全生产管理协议或者未在承包合同、租赁合同中明确各自的安全生产管理职责,或者未对承包单位、承租单位的安全生产统一协调、管理的,责令限期改正,可以处五万元以下的罚款,对其直接负责的主管人员和其他直接责任人员可以处一万元以下的罚款;逾期未改正的,责令停产停业整顿。

第一百零一条 两个以上生产经营单位在同一作业区域内进行可能危及对方安全生产的生产经营活动,未签订安全生产管理协议或者未指定专职安全生产管理人员进行安全检查与协调的,责令限期改正,可以处五万元以下的罚款,对其直接负责的主管人员和其他直接责任人员可以处一万元以下的罚款;逾期未改正的,责令停产停业。

第一百零二条 生产经营单位有下列行为之一的,责令限期改正,可以处五万元以下的罚款,对其直接负责的主管人员和其他直接责任人员可以处一万元以下的罚款;逾期未改正的,责令停产停业整顿;构成犯罪的,依照刑法有关规定追究刑事责任:

(一)生产、经营、储存、使用危险物品的车间、商店、仓库与员工宿舍在同一座建筑内,或者与员工宿舍的距离不符合安全要求的;

(二)生产经营场所和员工宿舍未设有符合紧急疏散需要、标志明显、保持畅通的出口,或者锁闭、封堵生产经营场所或者员工宿舍出口的。

第一百零三条 生产经营单位与从业人员订立协议,免除或者减轻其对从业人员因生产安全事故伤亡依法应承担的责任的,该协议无效;对生产经营单位的主要负责人、个人经营的投资人处二万元以上十万元以下的罚款。

第一百零四条 生产经营单位的从业人员不服从管理,违反安全生产规章制度或者操作规程的,由生产经营单位给予批评教育,依照有关规章制度给予处分;构成犯罪的,依照刑法有关规定追究刑事责任。

第一百零五条 违反本法规定,生产经营单位拒绝、阻碍负有安全生产监督管理职责的部门依法实施监督检查的,责令改正;拒不改正的,处二万元以上二十万元以下的罚款;对其直接负责的主管人员和其他直接责任人员处一万元以上二万元以下的罚款;构成犯罪的,依照刑法有关规定追究刑事责任。

第一百零六条 生产经营单位的主要负责人在本单位发生生产安全事故时,不立即组织抢救或者在事故调查处理期间擅离职守或者逃匿的,给予降级、撤职的处分,并由安全生产监督管理部门处上一年年收入百分之六十至百分之一百的罚款;对逃匿的处十五日以下拘留;构成犯罪的,依照刑法有关规定追究刑事责任。

生产经营单位的主要负责人对生产安全事故隐瞒不报、谎报或者迟报的,依照前款规定处罚。

第一百零七条 有关地方人民政府、负有安全生产监督管理职责的部门,对生产安全事故隐瞒不报、谎报或者迟报的,对直接负责的主管人员和其他直接责任人员依法给予处分;构成犯罪的,依照刑法有关规定追究刑事责任。

第一百零八条 生产经营单位不具备本法和其他有关法律、行政法规和国家标准或者行业标准规定的安全生产条件,经停产停业整顿仍不具备安全生产条件的,予以关闭;有关部门应当依法吊销其有关证照。

第一百零九条 发生生产安全事故,对负有责任的生产经营单位除要求其依法承担相应的赔偿等责任外,由安全生产监督管理部门依照下列规定处以罚款:

(一)发生一般事故的,处二十万元以上五十万元以下的罚款;

(二)发生较大事故的,处五十万元以上一百万元以下的罚款;

(三)发生重大事故的,处一百万元以上五百万元以下的罚款;

(四)发生特别重大事故的,处五百万元以上一千万元以下的罚款;情节特别严重的,处一千万元以上二千万元以下的罚款。

第一百一十条 本法规定的行政处罚,由安全生产监督管理部门和其他负有安全生产监督管理职责的部门按照职责分工决定。予以关闭的行政处罚由负有安全生产监督管理职责的部门报请县级以上人民政府按照国务院规定的权限决定;给予拘留的行政处罚由公安机关依照治安管理处罚法的规定决定。

第一百一十一条 生产经营单位发生生产安全事故造成人员伤亡、他人财产损失的,应当依法承担赔偿责任;拒不承担或者其负责人逃匿的,由人民法院依法强制执行。

生产安全事故的责任人未依法承担赔偿责任,经人民法院依法采取执行措施后,仍不能对受害人给予足额赔偿的,应当继续履行赔偿义务;受害人发现责任人有其他财产的,可以随时请求人民法院执行。

第七章　附　则

第一百一十二条 本法下列用语的含义:

危险物品,是指易燃易爆物品、危险化学品、放射性物品等能够危及人身安全和财产安全的物品。

重大危险源,是指长期地或者临时地生产、搬运、使用或者储存危险物品,且危险物品的数量等于或者超过临界量的单元(包括场所和设施)。

第一百一十三条 本法规定的生产安全一般事故、较大事故、重大事故、特别重大事故的划分标准由国务院规定。

国务院安全生产监督管理部门和其他负有安全生产监督管理职责的部门应当根据各自的职责分工,制定相关行业、领域重大事故隐患的判定标准。

第一百一十四条 本法自 2002 年 11 月 1 日起施行。

中华人民共和国消防法[*]

（1998 年 4 月 29 日第九届全国人民代表大会常务委员会第二次会议通过
2008 年 10 月 28 日第十一届全国人民代表大会常务委员会第五次会议修订）

第一章　总　则

第一条　为了预防火灾和减少火灾危害，加强应急救援工作，保护人身、财产安全，维护公共安全，制定本法。

第二条　消防工作贯彻预防为主、防消结合的方针，按照政府统一领导、部门依法监管、单位全面负责、公民积极参与的原则，实行消防安全责任制，建立健全社会化的消防工作网络。

第三条　国务院领导全国的消防工作。地方各级人民政府负责本行政区域内的消防工作。

各级人民政府应当将消防工作纳入国民经济和社会发展计划，保障消防工作与经济社会发展相适应。

第四条　国务院公安部门对全国的消防工作实施监督管理。县级以上地方人民政府公安机关对本行政区域内的消防工作实施监督管理，并由本级人民政府公安机关消防机构负责实施。军事设施的消防工作，由其主管单位监督管理，公安机关消防机构协助；矿井地下部分、核电厂、海上石油天然气设施的消防工作，由其主管单位监督管理。

县级以上人民政府其他有关部门在各自的职责范围内，依照本法和其他相关法律、法规的规定做好消防工作。

法律、行政法规对森林、草原的消防工作另有规定的，从其规定。

第五条　任何单位和个人都有维护消防安全、保护消防设施、预防火灾、报告火警的义务。任何单位和成年人都有参加有组织的灭火工作的义务。

第六条　各级人民政府应当组织开展经常性的消防宣传教育，提高公民的消防安全意识。

机关、团体、企业、事业等单位，应当加强对本单位人员的消防宣传教育。

公安机关及其消防机构应当加强消防法律、法规的宣传，并督促、指导、协助有关单位做好消防宣传教育工作。

教育、人力资源行政主管部门和学校、有关职业培训机构应当将消防知识纳入教育、教学、培训的内容。

新闻、广播、电视等有关单位，应当有针对性地面向社会进行消防宣传教育。

工会、共产主义青年团、妇女联合会等团体应当结合各自工作对象的特点，组织开展消防宣传教育。

村民委员会、居民委员会应当协助人民政府以及公安机关等部门，加强消防宣传教育。

第七条　国家鼓励、支持消防科学研究和技术创新，推广使用先进的消防和应急救援技术、设备；鼓励、支持社会力量开展消防公益活动。

对在消防工作中有突出贡献的单位和个人，应当按照国家有关规定给予表彰和奖励。

---

[*] 注：中华人民共和国主席令第六号

第二章 火灾预防

第八条 地方各级人民政府应当将包括消防安全布局、消防站、消防供水、消防通信、消防车通道、消防装备等内容的消防规划纳入城乡规划，并负责组织实施。

城乡消防安全布局不符合消防安全要求的，应当调整、完善；公共消防设施、消防装备不足或者不适应实际需要的，应当增建、改建、配置或者进行技术改造。

第九条 建设工程的消防设计、施工必须符合国家工程建设消防技术标准。建设、设计、施工、工程监理等单位依法对建设工程的消防设计、施工质量负责。

第十条 按照国家工程建设消防技术标准需要进行消防设计的建设工程，除本法第十一条另有规定的外，建设单位应当自依法取得施工许可之日起七个工作日内，将消防设计文件报公安机关消防机构备案，公安机关消防机构应当进行抽查。

第十一条 国务院公安部门规定的大型的人员密集场所和其他特殊建设工程，建设单位应当将消防设计文件报送公安机关消防机构审核。公安机关消防机构依法对审核的结果负责。

第十二条 依法应当经公安机关消防机构进行消防设计审核的建设工程，未经依法审核或者审核不合格的，负责审批该工程施工许可的部门不得给予施工许可，建设单位、施工单位不得施工；其他建设工程取得施工许可后经依法抽查不合格的，应当停止施工。

第十三条 按照国家工程建设消防技术标准需要进行消防设计的建设工程竣工，依照下列规定进行消防验收、备案：

（一）本法第十一条规定的建设工程，建设单位应当向公安机关消防机构申请消防验收；

（二）其他建设工程，建设单位在验收后应当报公安机关消防机构备案，公安机关消防机构应当进行抽查。

依法应当进行消防验收的建设工程，未经消防验收或者消防验收不合格的，禁止投入使用；其他建设工程经依法抽查不合格的，应当停止使用。

第十四条 建设工程消防设计审核、消防验收、备案和抽查的具体办法，由国务院公安部门规定。

第十五条 公众聚集场所在投入使用、营业前，建设单位或者使用单位应当向场所所在地的县级以上地方人民政府公安机关消防机构申请消防安全检查。

公安机关消防机构应当自受理申请之日起十个工作日内，根据消防技术标准和管理规定，对该场所进行消防安全检查。未经消防安全检查或者经检查不符合消防安全要求的，不得投入使用、营业。

第十六条 机关、团体、企业、事业等单位应当履行下列消防安全职责：

（一）落实消防安全责任制，制定本单位的消防安全制度、消防安全操作规程，制定灭火和应急疏散预案；

（二）按照国家标准、行业标准配置消防设施、器材，设置消防安全标志，并定期组织检验、维修，确保完好有效；

（三）对建筑消防设施每年至少进行一次全面检测，确保完好有效，检测记录应当完整准确，存档备查；

（四）保障疏散通道、安全出口、消防车通道畅通，保证防火防烟分区、防火间距符合消防技术标准；

（五）组织防火检查，及时消除火灾隐患；

（六）组织进行有针对性的消防演练；

（七）法律、法规规定的其他消防安全职责。

单位的主要负责人是本单位的消防安全责任人。

第十七条 县级以上地方人民政府公安机关消防机构应当将发生火灾可能性较大以及发生火灾可能造成重大的人身伤亡或者财产损失的单位，确定为本行政区域内的消防安全重点单位，并由公安机关报本级人民政府备案。

消防安全重点单位除应当履行本法第十六条规定的职责外,还应当履行下列消防安全职责:

(一)确定消防安全管理人,组织实施本单位的消防安全管理工作;

(二)建立消防档案,确定消防安全重点部位,设置防火标志,实行严格管理;

(三)实行每日防火巡查,并建立巡查记录;

(四)对职工进行岗前消防安全培训,定期组织消防安全培训和消防演练。

第十八条　同一建筑物由两个以上单位管理或者使用的,应当明确各方的消防安全责任,并确定责任人对共用的疏散通道、安全出口、建筑消防设施和消防车通道进行统一管理。

住宅区的物业服务企业应当对管理区域内的共用消防设施进行维护管理,提供消防安全防范服务。

第十九条　生产、储存、经营易燃易爆危险品的场所不得与居住场所设置在同一建筑物内,并应当与居住场所保持安全距离。

生产、储存、经营其他物品的场所与居住场所设置在同一建筑物内的,应当符合国家工程建设消防技术标准。

第二十条　举办大型群众性活动,承办人应当依法向公安机关申请安全许可,制定灭火和应急疏散预案并组织演练,明确消防安全责任分工,确定消防安全管理人员,保持消防设施和消防器材配置齐全、完好有效,保证疏散通道、安全出口、疏散指示标志、应急照明和消防车通道符合消防技术标准和管理规定。

第二十一条　禁止在具有火灾、爆炸危险的场所吸烟、使用明火。因施工等特殊情况需要使用明火作业的,应当按照规定事先办理审批手续,采取相应的消防安全措施;作业人员应当遵守消防安全规定。

进行电焊、气焊等具有火灾危险作业的人员和自动消防系统的操作人员,必须持证上岗,并遵守消防安全操作规程。

第二十二条　生产、储存、装卸易燃易爆危险品的工厂、仓库和专用车站、码头的设置,应当符合消防技术标准。易燃易爆气体和液体的充装站、供应站、调压站,应当设置在符合消防安全要求的位置,并符合防火防爆要求。

已经设置的生产、储存、装卸易燃易爆危险品的工厂、仓库和专用车站、码头,易燃易爆气体和液体的充装站、供应站、调压站,不再符合前款规定的,地方人民政府应当组织、协调有关部门、单位限期解决,消除安全隐患。

第二十三条　生产、储存、运输、销售、使用、销毁易燃易爆危险品,必须执行消防技术标准和管理规定。

进入生产、储存易燃易爆危险品的场所,必须执行消防安全规定。禁止非法携带易燃易爆危险品进入公共场所或者乘坐公共交通工具。

储存可燃物资仓库的管理,必须执行消防技术标准和管理规定。

第二十四条　消防产品必须符合国家标准;没有国家标准的,必须符合行业标准。禁止生产、销售或者使用不合格的消防产品以及国家明令淘汰的消防产品。

依法实行强制性产品认证的消防产品,由具有法定资质的认证机构按照国家标准、行业标准的强制性要求认证合格后,方可生产、销售、使用。实行强制性产品认证的消防产品目录,由国务院产品质量监督部门会同国务院公安部门制定并公布。

新研制的尚未制定国家标准、行业标准的消防产品,应当按照国务院产品质量监督部门会同国务院公安部门规定的办法,经技术鉴定符合消防安全要求的,方可生产、销售、使用。

依照本条规定经强制性产品认证合格或者技术鉴定合格的消防产品,国务院公安部门消防机构应当予以公布。

第二十五条　产品质量监督部门、工商行政管理部门、公安机关消防机构应当按照各自职责加强对消防产品质量的监督检查。

第二十六条　建筑构件、建筑材料和室内装修、装饰材料的防火性能必须符合国家标准；没有国家标准的，必须符合行业标准。

人员密集场所室内装修、装饰，应当按照消防技术标准的要求，使用不燃、难燃材料。

第二十七条　电器产品、燃气用具的产品标准，应当符合消防安全的要求。

电器产品、燃气用具的安装、使用及其线路、管路的设计、敷设、维护保养、检测，必须符合消防技术标准和管理规定。

第二十八条　任何单位、个人不得损坏、挪用或者擅自拆除、停用消防设施、器材，不得埋压、圈占、遮挡消火栓或者占用防火间距，不得占用、堵塞、封闭疏散通道、安全出口、消防车通道。人员密集场所的门窗不得设置影响逃生和灭火救援的障碍物。

第二十九条　负责公共消防设施维护管理的单位，应当保持消防供水、消防通信、消防车通道等公共消防设施的完好有效。在修建道路以及停电、停水、截断通信线路时有可能影响消防队灭火救援的，有关单位必须事先通知当地公安机关消防机构。

第三十条　地方各级人民政府应当加强对农村消防工作的领导，采取措施加强公共消防设施建设，组织建立和督促落实消防安全责任制。

第三十一条　在农业收获季节、森林和草原防火期间、重大节假日期间以及火灾多发季节，地方各级人民政府应当组织开展有针对性的消防宣传教育，采取防火措施，进行消防安全检查。

第三十二条　乡镇人民政府、城市街道办事处应当指导、支持和帮助村民委员会、居民委员会开展群众性的消防工作。村民委员会、居民委员会应当确定消防安全管理人，组织制定防火安全公约，进行防火安全检查。

第三十三条　国家鼓励、引导公众聚集场所和生产、储存、运输、销售易燃易爆危险品的企业投保火灾公众责任保险；鼓励保险公司承保火灾公众责任保险。

第三十四条　消防产品质量认证、消防设施检测、消防安全监测等消防技术服务机构和执业人员，应当依法获得相应的资质、资格；依照法律、行政法规、国家标准、行业标准和执业准则，接受委托提供消防技术服务，并对服务质量负责。

第三章　消防组织

第三十五条　各级人民政府应当加强消防组织建设，根据经济社会发展的需要，建立多种形式的消防组织，加强消防技术人才培养，增强火灾预防、扑救和应急救援的能力。

第三十六条　县级以上地方人民政府应当按照国家规定建立公安消防队、专职消防队，并按照国家标准配备消防装备，承担火灾扑救工作。

乡镇人民政府应当根据当地经济发展和消防工作的需要，建立专职消防队、志愿消防队，承担火灾扑救工作。

第三十七条　公安消防队、专职消防队按照国家规定承担重大灾害事故和其他以抢救人员生命为主的应急救援工作。

第三十八条　公安消防队、专职消防队应当充分发挥火灾扑救和应急救援专业力量的骨干作用；按照国家规定，组织实施专业技能训练，配备并维护保养装备器材，提高火灾扑救和应急救援的能力。

第三十九条　下列单位应当建立单位专职消防队，承担本单位的火灾扑救工作：

（一）大型核设施单位、大型发电厂、民用机场、主要港口；

（二）生产、储存易燃易爆危险品的大型企业；

（三）储备可燃的重要物资的大型仓库、基地；

（四）第一项、第二项、第三项规定以外的火灾危险性较大、距离公安消防队较远的其他大型企业；

（五）距离公安消防队较远、被列为全国重点文物保护单位的古建筑群的管理单位。

第四十条　专职消防队的建立,应当符合国家有关规定,并报当地公安机关消防机构验收。

专职消防队的队员依法享受社会保险和福利待遇。

第四十一条　机关、团体、企业、事业等单位以及村民委员会、居民委员会根据需要,建立志愿消防队等多种形式的消防组织,开展群众性自防自救工作。

第四十二条　公安机关消防机构应当对专职消防队、志愿消防队等消防组织进行业务指导;根据扑救火灾的需要,可以调动指挥专职消防队参加火灾扑救工作。

第四章　灭火救援

第四十三条　县级以上地方人民政府应当组织有关部门针对本行政区域内的火灾特点制定应急预案,建立应急反应和处置机制,为火灾扑救和应急救援工作提供人员、装备等保障。

第四十四条　任何人发现火灾都应当立即报警。任何单位、个人都应当无偿为报警提供便利,不得阻拦报警。严禁谎报火警。

人员密集场所发生火灾,该场所的现场工作人员应当立即组织、引导在场人员疏散。

任何单位发生火灾,必须立即组织力量扑救。邻近单位应当给予支援。

消防队接到火警,必须立即赶赴火灾现场,救助遇险人员,排除险情,扑灭火灾。

第四十五条　公安机关消防机构统一组织和指挥火灾现场扑救,应当优先保障遇险人员的生命安全。

火灾现场总指挥根据扑救火灾的需要,有权决定下列事项:

(一)使用各种水源;

(二)截断电力、可燃气体和可燃液体的输送,限制用火用电;

(三)划定警戒区,实行局部交通管制;

(四)利用邻近建筑物和有关设施;

(五)为了抢救人员和重要物资,防止火势蔓延,拆除或者破损毗邻火灾现场的建筑物、构筑物或者设施等;

(六)调动供水、供电、供气、通信、医疗救护、交通运输、环境保护等有关单位协助灭火救援。

根据扑救火灾的紧急需要,有关地方人民政府应当组织人员、调集所需物资支援灭火。

第四十六条　公安消防队、专职消防队参加火灾以外的其他重大灾害事故的应急救援工作,由县级以上人民政府统一领导。

第四十七条　消防车、消防艇前往执行火灾扑救或者应急救援任务,在确保安全的前提下,不受行驶速度、行驶路线、行驶方向和指挥信号的限制,其他车辆、船舶以及行人应当让行,不得穿插超越;收费公路、桥梁免收车辆通行费。交通管理指挥人员应当保证消防车、消防艇迅速通行。

赶赴火灾现场或者应急救援现场的消防人员和调集的消防装备、物资,需要铁路、水路或者航空运输的,有关单位应当优先运输。

第四十八条　消防车、消防艇以及消防器材、装备和设施,不得用于与消防和应急救援工作无关的事项。

第四十九条　公安消防队、专职消防队扑救火灾、应急救援,不得收取任何费用。

单位专职消防队、志愿消防队参加扑救外单位火灾所损耗的燃料、灭火剂和器材、装备等,由火灾发生地的人民政府给予补偿。

第五十条　对因参加扑救火灾或者应急救援受伤、致残或者死亡的人员,按照国家有关规定给予医疗、抚恤。

第五十一条　公安机关消防机构有权根据需要封闭火灾现场,负责调查火灾原因,统计火灾损失。

火灾扑灭后,发生火灾的单位和相关人员应当按照公安机关消防机构的要求保护现场,接受事故调查,如实提供与火灾有关的情况。

公安机关消防机构根据火灾现场勘验、调查情况和有关的检验、鉴定意见,及时制作火灾事故认定书,作为处理火灾事故的证据。

第五章　监督检查

第五十二条　地方各级人民政府应当落实消防工作责任制,对本级人民政府有关部门履行消防安全职责的情况进行监督检查。

县级以上地方人民政府有关部门应当根据本系统的特点,有针对性地开展消防安全检查,及时督促整改火灾隐患。

第五十三条　公安机关消防机构应当对机关、团体、企业、事业等单位遵守消防法律、法规的情况依法进行监督检查。公安派出所可以负责日常消防监督检查、开展消防宣传教育,具体办法由国务院公安部门规定。

公安机关消防机构、公安派出所的工作人员进行消防监督检查,应当出示证件。

第五十四条　公安机关消防机构在消防监督检查中发现火灾隐患的,应当通知有关单位或者个人立即采取措施消除隐患;不及时消除隐患可能严重威胁公共安全的,公安机关消防机构应当依照规定对危险部位或者场所采取临时查封措施。

第五十五条　公安机关消防机构在消防监督检查中发现城乡消防安全布局、公共消防设施不符合消防安全要求,或者发现本地区存在影响公共安全的重大火灾隐患的,应当由公安机关书面报告本级人民政府。

接到报告的人民政府应当及时核实情况,组织或者责成有关部门、单位采取措施,予以整改。

第五十六条　公安机关消防机构及其工作人员应当按照法定的职权和程序进行消防设计审核、消防验收和消防安全检查,做到公正、严格、文明、高效。

公安机关消防机构及其工作人员进行消防设计审核、消防验收和消防安全检查等,不得收取费用,不得利用消防设计审核、消防验收和消防安全检查谋取利益。公安机关消防机构及其工作人员不得利用职务为用户、建设单位指定或者变相指定消防产品的品牌、销售单位或者消防技术服务机构、消防设施施工单位。

第五十七条　公安机关消防机构及其工作人员执行职务,应当自觉接受社会和公民的监督。

任何单位和个人都有权对公安机关消防机构及其工作人员在执法中的违法行为进行检举、控告。收到检举、控告的机关,应当按照职责及时查处。

第六章　法律责任

第五十八条　违反本法规定,有下列行为之一的,责令停止施工、停止使用或者停产停业,并处三万元以上三十万元以下罚款:

(一)依法应当经公安机关消防机构进行消防设计审核的建设工程,未经依法审核或者审核不合格,擅自施工的;

(二)消防设计经公安机关消防机构依法抽查不合格,不停止施工的;

(三)依法应当进行消防验收的建设工程,未经消防验收或者消防验收不合格,擅自投入使用的;

(四)建设工程投入使用后经公安机关消防机构依法抽查不合格,不停止使用的;

(五)公众聚集场所未经消防安全检查或者经检查不符合消防安全要求,擅自投入使用、营业的。

建设单位未依照本法规定将消防设计文件报公安机关消防机构备案,或者在竣工后未依照本法规定报公安机关消防机构备案的,责令限期改正,处五千元以下罚款。

第五十九条　违反本法规定,有下列行为之一的,责令改正或者停止施工,并处一万元以上十万元以下罚款:

(一)建设单位要求建筑设计单位或者建筑施工企业降低消防技术标准设计、施工的;

(二)建筑设计单位不按照消防技术标准强制性要求进行消防设计的;

(三)建筑施工企业不按照消防设计文件和消防技术标准施工,降低消防施工质量的;

(四)工程监理单位与建设单位或者建筑施工企业串通,弄虚作假,降低消防施工质量的。

第六十条　单位违反本法规定,有下列行为之一的,责令改正,处五千元以上五万元以下罚款:

(一)消防设施、器材或者消防安全标志的配置、设置不符合国家标准、行业标准,或者未保持完好有效的;

(二)损坏、挪用或者擅自拆除、停用消防设施、器材的;

(三)占用、堵塞、封闭疏散通道、安全出口或者有其他妨碍安全疏散行为的;

(四)埋压、圈占、遮挡消火栓或者占用防火间距的;

(五)占用、堵塞、封闭消防车通道,妨碍消防车通行的;

(六)人员密集场所在门窗上设置影响逃生和灭火救援的障碍物的;

(七)对火灾隐患经公安机关消防机构通知后不及时采取措施消除的。

个人有前款第二项、第三项、第四项、第五项行为之一的,处警告或者五百元以下罚款。

有本条第一款第三项、第四项、第五项、第六项行为,经责令改正拒不改正的,强制执行,所需费用由违法行为人承担。

第六十一条　生产、储存、经营易燃易爆危险品的场所与居住场所设置在同一建筑物内,或者未与居住场所保持安全距离的,责令停产停业,并处五千元以上五万元以下罚款。

生产、储存、经营其他物品的场所与居住场所设置在同一建筑物内,不符合消防技术标准的,依照前款规定处罚。

第六十二条　有下列行为之一的,依照《中华人民共和国治安管理处罚法》的规定处罚:

(一)违反有关消防技术标准和管理规定生产、储存、运输、销售、使用、销毁易燃易爆危险品的;

(二)非法携带易燃易爆危险品进入公共场所或者乘坐公共交通工具的;

(三)谎报火警的;

(四)阻碍消防车、消防艇执行任务的;

(五)阻碍公安机关消防机构的工作人员依法执行职务的。

第六十三条　违反本法规定,有下列行为之一的,处警告或者五百元以下罚款;情节严重的,处五日以下拘留:

(一)违反消防安全规定进入生产、储存易燃易爆危险品场所的;

(二)违反规定使用明火作业或者在具有火灾、爆炸危险的场所吸烟、使用明火的。

第六十四条　违反本法规定,有下列行为之一,尚不构成犯罪的,处十日以上十五日以下拘留,可以并处五百元以下罚款;情节较轻的,处警告或者五百元以下罚款:

(一)指使或者强令他人违反消防安全规定,冒险作业的;

(二)过失引起火灾的;

(三)在火灾发生后阻拦报警,或者负有报告职责的人员不及时报警的;

(四)扰乱火灾现场秩序,或者拒不执行火灾现场指挥员指挥,影响灭火救援的;

(五)故意破坏或者伪造火灾现场的;

(六)擅自拆封或者使用被公安机关消防机构查封的场所、部位的。

第六十五条　违反本法规定,生产、销售不合格的消防产品或者国家明令淘汰的消防产品的,由产品质量监督部门或者工商行政管理部门依照《中华人民共和国产品质量法》的规定从重处罚。

人员密集场所使用不合格的消防产品或者国家明令淘汰的消防产品的,责令限期改正;逾期不改正的,处五千元以上五万元以下罚款,并对其直接负责的主管人员和其他直接责任人员处五百元以上二千元以下罚款;情节严重的,责令停产停业。

公安机关消防机构对于本条第二款规定的情形,除依法对使用者予以处罚外,应当将发现不合格的消防产品和国家明令淘汰的消防产品的情况通报产品质量监督部门、工商行政管理部门。产品质量监督部门、工商行政管理部门应当对生产者、销售者依法及时查处。

第六十六条 电器产品、燃气用具的安装、使用及其线路、管路的设计、敷设、维护保养、检测不符合消防技术标准和管理规定的,责令限期改正;逾期不改正的,责令停止使用,可以并处一千元以上五千元以下罚款。

第六十七条 机关、团体、企业、事业等单位违反本法第十六条、第十七条、第十八条、第二十一条第二款规定的,责令限期改正;逾期不改正的,对其直接负责的主管人员和其他直接责任人员依法给予处分或者给予警告处罚。

第六十八条 人员密集场所发生火灾,该场所的现场工作人员不履行组织、引导在场人员疏散的义务,情节严重,尚不构成犯罪的,处五日以上十日以下拘留。

第六十九条 消防产品质量认证、消防设施检测等消防技术服务机构出具虚假文件的,责令改正,处五万元以上十万元以下罚款,并对直接负责的主管人员和其他直接责任人员处一万元以上五万元以下罚款;有违法所得的,并处没收违法所得;给他人造成损失的,依法承担赔偿责任;情节严重的,由原许可机关依法责令停止执业或者吊销相应资质、资格。

前款规定的机构出具失实文件,给他人造成损失的,依法承担赔偿责任;造成重大损失的,由原许可机关依法责令停止执业或者吊销相应资质、资格。

第七十条 本法规定的行政处罚,除本法另有规定的外,由公安机关消防机构决定;其中拘留处罚由县级以上公安机关依照《中华人民共和国治安管理处罚法》的有关规定决定。

公安机关消防机构需要传唤消防安全违法行为人的,依照《中华人民共和国治安管理处罚法》的有关规定执行。

被责令停止施工、停止使用、停产停业的,应当在整改后向公安机关消防机构报告,经公安机关消防机构检查合格,方可恢复施工、使用、生产、经营。

当事人逾期不执行停产停业、停止使用、停止施工决定的,由作出决定的公安机关消防机构强制执行。

责令停产停业,对经济和社会生活影响较大的,由公安机关消防机构提出意见,并由公安机关报请本级人民政府依法决定。本级人民政府组织公安机关等部门实施。

第七十一条 公安机关消防机构的工作人员滥用职权、玩忽职守、徇私舞弊,有下列行为之一,尚不构成犯罪的,依法给予处分:

(一)对不符合消防安全要求的消防设计文件、建设工程、场所准予审核合格、消防验收合格、消防安全检查合格的;

(二)无故拖延消防设计审核、消防验收、消防安全检查,不在法定期限内履行职责的;

(三)发现火灾隐患不及时通知有关单位或者个人整改的;

(四)利用职务为用户、建设单位指定或者变相指定消防产品的品牌、销售单位或者消防技术服务机构、消防设施施工单位的;

(五)将消防车、消防艇以及消防器材、装备和设施用于与消防和应急救援无关的事项的;

(六)其他滥用职权、玩忽职守、徇私舞弊的行为。

建设、产品质量监督、工商行政管理等其他有关行政主管部门的工作人员在消防工作中滥用职权、玩忽职守、徇私舞弊,尚不构成犯罪的,依法给予处分。

第七十二条 违反本法规定,构成犯罪的,依法追究刑事责任。

第七章　附　则

第七十三条　本法下列用语的含义：

（一）消防设施，是指火灾自动报警系统、自动灭火系统、消火栓系统、防烟排烟系统以及应急广播和应急照明、安全疏散设施等。

（二）消防产品，是指专门用于火灾预防、灭火救援和火灾防护、避难、逃生的产品。

（三）公众聚集场所，是指宾馆、饭店、商场、集贸市场、客运车站候车室、客运码头候船厅、民用机场航站楼、体育场馆、会堂以及公共娱乐场所等。

（四）人员密集场所，是指公众聚集场所，医院的门诊楼、病房楼，学校的教学楼、图书馆、食堂和集体宿舍，养老院，福利院，托儿所，幼儿园，公共图书馆的阅览室，公共展览馆、博物馆的展示厅，劳动密集型企业的生产加工车间和员工集体宿舍，旅游、宗教活动场所等。

第七十四条　本法自 2009 年 5 月 1 日起施行。

中华人民共和国特种设备安全法*

（2013 年 6 月 29 日第十二届全国人民代表大会常务委员会第三次会议通过）

第一章　总　则

第一条　为了加强特种设备安全工作，预防特种设备事故，保障人身和财产安全，促进经济社会发展，制定本法。

第二条　特种设备的生产（包括设计、制造、安装、改造、修理）、经营、使用、检验、检测和特种设备安全的监督管理，适用本法。

本法所称特种设备，是指对人身和财产安全有较大危险性的锅炉、压力容器（含气瓶）、压力管道、电梯、起重机械、客运索道、大型游乐设施、场（厂）内专用机动车辆，以及法律、行政法规规定适用本法的其他特种设备。

国家对特种设备实行目录管理。特种设备目录由国务院负责特种设备安全监督管理的部门制定，报国务院批准后执行。

第三条　特种设备安全工作应当坚持安全第一、预防为主、节能环保、综合治理的原则。

第四条　国家对特种设备的生产、经营、使用，实施分类的、全过程的安全监督管理。

第五条　国务院负责特种设备安全监督管理的部门对全国特种设备安全实施监督管理。县级以上地方各级人民政府负责特种设备安全监督管理的部门对本行政区域内特种设备安全实施监督管理。

第六条　国务院和地方各级人民政府应当加强对特种设备安全工作的领导，督促各有关部门依法履行监督管理职责。

县级以上地方各级人民政府应当建立协调机制，及时协调、解决特种设备安全监督管理中存在的问题。

第七条　特种设备生产、经营、使用单位应当遵守本法和其他有关法律、法规，建立、健全特种设备安全和节能责任制度，加强特种设备安全和节能管理，确保特种设备生产、经营、使用安全，符合节能要求。

第八条　特种设备生产、经营、使用、检验、检测应当遵守有关特种设备安全技术规范及相关标准。

特种设备安全技术规范由国务院负责特种设备安全监督管理的部门制定。

第九条　特种设备行业协会应当加强行业自律，推进行业诚信体系建设，提高特种设备安全管理水平。

第十条　国家支持有关特种设备安全的科学技术研究，鼓励先进技术和先进管理方法的推广应用，对做出突出贡献的单位和个人给予奖励。

第十一条　负责特种设备安全监督管理的部门应当加强特种设备安全宣传教育，普及特种设备安全知识，增强社会公众的特种设备安全意识。

第十二条　任何单位和个人有权向负责特种设备安全监督管理的部门和有关部门举报涉及特种设

---

* 注：中华人民共和国主席令第四号

备安全的违法行为,接到举报的部门应当及时处理。

第二章　生产、经营、使用

第一节　一般规定

第十三条　特种设备生产、经营、使用单位及其主要负责人对其生产、经营、使用的特种设备安全负责。

特种设备生产、经营、使用单位应当按照国家有关规定配备特种设备安全管理人员、检测人员和作业人员,并对其进行必要的安全教育和技能培训。

第十四条　特种设备安全管理人员、检测人员和作业人员应当按照国家有关规定取得相应资格,方可从事相关工作。特种设备安全管理人员、检测人员和作业人员应当严格执行安全技术规范和管理制度,保证特种设备安全。

第十五条　特种设备生产、经营、使用单位对其生产、经营、使用的特种设备应当进行自行检测和维护保养,对国家规定实行检验的特种设备应当及时申报并接受检验。

第十六条　特种设备采用新材料、新技术、新工艺,与安全技术规范的要求不一致,或者安全技术规范未作要求、可能对安全性能有重大影响的,应当向国务院负责特种设备安全监督管理的部门申报,由国务院负责特种设备安全监督管理的部门及时委托安全技术咨询机构或者相关专业机构进行技术评审,评审结果经国务院负责特种设备安全监督管理的部门批准,方可投入生产、使用。

国务院负责特种设备安全监督管理的部门应当将允许使用的新材料、新技术、新工艺的有关技术要求,及时纳入安全技术规范。

第十七条　国家鼓励投保特种设备安全责任保险。

第二节　生　产

第十八条　国家按照分类监督管理的原则对特种设备生产实行许可制度。特种设备生产单位应当具备下列条件,并经负责特种设备安全监督管理的部门许可,方可从事生产活动:

(一)有与生产相适应的专业技术人员;

(二)有与生产相适应的设备、设施和工作场所;

(三)有健全的质量保证、安全管理和岗位责任等制度。

第十九条　特种设备生产单位应当保证特种设备生产符合安全技术规范及相关标准的要求,对其生产的特种设备的安全性能负责。不得生产不符合安全性能要求和能效指标以及国家明令淘汰的特种设备。

第二十条　锅炉、气瓶、氧舱、客运索道、大型游乐设施的设计文件,应当经负责特种设备安全监督管理的部门核准的检验机构鉴定,方可用于制造。

特种设备产品、部件或者试制的特种设备新产品、新部件以及特种设备采用的新材料,按照安全技术规范的要求需要通过型式试验进行安全性验证的,应当经负责特种设备安全监督管理的部门核准的检验机构进行型式试验。

第二十一条　特种设备出厂时,应当随附安全技术规范要求的设计文件、产品质量合格证明、安装及使用维护保养说明、监督检验证明等相关技术资料和文件,并在特种设备显著位置设置产品铭牌、安全警示标志及其说明。

第二十二条　电梯的安装、改造、修理,必须由电梯制造单位或者其委托的依照本法取得相应许可的单位进行。电梯制造单位委托其他单位进行电梯安装、改造、修理的,应当对其安装、改造、修理进行安全指导和监控,并按照安全技术规范的要求进行校验和调试。电梯制造单位对电梯安全性能负责。

第二十三条　特种设备安装、改造、修理的施工单位应当在施工前将拟进行的特种设备安装、改造、修理情况书面告知直辖市或者设区的市级人民政府负责特种设备安全监督管理的部门。

第二十四条　特种设备安装、改造、修理竣工后，安装、改造、修理的施工单位应当在验收后三十日内将相关技术资料和文件移交特种设备使用单位。特种设备使用单位应当将其存入该特种设备的安全技术档案。

第二十五条　锅炉、压力容器、压力管道元件等特种设备的制造过程和锅炉、压力容器、压力管道、电梯、起重机械、客运索道、大型游乐设施的安装、改造、重大修理过程，应当经特种设备检验机构按照安全技术规范的要求进行监督检验；未经监督检验或者监督检验不合格的，不得出厂或者交付使用。

第二十六条　国家建立缺陷特种设备召回制度。因生产原因造成特种设备存在危及安全的同一性缺陷的，特种设备生产单位应当立即停止生产，主动召回。

国务院负责特种设备安全监督管理的部门发现特种设备存在应当召回而未召回的情形时，应当责令特种设备生产单位召回。

第三节　经　营

第二十七条　特种设备销售单位销售的特种设备，应当符合安全技术规范及相关标准的要求，其设计文件、产品质量合格证明、安装及使用维护保养说明、监督检验证明等相关技术资料和文件应当齐全。

特种设备销售单位应当建立特种设备检查验收和销售记录制度。

禁止销售未取得许可生产的特种设备，未经检验和检验不合格的特种设备，或者国家明令淘汰和已经报废的特种设备。

第二十八条　特种设备出租单位不得出租未取得许可生产的特种设备或者国家明令淘汰和已经报废的特种设备，以及未按照安全技术规范的要求进行维护保养和未经检验或者检验不合格的特种设备。

第二十九条　特种设备在出租期间的使用管理和维护保养义务由特种设备出租单位承担，法律另有规定或者当事人另有约定的除外。

第三十条　进口的特种设备应当符合我国安全技术规范的要求，并经检验合格；需要取得我国特种设备生产许可的，应当取得许可。

进口特种设备随附的技术资料和文件应当符合本法第二十一条的规定，其安装及使用维护保养说明、产品铭牌、安全警示标志及其说明应当采用中文。

特种设备的进出口检验，应当遵守有关进出口商品检验的法律、行政法规。

第三十一条　进口特种设备，应当向进口地负责特种设备安全监督管理的部门履行提前告知义务。

第四节　使　用

第三十二条　特种设备使用单位应当使用取得许可生产并经检验合格的特种设备。

禁止使用国家明令淘汰和已经报废的特种设备。

第三十三条　特种设备使用单位应当在特种设备投入使用前或者投入使用后三十日内，向负责特种设备安全监督管理的部门办理使用登记，取得使用登记证书。登记标志应当置于该特种设备的显著位置。

第三十四条　特种设备使用单位应当建立岗位责任、隐患治理、应急救援等安全管理制度，制定操作规程，保证特种设备安全运行。

第三十五条　特种设备使用单位应当建立特种设备安全技术档案。安全技术档案应当包括以下内容：

（一）特种设备的设计文件、产品质量合格证明、安装及使用维护保养说明、监督检验证明等相关技术资料和文件；

（二）特种设备的定期检验和定期自行检查记录；

（三）特种设备的日常使用状况记录；

（四）特种设备及其附属仪器仪表的维护保养记录；

（五）特种设备的运行故障和事故记录。

第三十六条　电梯、客运索道、大型游乐设施等为公众提供服务的特种设备的运营使用单位，应当对特种设备的使用安全负责，设置特种设备安全管理机构或者配备专职的特种设备安全管理人员；其他特种设备使用单位，应当根据情况设置特种设备安全管理机构或者配备专职、兼职的特种设备安全管理人员。

第三十七条　特种设备的使用应当具有规定的安全距离、安全防护措施。

与特种设备安全相关的建筑物、附属设施，应当符合有关法律、行政法规的规定。

第三十八条　特种设备属于共有的，共有人可以委托物业服务单位或者其他管理人管理特种设备，受托人履行本法规定的特种设备使用单位的义务，承担相应责任。共有人未委托的，由共有人或者实际管理人履行管理义务，承担相应责任。

第三十九条　特种设备使用单位应当对其使用的特种设备进行经常性维护保养和定期自行检查，并作出记录。

特种设备使用单位应当对其使用的特种设备的安全附件、安全保护装置进行定期校验、检修，并作出记录。

第四十条　特种设备使用单位应当按照安全技术规范的要求，在检验合格有效期届满前一个月向特种设备检验机构提出定期检验要求。

特种设备检验机构接到定期检验要求后，应当按照安全技术规范的要求及时进行安全性能检验。特种设备使用单位应当将定期检验标志置于该特种设备的显著位置。

未经定期检验或者检验不合格的特种设备，不得继续使用。

第四十一条　特种设备安全管理人员应当对特种设备使用状况进行经常性检查，发现问题应当立即处理；情况紧急时，可以决定停止使用特种设备并及时报告本单位有关负责人。

特种设备作业人员在作业过程中发现事故隐患或者其他不安全因素，应当立即向特种设备安全管理人员和单位有关负责人报告；特种设备运行不正常时，特种设备作业人员应当按照操作规程采取有效措施保证安全。

第四十二条　特种设备出现故障或者发生异常情况，特种设备使用单位应当对其进行全面检查，消除事故隐患，方可继续使用。

第四十三条　客运索道、大型游乐设施在每日投入使用前，其运营使用单位应当进行试运行和例行安全检查，并对安全附件和安全保护装置进行检查确认。

电梯、客运索道、大型游乐设施的运营使用单位应当将电梯、客运索道、大型游乐设施的安全使用说明、安全注意事项和警示标志置于易于为乘客注意的显著位置。

公众乘坐或者操作电梯、客运索道、大型游乐设施，应当遵守安全使用说明和安全注意事项的要求，服从有关工作人员的管理和指挥；遇有运行不正常时，应当按照安全指引，有序撤离。

第四十四条　锅炉使用单位应当按照安全技术规范的要求进行锅炉水（介）质处理，并接受特种设备检验机构的定期检验。

从事锅炉清洗，应当按照安全技术规范的要求进行，并接受特种设备检验机构的监督检验。

第四十五条　电梯的维护保养应当由电梯制造单位或者依照本法取得许可的安装、改造、修理单位进行。

电梯的维护保养单位应当在维护保养中严格执行安全技术规范的要求，保证其维护保养的电梯的安全性能，并负责落实现场安全防护措施，保证施工安全。

电梯的维护保养单位应当对其维护保养的电梯的安全性能负责；接到故障通知后，应当立即赶赴现场，并采取必要的应急救援措施。

第四十六条　电梯投入使用后,电梯制造单位应当对其制造的电梯的安全运行情况进行跟踪调查和了解,对电梯的维护保养单位或者使用单位在维护保养和安全运行方面存在的问题,提出改进建议,并提供必要的技术帮助;发现电梯存在严重事故隐患时,应当及时告知电梯使用单位,并向负责特种设备安全监督管理的部门报告。电梯制造单位对调查和了解的情况,应当作出记录。

第四十七条　特种设备进行改造、修理,按照规定需要变更使用登记的,应当办理变更登记,方可继续使用。

第四十八条　特种设备存在严重事故隐患,无改造、修理价值,或者达到安全技术规范规定的其他报废条件的,特种设备使用单位应当依法履行报废义务,采取必要措施消除该特种设备的使用功能,并向原登记的负责特种设备安全监督管理的部门办理使用登记证书注销手续。

前款规定报废条件以外的特种设备,达到设计使用年限可以继续使用的,应当按照安全技术规范的要求通过检验或者安全评估,并办理使用登记证书变更,方可继续使用。允许继续使用的,应当采取加强检验、检测和维护保养等措施,确保使用安全。

第四十九条　移动式压力容器、气瓶充装单位,应当具备下列条件,并经负责特种设备安全监督管理的部门许可,方可从事充装活动:

(一)有与充装和管理相适应的管理人员和技术人员;

(二)有与充装和管理相适应的充装设备、检测手段、场地厂房、器具、安全设施;

(三)有健全的充装管理制度、责任制度、处理措施。

充装单位应当建立充装前后的检查、记录制度,禁止对不符合安全技术规范要求的移动式压力容器和气瓶进行充装。

气瓶充装单位应当向气体使用者提供符合安全技术规范要求的气瓶,对气体使用者进行气瓶安全使用指导,并按照安全技术规范的要求办理气瓶使用登记,及时申报定期检验。

第三章　检验、检测

第五十条　从事本法规定的监督检验、定期检验的特种设备检验机构,以及为特种设备生产、经营、使用提供检测服务的特种设备检测机构,应当具备下列条件,并经负责特种设备安全监督管理的部门核准,方可从事检验、检测工作:

(一)有与检验、检测工作相适应的检验、检测人员;

(二)有与检验、检测工作相适应的检验、检测仪器和设备;

(三)有健全的检验、检测管理制度和责任制度。

第五十一条　特种设备检验、检测机构的检验、检测人员应当经考核,取得检验、检测人员资格,方可从事检验、检测工作。

特种设备检验、检测机构的检验、检测人员不得同时在两个以上检验、检测机构中执业;变更执业机构的,应当依法办理变更手续。

第五十二条　特种设备检验、检测工作应当遵守法律、行政法规的规定,并按照安全技术规范的要求进行。

特种设备检验、检测机构及其检验、检测人员应当依法为特种设备生产、经营、使用单位提供安全、可靠、便捷、诚信的检验、检测服务。

第五十三条　特种设备检验、检测机构及其检验、检测人员应当客观、公正、及时地出具检验、检测报告,并对检验、检测结果和鉴定结论负责。

特种设备检验、检测机构及其检验、检测人员在检验、检测中发现特种设备存在严重事故隐患时,应当及时告知相关单位,并立即向负责特种设备安全监督管理的部门报告。

负责特种设备安全监督管理的部门应当组织对特种设备检验、检测机构的检验、检测结果和鉴定结论进行监督抽查,但应当防止重复抽查。监督抽查结果应当向社会公布。

第五十四条　特种设备生产、经营、使用单位应当按照安全技术规范的要求向特种设备检验、检测机构及其检验、检测人员提供特种设备相关资料和必要的检验、检测条件,并对资料的真实性负责。

第五十五条　特种设备检验、检测机构及其检验、检测人员对检验、检测过程中知悉的商业秘密,负有保密义务。

特种设备检验、检测机构及其检验、检测人员不得从事有关特种设备的生产、经营活动,不得推荐或者监制、监销特种设备。

第五十六条　特种设备检验机构及其检验人员利用检验工作故意刁难特种设备生产、经营、使用单位的,特种设备生产、经营、使用单位有权向负责特种设备安全监督管理的部门投诉,接到投诉的部门应当及时进行调查处理。

第四章　监督管理

第五十七条　负责特种设备安全监督管理的部门依照本法规定,对特种设备生产、经营、使用单位和检验、检测机构实施监督检查。

负责特种设备安全监督管理的部门应当对学校、幼儿园以及医院、车站、客运码头、商场、体育场馆、展览馆、公园等公众聚集场所的特种设备,实施重点安全监督检查。

第五十八条　负责特种设备安全监督管理的部门实施本法规定的许可工作,应当依照本法和其他有关法律、行政法规规定的条件和程序以及安全技术规范的要求进行审查;不符合规定的,不得许可。

第五十九条　负责特种设备安全监督管理的部门在办理本法规定的许可时,其受理、审查、许可的程序必须公开,并应当自受理申请之日起三十日内,作出许可或者不予许可的决定;不予许可的,应当书面向申请人说明理由。

第六十条　负责特种设备安全监督管理的部门对依法办理使用登记的特种设备应当建立完整的监督管理档案和信息查询系统;对达到报废条件的特种设备,应当及时督促特种设备使用单位依法履行报废义务。

第六十一条　负责特种设备安全监督管理的部门在依法履行监督检查职责时,可以行使下列职权:

(一)进入现场进行检查,向特种设备生产、经营、使用单位和检验、检测机构的主要负责人和其他有关人员调查、了解有关情况;

(二)根据举报或者取得的涉嫌违法证据,查阅、复制特种设备生产、经营、使用单位和检验、检测机构的有关合同、发票、账簿以及其他有关资料;

(三)对有证据表明不符合安全技术规范要求或者存在严重事故隐患的特种设备实施查封、扣押;

(四)对流入市场的达到报废条件或者已经报废的特种设备实施查封、扣押;

(五)对违反本法规定的行为作出行政处罚决定。

第六十二条　负责特种设备安全监督管理的部门在依法履行职责过程中,发现违反本法规定和安全技术规范要求的行为或者特种设备存在事故隐患时,应当以书面形式发出特种设备安全监察指令,责令有关单位及时采取措施予以改正或者消除事故隐患。紧急情况下要求有关单位采取紧急处置措施的,应当随后补发特种设备安全监察指令。

第六十三条　负责特种设备安全监督管理的部门在依法履行职责过程中,发现重大违法行为或者特种设备存在严重事故隐患时,应当责令有关单位立即停止违法行为、采取措施消除事故隐患,并及时向上级负责特种设备安全监督管理的部门报告。接到报告的负责特种设备安全监督管理的部门应当采取必要措施,及时予以处理。

对违法行为、严重事故隐患的处理需要当地人民政府和有关部门的支持、配合时,负责特种设备安全监督管理的部门应当报告当地人民政府,并通知其他有关部门。当地人民政府和其他有关部门应当采取必要措施,及时予以处理。

　　第六十四条　地方各级人民政府负责特种设备安全监督管理的部门不得要求已经依照本法规定在其他地方取得许可的特种设备生产单位重复取得许可,不得要求对已经依照本法规定在其他地方检验合格的特种设备重复进行检验。

　　第六十五条　负责特种设备安全监督管理的部门的安全监察人员应当熟悉相关法律、法规,具有相应的专业知识和工作经验,取得特种设备安全行政执法证件。

　　特种设备安全监察人员应当忠于职守、坚持原则、秉公执法。

　　负责特种设备安全监督管理的部门实施安全监督检查时,应当有二名以上特种设备安全监察人员参加,并出示有效的特种设备安全行政执法证件。

　　第六十六条　负责特种设备安全监督管理的部门对特种设备生产、经营、使用单位和检验、检测机构实施监督检查,应当对每次监督检查的内容、发现的问题及处理情况作出记录,并由参加监督检查的特种设备安全监察人员和被检查单位的有关负责人签字后归档。被检查单位的有关负责人拒绝签字的,特种设备安全监察人员应当将情况记录在案。

　　第六十七条　负责特种设备安全监督管理的部门及其工作人员不得推荐或者监制、监销特种设备;对履行职责过程中知悉的商业秘密负有保密义务。

　　第六十八条　国务院负责特种设备安全监督管理的部门和省、自治区、直辖市人民政府负责特种设备安全监督管理的部门应当定期向社会公布特种设备安全总体状况。

第五章　事故应急救援与调查处理

　　第六十九条　国务院负责特种设备安全监督管理的部门应当依法组织制定特种设备重特大事故应急预案,报国务院批准后纳入国家突发事件应急预案体系。

　　县级以上地方各级人民政府及其负责特种设备安全监督管理的部门应当依法组织制定本行政区域内特种设备事故应急预案,建立或者纳入相应的应急处置与救援体系。

　　特种设备使用单位应当制定特种设备事故应急专项预案,并定期进行应急演练。

　　第七十条　特种设备发生事故后,事故发生单位应当按照应急预案采取措施,组织抢救,防止事故扩大,减少人员伤亡和财产损失,保护事故现场和有关证据,并及时向事故发生地县级以上人民政府负责特种设备安全监督管理的部门和有关部门报告。

　　县级以上人民政府负责特种设备安全监督管理的部门接到事故报告,应当尽快核实情况,立即向本级人民政府报告,并按照规定逐级上报。必要时,负责特种设备安全监督管理的部门可以越级上报事故情况。对特别重大事故、重大事故,国务院负责特种设备安全监督管理的部门应当立即报告国务院并通报国务院安全生产监督管理部门等有关部门。

　　与事故相关的单位和人员不得迟报、谎报或者瞒报事故情况,不得隐匿、毁灭有关证据或者故意破坏事故现场。

　　第七十一条　事故发生地人民政府接到事故报告,应当依法启动应急预案,采取应急处置措施,组织应急救援。

　　第七十二条　特种设备发生特别重大事故,由国务院或者国务院授权有关部门组织事故调查组进行调查。

　　发生重大事故,由国务院负责特种设备安全监督管理的部门会同有关部门组织事故调查组进行调查。

　　发生较大事故,由省、自治区、直辖市人民政府负责特种设备安全监督管理的部门会同有关部门组织事故调查组进行调查。

　　发生一般事故,由设区的市级人民政府负责特种设备安全监督管理的部门会同有关部门组织事故调查组进行调查。

事故调查组应当依法、独立、公正开展调查，提出事故调查报告。

第七十三条　组织事故调查的部门应当将事故调查报告报本级人民政府，并报上一级人民政府负责特种设备安全监督管理的部门备案。有关部门和单位应当依照法律、行政法规的规定，追究事故责任单位和人员的责任。

事故责任单位应当依法落实整改措施，预防同类事故发生。事故造成损害的，事故责任单位应当依法承担赔偿责任。

第六章　法律责任

第七十四条　违反本法规定，未经许可从事特种设备生产活动的，责令停止生产，没收违法制造的特种设备，处十万元以上五十万元以下罚款；有违法所得的，没收违法所得；已经实施安装、改造、修理的，责令恢复原状或者责令限期由取得许可的单位重新安装、改造、修理。

第七十五条　违反本法规定，特种设备的设计文件未经鉴定，擅自用于制造的，责令改正，没收违法制造的特种设备，处五万元以上五十万元以下罚款。

第七十六条　违反本法规定，未进行型式试验的，责令限期改正；逾期未改正的，处三万元以上三十万元以下罚款。

第七十七条　违反本法规定，特种设备出厂时，未按照安全技术规范的要求随附相关技术资料和文件的，责令限期改正；逾期未改正的，责令停止制造、销售，处二万元以上二十万元以下罚款；有违法所得的，没收违法所得。

第七十八条　违反本法规定，特种设备安装、改造、修理的施工单位在施工前未书面告知负责特种设备安全监督管理的部门即行施工的，或者在验收后三十日内未将相关技术资料和文件移交特种设备使用单位的，责令限期改正；逾期未改正的，处一万元以上十万元以下罚款。

第七十九条　违反本法规定，特种设备的制造、安装、改造、重大修理以及锅炉清洗过程，未经监督检验的，责令限期改正；逾期未改正的，处五万元以上二十万元以下罚款；有违法所得的，没收违法所得；情节严重的，吊销生产许可证。

第八十条　违反本法规定，电梯制造单位有下列情形之一的，责令限期改正；逾期未改正的，处一万元以上十万元以下罚款：

（一）未按照安全技术规范的要求对电梯进行校验、调试的；

（二）对电梯的安全运行情况进行跟踪调查和了解时，发现存在严重事故隐患，未及时告知电梯使用单位并向负责特种设备安全监督管理的部门报告的。

第八十一条　违反本法规定，特种设备生产单位有下列行为之一的，责令限期改正；逾期未改正的，责令停止生产，处五万元以上五十万元以下罚款；情节严重的，吊销生产许可证：

（一）不再具备生产条件、生产许可证已经过期或者超出许可范围生产的；

（二）明知特种设备存在同一性缺陷，未立即停止生产并召回的。

违反本法规定，特种设备生产单位生产、销售、交付国家明令淘汰的特种设备的，责令停止生产、销售，没收违法生产、销售、交付的特种设备，处三万元以上三十万元以下罚款；有违法所得的，没收违法所得。

特种设备生产单位涂改、倒卖、出租、出借生产许可证的，责令停止生产，处五万元以上五十万元以下罚款；情节严重的，吊销生产许可证。

第八十二条　违反本法规定，特种设备经营单位有下列行为之一的，责令停止经营，没收违法经营的特种设备，处三万元以上三十万元以下罚款；有违法所得的，没收违法所得：

（一）销售、出租未取得许可生产，未经检验或者检验不合格的特种设备的；

（二）销售、出租国家明令淘汰、已经报废的特种设备，或者未按照安全技术规范的要求进行维护保养的特种设备的。

违反本法规定，特种设备销售单位未建立检查验收和销售记录制度，或者进口特种设备未履行提前告知义务的，责令改正，处一万元以上十万元以下罚款。

特种设备生产单位销售、交付未经检验或者检验不合格的特种设备的，依照本条第一款规定处罚；情节严重的，吊销生产许可证。

第八十三条 违反本法规定，特种设备使用单位有下列行为之一的，责令限期改正；逾期未改正的，责令停止使用有关特种设备，处一万元以上十万元以下罚款：

（一）使用特种设备未按照规定办理使用登记的；

（二）未建立特种设备安全技术档案或者安全技术档案不符合规定要求，或者未依法设置使用登记标志、定期检验标志的；

（三）未对其使用的特种设备进行经常性维护保养和定期自行检查，或者未对其使用的特种设备的安全附件、安全保护装置进行定期校验、检修，并作出记录的；

（四）未按照安全技术规范的要求及时申报并接受检验的；

（五）未按照安全技术规范的要求进行锅炉水（介）质处理的；

（六）未制定特种设备事故应急专项预案的。

第八十四条 违反本法规定，特种设备使用单位有下列行为之一的，责令停止使用有关特种设备，处三万元以上三十万元以下罚款：

（一）使用未取得许可生产，未经检验或者检验不合格的特种设备，或者国家明令淘汰、已经报废的特种设备的；

（二）特种设备出现故障或者发生异常情况，未对其进行全面检查、消除事故隐患，继续使用的；

（三）特种设备存在严重事故隐患，无改造、修理价值，或者达到安全技术规范规定的其他报废条件，未依法履行报废义务，并办理使用登记证书注销手续的。

第八十五条 违反本法规定，移动式压力容器、气瓶充装单位有下列行为之一的，责令改正，处二万元以上二十万元以下罚款；情节严重的，吊销充装许可证：

（一）未按照规定实施充装前后的检查、记录制度的；

（二）对不符合安全技术规范要求的移动式压力容器和气瓶进行充装的。

违反本法规定，未经许可，擅自从事移动式压力容器或者气瓶充装活动的，予以取缔，没收违法充装的气瓶，处十万元以上五十万元以下罚款；有违法所得的，没收违法所得。

第八十六条 违反本法规定，特种设备生产、经营、使用单位有下列情形之一的，责令限期改正；逾期未改正的，责令停止使用有关特种设备或者停产停业整顿，处一万元以上五万元以下罚款：

（一）未配备具有相应资格的特种设备安全管理人员、检测人员和作业人员的；

（二）使用未取得相应资格的人员从事特种设备安全管理、检测和作业的；

（三）未对特种设备安全管理人员、检测人员和作业人员进行安全教育和技能培训的。

第八十七条 违反本法规定，电梯、客运索道、大型游乐设施的运营使用单位有下列情形之一的，责令限期改正；逾期未改正的，责令停止使用有关特种设备或者停产停业整顿，处二万元以上十万元以下罚款：

（一）未设置特种设备安全管理机构或者配备专职的特种设备安全管理人员的；

（二）客运索道、大型游乐设施每日投入使用前，未进行试运行和例行安全检查，未对安全附件和安全保护装置进行检查确认的；

（三）未将电梯、客运索道、大型游乐设施的安全使用说明、安全注意事项和警示标志置于易于为乘客注意的显著位置的。

第八十八条 违反本法规定，未经许可，擅自从事电梯维护保养的，责令停止违法行为，处一万元以上十万元以下罚款;有违法所得的,没收违法所得。

电梯的维护保养单位未按照本法规定以及安全技术规范的要求,进行电梯维护保养的,依照前款规定处罚。

第八十九条 发生特种设备事故,有下列情形之一的,对单位处五万元以上二十万元以下罚款;对主要负责人处一万元以上五万元以下罚款;主要负责人属于国家工作人员的,并依法给予处分:

(一)发生特种设备事故时,不立即组织抢救或者在事故调查处理期间擅离职守或者逃匿的;

(二)对特种设备事故迟报、谎报或者瞒报的。

第九十条 发生事故,对负有责任的单位除要求其依法承担相应的赔偿等责任外,依照下列规定处以罚款:

(一)发生一般事故,处十万元以上二十万元以下罚款;

(二)发生较大事故,处二十万元以上五十万元以下罚款;

(三)发生重大事故,处五十万元以上二百万元以下罚款。

第九十一条 对事故发生负有责任的单位的主要负责人未依法履行职责或者负有领导责任的,依照下列规定处以罚款;属于国家工作人员的,并依法给予处分:

(一)发生一般事故,处上一年年收入百分之三十的罚款;

(二)发生较大事故,处上一年年收入百分之四十的罚款;

(三)发生重大事故,处上一年年收入百分之六十的罚款。

第九十二条 违反本法规定,特种设备安全管理人员、检测人员和作业人员不履行岗位职责,违反操作规程和有关安全规章制度,造成事故的,吊销相关人员的资格。

第九十三条 违反本法规定,特种设备检验、检测机构及其检验、检测人员有下列行为之一的,责令改正,对机构处五万元以上二十万元以下罚款,对直接负责的主管人员和其他直接责任人员处五千元以上五万元以下罚款;情节严重的,吊销机构资质和有关人员的资格:

(一)未经核准或者超出核准范围、使用未取得相应资格的人员从事检验、检测的;

(二)未按照安全技术规范的要求进行检验、检测的;

(三)出具虚假的检验、检测结果和鉴定结论或者检验、检测结果和鉴定结论严重失实的;

(四)发现特种设备存在严重事故隐患,未及时告知相关单位,并立即向负责特种设备安全监督管理的部门报告的;

(五)泄露检验、检测过程中知悉的商业秘密的;

(六)从事有关特种设备的生产、经营活动的;

(七)推荐或者监制、监销特种设备的;

(八)利用检验工作故意刁难相关单位的。

违反本法规定,特种设备检验、检测机构的检验、检测人员同时在两个以上检验、检测机构中执业的,处五千元以上五万元以下罚款;情节严重的,吊销其资格。

第九十四条 违反本法规定,负责特种设备安全监督管理的部门及其工作人员有下列行为之一的,由上级机关责令改正;对直接负责的主管人员和其他直接责任人员,依法给予处分:

(一)未依照法律、行政法规规定的条件、程序实施许可的;

(二)发现未经许可擅自从事特种设备的生产、使用或者检验、检测活动不予取缔或者不依法予以处理的;

(三)发现特种设备生产单位不再具备本法规定的条件而不吊销其许可证,或者发现特种设备生产、经营、使用违法行为不予查处的;

(四)发现特种设备检验、检测机构不再具备本法规定的条件而不撤销其核准,或者对其出具虚假的检验、检测结果和鉴定结论或者检验、检测结果和鉴定结论严重失实的行为不予查处的;

(五)发现违反本法规定和安全技术规范要求的行为或者特种设备存在事故隐患,不立即处理的;

（六）发现重大违法行为或者特种设备存在严重事故隐患，未及时向上级负责特种设备安全监督管理的部门报告，或者接到报告的负责特种设备安全监督管理的部门不立即处理的；

（七）要求已经依照本法规定在其他地方取得许可的特种设备生产单位重复取得许可，或者要求对已经依照本法规定在其他地方检验合格的特种设备重复进行检验的；

（八）推荐或者监制、监销特种设备的；

（九）泄露履行职责过程中知悉的商业秘密的；

（十）接到特种设备事故报告未立即向本级人民政府报告，并按照规定上报的；

（十一）迟报、漏报、谎报或者瞒报事故的；

（十二）妨碍事故救援或者事故调查处理的；

（十三）其他滥用职权、玩忽职守、徇私舞弊的行为。

第九十五条 违反本法规定，特种设备生产、经营、使用单位或者检验、检测机构拒不接受负责特种设备安全监督管理的部门依法实施的监督检查的，责令限期改正；逾期未改正的，责令停产停业整顿，处二万元以上二十万元以下罚款。

特种设备生产、经营、使用单位擅自动用、调换、转移、损毁被查封、扣押的特种设备或者其主要部件的，责令改正，处五万元以上二十万元以下罚款；情节严重的，吊销生产许可证，注销特种设备使用登记证书。

第九十六条 违反本法规定，被依法吊销许可证的，自吊销许可证之日起三年内，负责特种设备安全监督管理的部门不予受理其新的许可申请。

第九十七条 违反本法规定，造成人身、财产损害的，依法承担民事责任。

违反本法规定，应当承担民事赔偿责任和缴纳罚款、罚金，其财产不足以同时支付时，先承担民事赔偿责任。

第九十八条 违反本法规定，构成违反治安管理行为的，依法给予治安管理处罚；构成犯罪的，依法追究刑事责任。

第七章 附 则

第九十九条 特种设备行政许可、检验的收费，依照法律、行政法规的规定执行。

第一百条 军事装备、核设施、航空航天器使用的特种设备安全的监督管理不适用本法。

铁路机车、海上设施和船舶、矿山井下使用的特种设备以及民用机场专用设备安全的监督管理，房屋建筑工地、市政工程工地用起重机械和场（厂）内专用机动车辆的安装、使用的监督管理，由有关部门依照本法和其他有关法律的规定实施。

第一百零一条 本法自 2014 年 1 月 1 日起施行。

特种设备安全监察条例[*]

（2003 年 3 月 11 日中华人民共和国国务院令第 373 号公布
根据 2009 年 1 月 24 日《国务院关于修改〈特种设备安全
监察条例〉的决定》修订）

第一章　总　则

第一条　为了加强特种设备的安全监察，防止和减少事故，保障人民群众生命和财产安全，促进经济发展，制定本条例。

第二条　本条例所称特种设备是指涉及生命安全、危险性较大的锅炉、压力容器（含气瓶，下同）、压力管道、电梯、起重机械、客运索道、大型游乐设施和场（厂）内专用机动车辆。

前款特种设备的目录由国务院负责特种设备安全监督管理的部门（以下简称国务院特种设备安全监督管理部门）制订，报国务院批准后执行。

第三条　特种设备的生产（含设计、制造、安装、改造、维修，下同）、使用、检验检测及其监督检查，应当遵守本条例，但本条例另有规定的除外。

军事装备、核设施、航空航天器、铁路机车、海上设施和船舶以及矿山井下使用的特种设备、民用机场专用设备的安全监察不适用本条例。

房屋建筑工地和市政工程工地用起重机械、场（厂）内专用机动车辆的安装、使用的监督管理，由建设行政主管部门依照有关法律、法规的规定执行。

第四条　国务院特种设备安全监督管理部门负责全国特种设备的安全监察工作，县以上地方负责特种设备安全监督管理的部门对本行政区域内特种设备实施安全监察（以下统称特种设备安全监督管理部门）。

第五条　特种设备生产、使用单位应当建立健全特种设备安全、节能管理制度和岗位安全、节能责任制度。

特种设备生产、使用单位的主要负责人应当对本单位特种设备的安全和节能全面负责。

特种设备生产、使用单位和特种设备检验检测机构，应当接受特种设备安全监督管理部门依法进行的特种设备安全监察。

第六条　特种设备检验检测机构，应当依照本条例规定，进行检验检测工作，对其检验检测结果、鉴定结论承担法律责任。

第七条　县级以上地方人民政府应当督促、支持特种设备安全监督管理部门依法履行安全监察职责，对特种设备安全监察中存在的重大问题及时予以协调、解决。

第八条　国家鼓励推行科学的管理方法，采用先进技术，提高特种设备安全性能和管理水平，增强特种设备生产、使用单位防范事故的能力，对取得显著成绩的单位和个人，给予奖励。

＊　注：中华人民共和国国务院令第 549 号

国家鼓励特种设备节能技术的研究、开发、示范和推广,促进特种设备节能技术创新和应用。

特种设备生产、使用单位和特种设备检验检测机构,应当保证必要的安全和节能投入。

国家鼓励实行特种设备责任保险制度,提高事故赔付能力。

第九条 任何单位和个人对违反本条例规定的行为,有权向特种设备安全监督管理部门和行政监察等有关部门举报。

特种设备安全监督管理部门应当建立特种设备安全监察举报制度,公布举报电话、信箱或者电子邮件地址,受理对特种设备生产、使用和检验检测违法行为的举报,并及时予以处理。

特种设备安全监督管理部门和行政监察等有关部门应当为举报人保密,并按照国家有关规定给予奖励。

第二章　特种设备的生产

第十条 特种设备生产单位,应当依照本条例规定以及国务院特种设备安全监督管理部门制订并公布的安全技术规范(以下简称安全技术规范)的要求,进行生产活动。

特种设备生产单位对其生产的特种设备的安全性能和能效指标负责,不得生产不符合安全性能要求和能效指标的特种设备,不得生产国家产业政策明令淘汰的特种设备。

第十一条 压力容器的设计单位应当经国务院特种设备安全监督管理部门许可,方可从事压力容器的设计活动。

压力容器的设计单位应当具备下列条件:

(一)有与压力容器设计相适应的设计人员、设计审核人员;

(二)有与压力容器设计相适应的场所和设备;

(三)有与压力容器设计相适应的健全的管理制度和责任制度。

第十二条 锅炉、压力容器中的气瓶(以下简称气瓶)、氧舱和客运索道、大型游乐设施以及高耗能特种设备的设计文件,应当经国务院特种设备安全监督管理部门核准的检验检测机构鉴定,方可用于制造。

第十三条 按照安全技术规范的要求,应当进行型式试验的特种设备产品、部件或者试制特种设备新产品、新部件、新材料,必须进行型式试验和能效测试。

第十四条 锅炉、压力容器、电梯、起重机械、客运索道、大型游乐设施及其安全附件、安全保护装置的制造、安装、改造单位,以及压力管道用管子、管件、阀门、法兰、补偿器、安全保护装置等(以下简称压力管道元件)的制造单位和场(厂)内专用机动车辆的制造、改造单位,应当经国务院特种设备安全监督管理部门许可,方可从事相应的活动。

前款特种设备的制造、安装、改造单位应当具备下列条件:

(一)有与特种设备制造、安装、改造相适应的专业技术人员和技术工人;

(二)有与特种设备制造、安装、改造相适应的生产条件和检测手段;

(三)有健全的质量管理制度和责任制度。

第十五条 特种设备出厂时,应当附有安全技术规范要求的设计文件、产品质量合格证明、安装及使用维修说明、监督检验证明等文件。

第十六条 锅炉、压力容器、电梯、起重机械、客运索道、大型游乐设施、场(厂)内专用机动车辆的维修单位,应当有与特种设备维修相适应的专业技术人员和技术工人以及必要的检测手段,并经省、自治区、直辖市特种设备安全监督管理部门许可,方可从事相应的维修活动。

第十七条 锅炉、压力容器、起重机械、客运索道、大型游乐设施的安装、改造、维修以及场(厂)内专用机动车辆的改造、维修,必须由依照本条例取得许可的单位进行。

电梯的安装、改造、维修,必须由电梯制造单位或者其通过合同委托、同意的依照本条例取得许可的单位进行。电梯制造单位对电梯质量以及安全运行涉及的质量问题负责。

特种设备安装、改造、维修的施工单位应当在施工前将拟进行的特种设备安装、改造、维修情况书面告知直辖市或者设区的市的特种设备安全监督管理部门,告知后即可施工。

第十八条　电梯井道的土建工程必须符合建筑工程质量要求。电梯安装施工过程中,电梯安装单位应当遵守施工现场的安全生产要求,落实现场安全防护措施。电梯安装施工过程中,施工现场的安全生产监督,由有关部门依照有关法律、行政法规的规定执行。

电梯安装施工过程中,电梯安装单位应当服从建筑施工总承包单位对施工现场的安全生产管理,并订立合同,明确各自的安全责任。

第十九条　电梯的制造、安装、改造和维修活动,必须严格遵守安全技术规范的要求。电梯制造单位委托或者同意其他单位进行电梯安装、改造、维修活动的,应当对其安装、改造、维修活动进行安全指导和监控。电梯的安装、改造、维修活动结束后,电梯制造单位应当按照安全技术规范的要求对电梯进行校验和调试,并对校验和调试的结果负责。

第二十条　锅炉、压力容器、电梯、起重机械、客运索道、大型游乐设施的安装、改造、维修以及场(厂)内专用机动车辆的改造、维修竣工后,安装、改造、维修的施工单位应当在验收后30日内将有关技术资料移交使用单位,高耗能特种设备还应当按照安全技术规范的要求提交能效测试报告。使用单位应当将其存入该特种设备的安全技术档案。

第二十一条　锅炉、压力容器、压力管道元件、起重机械、大型游乐设施的制造过程和锅炉、压力容器、电梯、起重机械、客运索道、大型游乐设施的安装、改造、重大维修过程,必须经国务院特种设备安全监督管理部门核准的检验检测机构按照安全技术规范的要求进行监督检验;未经监督检验合格的不得出厂或者交付使用。

第二十二条　移动式压力容器、气瓶充装单位应当经省、自治区、直辖市的特种设备安全监督管理部门许可,方可从事充装活动。

充装单位应当具备下列条件:

(一)有与充装和管理相适应的管理人员和技术人员;

(二)有与充装和管理相适应的充装设备、检测手段、场地厂房、器具、安全设施;

(三)有健全的充装管理制度、责任制度、紧急处理措施。

气瓶充装单位应当向气体使用者提供符合安全技术规范要求的气瓶,对使用者进行气瓶安全使用指导,并按照安全技术规范的要求办理气瓶使用登记,提出气瓶的定期检验要求。

第三章　特种设备的使用

第二十三条　特种设备使用单位,应当严格执行本条例和有关安全生产的法律、行政法规的规定,保证特种设备的安全使用。

第二十四条　特种设备使用单位应当使用符合安全技术规范要求的特种设备。特种设备投入使用前,使用单位应当核对其是否附有本条例第十五条规定的相关文件。

第二十五条　特种设备在投入使用前或者投入使用后30日内,特种设备使用单位应当向直辖市或者设区的市的特种设备安全监督管理部门登记。登记标志应当置于或者附着于该特种设备的显著位置。

第二十六条　特种设备使用单位应当建立特种设备安全技术档案。安全技术档案应当包括以下内容:

(一)特种设备的设计文件、制造单位、产品质量合格证明、使用维护说明等文件以及安装技术文件和资料;

(二)特种设备的定期检验和定期自行检查的记录;

（三）特种设备的日常使用状况记录；

（四）特种设备及其安全附件、安全保护装置、测量调控装置及有关附属仪器仪表的日常维护保养记录；

（五）特种设备运行故障和事故记录；

（六）高耗能特种设备的能效测试报告、能耗状况记录以及节能改造技术资料。

第二十七条 特种设备使用单位应当对在用特种设备进行经常性日常维护保养，并定期自行检查。

特种设备使用单位对在用特种设备应当至少每月进行一次自行检查，并作出记录。特种设备使用单位在对在用特种设备进行自行检查和日常维护保养时发现异常情况的，应当及时处理。

特种设备使用单位应当对在用特种设备的安全附件、安全保护装置、测量调控装置及有关附属仪器仪表进行定期校验、检修，并作出记录。

锅炉使用单位应当按照安全技术规范的要求进行锅炉水（介）质处理，并接受特种设备检验检测机构实施的水（介）质处理定期检验。

从事锅炉清洗的单位，应当按照安全技术规范的要求进行锅炉清洗，并接受特种设备检验检测机构实施的锅炉清洗过程监督检验。

第二十八条 特种设备使用单位应当按照安全技术规范的定期检验要求，在安全检验合格有效期届满前1个月向特种设备检验检测机构提出定期检验要求。

检验检测机构接到定期检验要求后，应当按照安全技术规范的要求及时进行安全性能检验和能效测试。

未经定期检验或者检验不合格的特种设备，不得继续使用。

第二十九条 特种设备出现故障或者发生异常情况，使用单位应当对其进行全面检查，消除事故隐患后，方可重新投入使用。

特种设备不符合能效指标的，特种设备使用单位应当采取相应措施进行整改。

第三十条 特种设备存在严重事故隐患，无改造、维修价值，或者超过安全技术规范规定使用年限，特种设备使用单位应当及时予以报废，并应当向原登记的特种设备安全监督管理部门办理注销。

第三十一条 电梯的日常维护保养必须由依照本条例取得许可的安装、改造、维修单位或者电梯制造单位进行。

电梯应当至少每15日进行一次清洁、润滑、调整和检查。

第三十二条 电梯的日常维护保养单位应当在维护保养中严格执行国家安全技术规范的要求，保证其维护保养的电梯的安全技术性能，并负责落实现场安全防护措施，保证施工安全。

电梯的日常维护保养单位，应当对其维护保养的电梯的安全性能负责。接到故障通知后，应当立即赶赴现场，并采取必要的应急救援措施。

第三十三条 电梯、客运索道、大型游乐设施等为公众提供服务的特种设备运营使用单位，应当设置特种设备安全管理机构或者配备专职的安全管理人员；其他特种设备使用单位，应当根据情况设置特种设备安全管理机构或者配备专职、兼职的安全管理人员。

特种设备的安全管理人员应当对特种设备使用状况进行经常性检查，发现问题的应当立即处理；情况紧急时，可以决定停止使用特种设备并及时报告本单位有关负责人。

第三十四条 客运索道、大型游乐设施的运营使用单位在客运索道、大型游乐设施每日投入使用前，应当进行试运行和例行安全检查，并对安全装置进行检查确认。

电梯、客运索道、大型游乐设施的运营使用单位应当将电梯、客运索道、大型游乐设施的安全注意事项和警示标志置于易于为乘客注意的显著位置。

第三十五条 客运索道、大型游乐设施的运营使用单位的主要负责人应当熟悉客运索道、大型游乐设施的相关安全知识，并全面负责客运索道、大型游乐设施的安全使用。

客运索道、大型游乐设施的运营使用单位的主要负责人至少应当每月召开一次会议，督促、检查客运索道、大型游乐设施的安全使用工作。

客运索道、大型游乐设施的运营使用单位,应当结合本单位的实际情况,配备相应数量的营救装备和急救物品。

第三十六条　电梯、客运索道、大型游乐设施的乘客应当遵守使用安全注意事项的要求,服从有关工作人员的指挥。

第三十七条　电梯投入使用后,电梯制造单位应当对其制造的电梯的安全运行情况进行跟踪调查和了解,对电梯的日常维护保养单位或者电梯的使用单位在安全运行方面存在的问题,提出改进建议,并提供必要的技术帮助。发现电梯存在严重事故隐患的,应当及时向特种设备安全监督管理部门报告。电梯制造单位对调查和了解的情况,应当作出记录。

第三十八条　锅炉、压力容器、电梯、起重机械、客运索道、大型游乐设施、场(厂)内专用机动车辆的作业人员及其相关管理人员(以下统称特种设备作业人员),应当按照国家有关规定经特种设备安全监督管理部门考核合格,取得国家统一格式的特种作业人员证书,方可从事相应的作业或者管理工作。

第三十九条　特种设备使用单位应当对特种设备作业人员进行特种设备安全、节能教育和培训,保证特种设备作业人员具备必要的特种设备安全、节能知识。

特种设备作业人员在作业中应当严格执行特种设备的操作规程和有关的安全规章制度。

第四十条　特种设备作业人员在作业过程中发现事故隐患或者其他不安全因素,应当立即向现场安全管理人员和单位有关负责人报告。

第四章　检验检测

第四十一条　从事本条例规定的监督检验、定期检验、型式试验以及专门为特种设备生产、使用、检验检测提供无损检测服务的特种设备检验检测机构,应当经国务院特种设备安全监督管理部门核准。

特种设备使用单位设立的特种设备检验检测机构,经国务院特种设备安全监督管理部门核准,负责本单位核准范围内的特种设备定期检验工作。

第四十二条　特种设备检验检测机构,应当具备下列条件:

(一)有与所从事的检验检测工作相适应的检验检测人员;

(二)有与所从事的检验检测工作相适应的检验检测仪器和设备;

(三)有健全的检验检测管理制度、检验检测责任制度。

第四十三条　特种设备的监督检验、定期检验、型式试验和无损检测应当由依照本条例经核准的特种设备检验检测机构进行。

特种设备检验检测工作应当符合安全技术规范的要求。

第四十四条　从事本条例规定的监督检验、定期检验、型式试验和无损检测的特种设备检验检测人员应当经国务院特种设备安全监督管理部门组织考核合格,取得检验检测人员证书,方可从事检验检测工作。

检验检测人员从事检验检测工作,必须在特种设备检验检测机构执业,但不得同时在两个以上检验检测机构中执业。

第四十五条　特种设备检验检测机构和检验检测人员进行特种设备检验检测,应当遵循诚信原则和方便企业的原则,为特种设备生产、使用单位提供可靠、便捷的检验检测服务。

特种设备检验检测机构和检验检测人员对涉及的被检验检测单位的商业秘密,负有保密义务。

第四十六条　特种设备检验检测机构和检验检测人员应当客观、公正、及时地出具检验检测结果、鉴定结论。检验检测结果、鉴定结论经检验检测人员签字后,由检验检测机构负责人签署。

特种设备检验检测机构和检验检测人员对检验检测结果、鉴定结论负责。

国务院特种设备安全监督管理部门应当组织对特种设备检验检测机构的检验检测结果、鉴定结论进行监督抽查。县以上地方负责特种设备安全监督管理的部门在本行政区域内也可以组织监督抽查，但是要防止重复抽查。监督抽查结果应当向社会公布。

第四十七条　特种设备检验检测机构和检验检测人员不得从事特种设备的生产、销售，不得以其名义推荐或者监制、监销特种设备。

第四十八条　特种设备检验检测机构进行特种设备检验检测，发现严重事故隐患或者能耗严重超标的，应当及时告知特种设备使用单位，并立即向特种设备安全监督管理部门报告。

第四十九条　特种设备检验检测机构和检验检测人员利用检验检测工作故意刁难特种设备生产、使用单位，特种设备生产、使用单位有权向特种设备安全监督管理部门投诉，接到投诉的特种设备安全监督管理部门应当及时进行调查处理。

第五章　监督检查

第五十条　特种设备安全监督管理部门依照本条例规定，对特种设备生产、使用单位和检验检测机构实施安全监察。

对学校、幼儿园以及车站、客运码头、商场、体育场馆、展览馆、公园等公众聚集场所的特种设备，特种设备安全监督管理部门应当实施重点安全监察。

第五十一条　特种设备安全监督管理部门根据举报或者取得的涉嫌违法证据，对涉嫌违反本条例规定的行为进行查处时，可以行使下列职权：

（一）向特种设备生产、使用单位和检验检测机构的法定代表人、主要负责人和其他有关人员调查、了解与涉嫌从事违反本条例的生产、使用、检验检测有关的情况；

（二）查阅、复制特种设备生产、使用单位和检验检测机构的有关合同、发票、账簿以及其他有关资料；

（三）对有证据表明不符合安全技术规范要求的或者有其他严重事故隐患、能耗严重超标的特种设备，予以查封或者扣押。

第五十二条　依照本条例规定实施许可、核准、登记的特种设备安全监督管理部门，应当严格依照本条例规定条件和安全技术规范要求对有关事项进行审查；不符合本条例规定条件和安全技术规范要求的，不得许可、核准、登记；在申请办理许可、核准期间，特种设备安全监督管理部门发现申请人未经许可从事特种设备相应活动或者伪造许可、核准证书的，不予受理或者不予许可、核准，并在1年内不再受理其新的许可、核准申请。

未依法取得许可、核准、登记的单位擅自从事特种设备的生产、使用或者检验检测活动的，特种设备安全监督管理部门应当依法予以处理。

违反本条例规定，被依法撤销许可的，自撤销许可之日起3年内，特种设备安全监督管理部门不予受理其新的许可申请。

第五十三条　特种设备安全监督管理部门在办理本条例规定的有关行政审批事项时，其受理、审查、许可、核准的程序必须公开，并应当自受理申请之日起30日内，作出许可、核准或者不予许可、核准的决定；不予许可、核准的，应当书面向申请人说明理由。

第五十四条　地方各级特种设备安全监督管理部门不得以任何形式进行地方保护和地区封锁，不得对已经依照本条例规定在其他地方取得许可的特种设备生产单位重复进行许可，也不得要求对依照本条例规定在其他地方检验检测合格的特种设备，重复进行检验检测。

第五十五条　特种设备安全监督管理部门的安全监察人员（以下简称特种设备安全监察人员）应当熟悉相关法律、法规、规章和安全技术规范，具有相应的专业知识和工作经验，并经国务院特种设备安全监督管理部门考核，取得特种设备安全监察人员证书。

特种设备安全监察人员应当忠于职守、坚持原则、秉公执法。

第五十六条 特种设备安全监督管理部门对特种设备生产、使用单位和检验检测机构实施安全监察时,应当有两名以上特种设备安全监察人员参加,并出示有效的特种设备安全监察人员证件。

第五十七条 特种设备安全监督管理部门对特种设备生产、使用单位和检验检测机构实施安全监察,应当对每次安全监察的内容、发现的问题及处理情况,作出记录,并由参加安全监察的特种设备安全监察人员和被检查单位的有关负责人签字后归档。被检查单位的有关负责人拒绝签字的,特种设备安全监察人员应当将情况记录在案。

第五十八条 特种设备安全监督管理部门对特种设备生产、使用单位和检验检测机构进行安全监察时,发现有违反本条例规定和安全技术规范要求的行为或者在用的特种设备存在事故隐患、不符合能效指标的,应当以书面形式发出特种设备安全监察指令,责令有关单位及时采取措施,予以改正或者消除事故隐患。紧急情况下需要采取紧急处置措施的,应当随后补发书面通知。

第五十九条 特种设备安全监督管理部门对特种设备生产、使用单位和检验检测机构进行安全监察,发现重大违法行为或者严重事故隐患时,应当在采取必要措施的同时,及时向上级特种设备安全监督管理部门报告。接到报告的特种设备安全监督管理部门应当采取必要措施,及时予以处理。

对违法行为、严重事故隐患或者不符合能效指标的处理需要当地人民政府和有关部门的支持、配合时,特种设备安全监督管理部门应当报告当地人民政府,并通知其他有关部门。当地人民政府和其他有关部门应当采取必要措施,及时予以处理。

第六十条 国务院特种设备安全监督管理部门和省、自治区、直辖市特种设备安全监督管理部门应当定期向社会公布特种设备安全以及能效状况。

公布特种设备安全以及能效状况,应当包括下列内容:

(一)特种设备质量安全状况;

(二)特种设备事故的情况、特点、原因分析、防范对策;

(三)特种设备能效状况;

(四)其他需要公布的情况。

第六章 事故预防和调查处理

第六十一条 有下列情形之一的,为特别重大事故:

(一)特种设备事故造成30人以上死亡,或者100人以上重伤(包括急性工业中毒,下同),或者1亿元以上直接经济损失的;

(二)600兆瓦以上锅炉爆炸的;

(三)压力容器、压力管道有毒介质泄漏,造成15万人以上转移的;

(四)客运索道、大型游乐设施高空滞留100人以上并且时间在48小时以上的。

第六十二条 有下列情形之一的,为重大事故:

(一)特种设备事故造成10人以上30人以下死亡,或者50人以上100人以下重伤,或者5000万元以上1亿元以下直接经济损失的;

(二)600兆瓦以上锅炉因安全故障中断运行240小时以上的;

(三)压力容器、压力管道有毒介质泄漏,造成5万人以上15万人以下转移的;

(四)客运索道、大型游乐设施高空滞留100人以上并且时间在24小时以上48小时以下的。

第六十三条 有下列情形之一的,为较大事故:

(一)特种设备事故造成3人以上10人以下死亡,或者10人以上50人以下重伤,或者1000万元以上5000万元以下直接经济损失的;

(二)锅炉、压力容器、压力管道爆炸的;

(三)压力容器、压力管道有毒介质泄漏,造成1万人以上5万人以下转移的;

（四）起重机械整体倾覆的；

（五）客运索道、大型游乐设施高空滞留人员 12 小时以上的。

第六十四条 有下列情形之一的，为一般事故：

（一）特种设备事故造成 3 人以下死亡，或者 10 人以下重伤，或者 1 万元以上 1000 万元以下直接经济损失的；

（二）压力容器、压力管道有毒介质泄漏，造成 500 人以上 1 万人以下转移的；

（三）电梯轿厢滞留人员 2 小时以上的；

（四）起重机械主要受力结构件折断或者起升机构坠落的；

（五）客运索道高空滞留人员 3.5 小时以上 12 小时以下的；

（六）大型游乐设施高空滞留人员 1 小时以上 12 小时以下的。

除前款规定外，国务院特种设备安全监督管理部门可以对一般事故的其他情形做出补充规定。

第六十五条 特种设备安全监督管理部门应当制定特种设备应急预案。特种设备使用单位应当制定事故应急专项预案，并定期进行事故应急演练。

压力容器、压力管道发生爆炸或者泄漏，在抢险救援时应当区分介质特性，严格按照相关预案规定程序处理，防止二次爆炸。

第六十六条 特种设备事故发生后，事故发生单位应当立即启动事故应急预案，组织抢救，防止事故扩大，减少人员伤亡和财产损失，并及时向事故发生地县以上特种设备安全监督管理部门和有关部门报告。

县以上特种设备安全监督管理部门接到事故报告，应当尽快核实有关情况，立即向所在地人民政府报告，并逐级上报事故情况。必要时，特种设备安全监督管理部门可以越级上报事故情况。对特别重大事故、重大事故，国务院特种设备安全监督管理部门应当立即报告国务院并通报国务院安全生产监督管理部门等有关部门。

第六十七条 特别重大事故由国务院或者国务院授权有关部门组织事故调查组进行调查。

重大事故由国务院特种设备安全监督管理部门会同有关部门组织事故调查组进行调查。

较大事故由省、自治区、直辖市特种设备安全监督管理部门会同有关部门组织事故调查组进行调查。

一般事故由设区的市的特种设备安全监督管理部门会同有关部门组织事故调查组进行调查。

第六十八条 事故调查报告应当由负责组织事故调查的特种设备安全监督管理部门的所在地人民政府批复，并报上一级特种设备安全监督管理部门备案。

有关机关应当按照批复，依照法律、行政法规规定的权限和程序，对事故责任单位和有关人员进行行政处罚，对负有事故责任的国家工作人员进行处分。

第六十九条 特种设备安全监督管理部门应当在有关地方人民政府的领导下，组织开展特种设备事故调查处理工作。

有关地方人民政府应当支持、配合上级人民政府或者特种设备安全监督管理部门的事故调查处理工作，并提供必要的便利条件。

第七十条 特种设备安全监督管理部门应当对发生事故的原因进行分析，并根据特种设备的管理和技术特点、事故情况对相关安全技术规范进行评估；需要制定或者修订相关安全技术规范的，应当及时制定或者修订。

第七十一条 本章所称的"以上"包括本数，所称的"以下"不包括本数。

第七章　法律责任

第七十二条 未经许可，擅自从事压力容器设计活动的，由特种设备安全监督管理部门予以取缔，处 5 万元以上 20 万元以下罚款;有违法所得的,没收违法所得;触犯刑律的,对负有责任的主管人员和其他直接责任人员依照刑法关于非法经营罪或者其他罪的规定,依法追究刑事责任。

第七十三条　锅炉、气瓶、氧舱和客运索道、大型游乐设施以及高耗能特种设备的设计文件,未经国务院特种设备安全监督管理部门核准的检验检测机构鉴定,擅自用于制造的,由特种设备安全监督管理部门责令改正,没收非法制造的产品,处 5 万元以上 20 万元以下罚款;触犯刑律的,对负有责任的主管人员和其他直接责任人员依照刑法关于生产、销售伪劣产品罪、非法经营罪或者其他罪的规定,依法追究刑事责任。

第七十四条　按照安全技术规范的要求应当进行型式试验的特种设备产品、部件或者试制特种设备新产品、新部件,未进行整机或者部件型式试验的,由特种设备安全监督管理部门责令限期改正;逾期未改正的,处 2 万元以上 10 万元以下罚款。

第七十五条　未经许可,擅自从事锅炉、压力容器、电梯、起重机械、客运索道、大型游乐设施、场(厂)内专用机动车辆及其安全附件、安全保护装置的制造、安装、改造以及压力管道元件的制造活动的,由特种设备安全监督管理部门予以取缔,没收非法制造的产品,已经实施安装、改造的,责令恢复原状或者责令限期由取得许可的单位重新安装、改造,处 10 万元以上 50 万元以下罚款;触犯刑律的,对负有责任的主管人员和其他直接责任人员依照刑法关于生产、销售伪劣产品罪、非法经营罪、重大责任事故罪或者其他罪的规定,依法追究刑事责任。

第七十六条　特种设备出厂时,未按照安全技术规范的要求附有设计文件、产品质量合格证明、安装及使用维修说明、监督检验证明等文件的,由特种设备安全监督管理部门责令改正;情节严重的,责令停止生产、销售,处违法生产、销售货值金额 30％ 以下罚款;有违法所得的,没收违法所得。

第七十七条　未经许可,擅自从事锅炉、压力容器、电梯、起重机械、客运索道、大型游乐设施、场(厂)内专用机动车辆的维修或者日常维护保养的,由特种设备安全监督管理部门予以取缔,处 1 万元以上 5 万元以下罚款;有违法所得的,没收违法所得;触犯刑律的,对负有责任的主管人员和其他直接责任人员依照刑法关于非法经营罪、重大责任事故罪或者其他罪的规定,依法追究刑事责任。

第七十八条　锅炉、压力容器、电梯、起重机械、客运索道、大型游乐设施的安装、改造、维修的施工单位以及场(厂)内专用机动车辆的改造、维修单位,在施工前未将拟进行的特种设备安装、改造、维修情况书面告知直辖市或者设区的市的特种设备安全监督管理部门即行施工的,或者在验收后 30 日内未将有关技术资料移交锅炉、压力容器、电梯、起重机械、客运索道、大型游乐设施的使用单位的,由特种设备安全监督管理部门责令限期改正;逾期未改正的,处 2000 元以上 1 万元以下罚款。

第七十九条　锅炉、压力容器、压力管道元件、起重机械、大型游乐设施的制造过程和锅炉、压力容器、电梯、起重机械、客运索道、大型游乐设施的安装、改造、重大维修过程,以及锅炉清洗过程,未经国务院特种设备安全监督管理部门核准的检验检测机构按照安全技术规范的要求进行监督检验的,由特种设备安全监督管理部门责令改正,已经出厂的,没收违法生产、销售的产品,已经实施安装、改造、重大维修或者清洗的,责令限期进行监督检验,处 5 万元以上 20 万元以下罚款;有违法所得的,没收违法所得;情节严重的,撤销制造、安装、改造或者维修单位已经取得的许可,并由工商行政管理部门吊销其营业执照;触犯刑律的,对负有责任的主管人员和其他直接责任人员依照刑法关于生产、销售伪劣产品罪或者其他罪的规定,依法追究刑事责任。

第八十条　未经许可,擅自从事移动式压力容器或者气瓶充装活动的,由特种设备安全监督管理部门予以取缔,没收违法充装的气瓶,处 10 万元以上 50 万元以下罚款;有违法所得的,没收违法所得;触犯刑律的,对负有责任的主管人员和其他直接责任人员依照刑法关于非法经营罪或者其他罪的规定,依法追究刑事责任。

移动式压力容器、气瓶充装单位未按照安全技术规范的要求进行充装活动的,由特种设备安全监督管理部门责令改正,处 2 万元以上 10 万元以下罚款;情节严重的,撤销其充装资格。

第八十一条　电梯制造单位有下列情形之一的,由特种设备安全监督管理部门责令限期改正;逾期

未改正的,予以通报批评:

（一）未依照本条例第十九条的规定对电梯进行校验、调试的;

（二）对电梯的安全运行情况进行跟踪调查和了解时,发现存在严重事故隐患,未及时向特种设备安全监督管理部门报告的。

第八十二条 已经取得许可、核准的特种设备生产单位、检验检测机构有下列行为之一的,由特种设备安全监督管理部门责令改正,处 2 万元以上 10 万元以下罚款;情节严重的,撤销其相应资格:

（一）未按照安全技术规范的要求办理许可证变更手续的;

（二）不再符合本条例规定或者安全技术规范要求的条件,继续从事特种设备生产、检验检测的;

（三）未依照本条例规定或者安全技术规范要求进行特种设备生产、检验检测的;

（四）伪造、变造、出租、出借、转让许可证书或者监督检验报告的。

第八十三条 特种设备使用单位有下列情形之一的,由特种设备安全监督管理部门责令限期改正;逾期未改正的,处 2000 元以上 2 万元以下罚款;情节严重的,责令停止使用或者停产停业整顿:

（一）特种设备投入使用前或者投入使用后 30 日内,未向特种设备安全监督管理部门登记,擅自将其投入使用的;

（二）未依照本条例第二十六条的规定,建立特种设备安全技术档案的;

（三）未依照本条例第二十七条的规定,对在用特种设备进行经常性日常维护保养和定期自行检查的,或者对在用特种设备的安全附件、安全保护装置、测量调控装置及有关附属仪器仪表进行定期校验、检修,并作出记录的;

（四）未按照安全技术规范的定期检验要求,在安全检验合格有效期届满前 1 个月向特种设备检验检测机构提出定期检验要求的;

（五）使用未经定期检验或者检验不合格的特种设备的;

（六）特种设备出现故障或者发生异常情况,未对其进行全面检查、消除事故隐患,继续投入使用的;

（七）未制定特种设备事故应急专项预案的;

（八）未依照本条例第三十一条第二款的规定,对电梯进行清洁、润滑、调整和检查的;

（九）未按照安全技术规范要求进行锅炉水（介）质处理的;

（十）特种设备不符合能效指标,未及时采取相应措施进行整改的。

特种设备使用单位使用未取得生产许可的单位生产的特种设备或者将非承压锅炉、非压力容器作为承压锅炉、压力容器使用的,由特种设备安全监督管理部门责令停止使用,予以没收,处 2 万元以上 10 万元以下罚款。

第八十四条 特种设备存在严重事故隐患,无改造、维修价值,或者超过安全技术规范规定的使用年限,特种设备使用单位未予以报废,并向原登记的特种设备安全监督管理部门办理注销的,由特种设备安全监督管理部门责令限期改正;逾期未改正的,处 5 万元以上 20 万元以下罚款。

第八十五条 电梯、客运索道、大型游乐设施的运营使用单位有下列情形之一的,由特种设备安全监督管理部门责令限期改正;逾期未改正的,责令停止使用或者停产停业整顿,处 1 万元以上 5 万元以下罚款:

（一）客运索道、大型游乐设施每日投入使用前,未进行试运行和例行安全检查,并对安全装置进行检查确认的;

（二）未将电梯、客运索道、大型游乐设施的安全注意事项和警示标志置于易于为乘客注意的显著位置的。

第八十六条 特种设备使用单位有下列情形之一的,由特种设备安全监督管理部门责令限期改正;逾期未改正的,责令停止使用或者停产停业整顿,处 2000 元以上 2 万元以下罚款:

（一）未依照本条例规定设置特种设备安全管理机构或者配备专职、兼职的安全管理人员的;

（二）从事特种设备作业的人员,未取得相应特种作业人员证书,上岗作业的;

（三）未对特种设备作业人员进行特种设备安全教育和培训的。

第八十七条　发生特种设备事故,有下列情形之一的,对单位,由特种设备安全监督管理部门处 5 万元以上 20 万元以下罚款;对主要负责人,由特种设备安全监督管理部门处 4000 元以上 2 万元以下罚款;属于国家工作人员的,依法给予处分;触犯刑律的,依照刑法关于重大责任事故罪或者其他罪的规定,依法追究刑事责任:

（一）特种设备使用单位的主要负责人在本单位发生特种设备事故时,不立即组织抢救或者在事故调查处理期间擅离职守或者逃匿的;

（二）特种设备使用单位的主要负责人对特种设备事故隐瞒不报、谎报或者拖延不报的。

第八十八条　对事故发生负有责任的单位,由特种设备安全监督管理部门依照下列规定处以罚款:

（一）发生一般事故的,处 10 万元以上 20 万元以下罚款;

（二）发生较大事故的,处 20 万元以上 50 万元以下罚款;

（三）发生重大事故的,处 50 万元以上 200 万元以下罚款。

第八十九条　对事故发生负有责任的单位的主要负责人未依法履行职责,导致事故发生的,由特种设备安全监督管理部门依照下列规定处以罚款;属于国家工作人员的,并依法给予处分;触犯刑律的,依照刑法关于重大责任事故罪或者其他罪的规定,依法追究刑事责任:

（一）发生一般事故的,处上一年年收入 30％的罚款;

（二）发生较大事故的,处上一年年收入 40％的罚款;

（三）发生重大事故的,处上一年年收入 60％的罚款。

第九十条　特种设备作业人员违反特种设备的操作规程和有关的安全规章制度操作,或者在作业过程中发现事故隐患或者其他不安全因素,未立即向现场安全管理人员和单位有关负责人报告的,由特种设备使用单位给予批评教育、处分;情节严重的,撤销特种设备作业人员资格;触犯刑律的,依照刑法关于重大责任事故罪或者其他罪的规定,依法追究刑事责任。

第九十一条　未经核准,擅自从事本条例所规定的监督检验、定期检验、型式试验以及无损检测等检验检测活动的,由特种设备安全监督管理部门予以取缔,处 5 万元以上 20 万元以下罚款;有违法所得的,没收违法所得;触犯刑律的,对负有责任的主管人员和其他直接责任人员依照刑法关于非法经营罪或者其他罪的规定,依法追究刑事责任。

第九十二条　特种设备检验检测机构,有下列情形之一的,由特种设备安全监督管理部门处 2 万元以上 10 万元以下罚款;情节严重的,撤销其检验检测资格:

（一）聘用未经特种设备安全监督管理部门组织考核合格并取得检验检测人员证书的人员,从事相关检验检测工作的;

（二）在进行特种设备检验检测中,发现严重事故隐患或者能耗严重超标,未及时告知特种设备使用单位,并立即向特种设备安全监督管理部门报告的。

第九十三条　特种设备检验检测机构和检验检测人员,出具虚假的检验检测结果、鉴定结论或者检验检测结果、鉴定结论严重失实的,由特种设备安全监督管理部门对检验检测机构没收违法所得,处 5 万元以上 20 万元以下罚款,情节严重的,撤销其检验检测资格;对检验检测人员处 5000 元以上 5 万元以下罚款,情节严重的,撤销其检验检测资格,触犯刑律的,依照刑法关于中介组织人员提供虚假证明文件罪、中介组织人员出具证明文件重大失实罪或者其他罪的规定,依法追究刑事责任。

特种设备检验检测机构和检验检测人员,出具虚假的检验检测结果、鉴定结论或者检验检测结果、鉴定结论严重失实,造成损害的,应当承担赔偿责任。

第九十四条　特种设备检验检测机构或者检验检测人员从事特种设备的生产、销售,或者以其名义推荐或者监制、监销特种设备的,由特种设备安全监督管理部门撤销特种设备检验检测机构和检验检测人员的资格,处 5 万元以上 20 万元以下罚款;有违法所得的,没收违法所得。

第九十五条　特种设备检验检测机构和检验检测人员利用检验检测工作故意刁难特种设备生产、

使用单位,由特种设备安全监督管理部门责令改正;拒不改正的,撤销其检验检测资格。

第九十六条 检验检测人员,从事检验检测工作,不在特种设备检验检测机构执业或者同时在两个以上检验检测机构中执业的,由特种设备安全监督管理部门责令改正,情节严重的,给予停止执业 6 个月以上 2 年以下的处罚;有违法所得的,没收违法所得。

第九十七条 特种设备安全监督管理部门及其特种设备安全监察人员,有下列违法行为之一的,对直接负责的主管人员和其他直接责任人员,依法给予降级或者撤职的处分;触犯刑律的,依照刑法关于受贿罪、滥用职权罪、玩忽职守罪或者其他罪的规定,依法追究刑事责任:

(一)不按照本条例规定的条件和安全技术规范要求,实施许可、核准、登记的;

(二)发现未经许可、核准、登记擅自从事特种设备的生产、使用或者检验检测活动不予取缔或者不依法予以处理的;

(三)发现特种设备生产、使用单位不再具备本条例规定的条件而不撤销其原许可,或者发现特种设备生产、使用违法行为不予查处的;

(四)发现特种设备检验检测机构不再具备本条例规定的条件而不撤销其原核准,或者对其出具虚假的检验检测结果、鉴定结论或者检验检测结果、鉴定结论严重失实的行为不予查处的;

(五)对依照本条例规定在其他地方取得许可的特种设备生产单位重复进行许可,或者对依照本条例规定在其他地方检验检测合格的特种设备,重复进行检验检测的;

(六)发现有违反本条例和安全技术规范的行为或者在用的特种设备存在严重事故隐患,不立即处理的;

(七)发现重大的违法行为或者严重事故隐患,未及时向上级特种设备安全监督管理部门报告,或者接到报告的特种设备安全监督管理部门不立即处理的;

(八)迟报、漏报、瞒报或者谎报事故的;

(九)妨碍事故救援或者事故调查处理的。

第九十八条 特种设备的生产、使用单位或者检验检测机构,拒不接受特种设备安全监督管理部门依法实施的安全监察的,由特种设备安全监督管理部门责令限期改正;逾期未改正的,责令停产停业整顿,处 2 万元以上 10 万元以下罚款;触犯刑律的,依照刑法关于妨害公务罪或者其他罪的规定,依法追究刑事责任。

特种设备生产、使用单位擅自动用、调换、转移、损毁被查封、扣押的特种设备或者其主要部件的,由特种设备安全监督管理部门责令改正,处 5 万元以上 20 万元以下罚款;情节严重的,撤销其相应资格。

第八章 附 则

第九十九条 本条例下列用语的含义是:

(一)锅炉,是指利用各种燃料、电或者其他能源,将所盛装的液体加热到一定的参数,并对外输出热能的设备,其范围规定为容积大于或者等于 30 L 的承压蒸汽锅炉;出口水压大于或者等于 0.1 MPa(表压),且额定功率大于或者等于 0.1 MW 的承压热水锅炉;有机热载体锅炉。

(二)压力容器,是指盛装气体或者液体,承载一定压力的密闭设备,其范围规定为最高工作压力大于或者等于 0.1 MPa(表压),且压力与容积的乘积大于或者等于 2.5 MPa·L 的气体、液化气体和最高工作温度高于或者等于标准沸点的液体的固定式容器和移动式容器;盛装公称工作压力大于或者等于 0.2 MPa(表压),且压力与容积的乘积大于或者等于 1.0 MPa·L 的气体、液化气体和标准沸点等于或者低于 60 ℃液体的气瓶;氧舱等。

(三)压力管道,是指利用一定的压力,用于输送气体或者液体的管状设备,其范围规定为最高工作压力大于或者等于 0.1 MPa(表压)的气体、液化气体、蒸汽介质或者可燃、易爆、有毒、有腐蚀性、最高工作温度高于或者等于标准沸点的液体介质,且公称直径大于 25 mm 的管道。

(四)电梯,是指动力驱动,利用沿刚性导轨运行的箱体或者沿固定线路运行的梯级(踏步),进行升降或者平行运送人、货物的机电设备,包括载人(货)电梯、自动扶梯、自动人行道等。

(五)起重机械,是指用于垂直升降或者垂直升降并水平移动重物的机电设备,其范围规定为额定起重量大于或者等于 0.5 t 的升降机;额定起重量大于或者等于 1 t,且提升高度大于或者等于 2 m 的起重机和承重形式固定的电动葫芦等。

(六)客运索道,是指动力驱动,利用柔性绳索牵引箱体等运载工具运送人员的机电设备,包括客运架空索道、客运缆车、客运拖牵索道等。

(七)大型游乐设施,是指用于经营目的,承载乘客游乐的设施,其范围规定为设计最大运行线速度大于或者等于 2 m/s,或者运行高度距地面高于或者等于 2 m 的载人大型游乐设施。

(八)场(厂)内专用机动车辆,是指除道路交通、农用车辆以外仅在工厂厂区、旅游景区、游乐场所等特定区域使用的专用机动车辆。

特种设备包括其所用的材料、附属的安全附件、安全保护装置和与安全保护装置相关的设施。

第一百条 压力管道设计、安装、使用的安全监督管理办法由国务院另行制定。

第一百零一条 国务院特种设备安全监督管理部门可以授权省、自治区、直辖市特种设备安全监督管理部门负责本条例规定的特种设备行政许可工作,具体办法由国务院特种设备安全监督管理部门制定。

第一百零二条 特种设备行政许可、检验检测,应当按照国家有关规定收取费用。

第一百零三条 本条例自 2003 年 6 月 1 日起施行。1982 年 2 月 6 日国务院发布的《锅炉压力容器安全监察暂行条例》同时废止。

特种设备作业人员监督管理办法[*]

（2005 年 1 月 10 日国家质量监督检验检疫总局令第 70 号公布　根据 2011 年 5 月 3 日《国家质量监督检验检疫总局关于修改〈特种设备作业人员监督管理办法〉的决定》修订。）

第一章　总　则

第一条　为了加强特种设备作业人员监督管理工作，规范作业人员考核发证程序，保障特种设备安全运行，根据《中华人民共和国行政许可法》《特种设备安全监察条例》和《国务院对确需保留的行政审批项目设定行政许可的决定》，制定本办法。

第二条　锅炉、压力容器（含气瓶）、压力管道、电梯、起重机械、客运索道、大型游乐设施、场（厂）内专用机动车辆等特种设备的作业人员及其相关管理人员统称特种设备作业人员。特种设备作业人员作业种类与项目目录由国家质量监督检验检疫总局统一发布。

从事特种设备作业的人员应当按照本办法的规定，经考核合格取得《特种设备作业人员证》，方可从事相应的作业或者管理工作。

第三条　国家质量监督检验检疫总局（以下简称国家质检总局）负责全国特种设备作业人员的监督管理，县以上质量技术监督部门负责本辖区内的特种设备作业人员的监督管理。

第四条　申请《特种设备作业人员证》的人员，应当首先向省级质量技术监督部门指定的特种设备作业人员考试机构（以下简称考试机构）报名参加考试。

对特种设备作业人员数量较少不需要在各省、自治区、直辖市设立考试机构的，由国家质检总局指定考试机构。

第五条　特种设备生产、使用单位（以下统称用人单位）应当聘（雇）用取得《特种设备作业人员证》的人员从事相关管理和作业工作，并对作业人员进行严格管理。

特种设备作业人员应当持证上岗，按章操作，发现隐患及时处置或者报告。

第二章　考试和审核发证程序

第六条　特种设备作业人员考核发证工作由县以上质量技术监督部门分级负责。省级质量技术监督部门决定具体的发证分级范围，负责对考核发证工作的日常监督管理。

申请人经指定的考试机构考试合格的，持考试合格凭证向考试场所所在地的发证部门申请办理《特种设备作业人员证》。

第七条　特种设备作业人员考试机构应当具备相应的场所、设备、师资、监考人员以及健全的考试管理制度等必备条件和能力，经发证部门批准，方可承担考试工作。

---

* 注：中华人民共和国国家质量监督检验检疫总局令第 140 号

发证部门应当对考试机构进行监督,发现问题及时处理。

第八条 特种设备作业人员考试和审核发证程序包括:考试报名、考试、领证申请、受理、审核、发证。

第九条 发证部门和考试机构应当在办公处所公布本办法、考试和审核发证程序、考试作业人员种类、报考具体条件、收费依据和标准、考试机构名称及地点、考试计划等事项。其中,考试报名时间、考试科目、考试地点、考试时间等具体考试计划事项,应当在举行考试之日2个月前公布。

有条件的应当在有关网站、新闻媒体上公布。

第十条 申请《特种设备作业人员证》的人员应当符合下列条件:

(一)年龄在18周岁以上;

(二)身体健康并满足申请从事的作业种类对身体的特殊要求;

(三)有与申请作业种类相适应的文化程度;

(四)具有相应的安全技术知识与技能;

(五)符合安全技术规范规定的其他要求。

作业人员的具体条件应当按照相关安全技术规范的规定执行。

第十一条 用人单位应当对作业人员进行安全教育和培训,保证特种设备作业人员具备必要的特种设备安全作业知识、作业技能和及时进行知识更新。作业人员未能参加用人单位培训的,可以选择专业培训机构进行培训。

作业人员培训的内容按照国家质检总局制定的相关作业人员培训考核大纲等安全技术规范执行。

第十二条 符合条件的申请人员应当向考试机构提交有关证明材料,报名参加考试。

第十三条 考试机构应当制订和认真落实特种设备作业人员的考试组织工作的各项规章制度,严格按照公开、公正、公平的原则,组织实施特种设备作业人员的考试,确保考试工作质量。

第十四条 考试结束后,考试机构应当在20个工作日内将考试结果告知申请人,并公布考试成绩。

第十五条 考试合格的人员,凭考试结果通知单和其他相关证明材料,向发证部门申请办理《特种设备作业人员证》。

第十六条 发证部门应当在5个工作日内对报送材料进行审查,或者告知申请人补正申请材料,并作出是否受理的决定。能够当场审查的,应当当场办理。

第十七条 对同意受理的申请,发证部门应当在20个工作日内完成审核批准手续。准予发证的,在10个工作日内向申请人颁发《特种设备作业人员证》;不予发证的,应当书面说明理由。

第十八条 特种设备作业人员考核发证工作遵循便民、公开、高效的原则。为方便申请人办理考核发证事项,发证部门可以将受理和发放证书的地点设在考试报名地点,并在报名考试时委托考试机构对申请人是否符合报考条件进行审查,考试合格后发证部门可以直接办理受理手续和审核、发证事项。

第三章　证书使用及监督管理

第十九条 持有《特种设备作业人员证》的人员,必须经用人单位的法定代表人(负责人)或者其授权人雇(聘)用后,方可在许可的项目范围内作业。

第二十条 用人单位应当加强对特种设备作业现场和作业人员的管理,履行下列义务:

(一)制订特种设备操作规程和有关安全管理制度;

(二)聘用持证作业人员,并建立特种设备作业人员管理档案;

(三)对作业人员进行安全教育和培训;

(四)确保持证上岗和按章操作;

(五)提供必要的安全作业条件;

(六)其他规定的义务。

用人单位可以指定一名本单位管理人员作为特种设备安全管理负责人,具体负责前款规定的相关工作。

第二十一条 特种设备作业人员应当遵守以下规定:

(一)作业时随身携带证件,并自觉接受用人单位的安全管理和质量技术监督部门的监督检查;

(二)积极参加特种设备安全教育和安全技术培训;

(三)严格执行特种设备操作规程和有关安全规章制度;

(四)拒绝违章指挥;

(五)发现事故隐患或者不安全因素应当立即向现场管理人员和单位有关负责人报告;

(六)其他有关规定。

第二十二条 《特种设备作业人员证》每4年复审一次。持证人员应当在复审期届满3个月前,向发证部门提出复审申请。对持证人员在4年内符合有关安全技术规范规定的不间断作业要求和安全、节能教育培训要求,且无违章操作或者管理等不良记录、未造成事故的,发证部门应当按照有关安全技术规范的规定准予复审合格,并在证书正本上加盖发证部门复审合格章。

复审不合格、逾期未复审的,其《特种设备作业人员证》予以注销。

第二十三条 有下列情形之一的,应当撤销《特种设备作业人员证》:

(一)持证作业人员以考试作弊或者以其他欺骗方式取得《特种设备作业人员证》的;

(二)持证作业人员违反特种设备的操作规程和有关的安全规章制度操作,情节严重的;

(三)持证作业人员在作业过程中发现事故隐患或者其他不安全因素未立即报告,情节严重的;

(四)考试机构或者发证部门工作人员滥用职权、玩忽职守、违反法定程序或者超越发证范围考核发证的;

(五)依法可以撤销的其他情形。

违反前款第(一)项规定的,持证人3年内不得再次申请《特种设备作业人员证》。

第二十四条 《特种设备作业人员证》遗失或者损毁的,持证人应当及时报告发证部门,并在当地媒体予以公告。查证属实的,由发证部门补办证书。

第二十五条 任何单位和个人不得非法印制、伪造、涂改、倒卖、出租或者出借《特种设备作业人员证》。

第二十六条 各级质量技术监督部门应当对特种设备作业活动进行监督检查,查处违法作业行为。

第二十七条 发证部门应当加强对考试机构的监督管理,及时纠正违规行为,必要时应当派人现场监督考试的有关活动。

第二十八条 发证部门要建立特种设备作业人员监督管理档案,记录考核发证、复审和监督检查的情况。发证、复审及监督检查情况要定期向社会公布。

发证部门应当在发证或者复审合格后20个工作日内,将特种设备作业人员相关信息录入国家质检总局特种设备作业人员公示查询系统。

第二十九条 特种设备作业人员考试报名、考试、领证申请、受理、审核、发证等环节的具体规定,以及考试机构的设立、《特种设备作业人员证》的注销和复审等事项,按照国家质检总局制定的特种设备作业人员考核规则等安全技术规范执行。

第四章 罚 则

第三十条 申请人隐瞒有关情况或者提供虚假材料申请《特种设备作业人员证》的,不予受理或者不予批准发证,并在1年内不得再次申请《特种设备作业人员证》。

第三十一条 有下列情形之一的,责令用人单位改正,并处1000元以上3万元以下罚款:

(一)违章指挥特种设备作业的;

（二）作业人员违反特种设备的操作规程和有关的安全规章制度操作，或者在作业过程中发现事故隐患或者其他不安全因素未立即向现场管理人员和单位有关负责人报告，用人单位未给予批评教育或者处分的。

第三十二条 非法印制、伪造、涂改、倒卖、出租、出借《特种设备作业人员证》，或者使用非法印制、伪造、涂改、倒卖、出租、出借《特种设备作业人员证》的，处1000元以下罚款；构成犯罪的，依法追究刑事责任。

第三十三条 发证部门未按规定程序组织考试和审核发证，或者发证部门未对考试机构严格监督管理影响特种设备作业人员考试质量的，由上一级发证部门责令整改；情节严重的，其负责的特种设备作业人员的考核工作由上一级发证部门组织实施。

第三十四条 考试机构未按规定程序组织考试工作，责令整改；情节严重的，暂停或者撤销其批准。

第三十五条 发证部门或者考试机构工作人员滥用职权、玩忽职守、以权谋私的，应当依法给予行政处分；构成犯罪的，依法追究刑事责任。

第三十六条 特种设备作业人员未取得《特种设备作业人员证》上岗作业，或者用人单位未对特种设备作业人员进行安全教育和培训的，按照《特种设备安全监察条例》第八十六条的规定对用人单位予以处罚。

第五章 附 则

第三十七条 《特种设备作业人员证》的格式、印制等事项由国家质检总局统一规定。

第三十八条 考试收费按照财政和价格主管部门的规定执行。省级质量技术监督部门负责对本辖区内《特种设备作业人员证》考试收费工作进行监督检查，并按有关规定通报相关部门。

第三十九条 本办法不适用于从事房屋建筑工地和市政工程工地起重机械、场（厂）内专用机动车辆作业及其相关管理的人员。

第四十条 本办法由国家质检总局负责解释。

第四十一条 本办法自2005年7月1日起施行。原有规定与本办法要求不一致的，以本办法为准。

气瓶安全监察规定*

第一章　总　则

第一条　为加强气瓶安全监察工作,保证气瓶安全使用,保护人民生命和财产安全,根据《特种设备安全监察条例》和《危险化学品安全管理条例》的有关要求,制定本规定。

第二条　本规定适用于正常环境温度(−40～60 ℃)下使用的、公称工作压力大于或等于 0.2 MPa(表压)且压力与容积的乘积大于或等于 1.0 MPa·L 的盛装气体、液化气体和标准沸点等于或低于 60 ℃的液体的气瓶(不含仅在灭火时承受压力、储存时不承受压力的灭火用气瓶)。

军事装备、核设施、航空航天器、铁路机车、船舶和海上设施使用的气瓶不适用本规定。

第三条　在中华人民共和国境内使用的气瓶,其设计、制造、充装、运输、储存、销售、使用和检验等各项活动,应当遵守本规定。

第四条　国家质量监督检验检疫总局(以下简称国家质检总局)负责全国范围内气瓶的安全监察工作,县以上地方质量技术监督行政部门(以下简称质监部门)对本行政区域内的气瓶实施安全监察。

第二章　气瓶设计与制造

第五条　气瓶设计实行设计文件鉴定制度。气瓶设计文件应当经国家质检总局特种设备安全监察机构(以下简称总局安全监察机构)核准的检验检测机构鉴定,方可用于制造。

第六条　气瓶制造单位申请设计文件鉴定时,应当提交齐全的设计文件和产品型式试验报告。气瓶设计文件应当包括:

(一)设计任务书;

(二)设计图样(含钢印印模图样);

(三)设计计算书;

(四)设计说明书;

(五)标准化审查报告;

(六)使用说明书。

改变气瓶瓶体主体结构、设计厚度、瓶体材料牌号时,气瓶制造单位应当重新申请设计文件鉴定。

第七条　气瓶设计文件应当符合有关安全技术规范的规定,并满足相应国家标准(行业标准)或企业标准的要求。

第八条　液化石油气气瓶上应当设计装配防止超装的液位限制装置;易燃气体气瓶和助燃气体气瓶的瓶口螺纹和阀门出气口应当设计成不同的左右螺纹的旋向和内外螺纹的结构。

第九条　在我国境内使用的气瓶及其附件(包括气瓶瓶阀、减压阀、液位限制阀等,下同),其境内外

---

*　注:中华人民共和国国家质量监督检验检疫总局令第 46 号

制造企业应当取得国家质检总局颁发的制造许可证书,方可从事制造活动。气瓶及其附件的制造许可按照《锅炉压力容器制造监督管理办法》的规定执行。

从事气瓶焊接和无损检测的人员,应当经安全监察机构考核合格,并取得证书后,方可从事相应工作。

第十条　在我国境内使用的气瓶应当按照我国安全技术规范和国家标准(行业标准)生产。暂时没有国家标准(行业标准)时,应当制定符合安全技术规范要求的企业标准。

第十一条　在符合有关气瓶安全技术规范和国家标准的条件下,气瓶制造单位可按气瓶充装单位的要求,生产专用标识气瓶。

第十二条　气瓶及附件正式投产前,应当按照安全技术规范及相关标准的要求进行型式试验。改变设计文件或者主要制造工艺或者停产时间超过6个月重新生产时,应当进行气瓶的型式试验。

第十三条　研制、开发气瓶及其附件新产品,应当进行型式试验和技术评定。

第十四条　气瓶应当逐只进行监督检验后方可出厂(出口气瓶按合同或其他有关规定执行)。气瓶出厂时,制造单位应当在产品的明显位置上,以钢印(或者其他固定形式)注明制造单位的制造许可证编号和企业代号标志以及气瓶出厂编号,并向用户逐只出具铭牌式或者其他能固定于气瓶上的产品合格证,按批出具批量检验质量证明书。产品合格证和批量检验质量证明书的内容,应当符合相应的安全技术规范及产品标准的规定。

第十五条　气瓶及其附件制造单位必须对设计、制造的气瓶及其附件的安全性能和产品质量负责。气瓶阀门制造单位应当保证气瓶阀门至少安全使用到气瓶的下一个检验周期。

第三章　气瓶制造监督检验

第十六条　承担气瓶制造监督检验工作的检验机构(以下简称监检机构),应当经国家质检总局核准。监检机构所监督检验的产品,应当符合受检单位所取得的制造许可证书所规定的品种范围。

第十七条　监督检验的主要内容包括:

(一)对气瓶制造过程中涉及安全的水压试验、气瓶出厂编号和打监督检验钢印等重要项目进行逐只监督检验;

(二)对气瓶材料的复验、气瓶爆破试验和产品试样的力学性能和其他理化性能测试进行现场监督确认;

(三)对受检单位的气瓶制造质量管理体系运转情况进行监督。

气瓶制造监督检验报告应当包括上述3项内容和结论。

第十八条　监检机构应当加强对监督检验工作的管理,根据受检单位生产的实际情况,派出相应的监督检验人员,及时完成监督检验任务;应当对监督检验人员进行培训和定期考核,为检验人员配备必要的检验和检测工具,确保监督检验工作质量。监检机构应当对出具的监督检验报告负责。

第十九条　监督检验人员应当认真履行职责,监督检验到位。应当根据有关安全技术规范及标准的要求实施监督检验,认真做好监督检验记录,对受检单位提供的技术资料等应当妥善保管,并予以保密。

签发监督检验报告的检验人员,应当持有国家质检总局颁发的压力容器检验师证书。

第二十条　监督检验人员发现受检单位质量管理体系运转失控而影响产品质量时,应当及时书面通知受检单位改正,并报告受检单位制造许可证发证部门。监督检验人员在监督检验中发现零部件存在安全质量问题时,有权制止零部件流入下道工序。

第二十一条　在监督检验过程中,受检单位和监检机构发生争议时,可提请受检单位所在地的地(市)级质监部门处理。必要时,可提请上一级质监部门处理。

第二十二条　监检机构所在地的地(市)级质监部门安全监察机构,应当每年对监检机构和受检单位进行监督检查。发现监检机构不能履行职责和受检单位逃避监督检验的问题,应当及时处理,并报告监检机构的核准部门和受检单位制造许可证发证部门。

第四章　气瓶充装

第二十三条　气瓶充装单位应当向省级质监部门特种设备安全监察机构提出充装许可书面申请。经审查,确认符合条件者,由省级质监部门颁发《气瓶充装许可证》。未取得《气瓶充装许可证》的,不得从事气瓶充装工作。

第二十四条　《气瓶充装许可证》有效期为 4 年,有效期满前,气瓶充装单位应当向原批准部门申请更换《气瓶充装许可证》。未按规定提出申请或未获准更换《气瓶充装许可证》的,有效期满后不得继续从事气瓶充装工作。

第二十五条　气瓶充装单位应当符合以下条件:

(一)具有营业执照;

(二)有适应气瓶充装和安全管理需要的技术人员和特种设备作业人员,具有与充装的气体种类相适应的完好的充装设施、工器具、检测手段、场地厂房,有符合要求的安全设施;

(三)具有一定的气体储存能力和足够数量的自有产权气瓶;

(四)符合相应气瓶充装站安全技术规范及国家标准的要求,建立健全的气瓶充装质量保证体系和安全管理制度。

第二十六条　气瓶充装单位应当履行以下义务:

(一)向气体消费者提供气瓶,并对气瓶的安全全面负责;

(二)负责气瓶的维护、保养和颜色标志的涂敷工作;

(三)按照安全技术规范及有关国家标准的规定,负责做好气瓶充装前的检查和充装记录,并对气瓶的充装安全负责;

(四)负责对充装作业人员和充装前检查人员进行有关气体性质、气瓶的基础知识、潜在危险和应急处理措施等内容的培训;

(五)负责向气瓶使用者宣传安全使用知识和危险性警示要求,并在所充装的气瓶上粘贴符合安全技术规范及国家标准规定的警示标签和充装标签;

(六)负责气瓶的送检工作,将不符合安全要求的气瓶送交地(市)级或地(市)级以上质监部门指定的气瓶检验机构报废销毁;

(七)配合气瓶安全事故调查工作。

车用气瓶、呼吸用气瓶、灭火用气瓶、非重复充装气瓶和其它经省级质监部门安全监察机构同意的气瓶充装单位,应当履行上述规定的第(三)项、第(四)项、第(五)项、第(七)项义务。

第二十七条　充装单位应当采用计算机对所充装的自有产权气瓶进行建档登记,并负责涂敷充装站标志、气瓶编号和打充装站标志钢印。充装站标志应经省级质监部门备案。鼓励采用条码等先进信息化手段对气瓶进行安全管理。

第二十八条　气瓶充装单位应当保持气瓶充装人员的相对稳定。充装单位负责人和气瓶充装人员应当经地(市)级或者地(市)级以上质监部门考核,取得特种设备作业人员证书。

第二十九条　气瓶充装单位只能充装自有产权气瓶(车用气瓶、呼吸用气瓶、灭火用气瓶、非重复充装气瓶和其他经省级质监部门安全监察机构同意的气瓶除外),不得充装技术档案不在本充装单位的气瓶。

第三十条　气瓶充装前和充装后,应当由充装单位持证作业人员逐只对气瓶进行检查,发现超装、错装、泄漏或其他异常现象的,要立即进行妥善处理。

充装时,充装人员应按有关安全技术规范和国家标准规定进行充装。对未列入安全技术规范或国家标准的气体,应当制定企业充装标准,按标准规定的充装系数或充装压力进行充装。禁止对使用过的非重复充装气瓶再次进行充装。

第三十一条　气瓶充装单位应当保证充装的气体质量和充装量符合安全技术规范规定及相关标准

的要求。

第三十二条　任何单位和个人不得改装气瓶或将报废气瓶翻新后使用。

第三十三条　地(市)级质监部门安全监察机构应当每年对辖区内的气瓶充装单位进行年度监督检查。年度监督检查的内容包括:自有产权气瓶的数量、钢印标志和建档情况、自有产权气瓶的充装和定期检验情况、充装单位负责人和充装人员持证情况。气瓶充装单位应当按照要求每年报送上述材料。

地(市)级质监部门每年应当将年度监督检查的结果上报省级质监部门。对年度监督检查不合格应予吊销充装许可证的充装单位,报请省级质监部门吊销充装许可证书。

第五章　气瓶定期检验

第三十四条　气瓶的定期检验周期、报废期限应当符合有关安全技术规范及标准的规定。

第三十五条　承担气瓶定期检验工作的检验机构,应当经总局安全监察机构核准,按照有关安全技术规范和国家标准的规定,从事气瓶的定期检验工作。

从事气瓶定期检验工作的检验人员,应当经总局安全监察机构考核合格,取得气瓶检验人员证书后,方可从事气瓶检验工作。

第三十六条　气瓶定期检验证书有效期为4年。有效期满前,检验机构应当向发证部门申请办理换证手续,有效期满前未提出申请的,期满后不得继续从事气瓶定期检验工作。

第三十七条　气瓶检验机构应当有与所检气瓶种类、数量相适应的场地、余气回收与处理设施、检验设备、持证检验人员,并有一定的检验规模。

第三十八条　气瓶定期检验机构的主要职责是:

(一)按照有关安全技术规范和气瓶定期检验标准对气瓶进行定期检验,出具检验报告,并对其正确性负责;

(二)按气瓶颜色标志有关国家标准的规定,去除气瓶表面的漆色后重新涂敷气瓶颜色标志,打气瓶定期检验钢印;

(三)对报废气瓶进行破坏性处理。

第三十九条　气瓶检验机构应当严格按照有关安全技术规范和检验标准规定的项目进行定期检验。检验气瓶前,检验人员必须对气瓶的介质处理进行确认,达到有关安全要求后,方可检验。检验人员应当认真做好检验记录。

第四十条　气瓶检验机构应当保证检验工作质量和检验安全,保证经检验合格的气瓶和经维修的气瓶阀门能够安全使用一个检验周期,不能安全使用一个检验周期的气瓶和阀门应予报废。

第四十一条　气瓶检验机构应当将检验不合格的报废气瓶予以破坏性处理。气瓶的破坏性处理必须采用压扁或将瓶体解体的方式进行。禁止将未作破坏性处理的报废气瓶交予他人。

第四十二条　气瓶检验机构应当按照省级质监部门安全监察机构的要求,报告当年检验的各种气瓶的数量、各充装单位送检的气瓶数量、检验工作情况和影响气瓶安全的倾向性问题。

第六章　运输、储存、销售和使用

第四十三条　运输、储存、销售和使用气瓶的单位,应当制定相应的气瓶安全管理制度和事故应急处理措施,并有专人负责气瓶安全工作,定期对气瓶运输、储存、销售和使用人员进行气瓶安全技术教育。

第四十四条　充气气瓶的运输单位,必须严格遵守国家危险品运输的有关规定。

运输和装卸气瓶时,必须配戴好气瓶瓶帽(有防护罩的气瓶除外)和防震圈(集装气瓶除外)。

第四十五条　储存充气气瓶的单位应当有专用仓库存放气瓶。气瓶仓库应当符合《建筑设计防火规范》的要求,气瓶存放数量应符合有关安全规定。

第四十六条　气瓶或瓶装气体的销售单位应当销售具有制造许可证的企业制造的合格气瓶和取得

气瓶充装许可的单位充装的瓶装气体。

鼓励气瓶制造单位将气瓶直接销售给取得气瓶充装许可的充装单位。

气瓶充装单位应当购买具有制造许可证的企业制造的合格气瓶,气体使用者应当购买已取得气瓶充装许可的单位充装的瓶装气体。

第四十七条 气瓶使用者应当遵守下列安全规定:

(一)严格按照有关安全使用规定正确使用气瓶;

(二)不得对气瓶瓶体进行焊接和更改气瓶的钢印或者颜色标记;

(三)不得使用已报废的气瓶;

(四)不得将气瓶内的气体向其他气瓶倒装或直接由罐车对气瓶进行充装;

(五)不得自行处理气瓶内的残液。

第七章 罚 则

第四十八条 气瓶充装单位有下列行为之一的,责令改正,处 1 万元以上 3 万元以下罚款。情节严重的,暂停充装,直至吊销其充装许可证。

(一)充装非自有产权气瓶(车用气瓶、呼吸用气瓶、灭火用气瓶、非重复充装气瓶和其他经省级质监部门安全监察机构同意的气瓶除外);

(二)对使用过的非重复充装气瓶再次进行充装;

(三)充装前不认真检查气瓶钢印标志和颜色标志,未按规定进行瓶内余气检查或抽回气瓶内残液而充装气瓶,造成气瓶错装或超装的;

(四)对气瓶进行改装和对报废气瓶进行翻新的;

(五)未按规定粘贴气瓶警示标签和气瓶充装标签的;

(六)负责人或者充装人员未取得特种设备作业人员证书的。

第四十九条 气瓶检验机构对定期检验不合格应予报废的气瓶,未进行破坏性处理而直接退回气瓶送检单位或者转卖给其他单位或个人的,责令改正,处以 1000 元以上 1 万元以下罚款。情节严重的,取消其检验资格。

第五十条 气瓶或者瓶装气体销售单位或者个人有下列行为之一的,责令改正,处 1 万元以下罚款。

(一)销售无制造许可证单位制造的气瓶或者销售未经许可的充装单位充装的瓶装气体;

(二)收购、销售未经破坏性处理的报废气瓶或者使用过的非重复充装气瓶以及其他不符合安全要求的气瓶。

第五十一条 气瓶监检机构有下列行为之一的,责令改正;情节严重的,取消其监督检验资格。

(一)监督检验质量保证体系失控,未对气瓶实施逐只监检的;

(二)监检项目不全或者未监检而出具虚假监检报告的;

(三)经监检合格的气瓶出现严重安全质量问题,导致受检单位制造许可证被吊销的。

第五十二条 违反本规定的其他违法行为,按照《特种设备安全监察条例》的规定进行处罚。

第五十三条 行政相对人对行政处罚不服的,可以依法申请行政复议或者提起行政诉讼。

第八章 附 则

第五十四条 气瓶发生事故时,发生事故的单位和安全监察机构应当按照《锅炉压力容器压力管道特种设备事故处理规定》及时上报和进行事故调查处理。

第五十五条 各省级质监部门可以依据本规定,结合本地区实际情况,制定实施办法。

第五十六条 本规定由国家质检总局负责解释。

第五十七条 本规定自 2003 年 6 月 1 日起施行。

道路危险货物运输管理规定*

（2013 年 1 月 23 日交通运输部发布　根据 2016 年 4 月 11 日《交通运输部关于修改〈道路危险货物运输管理规定〉的决定》修正）

第一章　总　则

第一条　为规范道路危险货物运输市场秩序,保障人民生命财产安全,保护环境,维护道路危险货物运输各方当事人的合法权益,根据《中华人民共和国道路运输条例》和《危险化学品安全管理条例》等有关法律、行政法规,制定本规定。

第二条　从事道路危险货物运输活动,应当遵守本规定。军事危险货物运输除外。

法律、行政法规对民用爆炸物品、烟花爆竹、放射性物品等特定种类危险货物的道路运输另有规定的,从其规定。

第三条　本规定所称危险货物,是指具有爆炸、易燃、毒害、感染、腐蚀等危险特性,在生产、经营、运输、储存、使用和处置中,容易造成人身伤亡、财产损毁或者环境污染而需要特别防护的物质和物品。危险货物以列入国家标准《危险货物品名表》(GB12268)的为准,未列入《危险货物品名表》的,以有关法律、行政法规的规定或者国务院有关部门公布的结果为准。

本规定所称道路危险货物运输,是指使用载货汽车通过道路运输危险货物的作业全过程。

本规定所称道路危险货物运输车辆,是指满足特定技术条件和要求,从事道路危险货物运输的载货汽车(以下简称专用车辆)。

第四条　危险货物的分类、分项、品名和品名编号应当按照国家标准《危险货物分类和品名编号》(GB6944)、《危险货物品名表》(GB12268)执行。危险货物的危险程度依据国家标准《危险货物运输包装通用技术条件》(GB12463),分为 I,II,III 等级。

第五条　从事道路危险货物运输应当保障安全,依法运输,诚实信用。

第六条　国家鼓励技术力量雄厚、设备和运输条件好的大型专业危险化学品生产企业从事道路危险货物运输,鼓励道路危险货物运输企业实行集约化、专业化经营,鼓励使用厢式、罐式和集装箱等专用车辆运输危险货物。

第七条　交通运输部主管全国道路危险货物运输管理工作。

县级以上地方人民政府交通运输主管部门负责组织领导本行政区域的道路危险货物运输管理工作。

县级以上道路运输管理机构负责具体实施道路危险货物运输管理工作。

---

* 注:中华人民共和国交通运输部令 2016 年第 36 号

第二章　道路危险货物运输许可

第八条　申请从事道路危险货物运输经营,应当具备下列条件:

(一)有符合下列要求的专用车辆及设备:

1.自有专用车辆(挂车除外)5 辆以上;运输剧毒化学品、爆炸品的,自有专用车辆(挂车除外)10 辆以上。

2.专用车辆的技术要求应当符合《道路运输车辆技术管理规定》有关规定。

3.配备有效的通信工具。

4.专用车辆应当安装具有行驶记录功能的卫星定位装置。

5.运输剧毒化学品、爆炸品、易制爆危险化学品的,应当配备罐式、厢式专用车辆或者压力容器等专用容器。

6.罐式专用车辆的罐体应当经质量检验部门检验合格,且罐体载货后总质量与专用车辆核定载质量相匹配。运输爆炸品、强腐蚀性危险货物的罐式专用车辆的罐体容积不得超过 20 立方米,运输剧毒化学品的罐式专用车辆的罐体容积不得超过 10 立方米,但符合国家有关标准的罐式集装箱除外。

7.运输剧毒化学品、爆炸品、强腐蚀性危险货物的非罐式专用车辆,核定载质量不得超过 10 吨,但符合国家有关标准的集装箱运输专用车辆除外。

8.配备与运输的危险货物性质相适应的安全防护、环境保护和消防设施设备。

(二)有符合下列要求的停车场地:

1.自有或者租借期限为 3 年以上,且与经营范围、规模相适应的停车场地,停车场地应当位于企业注册地市级行政区域内。

2.运输剧毒化学品、爆炸品专用车辆以及罐式专用车辆,数量为 20 辆(含)以下的,停车场地面积不低于车辆正投影面积的 1.5 倍,数量为 20 辆以上的,超过部分,每辆车的停车场地面积不低于车辆正投影面积;运输其他危险货物的,专用车辆数量为 10 辆(含)以下的,停车场地面积不低于车辆正投影面积的 1.5 倍;数量为 10 辆以上的,超过部分,每辆车的停车场地面积不低于车辆正投影面积。

3.停车场地应当封闭并设立明显标志,不得妨碍居民生活和威胁公共安全。

(三)有符合下列要求的从业人员和安全管理人员:

1.专用车辆的驾驶人员取得相应机动车驾驶证,年龄不超过 60 周岁。

2.从事道路危险货物运输的驾驶人员、装卸管理人员、押运人员应当经所在地设区的市级人民政府交通运输主管部门考试合格,并取得相应的从业资格证;从事剧毒化学品、爆炸品道路运输的驾驶人员、装卸管理人员、押运人员,应当经考试合格,取得注明为"剧毒化学品运输"或者"爆炸品运输"类别的从业资格证。

3.企业应当配备专职安全管理人员。

(四)有健全的安全生产管理制度:

1.企业主要负责人、安全管理部门负责人、专职安全管理人员安全生产责任制度。

2.从业人员安全生产责任制度。

3.安全生产监督检查制度。

4.安全生产教育培训制度。

5.从业人员、专用车辆、设备及停车场地安全管理制度。

6.应急救援预案制度。

7.安全生产作业规程。

8.安全生产考核与奖惩制度。

9.安全事故报告、统计与处理制度。

第九条　符合下列条件的企事业单位,可以使用自备专用车辆从事为本单位服务的非经营性道路危险货物运输:

(一)属于下列企事业单位之一:

1.省级以上安全生产监督管理部门批准设立的生产、使用、储存危险化学品的企业。

2.有特殊需求的科研、军工等企事业单位。

(二)具备第八条规定的条件,但自有专用车辆(挂车除外)的数量可以少于5辆。

第十条　申请从事道路危险货物运输经营的企业,应当依法向工商行政管理机关办理有关登记手续后,向所在地设区的市级道路运输管理机构提出申请,并提交以下材料:

(一)《道路危险货物运输经营申请表》,包括申请人基本信息、申请运输的危险货物范围(类别、项别或品名,如果为剧毒化学品应当标注"剧毒")等内容。

(二)拟担任企业法定代表人的投资人或者负责人的身份证明及其复印件,经办人身份证明及其复印件和书面委托书。

(三)企业章程文本。

(四)证明专用车辆、设备情况的材料,包括:

1.未购置专用车辆、设备的,应当提交拟投入专用车辆、设备承诺书。承诺书内容应当包括车辆数量、类型、技术等级、总质量、核定载质量、车轴数以及车辆外廓尺寸;通信工具和卫星定位装置配备情况;罐式专用车辆的罐体容积;罐式专用车辆罐体载货后的总质量与车辆核定载质量相匹配情况;运输剧毒化学品、爆炸品、易制爆危险化学品的专用车辆核定载质量等有关情况。承诺期限不得超过1年。

2.已购置专用车辆、设备的,应当提供车辆行驶证、车辆技术等级评定结论;通信工具和卫星定位装置配备;罐式专用车辆的罐体检测合格证或者检测报告及复印件等有关材料。

(五)拟聘用专职安全管理人员、驾驶人员、装卸管理人员、押运人员的,应当提交拟聘用承诺书,承诺期限不得超过1年;已聘用的应当提交从业资格证及其复印件以及驾驶证及其复印件。

(六)停车场地的土地使用证、租借合同、场地平面图等材料。

(七)相关安全防护、环境保护、消防设施设备的配备情况清单。

(八)有关安全生产管理制度文本。

第十一条　申请从事非经营性道路危险货物运输的单位,向所在地设区的市级道路运输管理机构提出申请时,除提交第十条第(四)项至第(八)项规定的材料外,还应当提交以下材料:

(一)《道路危险货物运输申请表》,包括申请人基本信息、申请运输的物品范围(类别、项别或品名,如果为剧毒化学品应当标注"剧毒")等内容。

(二)下列形式之一的单位基本情况证明:

1.省级以上安全生产监督管理部门颁发的危险化学品生产、使用等证明。

2.能证明科研、军工等企事业单位性质或者业务范围的有关材料。

(三)特殊运输需求的说明材料。

(四)经办人的身份证明及其复印件以及书面委托书。

第十二条　设区的市级道路运输管理机构应当按《中华人民共和国道路运输条例》和《交通行政许可实施程序规定》,以及本规定所明确的程序和时限实施道路危险货物运输行政许可,并进行实地核查。

决定准予许可的,应当向被许可人出具《道路危险货物运输行政许可决定书》,注明许可事项,具体内容应当包括运输危险货物的范围(类别、项别或品名,如果为剧毒化学品应当标注"剧毒"),专用车辆数量、要求以及运输性质,并在10日内向道路危险货物运输经营申请人发放《道路运输经营许可证》,向非经营性道路危险货物运输申请人发放《道路危险货物运输许可证》。

市级道路运输管理机构应当将准予许可的企业或单位的许可事项等,及时以书面形式告知县级道路运输管理机构。

决定不予许可的,应当向申请人出具《不予交通行政许可决定书》。

第十三条 被许可人已获得其他道路运输经营许可的,设区的市级道路运输管理机构应当为其换发《道路运输经营许可证》,并在经营范围中加注新许可的事项。如果原《道路运输经营许可证》是由省级道路运输管理机构发放的,由原许可机关按照上述要求予以换发。

第十四条 被许可人应当按照承诺期限落实拟投入的专用车辆、设备。

原许可机关应当对被许可人落实的专用车辆、设备予以核实,对符合许可条件的专用车辆配发《道路运输证》,并在《道路运输证》经营范围栏内注明允许运输的危险货物类别、项别或者品名,如果为剧毒化学品应标注"剧毒";对从事非经营性道路危险货物运输的车辆,还应当加盖"非经营性危险货物运输专用章"。

被许可人未在承诺期限内落实专用车辆、设备的,原许可机关应当撤销许可决定,并收回已核发的许可证明文件。

第十五条 被许可人应当按照承诺期限落实拟聘用的专职安全管理人员、驾驶人员、装卸管理人员和押运人员。

被许可人未在承诺期限内按照承诺聘用专职安全管理人员、驾驶人员、装卸管理人员和押运人员的,原许可机关应当撤销许可决定,并收回已核发的许可证明文件。

第十六条 道路运输管理机构不得许可一次性、临时性的道路危险货物运输。

第十七条 中外合资、中外合作、外商独资形式投资道路危险货物运输的,应当同时遵守《外商投资道路运输业管理规定》。

第十八条 道路危险货物运输企业设立子公司从事道路危险货物运输的,应当向子公司注册地设区的市级道路运输管理机构申请运输许可。设立分公司的,应当向分公司注册地设区的市级道路运输管理机构备案。

第十九条 道路危险货物运输企业或者单位需要变更许可事项的,应当向原许可机关提出申请,按照本章有关许可的规定办理。

道路危险货物运输企业或者单位变更法定代表人、名称、地址等工商登记事项的,应当在 30 日内向原许可机关备案。

第二十条 道路危险货物运输企业或者单位终止危险货物运输业务的,应当在终止之日的 30 日前告知原许可机关,并在停业后 10 日内将《道路运输经营许可证》或者《道路危险货物运输许可证》以及《道路运输证》交回原许可机关。

第三章 专用车辆、设备管理

第二十一条 道路危险货物运输企业或者单位应当按照《道路运输车辆技术管理规定》中有关车辆管理的规定,维护、检测、使用和管理专用车辆,确保专用车辆技术状况良好。

第二十二条 设区的市级道路运输管理机构应当定期对专用车辆进行审验,每年审验一次。审验按照《道路运输车辆技术管理规定》进行,并增加以下审验项目:

(一)专用车辆投保危险货物承运人责任险情况;

(二)必需的应急处理器材、安全防护设施设备和专用车辆标志的配备情况;

(三)具有行驶记录功能的卫星定位装置的配备情况。

第二十三条 禁止使用报废的、擅自改装的、检测不合格的、车辆技术等级达不到一级的和其他不符合国家规定的车辆从事道路危险货物运输。

除铰接列车、具有特殊装置的大型物件运输专用车辆外,严禁使用货车列车从事危险货物运输;倾卸式车辆只能运输散装硫黄、萘饼、粗蒽、煤焦沥青等危险货物。

禁止使用移动罐体(罐式集装箱除外)从事危险货物运输。

第二十四条 用于装卸危险货物的机械及工具的技术状况应当符合行业标准《汽车运输危险货物规则》(JT617)规定的技术要求。

第二十五条 罐式专用车辆的常压罐体应当符合国家标准《道路运输液体危险货物罐式车辆第1部分:金属常压罐体技术要求》(GB18564.1)、《道路运输液体危险货物罐式车辆第2部分:非金属常压罐体技术要求》(GB18564.2)等有关技术要求。

使用压力容器运输危险货物的,应当符合国家特种设备安全监督管理部门制订并公布的《移动式压力容器安全技术监察规程》(TSG R0005)等有关技术要求。

压力容器和罐式专用车辆应当在质量检验部门出具的压力容器或者罐体检验合格的有效期内承运危险货物。

第二十六条 道路危险货物运输企业或者单位对重复使用的危险货物包装物、容器,在重复使用前应当进行检查;发现存在安全隐患的,应当维修或者更换。

道路危险货物运输企业或者单位应当对检查情况做出记录,记录的保存期限不得少于2年。

第二十七条 道路危险货物运输企业或者单位应当到具有污染物处理能力的机构对常压罐体进行清洗(置换)作业,将废气、污水等污染物集中收集,消除污染,不得随意排放,污染环境。

第四章 道路危险货物运输

第二十八条 道路危险货物运输企业或者单位应当严格按照道路运输管理机构决定的许可事项从事道路危险货物运输活动,不得转让、出租道路危险货物运输许可证件。

严禁非经营性道路危险货物运输单位从事道路危险货物运输经营活动。

第二十九条 危险货物托运人应当委托具有道路危险货物运输资质的企业承运。

危险货物托运人应当对托运的危险货物种类、数量和承运人等相关信息予以记录,记录的保存期限不得少于1年。

第三十条 危险货物托运人应当严格按照国家有关规定妥善包装并在外包装设置标志,并向承运人说明危险货物的品名、数量、危害、应急措施等情况。需要添加抑制剂或者稳定剂的,托运人应当按照规定添加,并告知承运人相关注意事项。

危险货物托运人托运危险化学品的,还应当提交与托运的危险化学品完全一致的安全技术说明书和安全标签。

第三十一条 不得使用罐式专用车辆或者运输有毒、感染性、腐蚀性危险货物的专用车辆运输普通货物。

其他专用车辆可以从事食品、生活用品、药品、医疗器具以外的普通货物运输,但应当由运输企业对专用车辆进行消除危害处理,确保不对普通货物造成污染、损害。

不得将危险货物与普通货物混装运输。

第三十二条 专用车辆应当按照国家标准《道路运输危险货物车辆标志》(GB13392)的要求悬挂标志。

第三十三条 运输剧毒化学品、爆炸品的企业或者单位,应当配备专用停车区域,并设立明显的警示标牌。

第三十四条 专用车辆应当配备符合有关国家标准以及与所载运的危险货物相适应的应急处理器材和安全防护设备。

第三十五条 道路危险货物运输企业或者单位不得运输法律、行政法规禁止运输的货物。

法律、行政法规规定的限运、凭证运输货物,道路危险货物运输企业或者单位应当按照有关规定办理相关运输手续。

法律、行政法规规定托运人必须办理有关手续后方可运输的危险货物,道路危险货物运输企业应当查验有关手续齐全有效后方可承运。

第三十六条 道路危险货物运输企业或者单位应当采取必要措施,防止危险货物脱落、扬散、丢失以及燃烧、爆炸、泄漏等。

第三十七条 驾驶人员应当随车携带《道路运输证》。驾驶人员或者押运人员应当按照《汽车运输危险货物规则》(JT617)的要求,随车携带《道路运输危险货物安全卡》。

第三十八条 在道路危险货物运输过程中,除驾驶人员外,还应当在专用车辆上配备押运人员,确保危险货物处于押运人员监管之下。

第三十九条 道路危险货物运输途中,驾驶人员不得随意停车。

因住宿或者发生影响正常运输的情况需要较长时间停车的,驾驶人员、押运人员应当设置警戒带,并采取相应的安全防范措施。

运输剧毒化学品或者易制爆危险化学品需要较长时间停车的,驾驶人员或者押运人员应当向当地公安机关报告。

第四十条 危险货物的装卸作业应当遵守安全作业标准、规程和制度,并在装卸管理人员的现场指挥或者监控下进行。

危险货物运输托运人和承运人应当按照合同约定指派装卸管理人员;若合同未予约定,则由负责装卸作业的一方指派装卸管理人员。

第四十一条 驾驶人员、装卸管理人员和押运人员上岗时应当随身携带从业资格证。

第四十二条 严禁专用车辆违反国家有关规定超载、超限运输。

道路危险货物运输企业或者单位使用罐式专用车辆运输货物时,罐体载货后的总质量应当和专用车辆核定载质量相匹配;使用牵引车运输货物时,挂车载货后的总质量应当与牵引车的准牵引总质量相匹配。

第四十三条 道路危险货物运输企业或者单位应当要求驾驶人员和押运人员在运输危险货物时,严格遵守有关部门关于危险货物运输线路、时间、速度方面的有关规定,并遵守有关部门关于剧毒、爆炸危险品道路运输车辆在重大节假日通行高速公路的相关规定。

第四十四条 道路危险货物运输企业或者单位应当通过卫星定位监控平台或者监控终端及时纠正和处理超速行驶、疲劳驾驶、不按规定线路行驶等违法违规驾驶行为。

监控数据应当至少保存3个月,违法驾驶信息及处理情况应当至少保存3年。

第四十五条 道路危险货物运输从业人员必须熟悉有关安全生产的法规、技术标准和安全生产规章制度、安全操作规程,了解所装运危险货物的性质、危害特性、包装物或者容器的使用要求和发生意外事故时的处置措施,并严格执行《汽车运输危险货物规则》(JT617)、《汽车运输、装卸危险货物作业规程》(JT618)等标准,不得违章作业。

第四十六条 道路危险货物运输企业或者单位应当通过岗前培训、例会、定期学习等方式,对从业人员进行经常性安全生产、职业道德、业务知识和操作规程的教育培训。

第四十七条 道路危险货物运输企业或者单位应当加强安全生产管理,制定突发事件应急预案,配备应急救援人员和必要的应急救援器材、设备,并定期组织应急救援演练,严格落实各项安全制度。

第四十八条 道路危险货物运输企业或者单位应当委托具备资质条件的机构,对本企业或单位的安全管理情况每3年至少进行一次安全评估,出具安全评估报告。

第四十九条 在危险货物运输过程中发生燃烧、爆炸、污染、中毒或者被盗、丢失、流散、泄漏等事故,驾驶人员、押运人员应当立即根据应急预案和《道路运输危险货物安全卡》的要求采取应急处置措施,并向事故发生地公安部门、交通运输主管部门和本运输企业或者单位报告。运输企业或者单位接到事故报告后,应当按照本单位危险货物应急预案组织救援,并向事故发生地安全生产监督管理部门和环境保护、卫生主管部门报告。

道路危险货物运输管理机构应当公布事故报告电话。

第五十条　在危险货物装卸过程中,应当根据危险货物的性质,轻装轻卸,堆码整齐,防止混杂、撒漏、破损,不得与普通货物混合堆放。

第五十一条　道路危险货物运输企业或者单位应当为其承运的危险货物投保承运人责任险。

第五十二条　道路危险货物运输企业异地经营(运输线路起讫点均不在企业注册地市域内)累计 3 个月以上的,应当向经营地设区的市级道路运输管理机构备案并接受其监管。

第五章　监督检查

第五十三条　道路危险货物运输监督检查按照《道路货物运输及站场管理规定》执行。

道路运输管理机构工作人员应当定期或者不定期对道路危险货物运输企业或者单位进行现场检查。

第五十四条　道路运输管理机构工作人员对在异地取得从业资格的人员监督检查时,可以向原发证机关申请提供相应的从业资格档案资料,原发证机关应当予以配合。

第五十五条　道路运输管理机构在实施监督检查过程中,经本部门主要负责人批准,可以对没有随车携带《道路运输证》又无法当场提供其他有效证明文件的危险货物运输专用车辆予以扣押。

第五十六条　任何单位和个人对违反本规定的行为,有权向道路危险货物运输管理机构举报。

道路危险货物运输管理机构应当公布举报电话,并在接到举报后及时依法处理;对不属于本部门职责的,应当及时移送有关部门处理。

第六章　法律责任

第五十七条　违反本规定,有下列情形之一的,由县级以上道路运输管理机构责令停止运输经营,有违法所得的,没收违法所得,处违法所得 2 倍以上 10 倍以下的罚款;没有违法所得或者违法所得不足 2 万元的,处 3 万元以上 10 万元以下的罚款;构成犯罪的,依法追究刑事责任:

(一)未取得道路危险货物运输许可,擅自从事道路危险货物运输的;

(二)使用失效、伪造、变造、被注销等无效道路危险货物运输许可证件从事道路危险货物运输的;

(三)超越许可事项,从事道路危险货物运输的;

(四)非经营性道路危险货物运输单位从事道路危险货物运输经营的。

第五十八条　违反本规定,道路危险货物运输企业或者单位非法转让、出租道路危险货物运输许可证件的,由县级以上道路运输管理机构责令停止违法行为,收缴有关证件,处 2000 元以上 1 万元以下的罚款;有违法所得的,没收违法所得。

第五十九条　违反本规定,道路危险货物运输企业或者单位有下列行为之一,由县级以上道路运输管理机构责令限期投保;拒不投保的,由原许可机关吊销《道路运输经营许可证》或者《道路危险货物运输许可证》,或者吊销相应的经营范围:

(一)未投保危险货物承运人责任险的;

(二)投保的危险货物承运人责任险已过期,未继续投保的。

第六十条　违反本规定,道路危险货物运输企业或者单位不按照规定随车携带《道路运输证》的,由县级以上道路运输管理机构责令改正,处警告或者 20 元以上 200 元以下的罚款。

第六十一条　违反本规定,道路危险货物运输企业或者单位以及托运人有下列情形之一的,由县级以上道路运输管理机构责令改正,并处 5 万元以上 10 万元以下的罚款,拒不改正的,责令停产停业整顿;构成犯罪的,依法追究刑事责任:

(一)驾驶人员、装卸管理人员、押运人员未取得从业资格上岗作业的;

(二)托运人不向承运人说明所托运的危险化学品的种类、数量、危险特性以及发生危险情况的应急

处置措施,或者未按照国家有关规定对所托运的危险化学品妥善包装并在外包装上设置相应标志的;

(三)未根据危险化学品的危险特性采取相应的安全防护措施,或者未配备必要的防护用品和应急救援器材的;

(四)运输危险化学品需要添加抑制剂或者稳定剂,托运人未添加或者未将有关情况告知承运人的。

第六十二条 违反本规定,道路危险货物运输企业或者单位未配备专职安全管理人员的,由县级以上道路运输管理机构责令改正,可以处 1 万元以下的罚款;拒不改正的,对危险化学品运输企业或单位处 1 万元以上 5 万元以下的罚款,对运输危险化学品以外其他危险货物的企业或单位处 1 万元以上 2 万元以下的罚款。

第六十三条 违反本规定,道路危险化学品运输托运人有下列行为之一的,由县级以上道路运输管理机构责令改正,处 10 万元以上 20 万元以下的罚款,有违法所得的,没收违法所得;拒不改正的,责令停产停业整顿;构成犯罪的,依法追究刑事责任:

(一)委托未依法取得危险货物道路运输许可的企业承运危险化学品的;

(二)在托运的普通货物中夹带危险化学品,或者将危险化学品谎报或者匿报为普通货物托运的。

第六十四条 违反本规定,道路危险货物运输企业擅自改装已取得《道路运输证》的专用车辆及罐式专用车辆罐体的,由县级以上道路运输管理机构责令改正,并处 5000 元以上 2 万元以下的罚款。

第七章 附 则

第六十五条 本规定对道路危险货物运输经营未作规定的,按照《道路货物运输及站场管理规定》执行;对非经营性道路危险货物运输未作规定的,参照《道路货物运输及站场管理规定》执行。

第六十六条 道路危险货物运输许可证件和《道路运输证》工本费的具体收费标准由省、自治区、直辖市人民政府财政、价格主管部门会同同级交通运输主管部门核定。

第六十七条 交通运输部可以根据相关行业协会的申请,经组织专家论证后,统一公布可以按照普通货物实施道路运输管理的危险货物。

第六十八条 本规定自 2013 年 7 月 1 日起施行。交通部 2005 年发布的《道路危险货物运输管理规定》(交通部令 2005 年第 9 号)及交通运输部 2010 年发布的《关于修改〈道路危险货物运输管理规定〉的决定》(交通运输部令 2010 年第 5 号)同时废止。

附　录

QDQ2-1 型水电解制氢设备使用维护说明书

　　氢气是二十一世纪最洁净的能源,是未来的主要能源之一。水电解制氢是未来制取氢气的主要手段之一,因此水电解的研究和应用,有着广阔的前景。

　　中国船舶重工集团公司第七一八研究所是我国唯一研究水电解制氢的科研单位,从二十世纪六十年代起,七一八研究所以严谨的科学发展观,坚持质量可靠、技术精尖、产业绿色、和谐平安、绩效卓著,科学发展的理念,一直紧跟世界水电解制氢技术发展,它拥有近两百名博士、研究员、高级工程师,技术力量雄厚,有着完善的加工设备、齐全的检测手段和一支操作熟练的加工队伍。经过近五十年的研究、科学试验,设计研制出具有世界先进水平的水电解制氢设备,已形成地面固定式、整体机动式两大系列产品,氢气产量有 1 m³/h,2 m³/h,3 m³/h,4 m³/h,能够满足气象探空业务的要求。设备特点:体积小、结构紧凑、工艺流程简单、安全防护措施合理有效、气体纯度高、无噪音、无振动、操作维修方便,是当前理想的水电解设备。

　　特别是整体机动式系列产品,开创了水电解机动制氢世界先例,首台机动制氢站跟随我国神舟号宇宙飞船的主着陆场多次移防执行任务,均很好地完成了气象保障任务,现已遍布神舟号的发射场、主着陆场、副着陆场、各观察站等气象台站。

　　另外,为了满足高寒低温地区对水电解制氢设备的高指标氢气要求,开发了水电解制氢设备配套产品——水电解制氢自动干燥装置。该装置吸附剂的解吸深度高,用产品氢气作为再生气,没有再生气的损耗,产品氢气的纯度高。装置安装的电磁阀门由 PLC 程序控制,可实现干燥器工作状态的自动切换,减少了人员工作量,提高了装置的可靠性。产品氢气露点≤−40℃。

　　水电解制得的氢气,能够广泛用于气象、化工、冶金、玻璃制造、水电等各个领域,制得的氧气可应用于密闭舱室、化工、冶金、医院、气焊等各个用氧行业。

一　性能、原理与工艺流程

1.1　概况

　　QDQ2-1 型水电解制氢设备是为气象部门研制的制氢设备。也适用于化工、发电、冶金、电子以及需用氢气和氧气的场所。

1.2　主要性能指标

　　主要性能指标见图表1。

图表 1 设备主要技术性能指标

序号	名 称	单位	性能指标	备 注
1	氢气产量	m^3/h	2	标准状态下
3	氢气纯度	%	≥99.7	体积比
4	氢气供气压力	MPa	0～1.0	无级可调
5	额定电流	A	161	直流
6	额定电压	V	57～66	直流
7	额定总功率	kWh	10.5	
8	小室电压	V	<2.2	
9	工作温度	℃	80±5	
10	工作压力	MPa	0～1.0	无级可调
11	氢气电耗	$kWh/Nm^3 H_2$	<5.0	
12	氢氧水位压差	mm	<150	
13	电解液浓度	%	30	30%KOH
14	蒸馏水用量	L/h	2	
15	制氢主机重量	kg	800	
16	制氢主机体积	m^3	0.9	1000mm×630mm×1500mm
17	储氢量	m^3	20	根据用户需要,可增减。
18	整流控制器重量	kg	236	
19	整流控制器体积	m^3	0.78	700mm×660mm×1700mm
20	整流控制器输出电压	V	0～72	
21	整流控制器输出电流	A	0～200	
22	制氢主机过温报警	℃	85	
23	制氢主机过压报警	MPa	1.05	
24	储氢罐压力上限	MPa	0.95	
25	柱塞泵供水压力	MPa	2.5	

1.3 工作原理

在电解槽中通入直流电时,水分子在电极上发生电化学反应,分解成氢气和氧气。

反应式为:

阴极反应 $2H_2O+2e \rightarrow H_2\uparrow +2OH^{-1}$

阳极反应 $2OH^1-2e \rightarrow 1/2O_2\uparrow +H_2O$

总反应式 $H_2O \rightarrow H_2\uparrow +1/2O_2\uparrow$

1.4 主要部件及配套件简介

QDQ2-1 型气象用水电解制氢设备主要由制氢主机及配套设备组成,见图表 2。

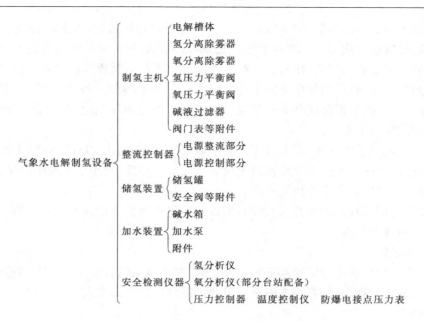

图表 2　主要部件及配套件图表

1.5　工艺流程

参看设备流程图(附件1),启动整流器,当直流电压升到 51 V 以上时,在电解小室阴极侧产生氢气,电解小室阳极侧产生氧气。

1.5.1　气体系统

从电解槽各电解小室阴极侧电解出来的氢气和循环碱液混合体,借助于气体本身的升力,通过极板阴极侧的电解出气孔,进入氢分离器。在重力的作用下,氢气和碱液进行分离。分离后的氢气进入氢除雾器,在除雾器内进一步分离,除去水分和碱雾,而后经过氢平衡阀下腔分为两路:一路经止回阀进入储氢罐;另一路通过氢放空阀、阻火器放空。

同时,从氢除雾器出来的氢气引出一路供分析氢纯度时取样。

从电解槽各电解小室阳极侧电解出来的氧气和循环碱液混合体,借助于气体本身的升力,通过极板阳极侧的出气孔,进入氧分离器。在重力的作用下,氧气和碱液进行分离。分离后的氧气进入氧除雾器,在除雾器内进一步分离,除去水分和碱雾,而后分为三路:一路经稳压罐进入氧平衡阀和氢平衡阀上腔,作为控制气源;另一路进入氧平衡阀的下腔排出;还有一路供分析氧气纯度时取样。

1.5.2　电解液循环系统

碱液在氢、氧分离除雾器中分离后,借助于自身重力的作用,通过氢氧分离除雾器、碱液过滤器,滤去杂质后,回到电解槽中的各个电解小室,进行电解而进入再次的循环。

1.5.3　气体排空系统

水电解制氢主机开机前,需要充氮试漏。开机后氢气纯度符合要求后才能进行储氢。未达到纯度要求以前的氢气,可通过放空阀将氢气放空。待纯度达到要求后,再关闭放空阀,打开储氢阀进行储氢。

当水电解制氢主机停止工作,或由于某种原因需停机检修时,系统需卸压。这时可打开减压阀降压排气。减压时,氢气可通过氢放空阀放空。但在降压过程中注意液面计的液位,正常减压时由氢放空阀进行控制两液位的变化。对于初学者,可以将减压阀开量小些,这时两液位比较平稳,不会失控。

1.5.4　压力平衡系统

氢氧两系统的压力平衡是通过压力平衡阀、增压阀、稳压罐等来实现的。

开机后,打开增压阀,一路氧气通过增压阀进入稳压罐,再进入氧平衡阀上腔及氢平衡阀上腔,此时氧平衡阀上下腔压力相等,利用阀针等自重升压。当压力升到控制值时,关闭增压阀。氧平衡阀上腔、氢平衡阀上腔和稳压罐就形成了一个恒压系统。此时,从氧除雾器出来的氧气只进入氧平衡阀的下腔。如果压力超过氧平衡阀上腔的压力,便将膜片往上顶。这时平衡阀膜片带动阀杆上移,平衡阀开启。使氧气通过氧放空阀放空。相反,当氧平衡阀下腔的压力低于氧平衡阀上腔压力时,平衡阀阀杆下移,阀门关小,排气量减少。这样平衡阀阀杆随着制氢机内压力的变化,不停地上下移动,自动调节流量,从而达到氧平衡阀上下腔压力平衡。

氢气系统稳压与氧气系统一样,当氢气压力大于氢平衡阀上腔压力时,则将膜片往上顶,膜片带动阀杆上移,氢气通过储氢阀进入储氢罐或通过氢放空阀放空。相反,当小于上腔压力时,阀杆下移,这样进行自动调节,保证氢平衡阀上下腔压力平衡。

由于氧平衡阀和氢平衡阀上腔的压力相同,所以就可以达到整个系统的压力平衡。从而确保氢、氧分离器中液面计显示液面平衡。

1.5.5 蒸馏水补充系统

电解过程中,为了保证水电解的连续进行,必须向电解小室供给符合一定要求的蒸馏水。蒸馏水是通过碱水泵直接泵入氧分离器,和循环的碱液一道通过碱液过滤器而进入电解槽中。

1.5.6 冷却水系统

流过蛇管冷却器的自来水由自来水水龙头控制流量,自来水从下口进入,上口流出。

1.5.7 单向流动控制

在补充蒸馏水管路上装有止回阀,保证制氢主机的气体和碱液不回流。

在储氢管路上装有止回阀,防止储氢罐中的氢气倒罐。

1.5.8 压力、温度报警系统

本设备的压力和温度报警是自动实现的。

从电解槽阳极侧出来的氧气和碱液混合体,在进入氧分离器前,经过温度控制仪探头,检测电解槽体的温度。当槽温达到 $85℃$ 时,可以自动切断电源停机,同时声、光报警。

在氧系统上,装有压力控制器,当系统压力超过额定值时,可以自动切断电源停机,同时声、光报警。

在充球管路上,装有防爆电接点压力表。当罐内压力达到控制压力值时,通过电路可以自动切断电源停机,同时声、光报警。

显示系统

为显示系统各部分的压力,在平衡阀上腔、储氢罐、氧分离除雾器上各装有压力表。氧分离除雾器上的压力表显示设备的工作压力;平衡阀上腔的压力表显示控制压力;储氢罐上的压力表显示罐内压力。

温度控制仪显示电解槽体的工作温度;制氢主机面板上的温度表显示主机气液处理系统的温度。

1.5.9 保安系统

为保证储氢罐的安全,在储罐上装有安全阀。当防爆电接点压力表失灵,储氢罐内压力超过设计压力值时,安全阀自动开启,放出部分氢气,将罐内压力降至设计压力值时,安全阀自动关闭。从而确保储氢罐的安全。

当氢气出口起火时,为防止火源进入设备及储氢罐,引起爆炸,在安全阀、氢放空阀、充球阀后面各装有阻火器。

为消除静电带来的危害,制氢主机、整流控制器、储氢罐必须有着良好的接地。

二 结构分析

2.1 电解槽体

电解槽体是水电解制氢设备的核心部件,水在这里被分解成氢气和氧气。

电解槽体为压滤式双极性结构。由 30 个电解小室组成。由六根(流动式由八根)拉杆和正负端压板把它们夹紧为一体。

电解槽体的每个小室由阳极板(主极板)、阳付极网、隔膜布、阴极板(主极板)、阴付极网及绝缘垫片组成。电解槽体极板是双极性结构,在阴极上产生氢气,在阳极上产生氧气。

结构简参见图表 3。

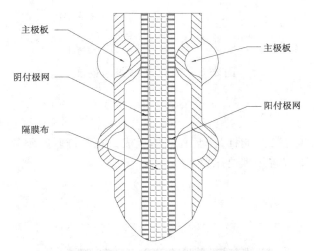

图表 3 电解槽体内部结构图

2.2 氢、氧分离除雾器

氢、氧分离除雾器是将原来的分离器与除雾器合并,

内件:分离除雾器内装有冷却器蛇管、防止碱液喷出的浮球、减少气体含水量的丝网。

外件:筒体由上下封头与除雾器、筒体焊接而成。筒体上装有板式液面计;内部设计有冷却蛇管。

结构简图见图表 4。

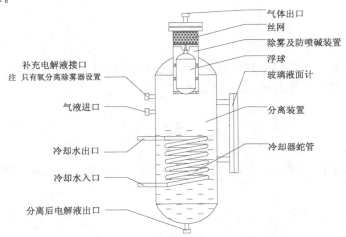

图表 4 分离除雾器内部结构图

2.3 碱液过滤器

内件:过滤器内装有滤芯,滤芯由骨架和外面缠绕的二层60目镍丝网组成。

外件:过滤器的外件是由封头、筒体、上下法兰、密封垫、接头等组成的耐压壳体。

结构简图见图表5。

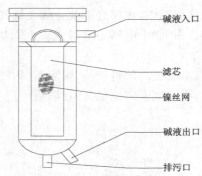

图表5 碱液过滤器结构图

2.4 压力平衡阀

压力平衡阀由上下阀盖、膜片、阀针、托盘和阀体组成。托盘、阀杆、膜片用销紧螺母紧固在一起,膜片夹在上下阀盖之间。上下阀盖用螺栓压紧。

结构简图见图表6。

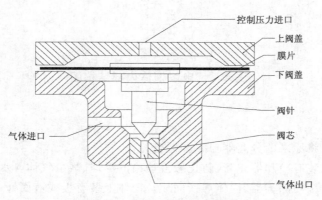

图表6 压力平衡阀结构图

2.5 稳压罐

稳压罐是由两个带有进出口接头和圆筒焊接而成的耐压壳体,它的主要作用是使氢、氧平衡阀上腔的氧气压力保持稳定。罐的体积越大,稳压效果越好。

三 配套件

水电解制氢设备除主机外还必须有许多配套件与之相配,将这些配套件有机地连接起来,才能组成一台完整的设备。

水电解制氢设备的配套件有:

截止阀 6J91Y—160P

截止阀 3J91Y—160P

止回阀　6H92X—160P

球阀　Q21F—160P

安全阀　A21F—16C

蒸馏水器　5L/h

柱塞泵

温度控制仪　XMT—102

压力控制器

压力表

氢分析仪

整流控制器

储氢罐

阻火器

除水罐

3.1　阀门

阀门种类很多,其结构、性能千差万别,这里只介绍本装置中常用的几种阀门:截止阀、止回阀、球阀、安全阀。由于使用介质为碱性故选用不锈钢制造。

3.1.1　截止阀

卡套式直通截止阀,型号6J91Y—160P,通径为6 mm,型号3J91Y—160P,通径为3 mm,耐压均为16 MPa,该阀门主由阀座、阀芯、阀杆、压帽、手轮(把)、锁紧帽、勾头键等零件组成。

结构简图见。

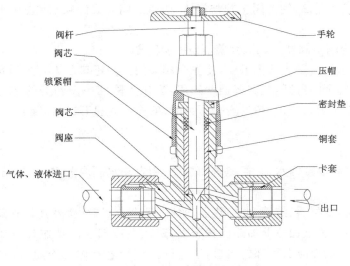

图表7　截止阀结构图

使用维修:

关闭阀门时,用力要适度。

开启阀门时,要留有一定的余量。

安装更换阀门时,必须使管道与阀口方向同心,不交叉、不扭劲,拧螺母时较轻松,这样连接部分卡套才能密封不漏。另外流向安装正确。

如长久不用,可将阀门略开启些,使阀芯与阀座的接触部分离开一定距离,因不锈钢并不是永久不生锈,在一定的介质中两接触面间易发生点触现象,形成局部小坑。

3.1.2　止回阀

止回阀又称单向阀,顾名思义是顺方向通行逆方向受阻。

止回阀 6H92X—160P,通径为 6 mm。结构简图见图表 8。

止回阀由阀体、阀座、阀芯、弹簧、密封圈、O 形橡胶圈及卡套、螺母等组成。阀芯与阀座之间有 O 形橡胶圈,弹簧的弹力使 O 形圈受到一定的压力,约 0.05 MPa,达到密封。正向通气(液)时,气(液)压缩弹簧,阀芯移动,打开通道,提供气(液)路。停止进气(液)时,阀芯在弹簧的弹力作用下,阀芯恢复到原来状态,关闭通道。背压越高,O 形圈受到的压力越大密封性越好,从而起到止回的作用。

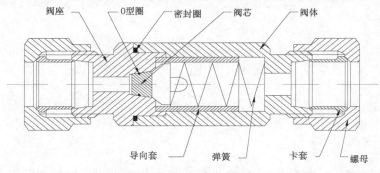

阀座　　O型圈　　密封圈　　阀芯　　阀体

导向套　　弹簧　　卡套　　螺母

图表 8　止回阀结构图

3.1.3　球阀

Q21F—160P 球阀由阀体、阀芯、阀杆、压帽、密封垫等组成。

球阀的阀芯是一个钢球,球中间有一个直通圆孔,球的顶部有一个扁槽,阀杆下端的扁方插入该扁槽内,阀杆转动,带动钢球转动,当转动到球中间通孔与阀体、阀盖中的通孔相对时,球阀打开,提供通路,再转 90°钢球堵住了通孔,球阀关闭。球与阀体、阀盖之间靠聚四氟乙烯垫密封。

3.1.4　安全阀

A21F—16C 型安全阀由阀体、阀芯、弹簧、压帽等组成。

靠弹簧的弹力,阀芯平面紧压阀体平面,使安全阀关闭。当进口压力超过弹簧的弹力时,弹簧压缩,阀芯向弹簧方向移动,安全阀打开,气路畅通并卸压,当压力降到小于弹簧的弹力时,阀芯复位,关闭安全阀。平时安全阀是关闭的,只有当超过安全压力时,安全阀才打开卸压,起到安全作用。

3.2　蒸馏水器

蒸馏水器的作用是制取蒸馏水,它通过电加热器,用自来水制取蒸馏水,补充电解制氢所消耗的水。

结构与原理

蒸馏水器由蒸馏锅、冷凝器、蛇管、电加热器、水嘴、调节卡、液面镜及连接管路、三通等组成。

自来水在蒸馏锅内通过电加热器加热沸腾蒸发,蒸汽在冷却器内被蛇管冷却,蛇管内通过自来水,蒸汽被冷凝成为蒸馏水,从冷凝器下部的出口,通过管道流到容器内。冷却水由三通分成两路,一路排放掉,另一路通过调节卡、加水碗自动补充蒸馏锅内蒸发的水。

使用及注意事项

按说明书组装好,并接好所有的管路,连接管用直径相当的橡胶或硬塑管,接通水源加水到水位镜,然后通电,就可制取蒸馏水。

必须先加水后通电,蒸馏锅内有两个或叁个并联的加热器,只要一通电即刻发热,如没有水或水量不足,时间略长,电加热器就会烧坏。如发现未加水,则立即切断电源,待蒸馏水器冷却后再加水,否则因电加热器的高温,遇水聚冷,热胀冷缩,电阻丝烧断。

在制备蒸馏水过程中,必须确保不断水,一旦断水蒸馏锅内水烧尽,电阻丝烧坏,这一点在自来水源不足或经常断水的地区使用更要注意。

在制取蒸馏水时,冷却水要适量,适当开启自来水阀门,使水流量适当,太大或太小效率都低。

使用过程中,应经常观察水位镜,使液位保持在水位中线以上,如水位下降,可调节调节卡,使流量加大,调节到出多少蒸馏水,补充多少自来水为宜,补充量略大于蒸发量。

使用完毕将剩余水全部放出,并经常清除蒸馏锅内的水垢,提高效率,延长使用寿命。

电加热器损坏,可更换新的加热器。

蒸馏水器首次使用,制得的蒸馏水杂质较多,不要使用这部分水。

3.3 加水泵

泵的作用是在制氢过程中补充碱液或蒸馏水,由于碱是强腐蚀溶液,选用的水泵为不锈钢制造,不易生锈。与水电解制氢设备配套的水泵选用高压柱塞泵。

该泵的原理示意图见图表9。

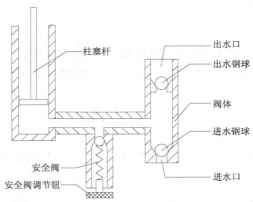

图表9　柱塞泵原理示意图

3.4 温度控制仪

温度控制仪是用来控制电解槽工作温度,是温度安全执行元件。当温度达到或超过规定值时,能自动切断电源使机器停止工作,温度不再上升,同时通过声光报警,提醒操作人员,采取措施,排除故障,从而起到安全保护作用。

3.5 压力控制器

压力控制器是用来控制电解槽工作压力,使之不超过规定压力,是压力安全执行元件,当压力达到或超过规定值时,能自动切断电路停机,同时声光报警,压力不再上升,提醒操作者,采取措施,排除故障,从而确保安全避免人身伤害事故。

3.6 压力表

QDQ2-1型水电解制氢设备使用了三种压力表,一种是通用型普通压力表,安装在储氢罐;一种是氨用压力表,安装在制氢主机;一种是防爆电接点压力表,安装在充球处。

3.7 阻火器

阻火器的作用顾名思义是阻止火源的流通。阻火器通常安装在氢气出口处,一旦有明火点燃,在阻火器的作用下,火不能通过管道进入设备,起到安全保护作用。

阻火器如安装在室外,作为氢气放空,为防止雨水进入,必须将出口管道高于屋顶,管道的端部应向下弯曲,既能使氢气排出超过屋顶,又能防雨水进入。

3.8 储氢罐

储氢罐的作用是储存氢气。使用及注意事项

a.储氢罐首次使用,或停用时间较长,氢气全部用完,可能有空气进入,因此,在储氢气前,必须用水排气,赶走罐内全部空气,然后用氢气压出水,从底部排污阀排水,待水排净后,关闭此阀,开始储氢。储罐在使用过程中必须注意,不能使罐内氢气全部放空,必须保持在 0.05 MPa 压力以上,始终是正压。

b.储氢罐储过氢气后,如再需焊接,必须先用水赶走全部氢气,然后将上法兰打开,充满水后,才能焊接,焊接时必须经有关部门批准,有关人员在场。

c.氢气从进口进入储氢罐进行储存,氢气中存在的微量水分和碱雾,在储罐中进一步分离,分离出来的水聚积到罐底部,定期从罐底放水阀放出。

d.没有储过氢气的储氢罐,也可以作为其他气体(氧、氮等)的储罐。

3.9 除水罐

为了减少或不发生气体管路堵塞,在较寒冷的地方,水电解制氢设备还配套有一套除水装置。即在主机氢储存和氧放空出口,各安装一个除水器,可以减少或杜绝管路内水分的冻结,以免造成管路堵塞。

四 安全操作

操作人员应当注意的两点,一是你看到液面平衡了吗?! 二是你清洗碱液过滤器了吗?!

4.1 开机前的准备

检查氢放空、氧放空、氢储存、氧分析、进出罐、充球等管路连接是否正确,检查各阀门开关状态等有无异常。

严禁在制氢主机及各电器设备上放置任何工具和杂物。电解槽体绝缘处一定要干燥,保证电解槽体正端压板与其他设备的绝缘。

要求室内通风良好,开机前打开天窗防止泄漏氢气滞留室内,注意保持室温不低于 0 ℃。

电解槽体首次使用前,必须用蒸馏水浸泡 24 小时以上,让石棉隔膜布充分浸透,然后将水排净,再将预先配制好的电解液由加水泵加入制氢主机内。首次使用时,电解液液位必须达到液面计中间位置时方可开机。

4.2 开机操作程序

a.开机准备

检查阀门开关状态:

关闭阀门:储氢阀、减压阀、氢分析阀、氧分析阀;

打开阀门:氢放空阀、氧放空阀、压力报警阀、增压阀。(有时为了加快升压速度,在升压过程中,可以关闭氧放空阀,待升压结束时,再打开氧放空阀;压力报警阀是常开的,建议当设备调试完毕,将压力报警阀阀门的手轮卸掉,以防误操作,造成压力控制器不起作用)

整流控制器旋钮是否调整在最低位置。检查稳流稳压开关状态。

b.通电开机

接通整流控制器电源。

观察整流控制器面板上指示灯情况,旋转电位器调整升高电压,电压不得大于 70 V。

增压时观察控制压力表和工作压力表。当制氢主机升到所需要的压力时,关闭增压阀(不得超过 1.05 MPa)

打开氧分析阀,分析气体纯度,纯度不得低于99.7%,即SQ-0/3型氢分析仪显示数字不得大于1.2。

氢气纯度合格后,再关闭氢放空阀,打开氢储存阀,往储氢罐中储氢。

检查小室电压,一般小室电压比较平均,发现异常及时汇报。

开机后当电解槽体温度升到80℃时(温度控制仪显示温度),应打开冷却水进行冷却,根据槽温情况,调节冷却水流量,使槽温保持在75～85℃范围内工作。

c.关机

将整流控制器电压调至零,然后关闭整流控制器电源。

关闭总电源。

打开氢放空阀,关闭氢储存阀,再打开增压阀,然后缓慢打开减压阀,使制氢主机工作压力和控制压力逐渐降至零。降压时应注意观察氢、氧液位变化,不允许液位超出液面计范围,压差过大应停止减压或利用氢放空阀调整,当液位恢复后,再缓慢减压。

减压结束后,按开机准备检查各阀门的开关状态,整理完毕。

4.3　压力、电流、温度及液位的控制

a.工作压力

制氢主机工作压力,可根据各自的需要在0～1.0 MPa范围内调节。

一个止回阀理论压降为0.05 MPa,当制氢主机工作压力大于储氢罐储氢压力0.05 MPa时,氢气方可进入储氢罐。在实际操作过程中,止回阀每次开机储氢时,需要有0.2 MPa的压力才能打开,打开后正常储氢工作时,它的压降为0.05 MPa。

b.工作电流和电压

工作电流以不大于161A为宜。当整流控制器有稳流功能时,使用稳流功能设定电流;若没有稳流功能时,则当温度达到75～80℃时,应调节面板电位器,使其额定工作电流在额定值内运行;工作电压最高不得超过70 V。

c.工作温度

开机后电解槽体工作温度逐渐上升,当接近80℃时,启动冷却系统冷却降温,并根据电解槽体温度调节冷却水流量,使电解槽体温度保持在75～85℃范围内。

d.液位的控制

制氢主机工作过程中,氢氧分离器中的液位应保持在液面计的1/4～3/4范围内,低于1/4时,应补充蒸馏水使液位到液面计的3/4以下。

电解槽正常工作状态下,氢氧压差控制是通过氢氧压力平衡阀自动调节使液位稳定平衡,液位差允许在150 mm以内。

e.电解槽体温度、制氢主机压力及储氢压力报警检查

当制氢设备首次使用或久停再用时,应重新调试各安全报警点。

4.4　其他

a.分析氢气纯度

每次开机压力稳定后,必须及时进行气体纯度分析,从氧分析阀取样,用自动分析仪分析氢纯度,应不低于99.7%,方可储氢。

b.储氢

在制氢设备首次使用或久停再用及充氮检漏后,为排放掉不纯的气体,必须开机连续排放15分钟,经分析氢气纯度达到要求后才能储氢。

c.记录

每次开机必须认真作好工作情况记录,不得少于三次。对发现的问题和解决的措施,应认真记录,按月装订成册,作为设备档案的一部分保存。

d. 充球

首次开机制氢充球时,应先打开充球阀排放管路中的积水和杂质,防止堵塞平衡器。充球速度不要太快,平衡器必须要有良好的接地,以防静电起火。(许多台站因平衡器没有良好接地而发生气球着火现象)

五　电解液的配制及测定

QDQ2-1 型水电解制氢设备专门配备有水碱箱,此箱直径为 400 mm,高度为 800 mm,用不锈钢制造,专门用于配制碱液以及平时装蒸馏水所用。配制碱液时先在水碱箱中加入 51 L 的蒸馏水,然后把准备好的 22 kg 纯 KOH 固态碱逐渐倒入水中,边倒边用棍子搅拌,倒碱的快慢以碱的不结块为准,经搅拌后静置四个小时,即温度适宜时使用。

加入水的数量可以用量筒计量,也可以用秤计量,51 L 水就是 51 kg。如果既没有量筒也没有秤,也可以用尺子来确定。因为我们用的水碱箱直径为 400 mm,既然需要 51 L 水,用计算圆柱体体积的公式便可以确定水的深度。

$$H=V/\pi R^2$$

H－水深;V－所需水的体积;R－水碱箱的半径

经计算,H 的深度为 406 mm,也就是说在水碱箱中盛 406 mm 深的水就是 51 L。

以上三种计量方法前两种比较准确,后一种误差大一些,但就使用而言没有什么影响。

碱液浓度的分析方法:

测定电解液的浓度即用比重计来测量电解液的百分比浓度的。其方法是:在停机并使系统压力降到零的情况下,打开电解槽体排污阀取出一些碱液放在容器(量筒)中,其深度要在 200 mm 左右,太浅容易损坏比重计。待碱液冷却静置后,将比重计轻放入碱液中,待比重计平稳后看比重计的刻度,记下比重计的读数,然后通过查表(附件 2)可以知道电解液的浓度。

注意事项:

该设备使用的碱是 KOH 叫做苛性钾,其意思是碱性比较强。因此在使用过程中要注意安全防止烧伤,在配制碱液或接触碱液时要戴上胶皮手套、戴防护眼镜,操作人员戴口罩并注意通风。在排放碱液时一定要停机并等到系统压力降到零时才能打开排污阀,以防碱液冲出,一旦发生碱溅到皮肤上,要尽快用清水、醋、硼酸等冲洗。

六　故障排除与操作方法

6.1　操作故障

a. 制氢主机工作压力不升或升压太慢

原因分析:氧压力平衡阀关闭不严;减压阀没有关闭或内漏。

排除方法:氧平衡阀重新装配调整同心;或关闭氧放空阀,待达到压力后再打开此阀;关闭减压阀或检修或更换阀门。

b. 制氢主机的制氢压力缓慢上升

原因分析:增压阀没关紧内漏;平衡阀膜片损坏而漏气。

排除方法:关闭增压阀;检修增压阀或更换;更换新膜片。

c. 制氢主机的制氢压力缓慢下降

原因分析:减压阀没关严有内漏。

排除方法:关紧减压阀;检修减压阀或更换。

d. 压差过大液位不平衡、不稳定

原因分析:平衡阀失灵;氢氧平衡阀灵敏度相差太大;平衡阀内有脏物,阀口关不严。

排除方法:检修平衡阀;快速排气,冲走脏物或拆下平衡阀清洗。

e. 水泵电机转动而加不进水

原因分析:进水阀门没有打开;碱水箱内没有水;泵体内上下钢珠有杂物。

排除方法:打开进水阀门;给碱水箱内加水;清洗泵体。

f. 水箱内冒气泡

原因分析:止回阀失效。

排除方法:更换或维修止回阀。

g. 柱塞泵柱塞杆处漏水

原因分析:一组密封垫(人字垫)磨损,密封不严。

排除方法:更换一组密封垫。

6.2 技术故障

a. 额定条件下测量电解小室电压普遍升高

原因分析:电解液浓度低;电解液太脏。

排除方法:补充 KOH;重新配制电解液。

b. 个别电解小室电压超过 3 V

原因分析:电解小室进液孔堵塞。

排除方法:用逆流法冲开进液孔。详细做法,把制氢主机的工作压力升到 0.6 MPa 以上,此时关闭氢放空、氢储存、氧放空等阀门,再关闭碱液过滤器和氢氧分离器之间的球阀,打开排污阀,将电解液排到容器里即可。

c. 电解槽体正极地脚冒烟、打火

原因分析:地脚绝缘垫块、绝缘套管有碱液。

排除方法:拆下绝缘垫块和绝缘套管,清水冲洗凉干重新安装即可。

d. 整流控制器电压调不上去

这个故障的原因是多方面的,可以参考整流控制器使用说明书,必要时请相关专业人员解决。

e. 电压能调上去,而电流调不上去

原因分析:电解液浓度太低;三组可控硅缺相工作。

排除方法:参见电解液处理方法;更换可控硅或检查整流控制线路。

6.3 安全控制故障

a. 压力不报警或误报警

原因分析:制氢主机面板的槽压报警阀没打开;压力控制器报警值变化;压力控制器内部接线脱落或开关触点接触不良;整流控制器内接线不良或继电器问题;压力控制器损坏。

排除方法:打开报警阀;重新调节控制报警值;检修接线和触点;检查整流控制器内部接线或更换继电器;更换压力控制器。

b. 温度误报警

原因分析:温控仪的控制报警点改变;温控仪探头问题。

排除方法:重调温控仪报警点;更换温控仪。

七 QCB 87B 氢气测报仪技术说明

7.1 概述

QCB87B 型氢气测报仪采用大规模集成电路、LED 显示被测气体中氢气体积百分含量的测报装置。该仪器适用于制氢(氧)车间及所有含氢气的爆炸危险场所监测环境大气中氢气含量,当氢气含量超过设定值时,发出声、光报警信号,以便采取有效措施,防止事故发生。另外在报警的同时,有触点输出控制信号来控制车间排风机或及时排风。该仪器外壳为标准式盘装外壳,仪器的探头(传感器)为隔爆结构,已通过国家防爆认证,防爆标志为 ExdⅡCT6(不含乙炔),使用安全可靠。安装结构如图表 10 所示。

图表 10 氢气测报仪安装结构图

7.2 技术指标:

7.2.1 测量范围:0~4.0% H₂

基本误差:±0.3% H₂

7.2.2 报警方式:声、光报警;

报警点设定值:(1.00±0.10)% H₂;

报警误差:±0.20% H₂;

7.2.3 显示方式:LED 显式;

7.2.4 取样方式:自然扩散

7.2.5 使用环境条件及其所产生的附加误差

温 度:(0~50)℃;

相对湿度:≤ 95%RH;

电源电压:220 V±22 V;

电源频率:50 Hz±2.5 Hz;

大气压力:(101±8)kPa

在此条件下所产生的附加误差≤0.20% H₂;

7.2.6 整机功耗:≤21 W;

7.2.7 外形尺寸:主机 160 mm×8400 mm×240 mm;

7.2.8 重量:主机≤900 g,探头≤130 g。(不含电缆)

7.2.9 控制输出触点容量:AC220 V,0.5 A。

7.3 工作原理

QCB 87B 型氢气测报仪采用热催化原理。探头内装有敏感元件组成惠斯顿电桥。当无氢气存在时,桥路平衡,输出信号 $U=0$;当空气中有氢气存在时,在敏感元件表面发生催化氧化反应,放出燃烧热,使其阻值发生变化,桥路失去平衡 $U\neq0$,在 $0.00\sim4.00\%H_2$ 范围内,输出信号与氢气浓度 C 成正比例,即:

$$U=KC$$

其中:K—比例系数;

   C—氢气浓度;

   U—桥路输出信号。

输出信号 U 一路经转换电路和 LED 显示直接成氢气的百分比浓度;另一路经放大电路放大后控制报警系统,当氢气浓度达到报警设定值时发出声、光报警信号。整机原理框图如下:

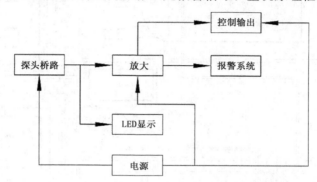

QCB 87B 型氢气测报仪工作原理图

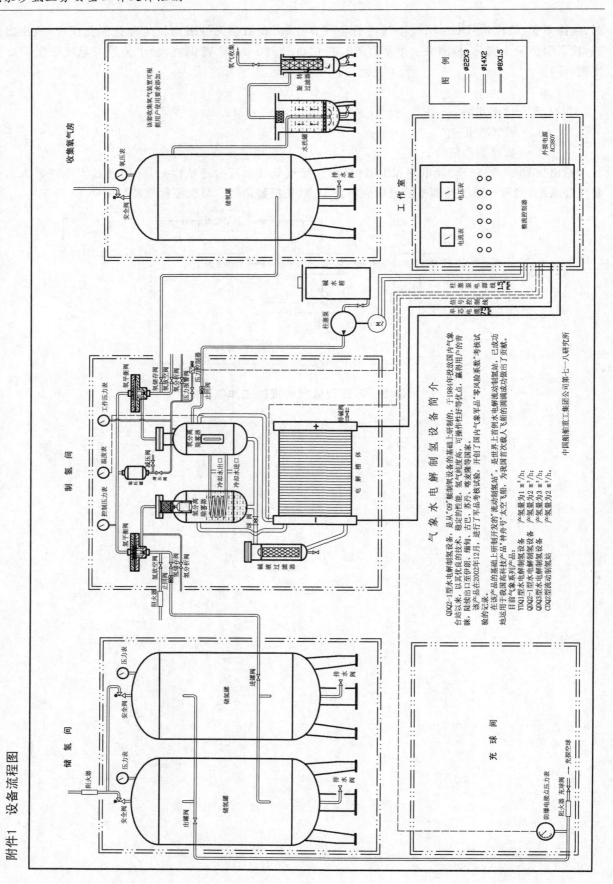

附件1 设备流程图

附件2 KOH水溶液比重表

KOH 重量(g)		d15℃	KOH 重量(g)		d15℃
100 gKOH 溶液内	100 mLKOH 溶液内	d4℃	100 gKOH 溶液内	100 mLKOH 溶液内	d4℃
1	1.01	1.008	26	32.47	1.2489
2	2.03	1.017	27	34.02	1.2590
3	3.09	1.0267	28	35.56	1.2695
4	4.14	1.0359	29	37.13	1.2800
5	5.23	1.0452	30	38.70	1.2905
6	6.32	1.0544	31	39.88	1.3010
7	7.45	1.0637	32	41.95	1.3117
8	8.53	1.0730	33	43.69	1.3224
9	9.75	1.0824	34	45.32	1.3331
10	10.92	1.0918	35	46.55	1.3440
11	12.13	1.1013	36	48.78	1.3540
12	13.33	1.1103	37	50.56	1.3659
13	14.58	1.1203	38	52.33	1.3769
14	15.82	1.1299	39	54.05	1.3879
15	17.10	1.1396	40	55.96	1.3991
16	18.38	1.1493	41	57.82	1.4103
17	19.71	1.1590	42	59.68	1.4215
18	21.04	1.1688	43	61.61	1.4329
19	22.40	1.1786	44	63.54	1.4443
20	23.76	1.1884	45	65.51	1.4558
21	25.17	1.1984	46	67.48	1.4673
22	26.57	1.2083	47	69.53	1.4790
23	28.02	1.2184	48	71.57	1.4907
24	29.47	1.2285	49	73.66	1.5025
25	30.97	1.2387	50	75.70	1.5140